音响产品技术与应用

主编 黄春平

副主编 王伟涛 余振标

電子工業出版社

Publishing House of Electronics Industry

北京 • BEIJING

内 容 简 介

本书紧紧围绕职业教育的特点，采用项目驱动、任务引领、实践导向的职业教育构建模式，内容与职业工作岗位充分衔接。全书共分为 7 个项目，包括 STC 单片机音频控制板电路设计与制作、ARM 单片机音频控制板电路设计与制作、电子管功放电路设计制作与装配、电子管功放测试、解码器设计与制作、耳机放大器设计与制作、黑胶唱头放大器设计与制作。每个项目的成果都可转化为真实的企业产品。本书旨在以经典的音频功放电路和音频控制电路为实例，提供套件引导读者通过制作活动，掌握制作音响产品的基础理论知识与基本技能，进而早日迈进音响设计与制作领域及音响发烧友行列。

本书可作为本科层次职业大学、高职高专、技工学校、职业培训学校电子类专业音响技术相关课程的教材，也可作为音响爱好者及音响发烧友的参考用书。

图书在版编目（CIP）数据

音响产品技术与应用/黄春平主编. —北京：电子工业出版社，2021.6
ISBN 978-7-121-41386-5

Ⅰ. ①音…　Ⅱ. ①黄…　Ⅲ. ①音频设备－设计－职业教育－教材②音频设备－制作－职业教育－教材
Ⅳ. ①TN912.2

中国版本图书馆 CIP 数据核字（2021）第 124400 号

责任编辑：刘　瑀
印　　刷：大厂聚鑫印刷有限责任公司
装　　订：大厂聚鑫印刷有限责任公司
出版发行：电子工业出版社
　　　　　北京市海淀区万寿路 173 信箱　　邮编：100036
开　　本：787×1 092　1/16　印张：18　　字数：490 千字
版　　次：2021 年 6 月第 1 版
印　　次：2021 年 6 月第 1 次印刷
定　　价：56.00 元

凡所购买电子工业出版社图书有缺损问题，请向购买书店调换。若书店售缺，请与本社发行部联系，联系及邮购电话：（010）88254888，88258888。

质量投诉请发邮件至 zlts@phei.com.cn，盗版侵权举报请发邮件至 dbqq@phei.com.cn。

本书咨询联系方式：liuy01@phei.com.cn。

前 言

本书项目涉及以下内容：PCB 封装的绘制、PCB 布局布线、覆铜的工程技巧和工艺文件；音响静态、动态指标的测试方法；放大器的使用，如轨对轨运算放大器、单电源运算放大器和双电源运算放大器的使用和分析，运算放大器的频率特性，尤其是输出噪声的分析等；多个产品的电源真实电路图及其相关分析，如对两个或两个以上变压器地的处理、对模拟地和数字地的处理；多种协议数字电位器的应用、编程和分析。在控制部分，本书使用了 STC 单片机、ARM 单片机，以及 Android 手机 App 控制程序。本书旨在以经典的音频功放电路和音频控制电路为实例，提供套件引导读者通过制作活动，掌握制作音响产品的基础理论知识与基本技能，进而早日迈进音响设计与制作领域及音响发烧友行列。

根据《国家职业教育改革实施方案》中“促进产教融合校企‘双元’育人，校企共同研究制定人才培养方案，及时将新技术、新工艺、新规范纳入教学标准和教学内容，强化学生实习实训”的精神，本着“为中山区域经济的家电、音响和灯具三大电类主导产业培养产品设计开发、生产制造、技术管理的技能型人才”的专业基本定位，中山职业技术学院对电子信息技术专业的人才培养方案、课程体系和课程标准进行了较大的改革。根据三大电类主导产业所对应岗位的技能要求，开设了“音响产品技术与应用”这门专业核心课，并配套建设了在线课程，课程的网址为 https://www.xueyinonline.com/detail/208537332。课程采用项目驱动教学方式，基于企业电子类岗位技能训练，教学的全过程在实验室完成，实现“教、学、做”一体。

为更好地展示图片效果，本书为部分图片制作了二维码，扫码可查看高清彩色大图。本书提供电子课件等后续资源，读者可登录华信教育资源网免费下载。

本书由中山职业技术学院黄春平、余振标老师，企业高级工程师王伟涛编写。书稿的完成离不开孙活辉、贺贵腾、赖慧衍、陈旭斌、许晓强、朱金添、吴一志、褟建伟、黄达鹏等校企专家的指导和支持，在此一并表示感谢！

本书可作为本科层次职业大学、高职高专、技工学校、职业培训学校电子类专业音响技术相关课程的教材，也可作为音响爱好者及音响发烧友的参考用书。

由于编者水平有限，书中错误在所难免，恳请广大读者批评指正。

编 者

目　　录

项目 1　STC 单片机音频控制板电路设计与制作

任务 1　STC 单片机音频控制板设计与分析

1.1.1　系统总体设计与原理

1. STC 单片机音频控制板系统总体框图

STC 单片机音频控制板（简称 STC 控制板）系统总体框图如图 1-1 所示，其中，智能控制板主要由微控制器（STC12C5052AD 单片机）、键盘、红外线（简称红外）遥控器、数码显示模块、音量控制电路和由继电器构成的输入切换选择模块等构成；功率放大（简称功放）系统（胆机）是独立于智能控制板的。智能控制板通过继电器切换完成音源、USB 数字音频信号（PCM2704 输出）和模拟音频信号（外部输入）之间的切换。其采用 TI（Texas Instruments）公司的 USB 数字音频解码芯片 PCM2704 接收来自 USB 主机（如台式计算机、平板电脑、智能手机等）的 IIS（Integrate Interface of Sound，集成音频接口）音频数据，并将其转换为模拟音频信号。被选中的音频信号经过音量控制电路，完成音量大小的调节，再被送至胆机进行功放，产生足够大的音频功率去驱动外部音频设备。微控制器使用 STC12C2052 系列的 5K Flash ROM 单片机 STC12C5052AD，主要用于键盘输入、红外输入的扫描，工作状态的显示及各功能模块工作状态的设置和管理。键盘和红外遥控器用于接收用户的操作输入并向用户反馈系统的当前状态。

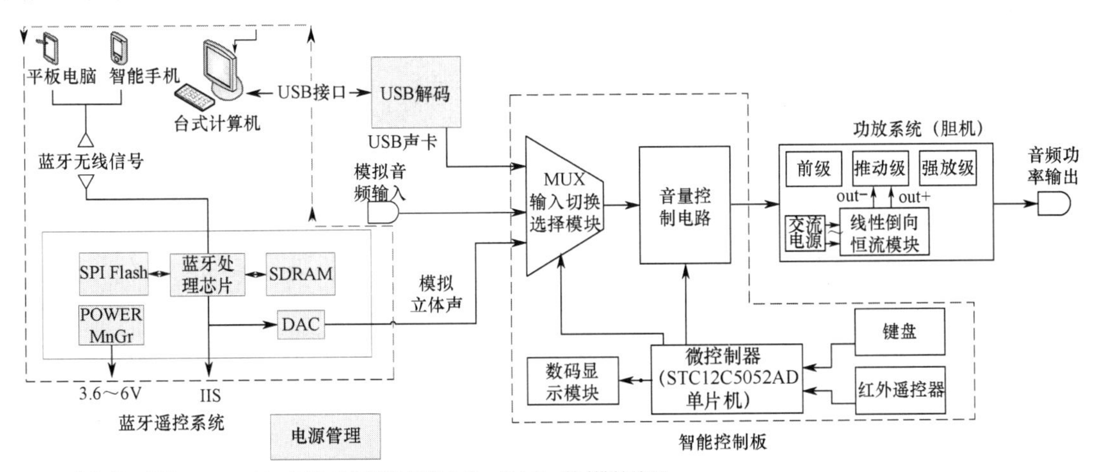

图 1-1　STC 控制板系统总体框图

STC 控制板系统总体设计思路如下。

（1）用一种先进的微控制器作为主控芯片，用红外遥控器控制系统的开关机、音量、音源切换等，具有技术前瞻性。

（2）实现主机 USB 数字音频信号的解码，保证音频在复杂的电磁环境中不受干扰。

（3）通过 PCB（Printed Circuit Board，印制电路板）设计，解决胆机搭棚工艺无法批量生产的问题，实现生产的高效率。

（4）支持全数字化控制、显示功能，具有智能化、可遥控化、可视化等显著优点。

（5）胆机中间级采用自制恒流源模块，解决倒相电路的倒相和幅值平衡等问题。

STC 控制板系统能够有效解决倒相电路两个声道不平衡问题和音量调整没有直观显示的问题，更加智能、便捷，在频率较高时，能保证上下臂的输出达到平衡。

2. STC 控制板原理图

STC 控制板实物图如图 1-2、图 1-3 所示，原理图如图 1-4 所示。

图 1-2　STC 控制板实物正面

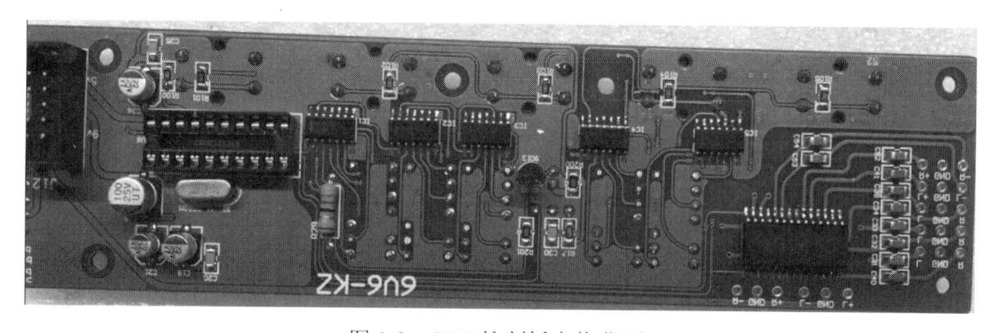

图 1-3　STC 控制板实物背面

实际操作过程如下。

在电源总开关打开的情况下，当单片机 STC12C5052AD 开始工作且按键没有被按下时，LED 指示灯亮（待机）；当第一次按下 POWER 键后，系统电源打开（开机），同时 LED 指示灯灭，数码管显示首次状态“CD1 00”，不管如何操作 VOL−键、VOL+键、MUTE 键、SELECT 键，EEPROM（带电可擦可编程只读存储器）都会存储当前的状态；当 POWER 键再次被按下后，系统电源关闭（关机），LED 指示灯又开始闪烁；再次开机，LED 指示灯灭，单片机读取 EEPROM 中存储的上次操作的状态，并通过数码管显示出来，同时所有操作复位。

VOL+键和 VOL−键负责控制音量的大小，当单片机发现 VOL+键或 VOL−键被按下时，其通过音量控制电路让音量增大或减小，同时控制数码管显示当前音量的大小，且挡位的显示不变；SELECT 键负责控制音频信号从不同挡位（L01 挡位、L02 挡位、USB

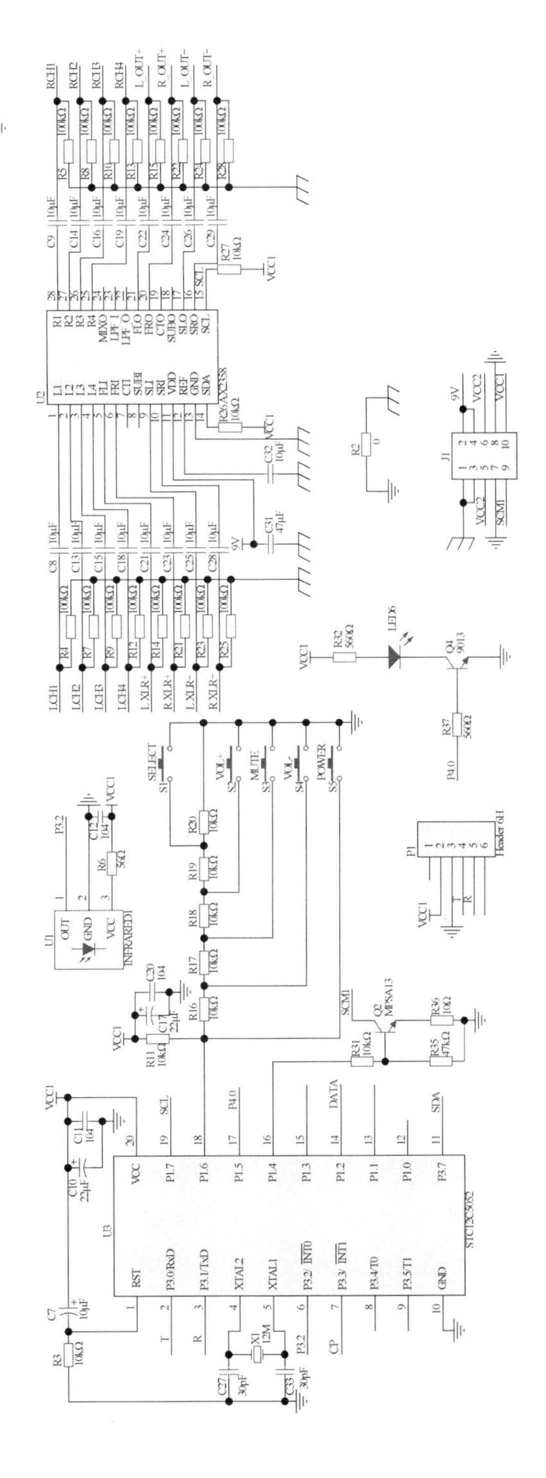

图 1-4 STC 控制板原理图

挡位）输入，当单片机发现 SELECT 键被按下时，其通过音量控制电路让音频信号从不同挡位输入，同时控制数码管显示当前的挡位，且音量的显示不变；MUTE 键负责静音控制，当单片机发现 MUTE 键被按下时，数码管显示“000 00”，当单片机发现 MUTE 键再次被按下时，数码管显示静音前的状态。另外，红外遥控器可以代替按键实现远距离操作，蓝牙遥控系统的功能是代替按键实现平板电脑/智能手机 App 的远距离遥控。

1.1.2 原理分析

1. 显示电路

显示电路如图 1-5 所示，数据从高位开始进行传送，每完成一字节的传送，单片机需要给芯片 74LS164A 的引脚 8 传送一个脉冲上升沿，然后通过芯片 74LS164A 进行移位操作，将低位逐位移到高位上，从而让数码管显示不同的信息。74LS164A 有移位寄存器功能，能锁存数据、放大电流、驱动数码管，且“串入并出”，能节省 I/O 口。

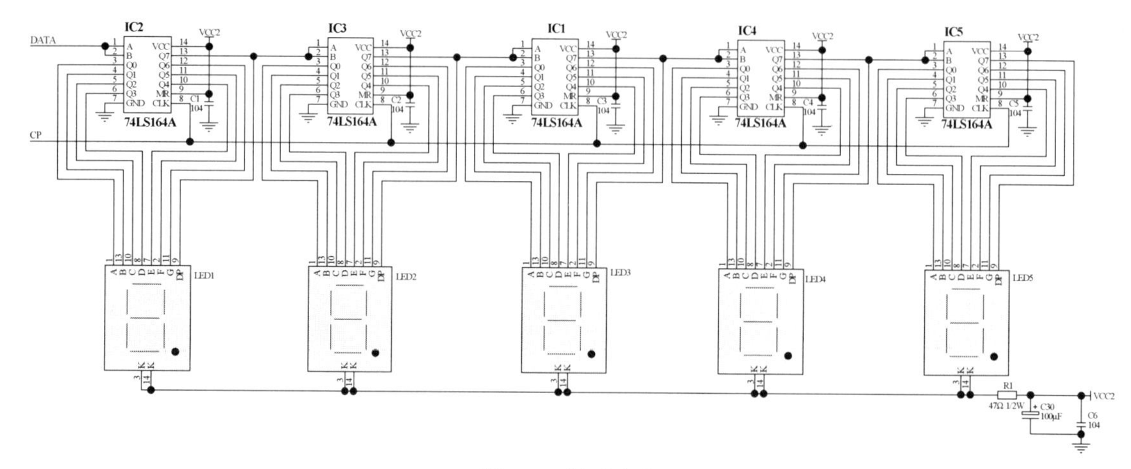

图 1-5 显示电路

2. 红外接收电路

红外接收电路如图 1-6 所示，红外接收头采用 HX1838 型，遥控距离最大可达 15m，红外遥控发射芯片采用 PPM 编码方式，当发射器按键被按下后，其将发射一组 108ms 的编码脉冲，当红外遥控器发出红外信号时，它会自动接收此信号，从而让单片机对此信号进行解码。单片机在得知发过来的是什么信号后，会做出相应的判断与控制。若被按下的是红外遥控器的音量键，则单片机会相应地增减音量。

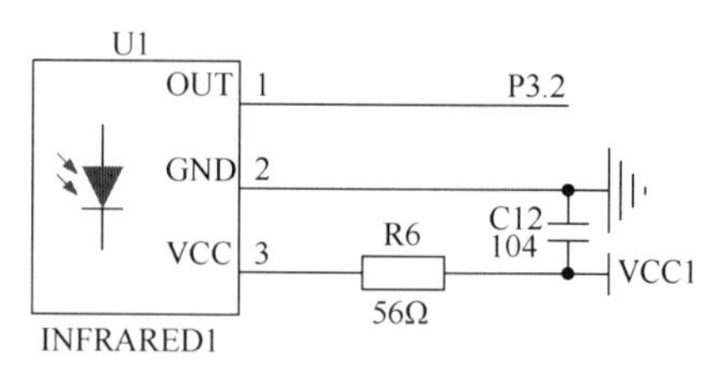

图 1-6 红外接收电路

3. 音量控制电路

音量控制电路如图 1-7 所示，音量控制电路采用音频控制芯片 AX2358，其最大输入电压（有效值）可达 3V，满足大部分音源的输入需要。它带有输入选择器，且内置 2 声道—

6 声道转换器，可以将传统立体 2 声道信号直接转换成模拟 6 声道信号，同时内置 6 声道音量控制电路，采用 I2C 控制界面（0～−79dB），每级有 1dB 的衰减范围，具有低噪声、高分离度的特性，需要极少的周边元件，是新一代多声道音响系统必备的、极佳的音量控制元件。

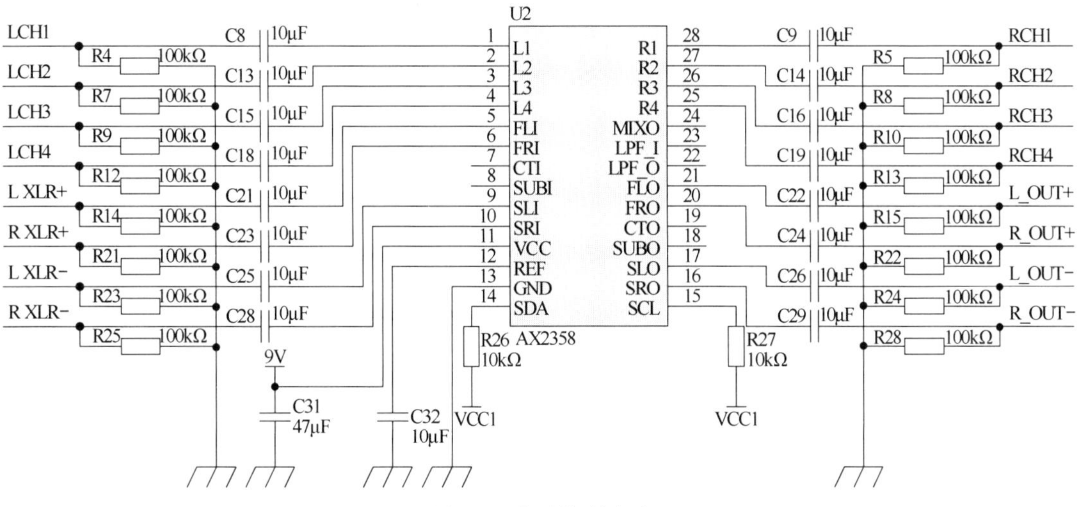

图 1-7　音量控制电路

AX2358 的引脚说明如表 1-1 所示。

表 1-1　AX2358 的引脚说明

序号	名称	I/O	引脚说明	序号	名称	I/O	引脚说明
1	L1	I	立体声左声道第一组输入端	15	SCL	I	I2C 控制界面时钟输入端
2	L2	I	立体声左声道第二组输入端	16	SRO	O	6 声道前右声道输出端
3	L3	I	立体声左声道第三组输入端	17	SLO	O	6 声道前左声道输出端
4	L4	I	立体声左声道第四组输入端	18	SUBO	O	6 声道副低频声道输出端
5	FLI	I	6 声道前左声道输入端	19	CTO	O	6 声道中央声道输出端
6	FRI	I	6 声道前右声道输入端	20	FRO	O	6 声道环右声道输出端
7	CTI	I	6 声道中央声道输入端	21	FLO	O	6 声道环左声道输出端
8	SUBI	I	6 声道副低频声道输入端	22	LPF_O	O	低通滤波器输出端
9	SLI	I	6 声道环左声道输入端	23	LPF_I	I	低通滤波器输入端
10	SRI	I	6 声道环右声道输入端	24	MIXO	O	模拟 6 声道的左、右混音输出端
11	VCC	−	电源	25	R4	I	立体声右声道第四组输入端
12	REF	O	1/2VCC 参考电位	26	R3	I	立体声右声道第三组输入端
13	GND	−	地	27	R2	I	立体声右声道第二组输入端
14	SDA	I	I2C 控制界面数据输入端	28	R1	I	立体声右声道第一组输入端

AX2358 的功能框图如图 1-8 所示。

AX2358 的最大额定值如表 1-2 所示。

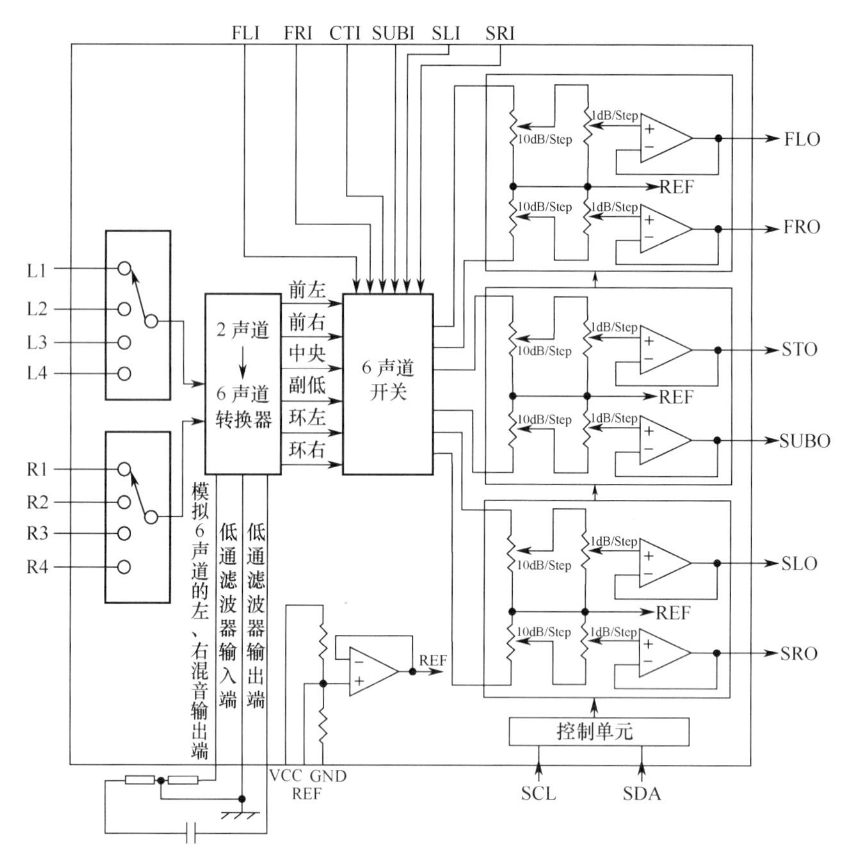

图 1-8 AX2358 的功能框图

表 1-2 AX2358 的最大额定值

参数名称	符号	数值	单位
电源电压	V_S	12.0	V
工作温度	Tamb	−20～+75	℃
储存温度	Tstg	−40～+125	℃

AX2358 的电气参数（除特别情况外，Tamb=25℃，R_L=100kΩ，f=1kHz）如表 1-3 所示。

表 1-3 AX2358 的电气参数

参数名称	符号	最小	典型	最大	单位
工作电源电压	V_{CC}	5	9	10	V
工作电源电流	I_S	17	20	22	mA
输入电阻	R_{IN}	22	33	42	kΩ
最大输入电压	V_{IMAX}		2.8	3.0	Vrms
声道分离度	S_C	90	100	110	dB
电压增益	G_N	−1	0	+1	dB
开关内阻	R_{ON}		90		Ω
串音	C_T		80	100	dB
音量控制范围	C_{RANGE}		79		dB
最大衰减	AV_{MAX}		−79		dB

（续表）

参数名称	符号	最小	典型	最大	单位
衰减步距	A_{STEP}		1		dB
衰减误差	E_A	−1	0	1	dB
静音衰减	A_{MUTE}	90	95	98	dB
总谐波失真	THD	0.001	0.005		%
输出噪声	N		6		μV
信噪比	S/N		100	104	dB
输出电阻	R_O		600	900	Ω
输出增益	G_O	−0.5	0	0.5	dB
最大输出电压	V_{OMAX}	2.3	2.5	2.8	Vrms
I2C 输入高电平	V_{IH}	2.8	3.0		V
I2C 输入低电平	V_{IL}		2.4	2.5	V
I2C 起始时间	T_{INIT}		300		ms

4．电源电路

电源的质量能左右声音的品质，因此电源电路的设计尤为重要，电源电路如图 1-9 所示。

高压（约 340V 的空载电压）用桥式整流电路得到，滤波电路采用“电容+电阻+电容”的“π”型电路，这种电路可大幅减少直流波纹。从整流电路输出的电压首先经过 C1、C2、C3，其大部分的交流成分被滤除；经过 C1、C2、C3 滤波后的交流电，再加到由 R2 和 R3 并联的电阻上；在 C4、C5、C6 构成的滤波电路中，C4、C5、C6 进一步对电压的交流成分进行滤波，最后有少量的交流电通过 C4、C5、C6 到达地；对直流电而言，C4、C5、C6 具有隔直作用，直流电不能流过 C4、C5、C6，而只能流过 R2 和 R3；对交流电而言，C4、C5、C6 容量很大，容抗很小，所以由 C4、C5、C6 构成的滤波电路对交流成分的滤除作用很强，达到了滤波的目的。R2 和 R3 的阻值不能太大，因为如果 R2 和 R3 的阻值太大，流过它们的直流电将产生较大的直流压降。R2 和 R3 并联的目的是分流，让电阻的功率不至于过大。在关机时，C4、C5、C6 存储的电能通过 R1 迅速被放掉，使电子管灯丝断电，加在其阳极的电压能迅速减小到 0，以避免在冷状态下硬拉电子，造成电子管损坏。

AC（交流）220V 经过小变压器 T1 降压，又经过整流滤波、稳压后为单片机供电（VCC1）。单片机正常工作时，其通过控制继电器 D3 的开关来控制环形变压器与 AC220V 电压的导通，得到各组电压：AC6.3V×3、AC280V、AC9V。

给灯丝供电的 AC6.3V 通过两个 100Ω 的电阻落地，如图 1-10 所示，保证灯丝两个点的直流电位相等，两个点之间不存在电位差，从而确保灯丝不会给阴极带来交流干扰，这对降低噪声、提高信噪比有很大的帮助。

在图 1-11 中，D3 作用如下：

（1）防止线圈从闭合到断开、从断开到闭合的瞬间产生过大的自感电压，烧坏与它串联的三极管①；

① 本书中的二极管、三极管等，若未做特殊说明，则指电子二极管、三极管，而非较常使用的晶体二极管、三极管。

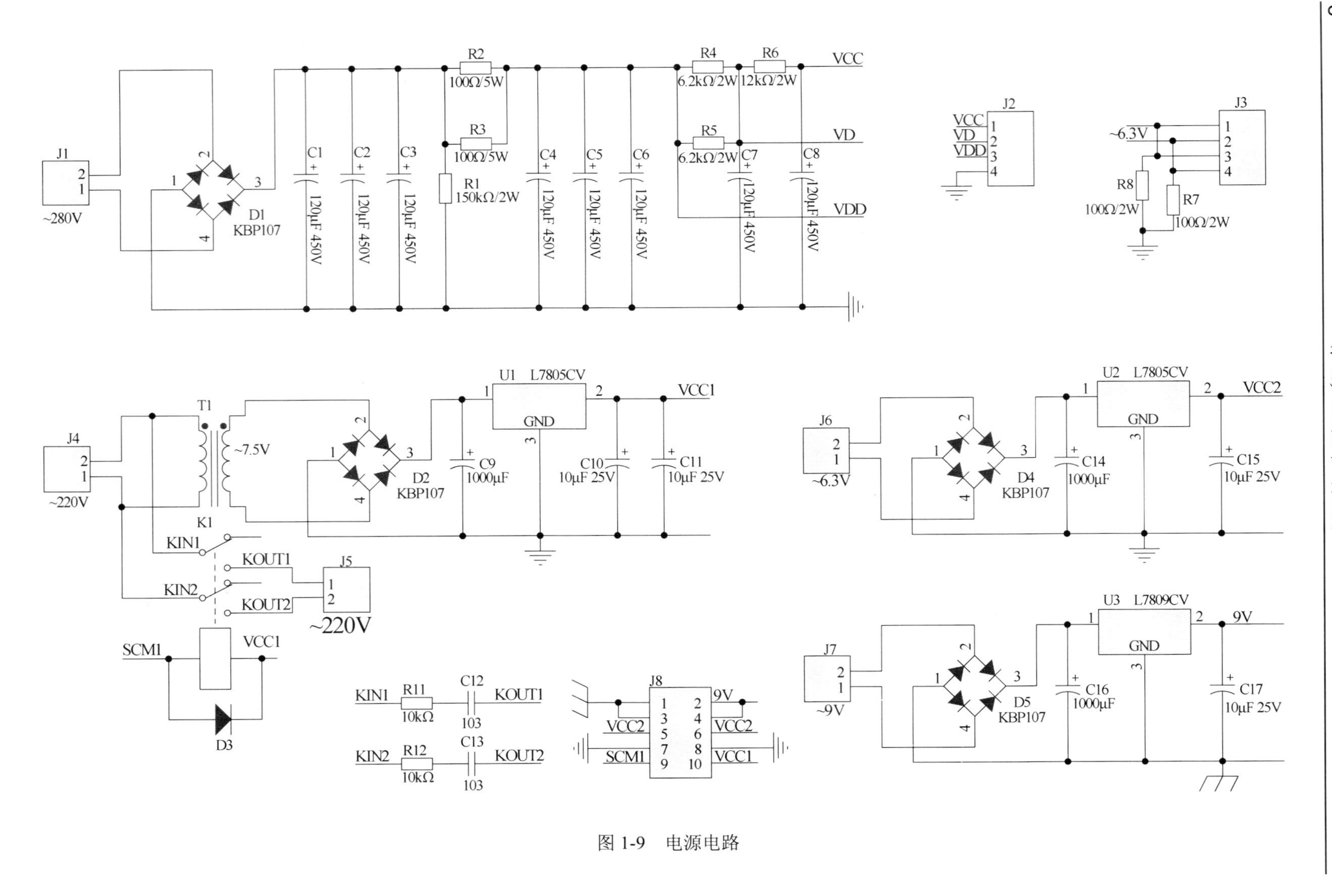

J1
~280V
D1
KBP107
C1
120μF 450V
C2
120μF 450V
C3
120μF 450V
R2
100Ω/5W
R3
100Ω/5W
R1
150kΩ/2W
C4
120μF 450V
C5
120μF 450V
C6
120μF 450V
R4
6.2kΩ/2W
R6
12kΩ/2W
R5
6.2kΩ/2W
C7
120μF 450V
C8
120μF 450V
VCC
VD
VDD
J2
J3
~6.3V
R8
100Ω/2W
R7
100Ω/2W
J4
~220V
T1
~7.5V
D2
KBP107
U1 L7805CV
GND
C9
1000μF
C10
10μF 25V
C11
10μF 25V
VCC1
K1
KIN1
KOUT1
KIN2
KOUT2
J5
~220V
SCM1
VCC1
D3
J6
~6.3V
D4
KBP107
U2 L7805CV
C14
1000μF
C15
10μF 25V
VCC2
J7
~9V
D5
KBP107
U3 L7809CV
C16
1000μF
C17
10μF 25V
9V
KIN1
R11
10kΩ
C12
103
KOUT1
KIN2
R12
10kΩ
C13
103
KOUT2
J8
VCC2
SCM1
VCC1

图 1-9 电源电路

（2）使通过二极管钳位的反向电压不超过 0.7V，使自感电压通过二极管形成通路，以热量形式耗散自感能量；

（3）形成续流，使继电器线圈的电流迅速减小（从闭合到断开）或增大（从断开到闭合），接近理想开关。R11 和 C12、R12 和 C13 构成的 RC 吸收电路是保护电源的继电器开关，从闭合到断开、从断开到闭合时，电压突变，容易产生电弧，烧坏开关。为了防止继电器开关电路电压上升率过大，利用电容两端电压不能突变的特性来限制电压上升率，与电容串联的电阻可起到阻尼作用，可以防止 RLC 电路在过渡过程中，因振荡在电容两端出现过电压而损坏开关。同时，避免了因电容放电电流过大造成过电流而损坏开关的现象。

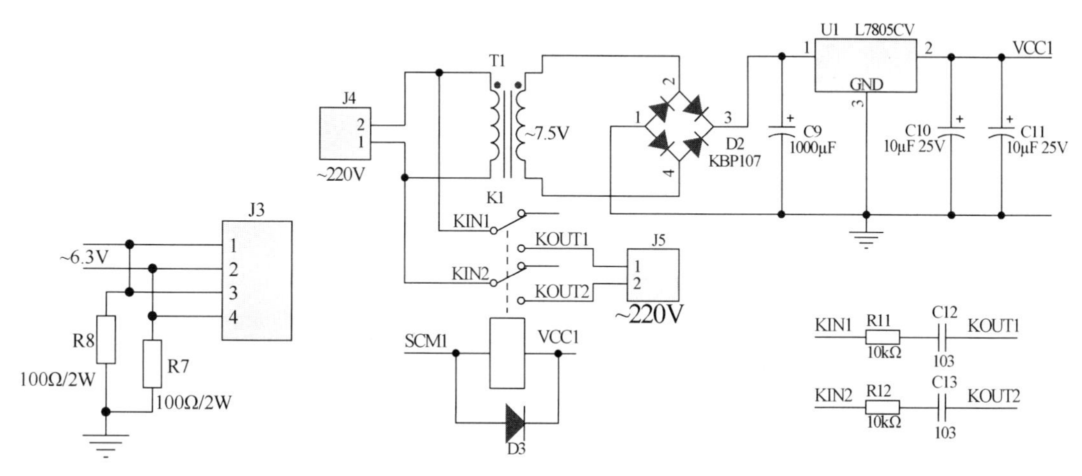

图 1-10　电阻落地电路　　　　图 1-11　继电器保护电路

AC6.3V 电压通过 KBP107 整流、C14 滤波、L7805CV 稳压、C15 滤波，输出 5V 电压（VCC2）为数码管供电，起到数字电源的作用。AC9V 电压通过 KBP107 整流、C16 滤波，L7809CV 稳压、C17 滤波，输出 9V 电压为 AX2358 供电，起到模拟电源的作用，如图 1-12 所示。

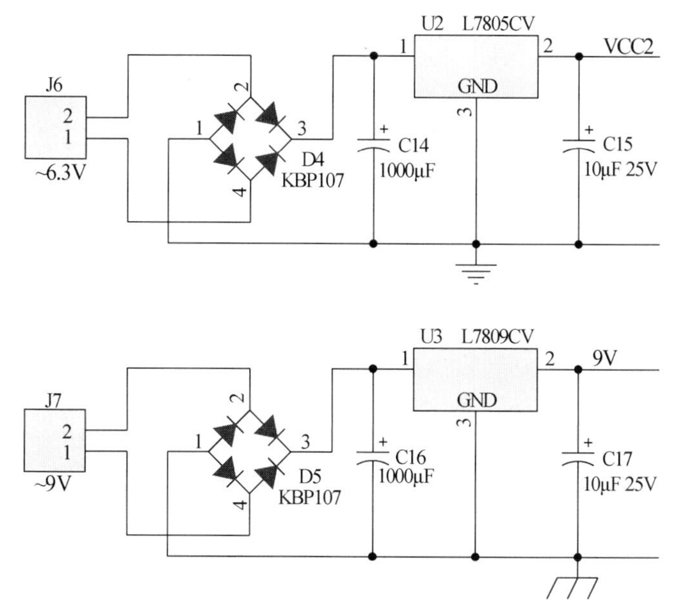

图 1-12　直流电压原理图

电源板实物图如图 1-13 所示。

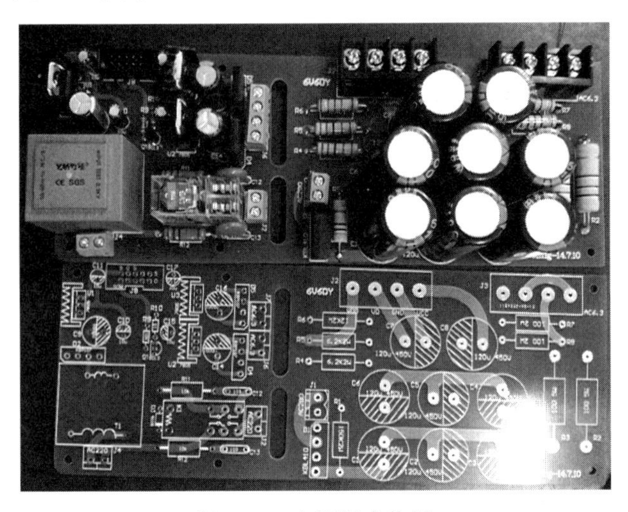

图 1-13 电源板实物图

任务 2 STC 单片机音频控制板绘制封装

1.2.1 绘制封装

封装的原点定位在元件中心，这样，STC 控制板左右旋转、镜像后都能保证原点处于原来的位置上，方便在 PCB 布局时灵活调整。绘制封装时要用坐标去绘制，保证封装的中心点与实物一致。引脚个数和网络也要与原理图一致，这样可以在导入 PCB 时保证各元件间引脚的网络是正确的。

除有特殊标注之外，STC 控制板上的贴片电阻、电容用 1206 封装（100μF 的用大的贴片，10μF 和 22μF 的用小的极性贴片，1/2W 的电阻用插件（插装元件）1/2W 封装，其他无极性电容和电阻用 1206 封装）。

绘制封装要掌握以下要点：看数据图绘制封装，如数码管和按键；读 datasheet 尺寸图绘制封装，如单片机 STC12C5052AD、音频控制芯片 AX2358、驱动芯片 74LS164A；卡尺量元件绘制封装，如弯曲在 PCB 上的红外接收管。

1.2.2 手工绘制封装

1. 按键封装

按键封装数据图如图 1-14 所示。

按键封装数据图的绘制步骤如下。

（1）打开 Protel DXP 软件，新建文件，选择菜单栏中的“Tools→New Component”选项。

（2）跳过封装向导。

（3）放置焊盘，根据按键引脚尺寸（1mm），将焊盘（Pad）孔径（Hole Size）设置为引脚尺寸（d）的 1.2 倍，1mm×1.2=1.2mm，一般来说，孔径=1.2d（d≥1mm）或孔径=1d +0.2（d<

1mm），以保证插件键盘引脚放置顺利；将焊盘外环尺寸设置为孔径的 2 倍（或以上），如图 1-15 所示。对需要经常操作的元件，如按键，在有条件的情况下，将其尺寸设置为孔径的 3 倍。

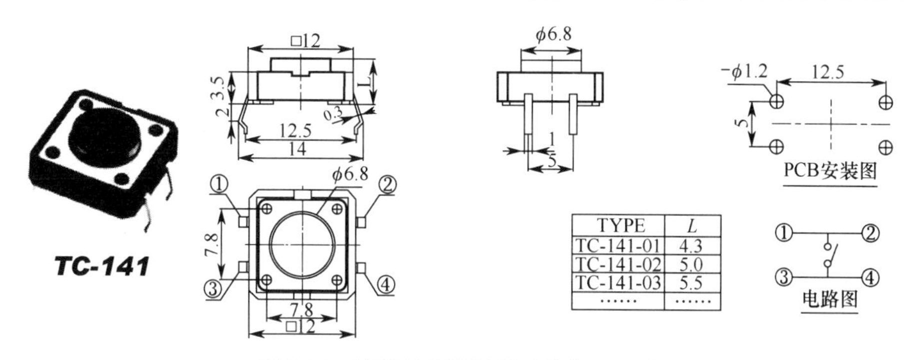

图 1-14　按键封装数据图（单位：mm）

（4）放置其他 3 个焊盘，焊盘之间的横向距离为 12.5mm，纵向距离为 5mm。设置步骤：a.设置参考点在引脚①上，选择菜单栏中的“Edit→Set Reference→Pin 1”选项；b.设置焊盘属性，通过 *X*，*Y* 值确定放置位置，如图 1-16 所示。

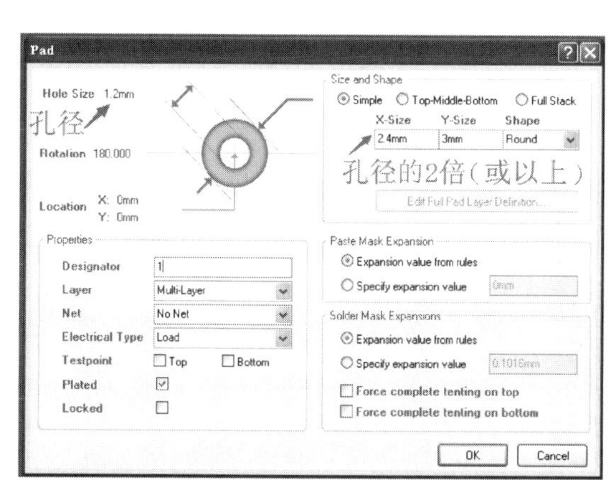

图 1-15　焊盘尺寸设置

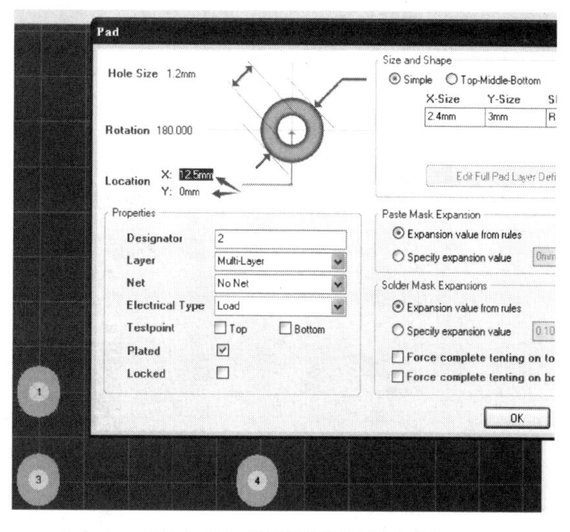

图 1-16　设置焊盘放置位置

（5）选择 Top Overlay（丝印）层，如图 1-17 所示，然后单击 Place Line 按钮画外框，将按键中心圆的半径设置为 3.4mm。

（6）将参考点设置为中心。选择菜单栏中的“Edit→Set Reference→Center”选项，绘制好的外框如图 1-18 所示。

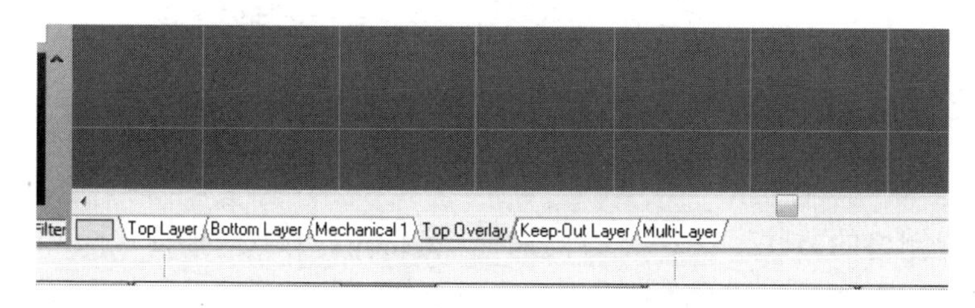

图 1-17　选择 Top Overlay 层

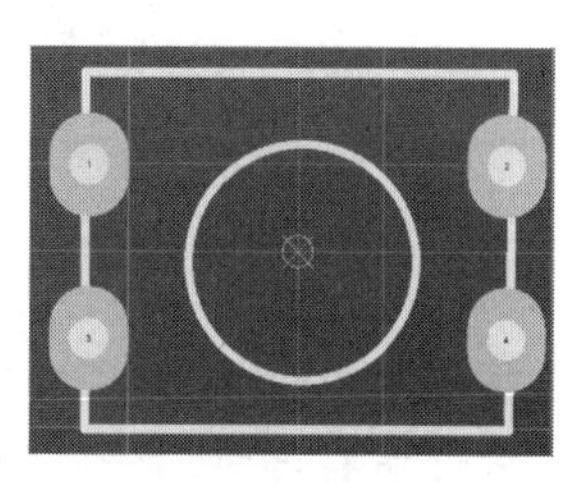

图 1-18　绘制好的外框

2．数码管封装

数码管封装数据图如图 1-19 所示，其外形尺寸为 9.80mm×18.7mm×5.1mm。

绘制步骤如下。

（1）放置焊盘，设置孔径为 0.45mm×1.2=0.54mm，设置焊盘尺寸为 0.54mm×2=1.08mm，如图 1-20 所示。

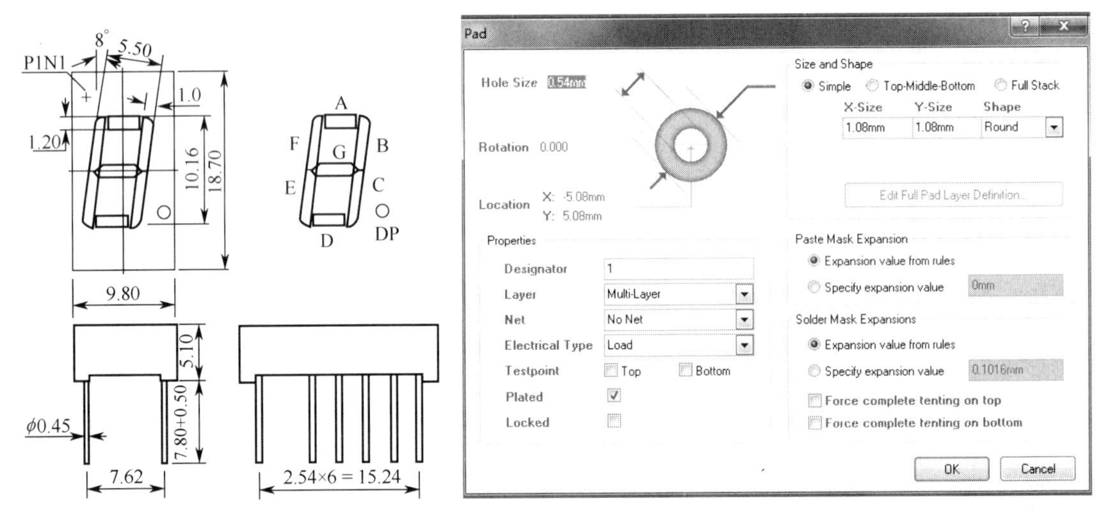

图 1-19 数码管封装数据图（单位：mm）　　　图 1-20 焊盘尺寸设置

（2）设置参考点，以第一个焊盘为中心点，如图 1-21 所示。

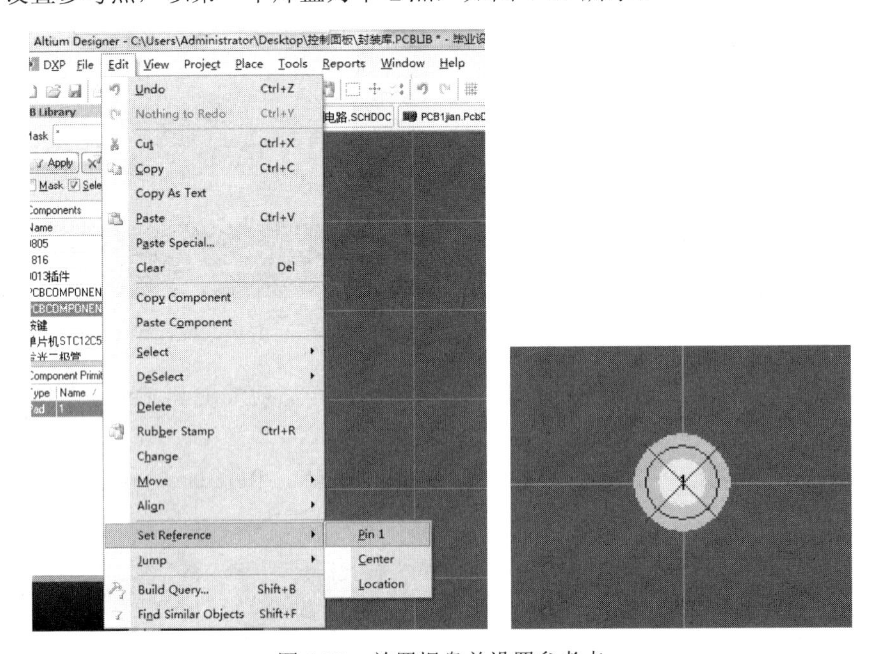

图 1-21 放置焊盘并设置参考点

（3）根据封装尺寸和捕捉栅格的方法，设置 X 方向捕捉 7.62mm，Y 方向捕捉 2.54mm，依次放置所有焊盘，调好位置后再把多余的焊盘删除，如图 1-22 所示。

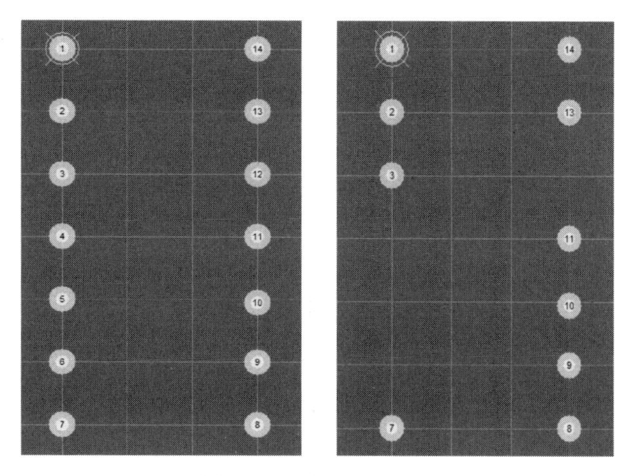

图 1-22　放置所有焊盘

（4）将参考点设置为中心。选择菜单栏中的“Edit→Set Reference→Center”选项，选择 Top Overlay 层，然后单击 Place Line 按钮画外框。

（5）数码管里面的 8 字既可以选择放置在 Top Overlay 层中，也可以选择放置在 Mechanical1（机械）层中，一般更多地放置在 Mechanical1 层中。放置在 Top Overlay 层的问题是，8 字会比较大，印制出来的电路板占的位置比较大，会给观察周边元件走线、周边小元件丝印带来困难。

（6）将数码管里面的 8 字放置在 Mechanical1 层时，由于 8 字有一定倾斜角度，可以先画直线，然后选择菜单栏中的“Tools→Preferences”选项，通过“Protel PCB→General”界面中的“Rotation Step”文本框设置想要的角度。最后按住鼠标左键，拖动刚才画的直线，通过空格键调整到需要的角度，如图 1-23 所示

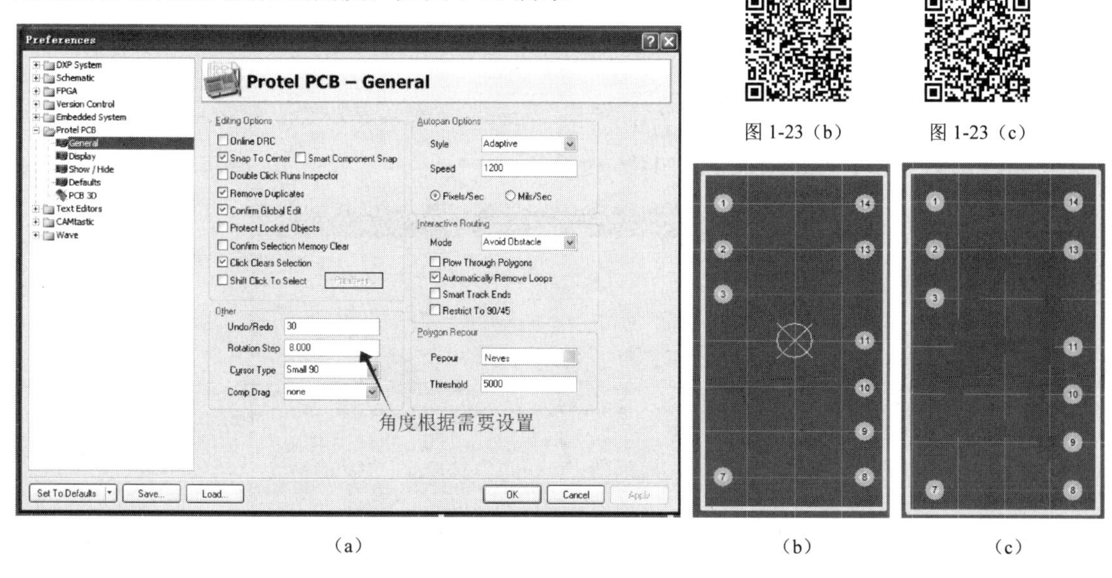

（a）　　（b）　　（c）

图 1-23　调整角度

3. 贴片 1206 封装

贴片 1206 封装的单位为 mm，贴片尺寸如图 1-24 所示。

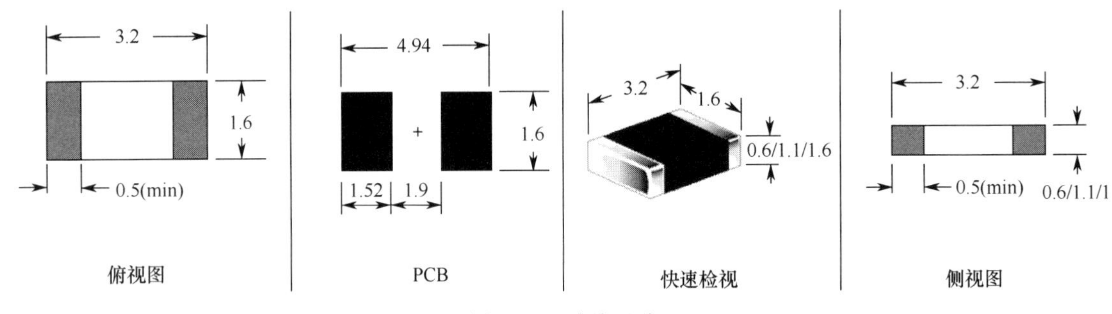

图 1-24　贴片尺寸

（1）单击焊盘，按 Tab 键弹出 Pad 对话框（或双击焊盘弹出 Pad 对话框），设置焊盘属性，如图 1-25 所示。

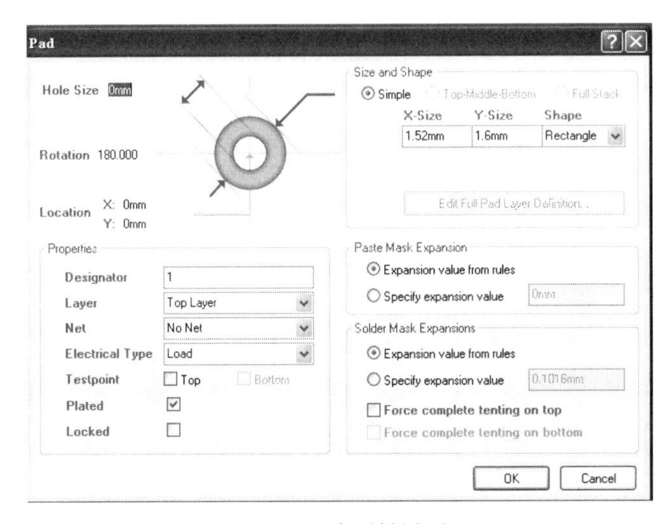

图 1-25　焊盘属性设置-1

（2）设置参考点，以第一个焊盘为中心点，调整两个焊盘的位置，设置焊盘 2 的横坐标 X 为 1.9mm，纵坐标 Y 为 0mm，如图 1-26 所示。

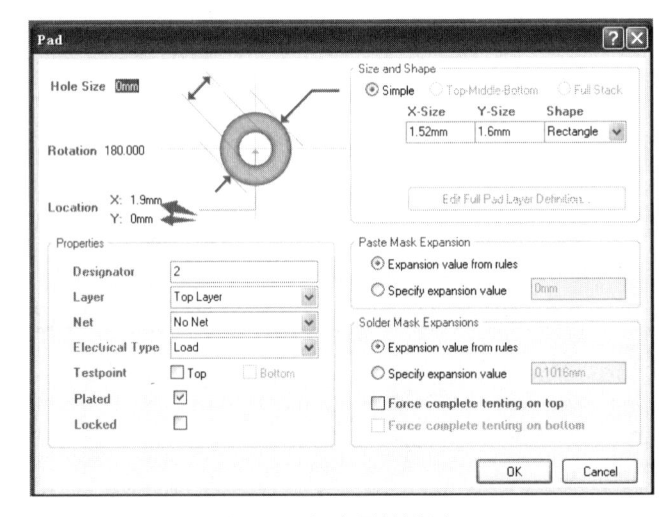

图 1-26　焊盘属性设置-2

（3）将参考点设置在元件中心。选择菜单栏中的“Edit→Set Reference→Center”选项，选择 Top Overlay 层，然后单击 Place Line 按钮画外框，如图 1-27 所示。

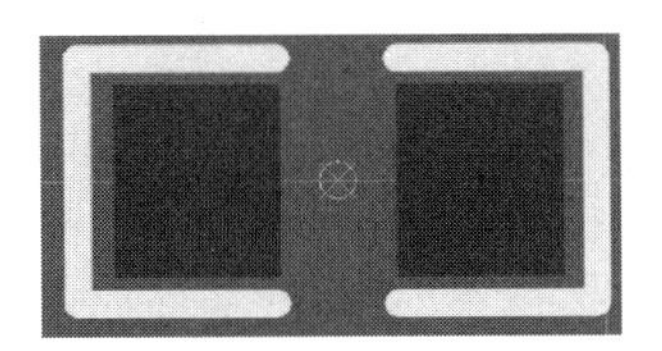

图 1-27　贴片参考点设置图

图 1-27

4. 总结：手工绘制封装三部曲

（1）放置焊盘，焊盘尺寸、焊盘之间的距离是封装时最关键的要素。

（2）选择 Top Overlay 层。

（3）设置参考点，一般将参考点设置在元件中心，这样布局时方便顶层和底层的切换。

1.2.3　向导绘制封装

1. 换算关系

长度单位公制与英制之间的关系如下：

1inch=1000mil，1mil=0.0254mm

2. 向导绘制插件封装

内孔：*B* 表示最大值×1.2，这里保留一位小数，如 0.56×1.2=0.672mm，保留一位小数后为 0.7mm。

引脚间距：*e* 表示两个焊盘间距的典型值 2.54mm。

引脚排距：*E* 表示两排引脚的中心距，eB 表示引脚最大弯曲度，中心距在 *E* 的最大位置保留一位小数，取 8.2mm。

芯片尺寸如图 1-28 所示，焊盘设置如图 1-29 所示，焊盘间距设置如图 1-30 所示，芯片封装如图 1-31 所示。

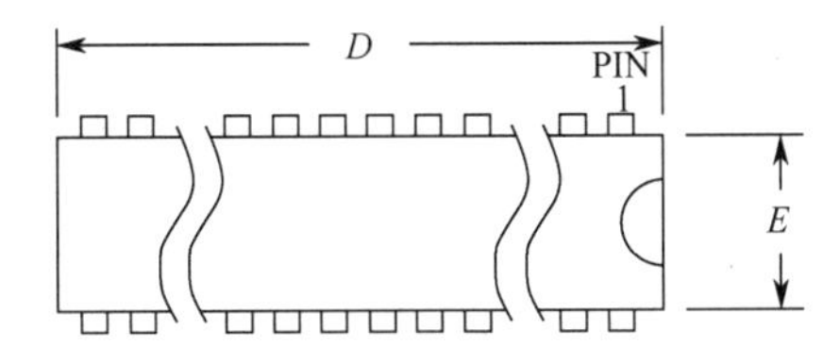

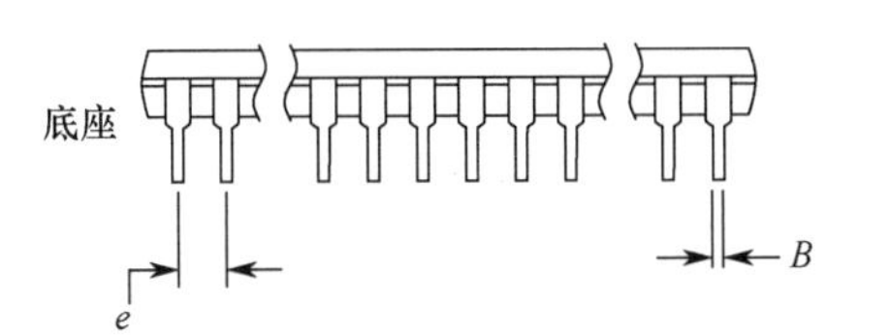

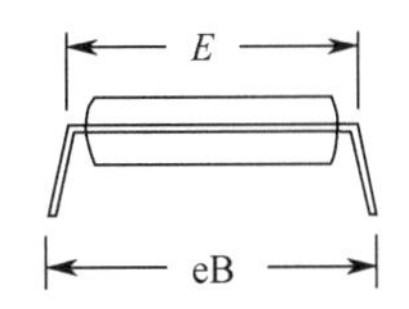

图 1-28　芯片尺寸

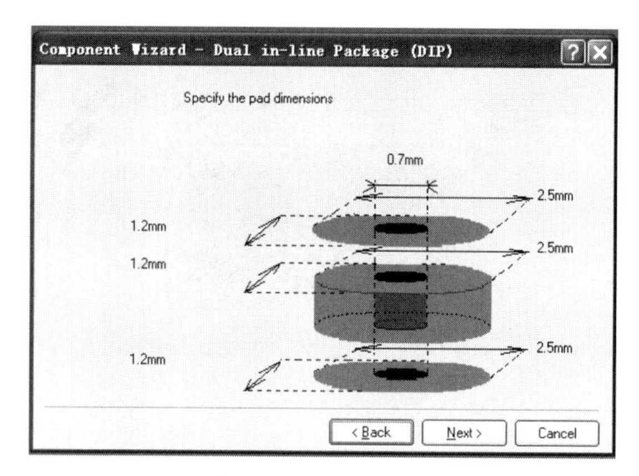

图 1-29 焊盘设置

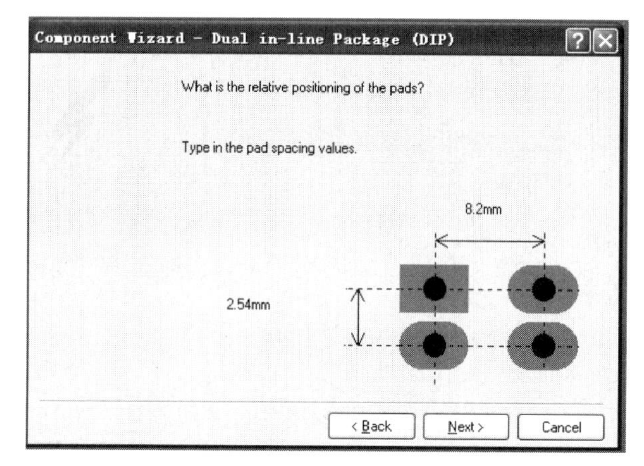

图 1-30 焊盘间距设置

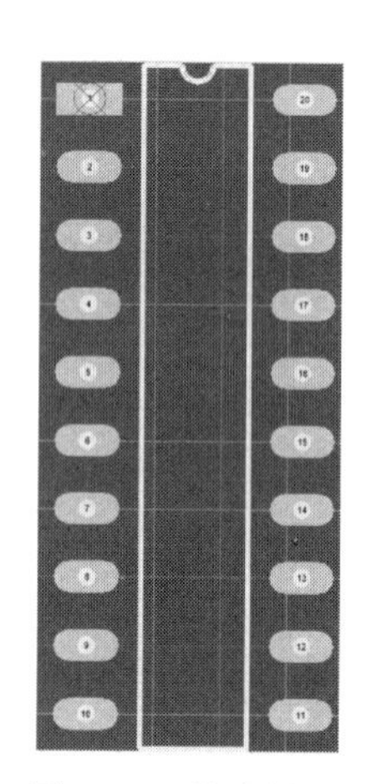

图 1-31 芯片封装

3. 向导绘制贴片封装

表面贴装元件的焊接可靠性主要取决于焊盘的长度而不是宽度。焊盘的宽度应等于或稍大（或稍小）于焊端（或引脚）的宽度。如图 1-32 所示，焊盘的长度 B 等于焊端（或引脚）的长度 T 加上焊端（或引脚）内侧焊盘的延伸长度 b_1，再加上焊端（或引脚）外侧焊盘的延伸长度 b_2，即 $B=T+b_1+b_2$。其中 b_1（约为 0.05～0.6mm）不仅应有利于焊料熔融时形成良好的弯月形轮廓的焊点，还要避免焊料产生桥接现象，并兼顾元件的贴装偏差；b_2（约为 0.25～1.5mm，手工焊接时可适当加长，取 1.5～3mm）主要用于保证能形成最佳的弯月形轮廓的焊点（对于 SOIC、QFP 等器件，还应兼顾其焊盘抗剥离的能力）。

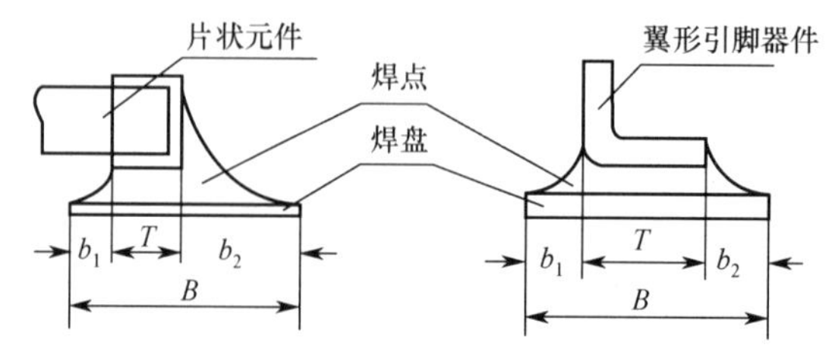

图 1-32 理想的优质焊点形状及其焊盘

常见贴装元件焊盘设计图解如图 1-33 所示。

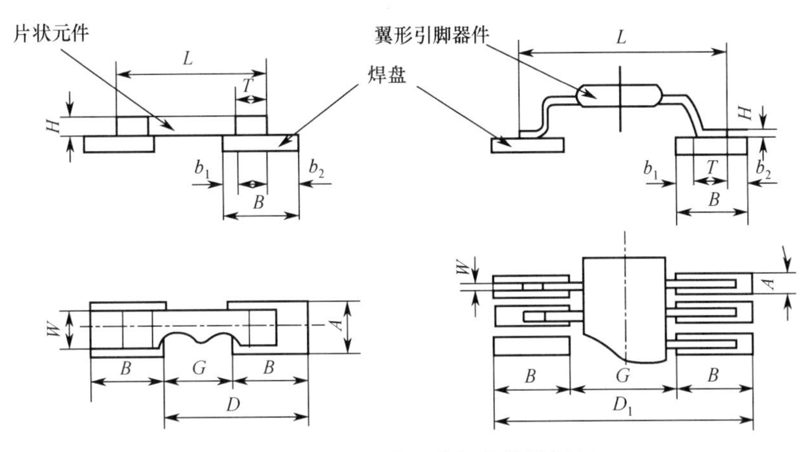

图 1-33　常见贴装元件焊盘设计图解

焊盘长度：$B=T+b_1+b_2$。

焊盘宽度：$A=W+K$。

焊盘内侧间距：$G=L-2T-2b_1$。

焊盘外侧间距：$D_1=G+2B$。

焊盘引脚中心距：$D=G+B$。

式中：L 为元件长度（或器件外侧引脚之间的距离），W 为元件宽度（或器件引脚宽度），H 为元件厚度（或器件引脚厚度），K 为焊盘宽度修正量。

常用的元件焊盘延伸长度的典型值如下。

对于矩形片状电阻、电容：b_1=0.05mm/0.10mm/0.15mm/0.20mm/0.30mm，元件长度越短，所取的值应越小。b_2=0.25mm/0.35mm/0.5mm/0.60mm/0.90mm/1.00mm，元件厚度越薄，所取的值应越小。K=0mm/±0.10mm/±0.20mm，元件宽度越窄，所取的值应越小。

对于翼形引脚的 SOIC、QFP 器件：b_1=0.30mm/0.40mm/0.50mm/0.60mm，器件外形尺寸小者，或相邻引脚中心距小者，所取的值应小些。b_2=0.30mm/0.40mm/0.80mm/1.00mm/1.50mm，器件外形尺寸大者，所取的值应大些。K=0mm/0.03mm/0.30mm/0.10mm/0.20mm，相邻引脚中心距小者，所取的值应小些。B=1.50～3mm，一般取 2mm，若外侧空间允许，可尽量大些。

SOP 绘制封装的贴片芯片尺寸如图 1-34 所示。

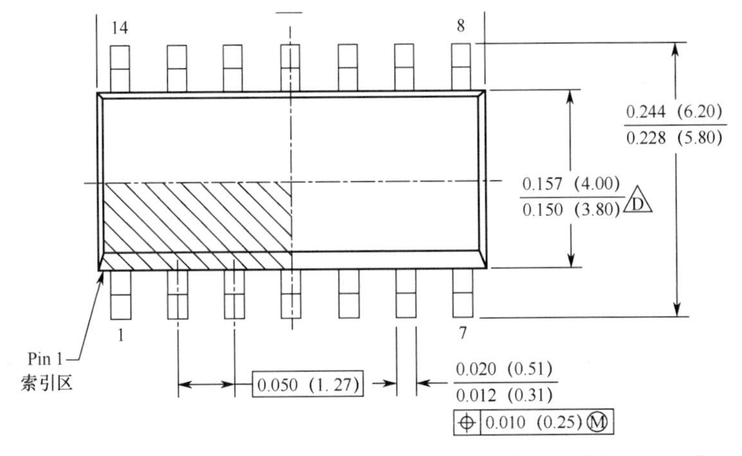

图 1-34　贴片芯片尺寸［单位：inch（括号内数据的单位：mm）］

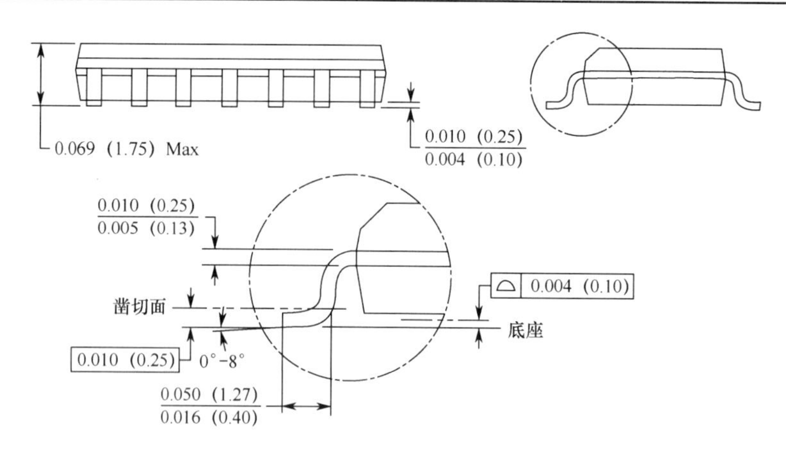

图 1-34 贴片芯片尺寸［单位：inch（括号内数据的单位：mm）］（续）

引脚宽度：如图 1-35 所示（单位与图 1-34 相同），选择最大值 0.020inch（0.5mm 或 20mil）。

引脚长度：如图 1-36 所示（单位与图 1-34 相同），选择最大值 1.27mm×1.3=1.65mm（64mil），若有条件，则可以选择乘以 1.5，方便焊接。

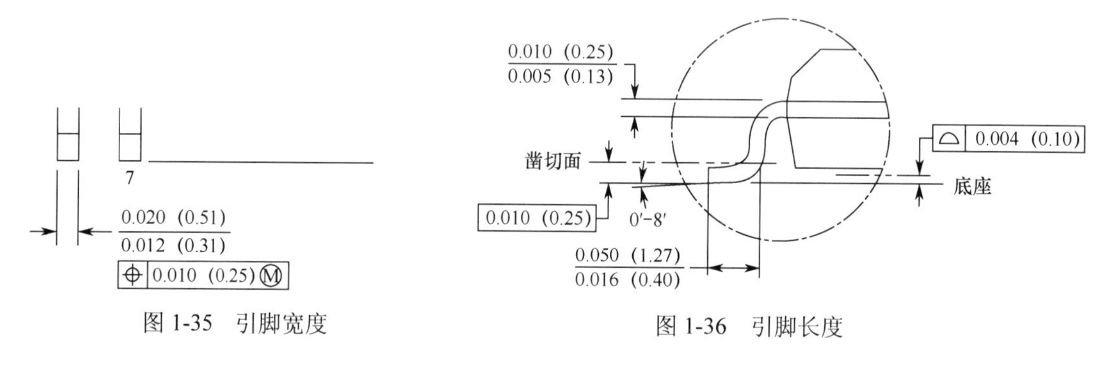

图 1-35 引脚宽度　　　图 1-36 引脚长度

绘制后的引脚尺寸如图 1-37 所示。

引脚间距：如图 1-38 所示，直接取 0.050inch（1.27mm 或 50mil）。

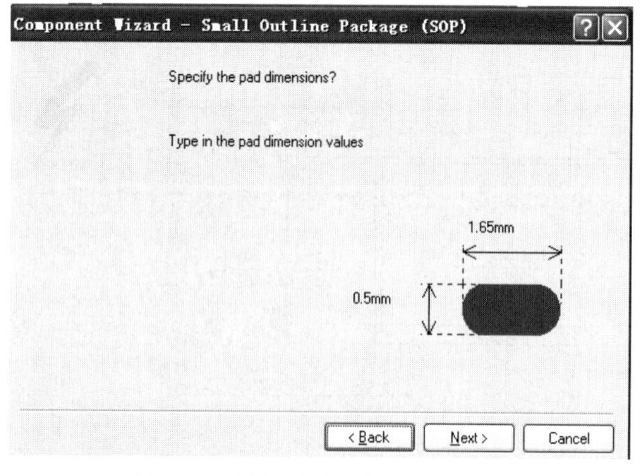

图 1-37 绘制后的引脚尺寸

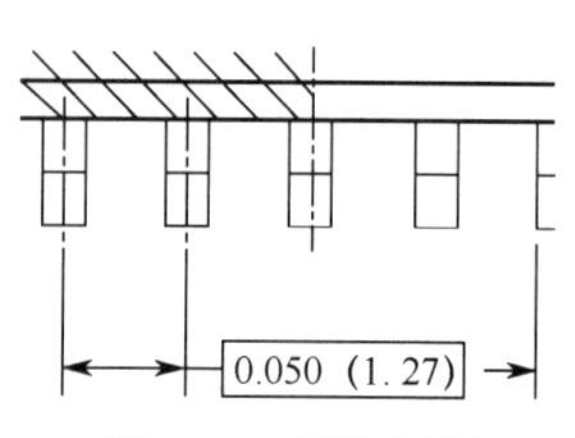

图 1-38 引脚间距

绘制后的引脚间距如图 1-39 所示。

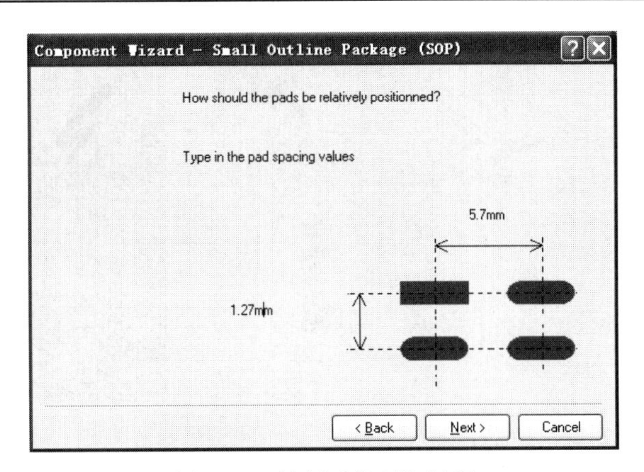

图 1-39　绘制后的引脚间距

引脚排距：引脚排距如图 1-40 所示（单位与图 1-34 相同）。

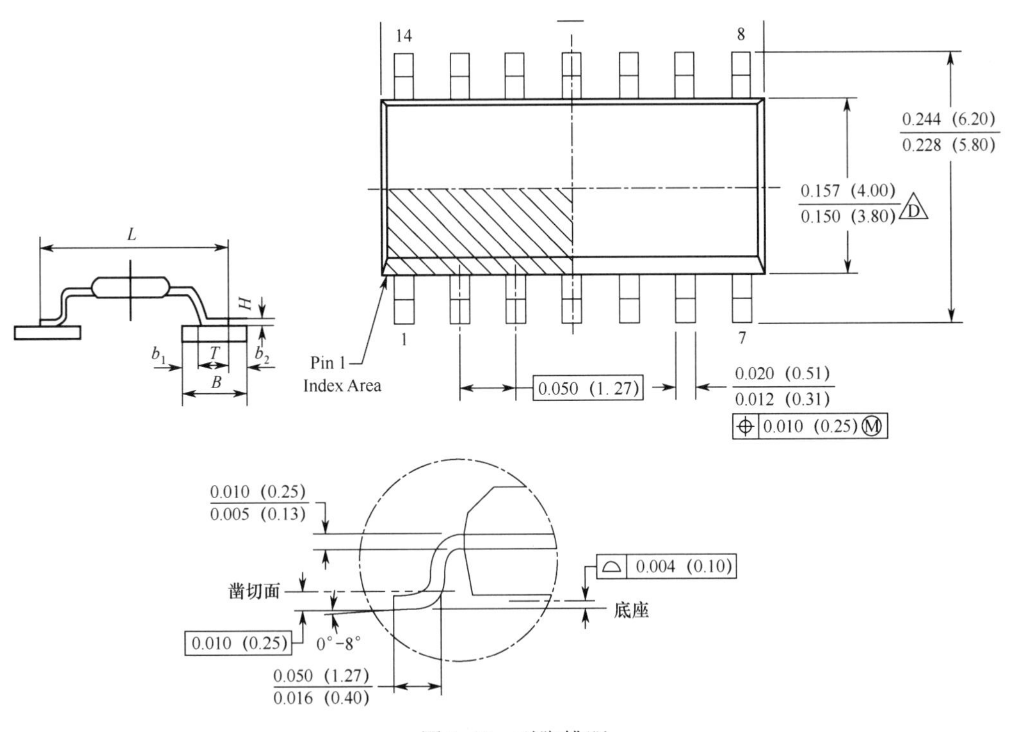

图 1-40　引脚排距

焊盘内侧间距 $G=L-2T-2b_1$ 可近似为 $G=L-2T=228-2\times33=162$mil，其中 228 是最小值，保证最小的元件都能放到焊盘上。

焊盘引脚中心距：

$$D=G+B=162+64=226\text{mil}\approx5.7\text{mm}$$

丝印宽度设置如图 1-41 所示。

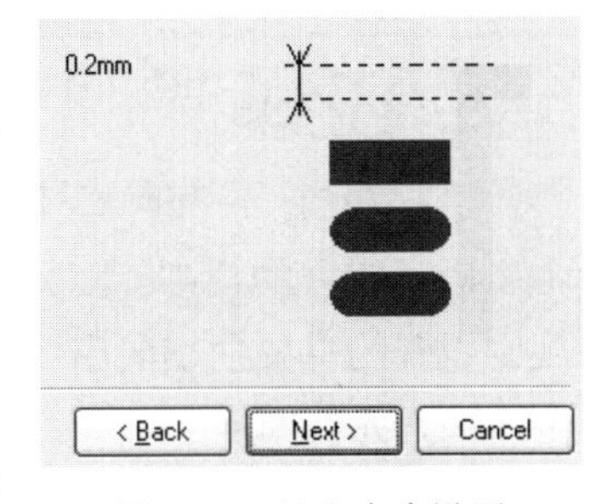

图 1-41　丝印宽度设置

引脚总数设置如图 1-42 所示，贴片芯片封装如图 1-43 所示。

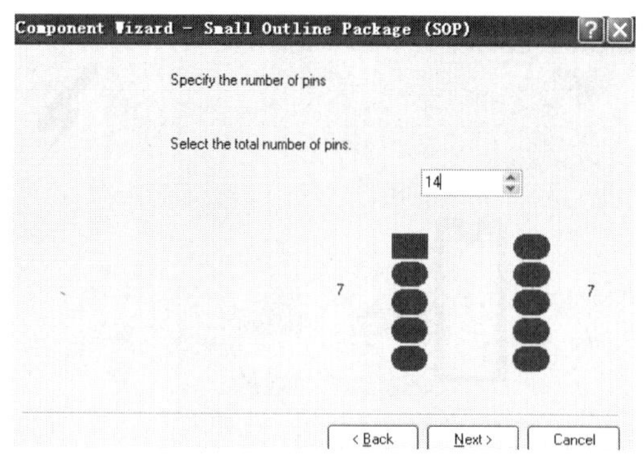

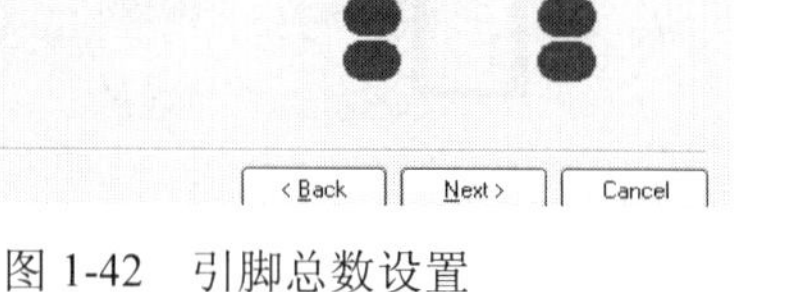

图 1-42 引脚总数设置

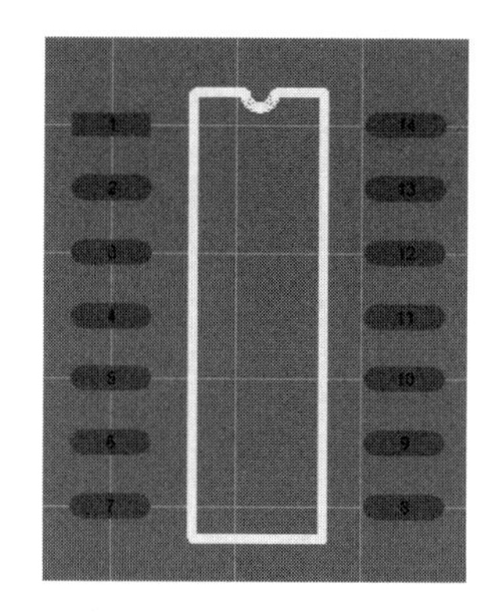

图 1-43 贴片芯片封装

任务 3 STC 单片机音频控制板 PCB 设计

1.3.1 PCB 设计步骤

首先，根据公司或者客户要求设计具有指定功能甚至功能更加丰富的产品电路原理图，从结构工程师处获取外观结构图，知道产品的内部空间结构和体积大小，随后便可以开始 PCB 设计。

1. 绘制 PCB 边框

查看 AutoCAD 外观结构图（如图 1-44 所示），根据外观尺寸设定 PCB 大小，并用 Keep-Out Layer 绘制出板边禁止布线层。

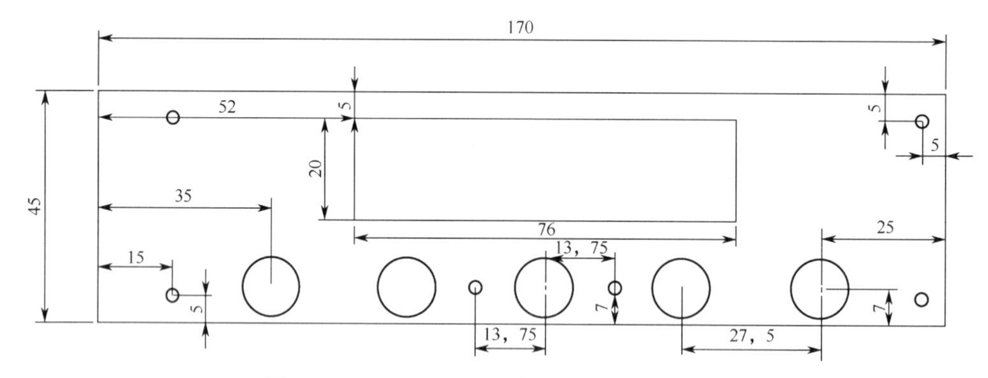

图 1-44 AutoCAD 外观结构图（单位：mm）

2. 设定规则

进行 PCB 设计时必须设定规则，要把握规则中的分寸，要把握一个度、一个下限和一个上限。完善的规则能更好地规范后面的工作，正所谓“磨刀不误砍柴工”，板子越复杂，规则设置的重要性越突出。具体规则包括走线的宽度、孔径大小、焊盘大小、走线间最小安全距离、元件间最小距离、覆铜规则等。

3. 放置定位孔

根据图 1-44 所示的 AutoCAD 外观结构图，选取合理的位置在 PCB 上放置螺丝定位孔，以不干涉其他部件为前提，尽量做到上下对称及左右对称，且有足够的支撑能力。

4. PCB 电路的尺寸和元件的定位

螺丝孔的直径为 3mm，螺丝帽的直径为 5mm。建议在布局时，若目标为螺丝孔，则采用孔径等于外径的焊盘（Pad）；若目标为螺丝帽，则采用直径为 5mm 的 Keep-Out 框。数码管、红外接收器和 LED 指示灯要布局在内框（外框由机械结构开孔决定）并进行锁定，PCB 具体尺寸见图 1-45。

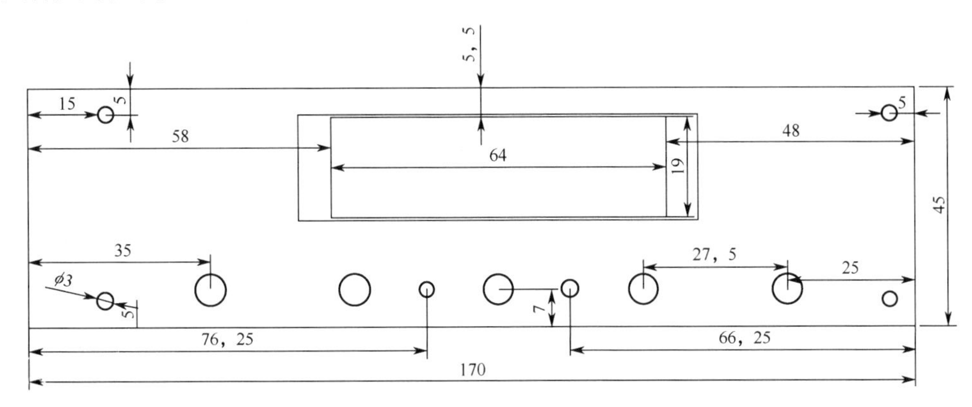

图 1-45　PCB 具体尺寸（单位：mm）

5. 元件布局

开始布局之前首先要通过网络表载入元件，在这个过程中经常会遇到网络表无法完全载入的错误，该错误主要可归为两类：一类是找不到元件，解决方法是确认原理图中已定义元件的封装形式，并确认已添加相应的 PCB 元件库，若仍找不到元件，就要自己画一个元件进行封装了；另一类是丢失引脚，最常见的是丢失二极管、三极管的引脚，这是由于原理图中的引脚一般用字母 A、K、E、B、C 表示，而 PCB 元件的引脚则用数字 1、2、3 表示，解决方法是更改原理图的定义，或者更改 PCB 元件的定义，使其一致即可。有经验的设计者一般都会根据实际元件的封装外形建立一个自己的 PCB 元件库，使用方便且不易出错。

进行元件布局时，必须遵循一些基本规则。

（1）元件最好单面放置。

如果的确需要双面放置，PCB 的底层（Bottom Layer）最好也只放置贴片元件。单面放置时，只需要在 PCB 的一面上做丝印处理，可以降低成本。双面放置时，底部安放插针式元件可能会造成 PCB 不易安放，焊接也不方便。

（2）特殊元件特殊考虑。

高频元件之间要尽量靠近，连线越短越好；具有高电位差的元件之间的距离要尽量大；重的元件应该由支架固定；发热的元件应远离热敏元件并加装相应的散热片或置于板外；电位器、可调电感线圈、可变电容、微动开关等可调元件的布局应该考虑整机的结构要求，以方便调节为准。尽量将去耦电容和滤波电容等放置在对应元件的周围。总之，一些特殊元件在布局时要从元件本身的特性、机箱的结构、维修调试的方便性等多方面综合考虑，以保证做出一块稳定、好用的 PCB。

（3）按照电路功能布局。

如果没有特殊要求，尽可能按照原理图的元件安排对元件进行布局，通常情况下，信号从左边输入、右边输出，从上边输入、下边输出。按照电路流程，安排各个功能电路单元的位置，使信号流通更加顺畅并保持方向一致。另外，数字电路部分一定要与模拟电路部分分开布局，以减少干扰。

（4）注意 Top Overlay 层的文字标注。

为方便电路的安装和维修，一般要在 PCB 的上下两表面印刷上所需要的标志图案和文字代号，如元件标号和标称值、元件外廓形状、厂家标志等，不少初学者经常忽略 Top Overlay 层的设计，或者只注意文字符号放置得是否整齐美观，而实际制作出 PCB 后，板上的字符不是被元件挡住了，就是侵入了助焊区域被抹除。还有人把元件标号设计在了相邻元件上，造成装配和维修的不便。正确的 Top Overlay 层字符布置原则应该是没有歧义、见缝插针、美观大方。

6．覆铜

覆铜通常指以大面积的铜箔去填充布线后留下的空白区，可以覆 GND 的铜箔，也可以覆 VCC 的铜箔（但这样一旦短路，容易烧毁器件，因此最好选择 GND，保持地电流的低阻抗畅通；不得已时，如要用来加大电源的导通面积，以承受较大的电流时，才选择 VCC）。当然，和走线一样，数字地和模拟地最好分开覆铜（数字地覆网格铜箔、模拟地覆整片铜箔）。包地则通常指用两根地线包住一些有特殊要求的信号线，防止它被别人干扰或干扰别人。另外，如果用覆铜代替地线，一定要注意整个地是否连通，电流大小、流向与有无特殊要求等，以确保减少不必要的失误。

7．外发制板

再次检查电路，确认无误后将 PCB 工程文件外发到 PCB 生产厂家进行 PCB 打样，样品经电子技术员实验验证功能通过后，便可让 PCB 生产厂家批量制作 PCB。

1.3.2 布线技巧

（1）好的元件布局能让走线变得简单，看起来也简洁美观。通常线宽和线间距最好不要小于 0.3mm。高频数字电路的走线细一些、短一些更好，走线的拐弯处应为圆角或钝角，直角或尖角在高频数字电路和布线密度高的情况下会影响电气性能。另外，在双面布线时，两面的导线应该相互垂直、斜交或采用弯曲走线方式，避免相互平行。尽量少用过孔，以减少寄生电容。

（2）电流进来之后，先经过滤波电容，从滤波电容出来之后，才经过后面的设备。因为 PCB 上的导线不是理想的导线，存在电阻及分布电感，所以如果在滤波电容前面取电，纹波就会比较大，滤波效果不好。

（3）线条有讲究，有条件做宽的导线决不做细，不得有尖锐的倒角，拐弯处也不得采用直角。地线应尽量宽，最好大面积覆铜，这对接地点问题有相当大的改善。

（4）电容是为开关器件（门电路）或其他需要滤波/退耦的部件而设置的，布置这些电容时应尽量靠近这些器件和部件，离得太远就没有作用了。

（5）主回路最好不要使用跳线，若一定要用，需加上套管，跳线的上面若有元件，还需点胶；导线在有限的面积里及安全间距内应尽可能加粗，若不能加粗，就需要加上覆焊层。

（6）地的过孔，适当多一些会减少地回路和阻抗，放置的原则是“就近器件”。

（7）磁珠的等效电路相当于带阻滤波器，只对某个频点的噪声有显著抑制作用，使用时需要预先估计噪点频率，以便选用适当的型号。对于频率不确定或无法预知的情况，不适合使用磁珠。磁珠主要用于隔离高频杂散信号，如 ADC（模/数转换器）给模拟电路和数字电路供电。0Ω 电阻相当于很窄的电流通路，能够有效地限制环路电流，使噪声得到抑制。电阻在所有频带上都有衰减作用（0Ω 电阻也有阻抗），这点比磁珠要强。

（8）任何走线方式都不能构成环。

（9）电源线、地线之间要加上去耦电容。尽量加大电源线、地线的宽度，地线最好比电源线宽。电源线、地线、信号线的宽度关系是：地线＞电源线＞信号线。

（10）对关键的信号线采取最佳措施，如长度最短，加保护线，将输入线及输出线明显分开等。

（11）一块板布线后，“好用”远比“好看”重要。

（12）关于“旁路或去耦电容”的问题。

旁路或去耦电容要在电源入口处或者有源器件的引脚附近添加。数字电路和模拟电路都需要旁路或去耦电容，在模拟电路中，旁路或去耦电容是用来滤除高频信号的，而在数字电路中，旁路或去耦电容是用来储存电荷以支持芯片开关动作的（因为该动作会产生开关瞬态电流，需要足够多的电荷支持）。

（13）关于“电源线”与“地线”的位置关系。

电源线和地线应当布置在一起。这样的好处是减少电路所受的电磁干扰，从电磁感应的角度理解，回路面积越小，受影响的程度也就越小（对本知识点不熟悉的读者可查看电磁感应的相关知识）。

（14）地线干扰问题。

在 PCB 中，地线干扰问题是一个较为复杂的问题。因为地线阻抗的存在，当电流流过地线时，会在地线上产生电压，这是地线干扰问题的由来。下面从两个方面对地线干扰问题进行讨论。

首先讨论所谓的“地线环路干扰问题”，产生这种干扰的原因有两个，一是当连接的某设备（这里设备的概念比较广，包括元件、模块等相对独立的概念）接地点电位不同时，设备之间会形成驱动电流，这时就会产生地线环路干扰；二是因两个设备之间的电位不同而产生驱动电流。这种地线干扰问题有时对电路电磁兼容的影响是相当大的，必须尽可能地减小和消除该驱动电流。这里有三个具体方法：一是在低频时采用单点接地，为什么单点接地适用于低频呢？因为电路寄生参数（如寄生电容）的存在会导致高频时仍有隐形的地线环路存在，单点接地就失去意义了；二是切断电气连接，比如采用变压器或者光耦合器件进行耦合而不直接进行电气连接；三是采用共模扼流圈（可参考相关资料了解），这是很常用的一个元件，它存在的目的是增大地线环路的阻抗，使地线环路产生的部分压降加载在共模扼流圈两端，从而减小地线环路对工作电路的干扰。以上方法可以组合使用。

其次讨论地线环路耦合干扰问题，这也可以用电磁感应的知识理解，回路面积越大，产生的电磁干扰也越强，且易被干扰。因此解决办法是在 PCB 中尽量避免大的回路产生。

（15）数字信号线与地平面中的回路尽量远离模拟电路。

模拟电路对开关噪声极为敏感，而数字电路易产生开关噪声，所以数字电路部分与模拟电路部分要分开。PCB 上既有高速逻辑电路，又有线性电路，两者的地线不要相混，必须彼此分开布线，最后只在电源的地处相接，或在某一处短接后再接到电源的地上。

正确运用单点接地和多点接地：在低频电路中，信号的工作频率小于 1MHz，它的布线和元件间的连线电感对电路影响较小，而接地电路形成的“地环流”对电路影响较大，因此应采用单点接地，这种接法通常用于音频功放电路、模拟电路、直流电源系统等；当信号工作频率大于 1MHz 时，元件间的连线电感会增大地线阻抗，产生射频电流，此时必须尽量降低地线阻抗，采用多点接地，有效降低射频电流的影响。

（16）高频和低频信号要尽量分开。

（17）“寄生电容”问题。

平行的 PCB 导线易产生寄生电容，这可以通过一个简单的电容公式理解，$c=e \times s/d$，s 就是两条平行的导线正对的面积，d 就是两条导线的间距。根据电容的知识，一条导线上的电压变化会引起另一条导线上的电流变化，由此引发干扰。关于怎么减少寄生电容产生干扰的问题，这里提供两种思路，一是增大 d，二是在两条平行导线中加入地线。

（18）“寄生电感”问题。

由电磁感应知识可知，两条导线平行时，一条导线上的电流变化会引起另一条导线上的电流变化（由于互感作用），从而引起干扰。该类型的干扰在数字电路中最常见，因为一般情况下，数字电路的电流变化相对会比模拟电路剧烈些。关于如何减小寄生电感影响的问题，这里给出的方法有：避免并行走线，减小感抗，设法实现低阻抗的电源和地网络，减小数字电路中的导线感抗等。

1.3.3 电源板布线重点注意事项

（1）交流电源进线时，保险丝前两条导线的最小安全距离不小于 6mm，两条导线与机壳或机内接地的最小安全距离不小于 8mm。

（2）保险丝后的走线要求：零、火线最小爬电距离不小于 3mm。

（3）高压区与低压区的最小爬电距离不小于 8mm，不足 8mm 或等于 8mm 的须开 2mm 的安全槽。

（4）高压区须有高压示警标识的丝印，即有感叹号在内的三角形符号；高压区须用丝印框住，丝印宽度须不小于 3mm。

（5）高压整流滤波电路的正负信号线之间的最小安全距离不小于 2mm。

（6）按照先大后小、先难后易的原则进行布局，即重要的单元电路、核心元件应当优先布局。

（7）布局应参考原理图，根据主板的主信号流向规律安排主要元件。

（8）布局应尽量满足：总的连线尽可能短，关键信号线最短，大电流、高电压信号与小电流、低电压的弱信号完全分开，模拟信号与数字信号分开，高频信号和低频信号分开，高频元件间隔要充分。

（9）相同结构的电路，尽可能采用对称式标准布局。

（10）同类型插件应朝一个方向放置（X 或 Y 方向），同种类型、有极性的分立元件也要在 X 或 Y 方向上保持一致，以便于生产和检验。

1.3.4 两个变压器地与地的连接

T1 和 T2 是两个电源变压器，VCC1 所对应的地是 T1 变压器整流滤波后的参考点，VCC2 所对应的地是 T2 变压器整流滤波后的参考点，因为两个电源变压器都是同一产品的电源，两个参考点（地）必须连在一起。在本设计中，在 PCB 中，C10 和 C15 滤波后，将两个参考点（地）连接在一起，保证产品电路参考电位一致。两个变压器地的处理原理图和 PCB 图如图 1-46 所示。

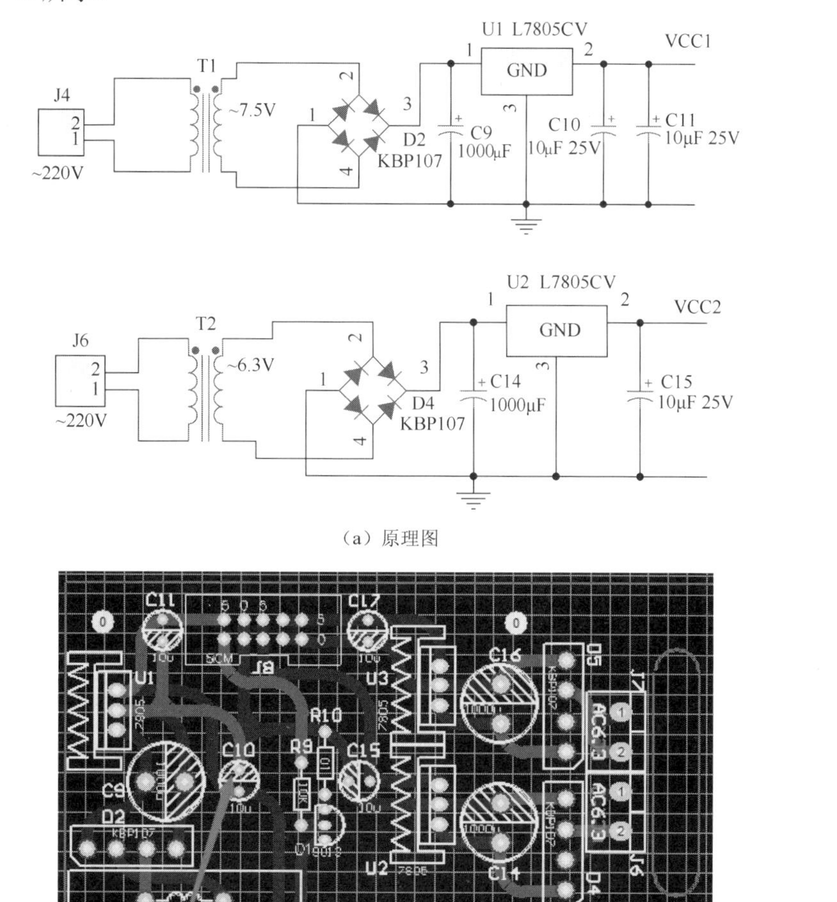

（a）原理图

（b）PCB 图

图 1-46（b）

图 1-46　两个变压器地的处理原理图和 PCB 图

任务 4　STC 单片机音频控制板 PCB 布局布线

1.4.1　PCB 布局

（1）根据 AutoCAD 外观结构图（如图 1-44 所示）用 Keep-Out Layer 画出 PCB 的外围尺寸。

（2）从检查好的原理图中导入元件和网络到 PCB 中，先检查元件有无错漏（最好用自己根据实物画的元件封装），然后对照原理图按输入/输出逐一检查网络有无错误（三极管的引脚顺序与实物对不上号是常见错误）。

（3）放置螺丝焊盘并固定（注意：螺丝孔的直径是 3mm，螺丝帽的直径是 5mm），因此焊盘孔径是 3mm×1.2=3.6mm（这里采用 3.5mm），外围直径是 5mm，如图 1-47 所示。

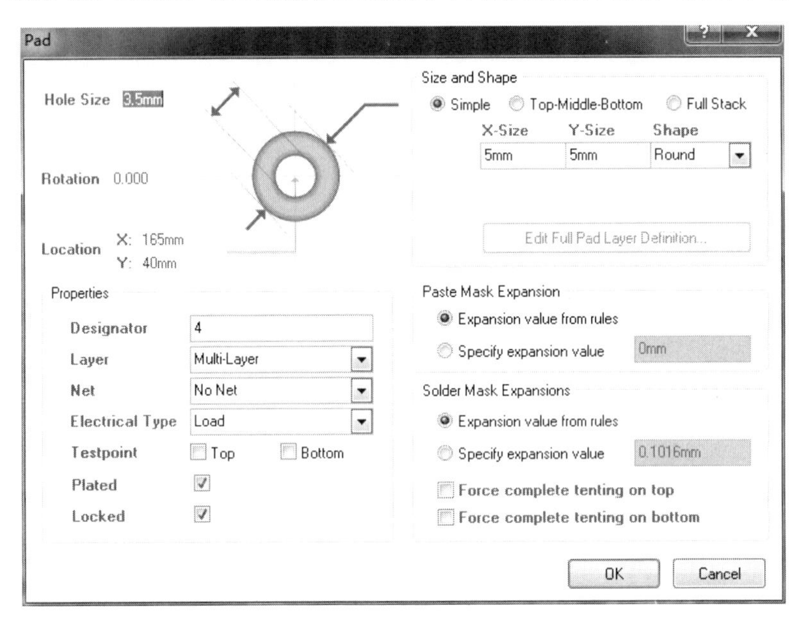

图 1-47 螺丝焊盘尺寸设置

注意：改完内孔尺寸之后可能会出现焊盘是绿色的情况，需要改一下规则，选择“Design Rules→Manufacturing→HoleSize”选项，把 Maximum 修改成比内孔设置尺寸大的尺寸，如图 1-48 所示。

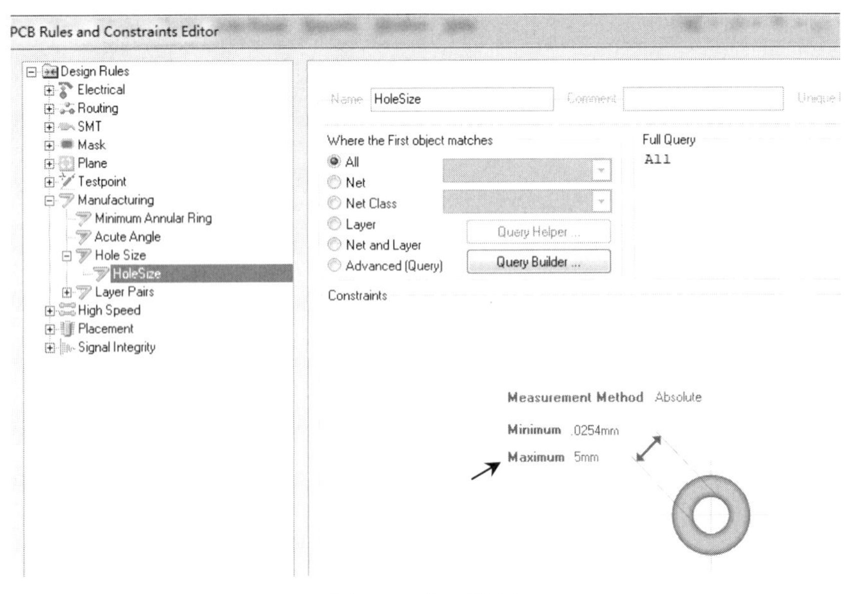

图 1-48 规则设置

（4）放置显示框并固定数码管。将数码管分成 3 个和 2 个，目的是使显示功能分开（USB＋音量），另外保证红外接收角度最大，如图 1-49 所示。

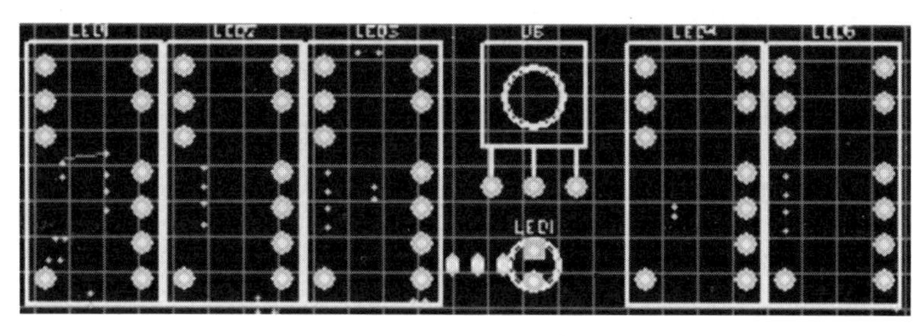

图 1-49

图 1-49　放置显示框并固定数码管

（5）放置按键，可在禁止布线层放置，也可放好按键后锁定。

（6）布局按模块划分，先找出主元件，再找出主元件的周边元件，做到“数字一边，模拟一边”。

（7）绘制 STC 控制板。PCB 采用双面板绘制，顶层（Top Layer）放的元件主要是功能性元件，有按键、数码管、红外接收器、蓝牙座；其他元件建议放在底层（方便调试）。

注意：

（1）尽量加大电源线、地线宽度，地线最好比电源线宽。标准的最小线宽约为 0.3mm，线到焊盘距离不应小于 0.3mm，部件到板边的距离约为 0.3mm，线到板边的距离约为 0.25mm，最小线间距标准约为 0.5mm。

（2）公共地线不应闭合，否则会引起电磁感应。

（3）相邻的两个贴片焊盘的距离不能小于 0.5mm。

（4）高频数字电路部分的导线应尽可能短而直，以避免自激。

（5）同一板中，除地线和电源线外，其他导线应尽量保持一致，避免突然变粗或变细。

（6）导线与焊盘的连线应平滑，要整齐且距离短。

（7）对于大功率电路，应该将那些发热元件（如功率管、变压器等）尽量靠边分散放置，便于热量散发，不要集中在一个地方，周围的元件应尽量保持距离。电位器、可调电感线圈、可变电容、微动开关等可调元件的布局应该考虑整机的结构要求，以方便调节为准。

（8）在双面板中要尽量减少过孔，过孔的标准直径为 0.3mm。

（9）覆铜时，插件、贴片的引脚和焊盘不要被全部覆盖，这样会扩大它的散热面积，元件会比较难焊或比较容易焊坏。

1.4.2　PCB 布局操作步骤

元件布局图如图 1-50 所示。

1．布局操作

（1）确定装配尺寸，包括 PCB 的外框尺寸及螺丝孔、数码管、LED 指示灯、红外接收器等的装配尺寸。

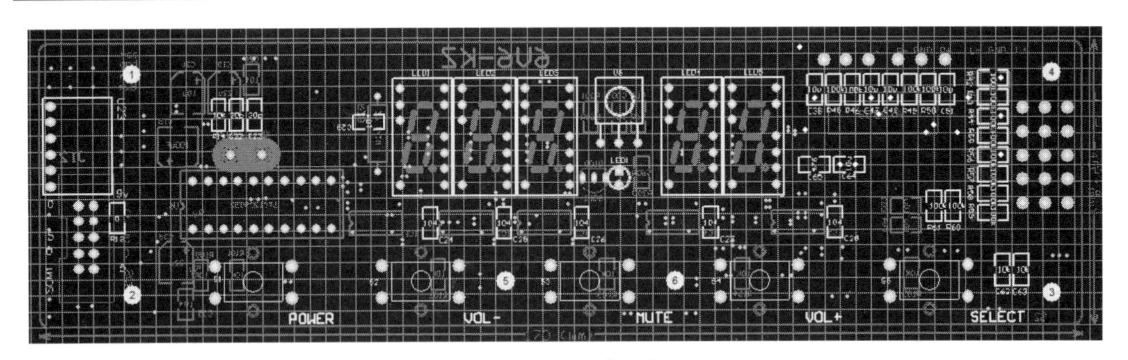

图 1-50 元件布局图

（2）确定元件的种类，根据原理图，元件按应用类型可分成数字类元件和模拟类元件。同时还可以细分为驱动、发光显示、贴片、插件等种类的元件。

图 1-50

① 数字类元件：CPU、晶振、驱动类元件（A13 达林顿管、74LS164A）、发光显示类元件（LED 指示灯、数码管）、按键、红外接收器、插件、电解电容贴片、1206 封装的阻容元件。

② 模拟类元件：AX2358、电解电容贴片、1206 和 1812 封装的阻容元件。

（3）对于整块板的元件布局，可以先分几个模块后，再根据需要进行细调。模块大致可分为单片机模块、数码管模块、音量控制模块、按键模块。

（4）元件的布局与走线对产品的寿命、稳定性、电磁兼容都有很大的影响，是应该特别注意的地方。放置与结构有关的固定位置的元件后，用软件的 LOCK 功能将其锁定，使之以后不会被误移动；再放置线路上的特殊元件和大元件，如发热元件、变压器、继电器、芯片等；最后放置电阻、电容等小元件。

（5）根据原理图，按信号走向布局，按输入/输出（如左边输入、右边输出）的顺序摆放元件，尽量保证方向一致，使得信号传输更加流畅。多个同类型元件，在条件许可的情况下，应保持横向或者纵向对齐，甚至等间距，做到整洁有序、美观大方。

2. 案例分析

驱动数码管需要驱动芯片提供足够的电流，两者的连线要短，以减少损耗。所以，在空间允许的情况下，两者要紧靠在一起，以避免干扰。晶振要紧挨着单片机。晶振的作用就是为系统提供一个时钟信号，它就是一个干扰源，所以它有一个金属的外壳，起屏蔽作用。它是一个高频的元件，容易产生辐射，它与单片机间的连线相当于天线，距离越大，射频程度就越大，所有要紧靠单片机，减少射频。数码管驱动布局图如图 1-51 所示。

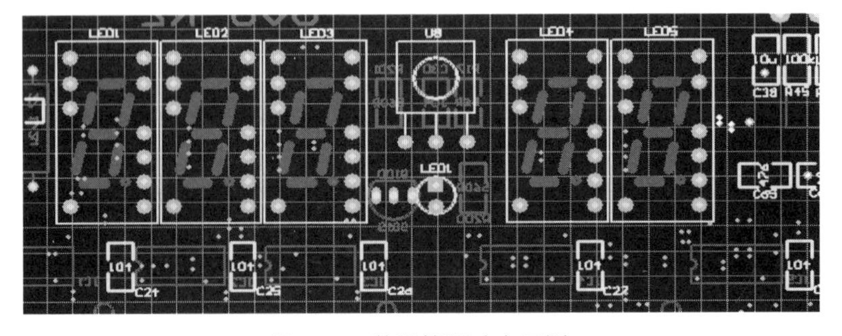

图 1-51

图 1-51 数码管驱动布局图

1.4.3　PCB 布线和覆铜

（1）走线要采用圆弧拐角，保证拐弯处线宽相同，保证电流顺畅通过。

（2）模拟电路部分与数字电路部分要隔开。模拟信号是一系列连续变化的信号，而数字信号是一系列断续变化的信号。数字信号的波形一般是矩形波，带有大量的谐波，如果不把两个信号分开，数字信号中的谐波很容易干扰到模拟信号的波形。当模拟信号为高频信号或者强信号时，也会影响数字电路的正常工作。所以，在既有数字电路又有模拟电路的系统中，数字电路产生的噪声会影响到模拟电路，使模拟电路中的小信号不稳定。解决办法就是把这两个信号分开，最后在电源地处用 0Ω 电阻把数字地和模拟地连接起来。

图 1-52（a）

PCB 布线效果如图 1-52 所示。

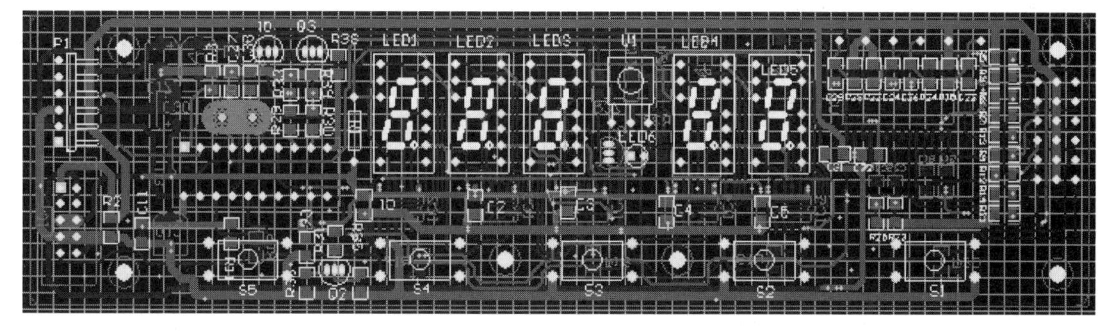

（a）效果图 a

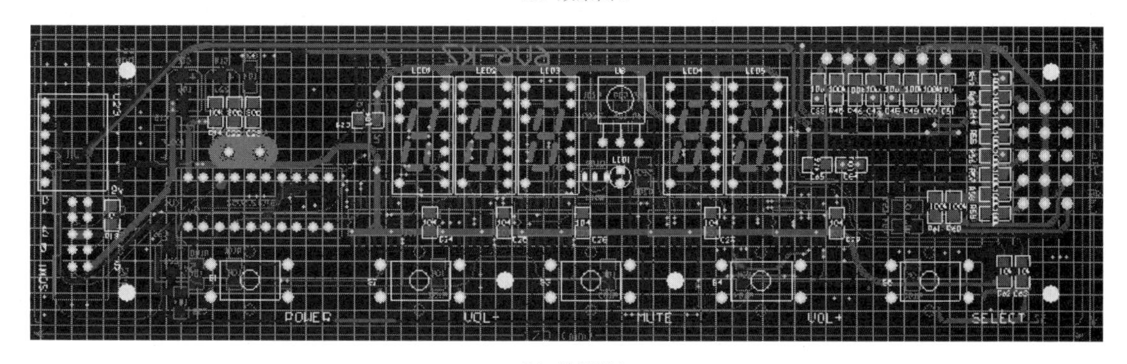

（b）效果图 b

图 1-52　PCB 布线效果

（3）顶层和底层都用实心铜箔覆铜时，分布电容较大，适合频率比较低的场合；顶层和底层都用网格铜箔覆铜时，分布电容相对较小，适合频率比较高的场合。覆铜的作用主要是保证信号线不受外界干扰，另外可以避免覆铜区域干扰源干扰外部。当然，和走线一样，数字地和模拟地最好分开覆铜（数字地覆网格铜箔、模拟地覆实心铜箔），且保证模拟地单点接地。单点接地的具体操作：例如，有多个焊盘节点都是 GND，如果需要单点接地，可以将需要连接的 GND 网络改成 GND1（需要在 DXP 软件的“Design→Netlist→Edit Netlist”选项中增加一个 GND1，然后将单点接地的 Pad 网络选择成 GND1），覆地网络用 GND1，就解决了单点接地的问题。覆铜常会

图 1-52（b）

分区域、分片区来覆，不同片区覆不同的网络。例如，模拟区域覆 AGND 网络，数字区域覆 GND 网络，可以先通过 Keep-Out 框包好相关区域（注意拐角用圆弧），再进行覆铜。

PCB 布线及覆铜效果图如图 1-53 所示。

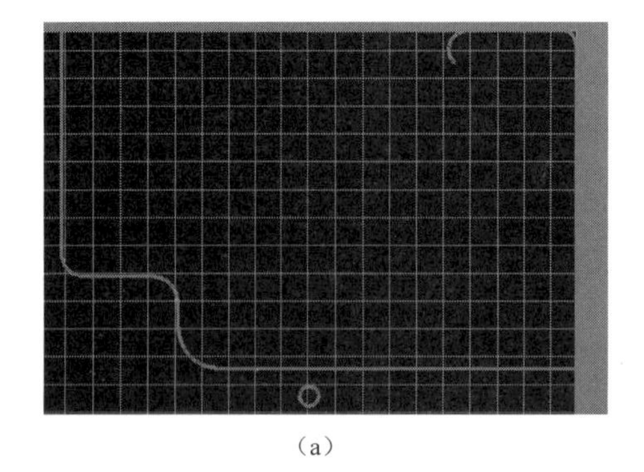

（a）

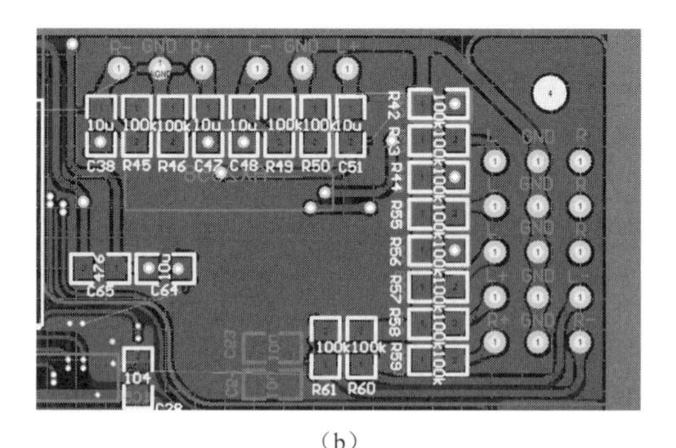

（b）

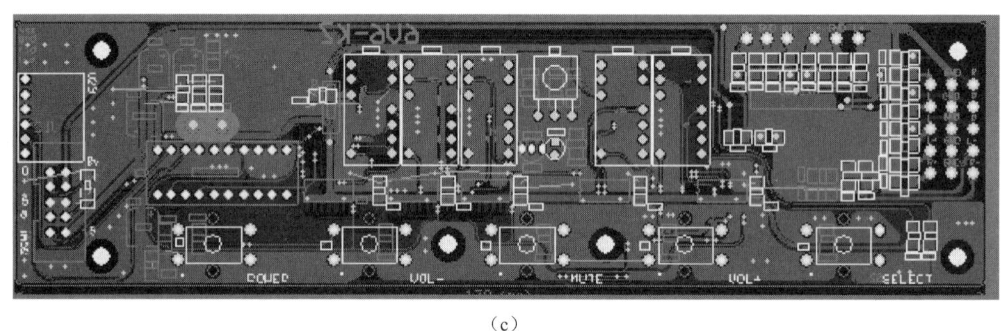

（c）

图 1-53 PCB 布线及覆铜效果图

图 1-53（a）

图 1-53（b）

图 1-53（c）

1.4.4 常用技巧

（1）查找元件：进入 PCB 图，在菜单栏中选择“Edit→Jump→Component”选项，弹出对话框，输入相应元件标号，光标会自动移动到相应元件上。或者按下快捷键“E+J+C”，在弹出的对话框中输入需要查找的元件标号。

（2）布线时横竖线相交时的处理方式如图 1-54（a）所示，其实更好的做法是将竖线与横线相交的左右两边都做成圆弧拐角，如图 1-54（b）所示。

（3）底层和顶层线路连接时要考虑工艺稳定性，最好设置两个过孔，如图 1-54（c）所示。

（4）在不形成地环路的前提下，增加覆铜面积及范围，如图 1-54（d）所示。

（5）左右声道相同的电路模块位置旁的覆铜，结构应尽量相同，相应位置距离铜箔接地点的距离应大致相等，如图 1-54（e）、图 1-54（f）所示。

（6）覆铜后仍然单点接地，如图 1-54（g）所示。

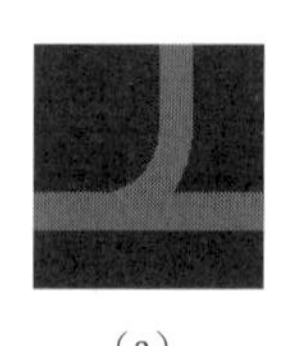

（a）

（b）

（c）

图 1-54 布线技巧

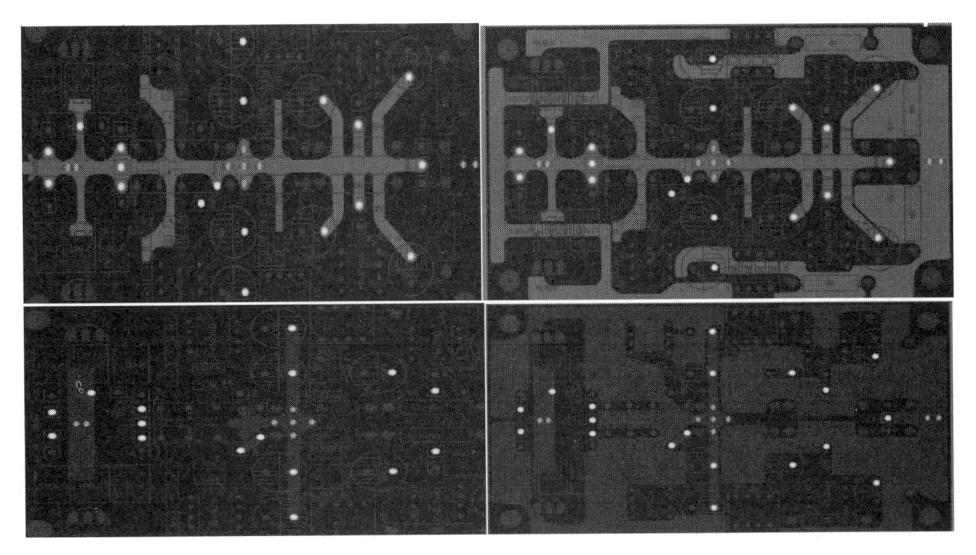

（d）

图 1-54（d）

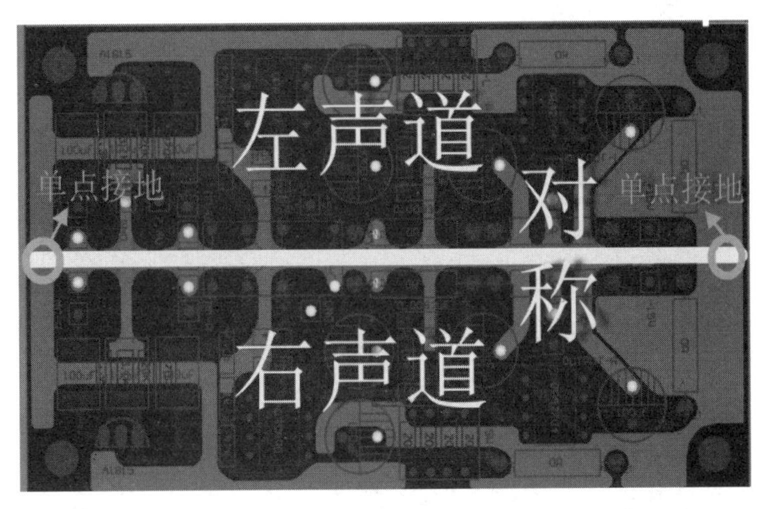

（e）

图 1-54（e）

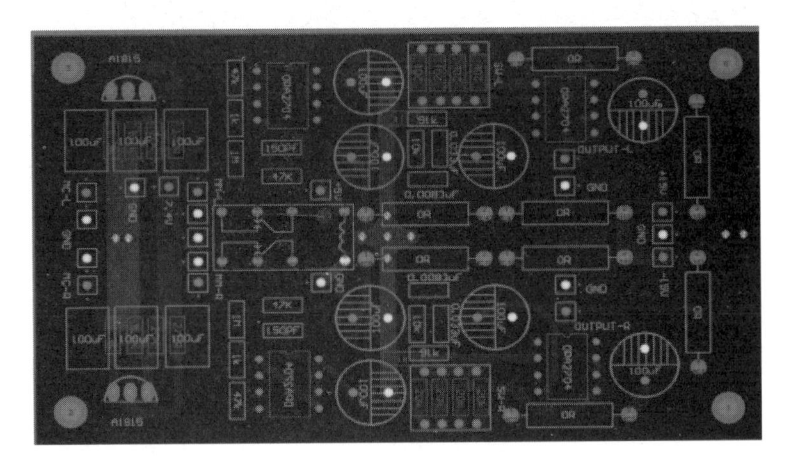

（f）

图 1-54　布线技巧（续）

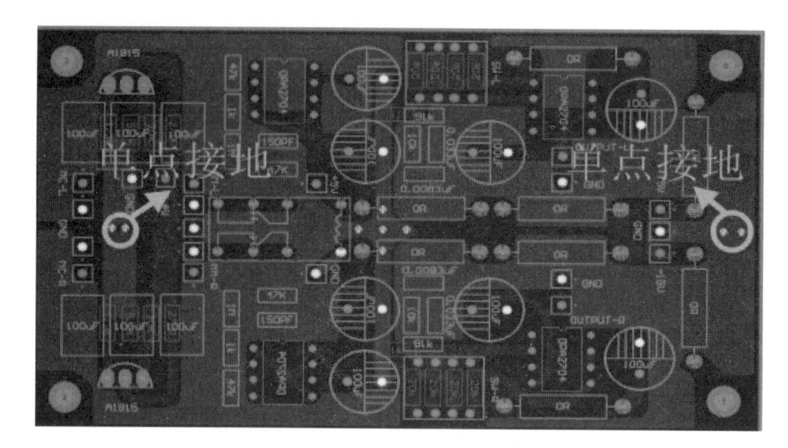

图 1-54（f）

（f）（续）

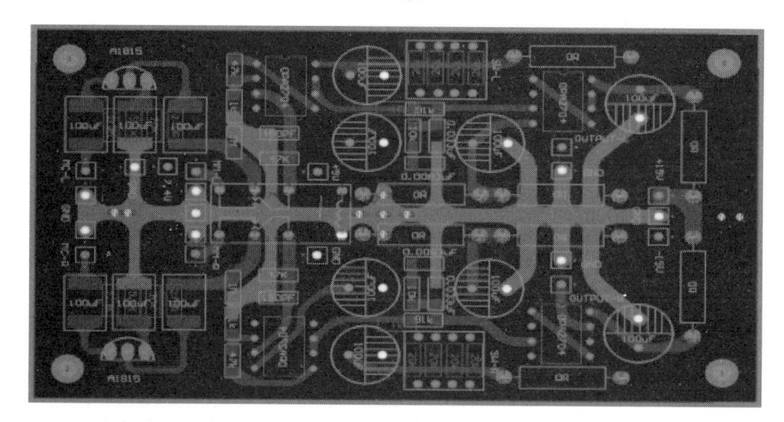

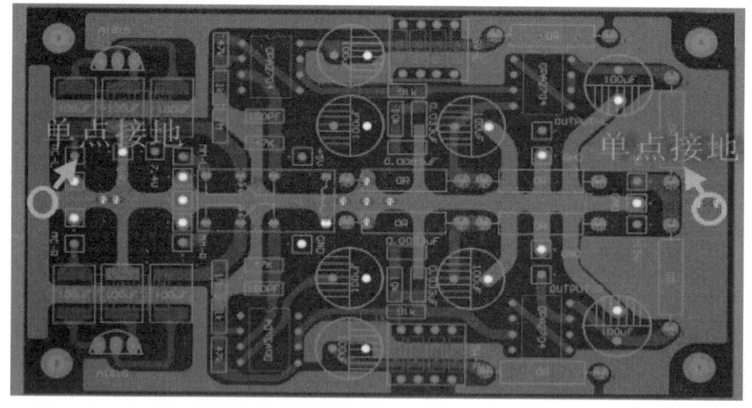

图 1-54（g）

（g）

图 1-54 布线技巧（续）

任务 5 PCB 工艺

1.5.1 PCB 工艺展示

PCB 制程工艺如表 1-4 所示。

表 1-4　PCB 制程工艺（参照深圳嘉立创有限公司）

项目	加工能力	工艺详解	图示
层数	1～6 层	层数是指 PCB 中的电气层数（覆铜层数）。目前嘉立创只接受 1～6 层板	
板材类型	FR-4 板	板材类型：纸板、半玻纤板、全玻纤（FR-4）板、铝基板，目前嘉立创只接受 FR-4 板	FR-4 Copper（铜箔） P片（玻璃纤维布+环氧树脂） Copper（铜箔）
最大尺寸	40cm × 50cm	嘉立创开料裁剪的工作板尺寸为 40cm × 50cm，通常允许的 PCB 设计尺寸在 38cm × 38cm 以内	
外形尺寸精度	±0.2mm	板子外形公差：±0.2mm	
板厚范围	0.4～2.0mm	嘉立创目前生产板子的厚度（单位：mm）：0.4/0.6/0.8/ 1.0/1.2/1.6/2.0	
板厚公差（T≥1.0mm）	± 10%	如板厚 T=1.6mm，则实物板厚为 1.44（T−1.6×10%）～1.76mm（T+1.6×10%）	
板厚公差（T<1.0mm）	±0.1mm	如板厚 T=0.8mm，则实物板厚为 0.7mm（T−0.1）～0.9mm（T+0.1）	
最小线宽	6mil（0.15mm）	线宽不得小于 6mil	6mil
最小间隙	6mil（0.15mm）	间隙不得小于 6mil	6mil
成品外层铜厚	35～70μm	默认常规电路板外层铜箔线路厚度为 35μm，最大为 70μm	以四层板为例 顶层：35μm Layer 2 Layer 3 底层：35μm
成品内层铜厚	17μm	电路板内层铜箔线路厚度统一为 17μm	以四层板为例 顶层 Layer 2：17μm Layer 3：17μm 底层
钻孔孔径（机械钻）	0.3～6.3mm	最小孔径为 0.3mm，最大孔径为 6.3mm，如果孔径大于 6.3mm，工厂要另行处理。机械钻头规格中，以 0.05mm 为一阶，钻孔孔径如 0.3mm，0.35mm，0.4mm	Minimum 0.3mm Maximum 6.3mm
过孔单边焊环	≥6mil（0.15mm）	若导电孔或插件孔单边焊环过小，但该处有足够大的空间，则不限制焊环单边的大小；若该处没有足够大的空间且走线密集，则最小单边焊环尺寸不得小于 6mil	Minimum 0.3mm 6mil

（续表）

项目	加工能力	工艺详解	图示
孔径公差（机械钻）	±0.08mm	如设计 0.6mm 孔径的孔，则实物板的成品孔径为 0.52～0.68mm 是合格的	
阻焊类型	感光油墨	感光油墨是现在用得最多的阻焊类型，热固油一般用在低档次的单面纸板中	绿油 红油 黄油 蓝油 白油 黑油
最小字符宽	6mil（0.15mm）	字符的宽度如果小于 6mil，那么实物板可能会因设计造成字符不清晰	C1 40mil 6mil
最小字符高	40mil（1mm）	字符的高度如果小于 40mil，那么实物板可能会因设计造成字符不清晰	C1 40mil 6mil
导线与外形间距	≥0.3mm/0.4mm	锣板线路层导线距板子外形线的距离不小于 0.3mm；V 割拼板线路层导线距 V 割拼板中心线的距离不小于 0.4mm	
拼板：无间隙拼板	0mm 间隙拼板	板与板之间的间隙为 0mm	
拼板：有间隙拼板	2.0mm 间隙拼板	有间隙拼板时，板与板之间的间隙不要小于 2.0mm，否则锣边时比较困难	
PADS 厂家覆铜方式	Hatch 方式覆铜	厂家采用还原覆铜（Hatch）方式覆铜，采用 PADS 软件进行设计的客户请务必注意	
软件中画槽	Outline	如果板上的非金属槽比较多，请用 Outline 画槽	
Protel DXP 软件中开窗层	Solder 层	少数工程师误将开窗层放到 Paste 层中，嘉立创对 Paste 层是不做处理的	

（续表）

项目	加工能力	工艺详解	图示
Protel/AD 外形层	用 Keep-Out 层或 Mechanical1 层	注意：一个文件只允许一个外形层存在，绝不允许两个外形层同时存在，请将不用的外形层删除，即画外形层时 Keep-Out 层或 Mechanical1 层两者只能选其一	
半孔工艺最小孔径	0.6mm	半孔工艺是一种特殊工艺，最小孔径为 0.6mm	
阻焊层开窗	0.1mm	阻焊即平时常说的绿油，嘉立创目前暂时不做阻焊桥	

1.5.2　PCB 干膜生产流程

PCB 干膜生产流程图如图 1-55 所示。

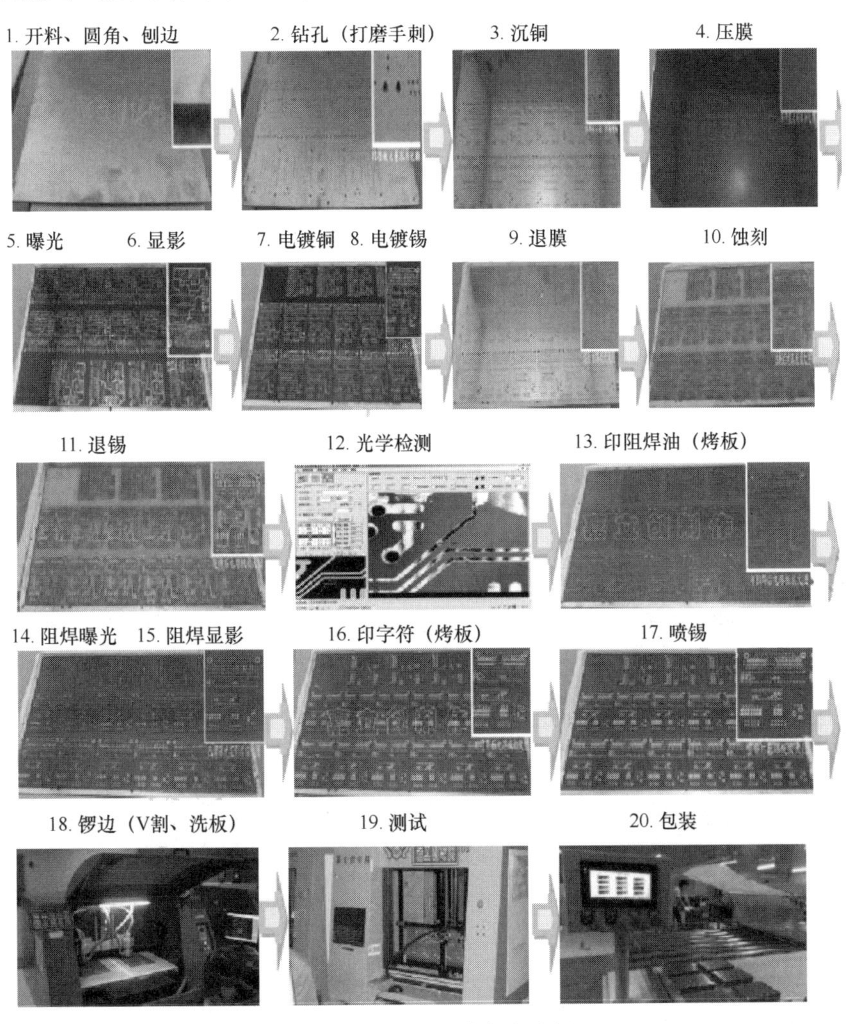

图 1-55　PCB 干膜生产流程

任务6 控制电路总体程序设计结构

1.6.1 模块化编程

模块化编程，就是多文件（.c 文件）编程，一个.c 文件和一个.h 文件（头文件）可以被称为一个模块。项目小组做一个相对较复杂的工程时，需要小组成员分工合作，一起完成项目，这就要求小组成员各自负责一部分工程。比如你可能只负责通信或者显示部分，这时，你就应该将自己的这部分程序写成一个模块，单独调试，留出接口供其他模块调用。最后，小组成员都将自己负责的模块写完并调试无误后，由项目组长进行组合调试。模块化编程的好处很多，不仅有利于分工，还有助于程序的调试，有利于程序结构的划分，能增加程序的可读性和可移植性。模块化程序框图如图 1-56 所示。

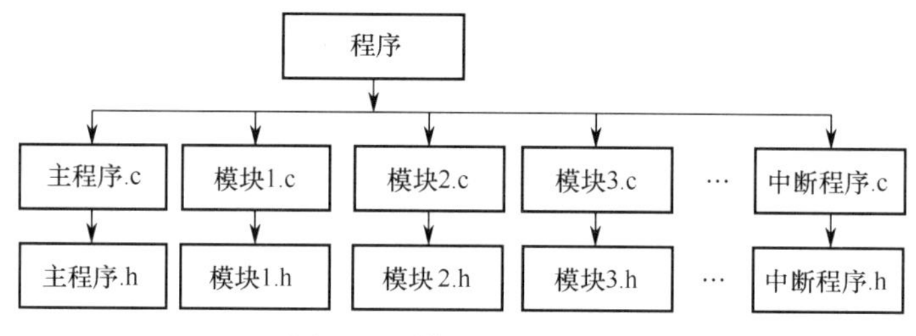

图 1-56 模块化程序框图

1. 模块化程序设计概述

（1）一个模块就是一个.c 文件和一个.h 文件的结合，图 1-56 中，.h 文件中的程序是对于该模块接口的声明程序；模块化编程的实现方法和实质是将一个功能模块的代码单独编写成一个.c 文件，然后把该模块的接口函数放在.h 文件中。

（2）某模块提供给其他模块调用的外部函数及数据需在.h 文件中以 extern 关键字声明。

（3）关键字 static（静态）的作用：在函数体中，一个被声明为静态的变量在这一函数被调用过程中维持其值不变。在模块内（但在函数体外），一个被声明为静态的变量可以被模块内所用函数访问，但不能被模块外其他函数访问。它是一个本地的全局变量。在模块内，一个被声明为静态的函数只可被这一模块内的其他函数调用，这个函数被限制在声明它的模块的本地范围内使用。

（4）不要在.h 文件中定义变量。

2. 模块化程序参数传递常用方法

（1）通过 extern 关键字传递。

例如，在 main.c 文件中定义：

```
unsigned char TwoIRKeyFlag=0
```

在 keymessage.c 文件中，若需要根据 main.c 文件对 TwoIRKeyFlag 做处理，则需要通过 extern 关键字在 keymessage.c 文件中定义：

```
extern unsigned char TwoIRKeyFlag
```

（2）通过 EEPROM 传递。

每次改变数值时，都将数值传送到 EEPROM 中存储起来，需要读取数值做处理时，再从 EEPROM 中读出相关数据，这种方式的缺点是耗时长，且 EEPROM 存储器故障会导致程序崩溃。

（3）通过函数调用传递。

变量的传递可通过函数调用完成。

例如，在 interrupt.c 文件中，有以下代码：

```
unsigned char Get_IRTime()
{
        return IR_Time;
}
```

在 keymessage.c 文件中调用：

```
IR_Time = Get_IRTime();
```

1.6.2 程序主要模块和功能简介

EEPROM 模块：包括开机次数、音量、音源选择等记忆程序，主要对 EEPROM 进行读/写，单片机每次上电后，将开机次数、音量、音源写入 EEPROM 中。

delay 模块：包括μs 延时程序、ms 延时程序，方便其他模块调用。

led_display 模块：数码管显示程序，通过 74LS164 进行“串入并出”操作，包括字节传送函数、显示更新函数、显示清除函数等。

lanya 模块：蓝牙模块，包括串口初始化函数、串口输出函数等。

FunctionAdcControl 模块：通过 A/D 方式对键盘按键进行扫描，确定键值。

KEYMESSAGE 模块：处理按键消息，执行按键事件指定的操作；对 POWER 键、VOL+键、VOL−键、MUTE 键、SELECT 键进行相应的操作。

AX2358 模块：数字电位器处理程序，通过 I2C 总线对模式、音量进行操作。

Hal_Config 模块：硬件中继模块，完成硬件开机后的初始化。

Interrupt 模块：中断模块，包括红外接收电路采用的外部中断 0、蓝牙模块采用的串口中断、按键时间计算采用的定时器中断等。

1.6.3 整机流程图

整机流程图如图 1-57 所示。

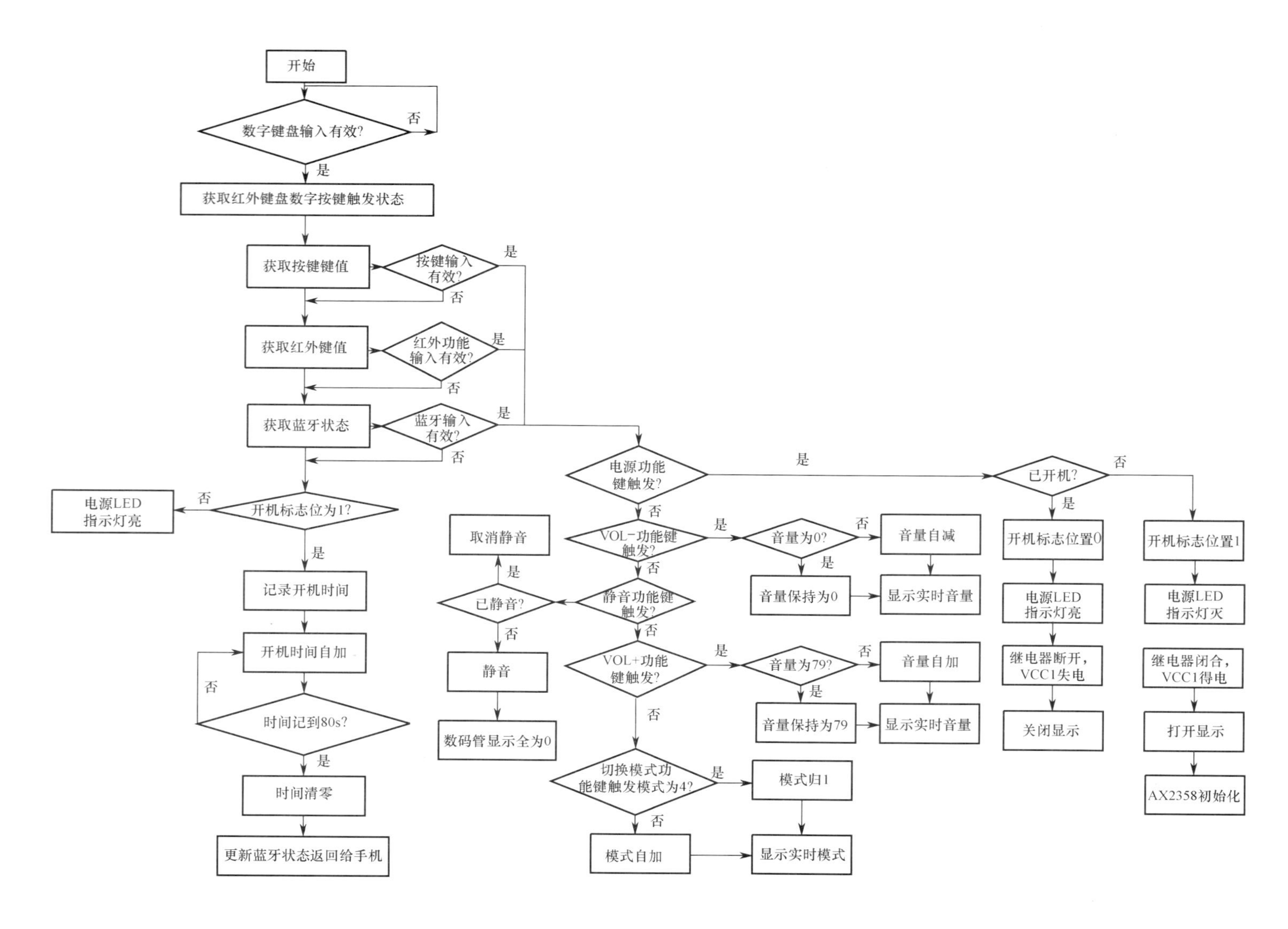
开始
数字键盘输入有效?
否
是
获取红外键盘数字按键触发状态
获取按键键值
按键输入有效?
获取红外键值
红外功能输入有效?
获取蓝牙状态
蓝牙输入有效?
开机标志位为1?
电源LED指示灯亮
记录开机时间
开机时间自加
时间记到80s?
时间清零
更新蓝牙状态返回给手机
电源功能键触发?
已开机?
开机标志位置0
电源LED指示灯亮
继电器断开，VCC1失电
关闭显示
开机标志位置1
电源LED指示灯灭
继电器闭合，VCC1得电
打开显示
AX2358初始化
VOL−功能键触发?
音量为0?
音量保持为0
音量自减
显示实时音量
静音功能键触发?
已静音?
取消静音
静音
数码管显示全为0
VOL+功能键触发?
音量为79?
音量保持为79
音量自加
显示实时音量
切换模式功能键触发模式为4?
模式归1
模式自加
显示实时模式

图 1-57 整机流程图

1.6.4　中断程序设计

1. C51 中断函数格式

C51 Keil 编译器中断函数语法格式如下：

```
void 函数名() interrupt 中断号 using 工作组
{
        中断服务内容
}
```

中断号是指单片机几个中断源的序号，这个序号是单片机识别不同中断的唯一标志。所以一定要写正确。

后面的“using 工作组”是指这个中断使用单片机内存中 4 组工作寄存器的哪一组，C51 编译后会自动分配工作组，因此最后这部分通常省略不写。

STC12C5052AD 共有 9 个中断源，每个中断源可设置 4 类优先级；在相同优先级下，各中断源执行顺序依次如下：

INT0（外部中断 0），C 语言编程：void Int0_Routeine(void)　interrupt0；

T0（T0 溢出中断），C 语言编程：void Timer0_Rountine(void) interrupt1；

INT1（外部中断 1），C 语言编程：void Int1_Routine(void) interrupt2；

T1（T1 溢出中断），C 语言编程：void Timer1_Rountine(void) interrupt3；

UART1（串口 1 中断），C 语言编程：void UART_Routine(void) interrupt4；

ADC（A/D 转换中断）、SPI（SPI 中断），C 语言编程：void ADC_SPI_Routine(void) interrupt5；

PCA（可编程计数器阵列中断）、LVD（低压检测中断），C 语言编程：void PCA_LVD_Routine(void)interrupt6。

1.6.5　程序编译配置和程序烧录的注意事项

安装 Keil 版本的 STC 仿真驱动，在 STC-ISP 右上方选择“Keil 仿真设置”选项卡，单击“添加型号和头文件到 Keil 中　添加 STC 仿真器驱动到 Keil 中”按钮，打开“浏览文件夹”对话框，在对话框中选择 Keil 安装文件夹，单击“确定”按钮即可，如图 1-58 所示。

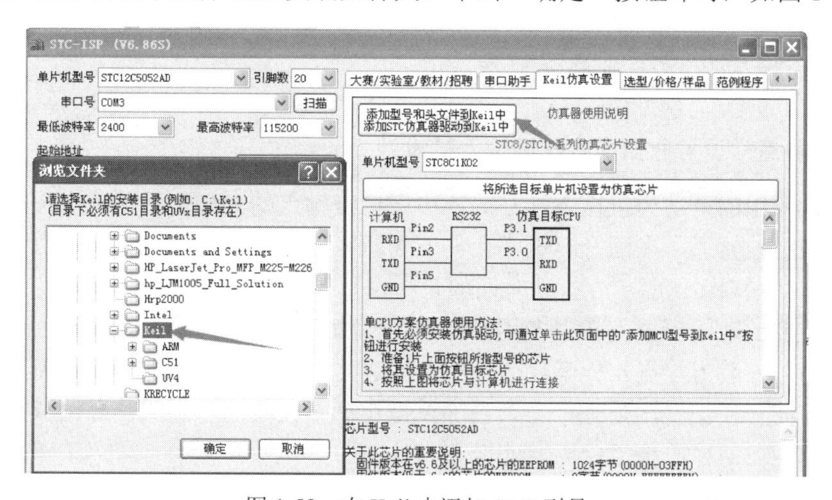

图 1-58　在 Keil 中添加 STC 型号

安装 USB 转串口的驱动，所需文件如图 1-59 所示。

图 1-59　安装 USB 转串口的驱动

系统时钟设置如图 1-60 所示，不选择内部时钟，因为红外遥控器的延时程序采用外部晶振（11.0592MHz）。

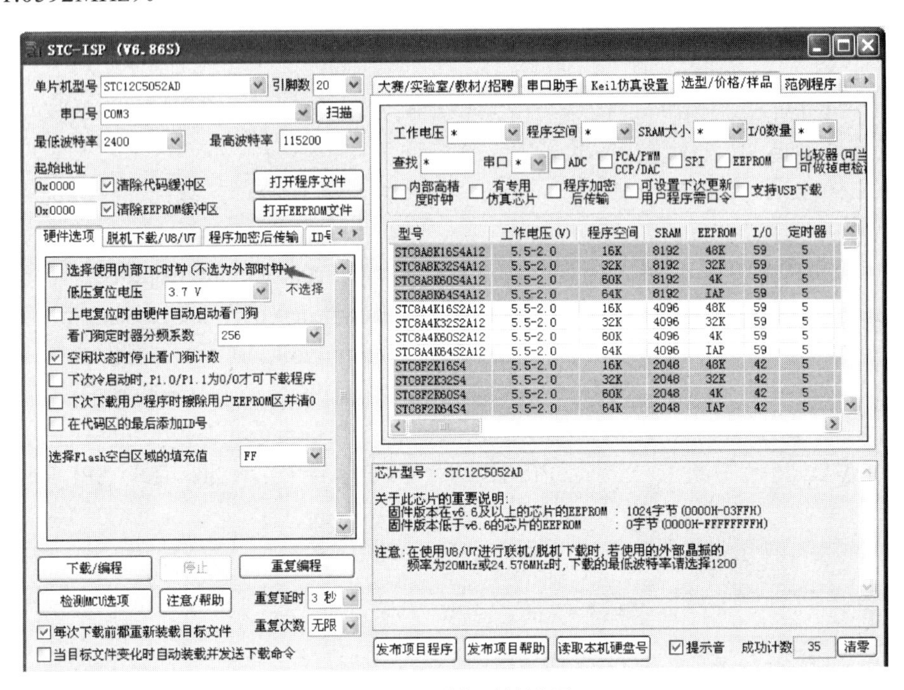

图 1-60　系统时钟设置

任务 7　按键原理图和程序设计

1.7.1　按键滤波法实现稳定操作

1. 机械触点常识与非扫描式按键输入的设计

通常按键所用的开关为机械弹性开关。由于机械触点的弹性作用，一个按键开关在闭合时不会马上稳定地接通，在断开时也不会一下子断开，因此在闭合及断开的瞬间均伴随有一连串的抖动，如图 1-61 所示。抖动时间的长短由按键的机械特性决定，一般为 5～10ms。这是一个很重要的时间参数，在很多场合都适用。稳定闭合时间的长短则是由操作人员的按键动作决定的，一般为零点几秒至数秒。按键抖动会引起一次按键被误读多次。为确保 CPU 对按键的一次闭合仅做一次处理，必须去除按键抖动。在按键稳定闭合时读取按键的状态，并且必须判别到按键释放稳定后再做处理。

1）按键消抖

常见的按键消抖办法为延时消抖。该办法假设按键被按下瞬间的机械抖动持续时间为一个固定的值，然后使用延时函数跳过抖动的时间，从按键状态稳定的时刻开始采样。

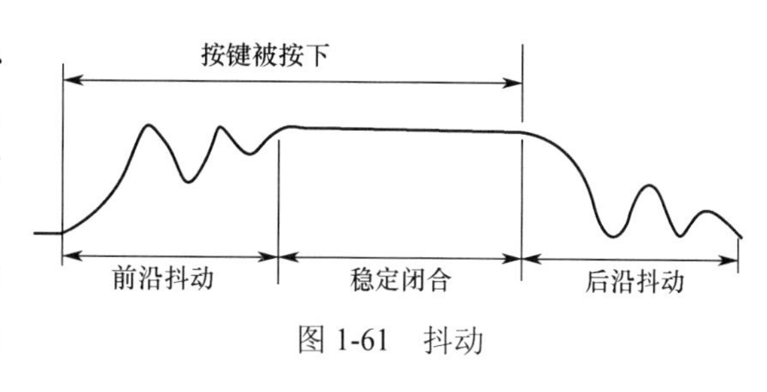

图 1-61　抖动

但是因为稳定闭合时间的长短是由操作人员的按键动作决定的，所以这个抖动的具体时间就不好确定了。推荐使用一种创新的办法实现精确的消抖。

按键消抖的原则如下：

（1）定位前沿抖动或后沿抖动的开始和结束时间；

（2）在稳定闭合时能够及时采样。

本着这两条原则，制定如下方案：

（1）创建存放各输入状态变量的数组 KeyFiltTimer[i]；

（2）取当前值和先前值比较，如果不同，表明读取的状态有抖动，抖动时不采样，反复用滤波定时常数 KEY_FILT_TC 重装 KeyFiltTimer[i]，只要 KeyFiltTimer[i]不为 0，就不会执行下面的操作。如果两次读取的结果相同，表明有可能已达到稳定状态，但不确定，我们认为如果连续 40 次读取结果保持稳定，才是真正的稳定。如果 KeyFiltTimer[i]从 KEY_FILT_TC 减到 0，表明该按键已连续 40 次输入稳定，开始采样。

（3）当按键状态稳定后，用新值代替旧值。新旧比较，如果不同，而且新值为 1，表明按键被弹起（按键值低有效）；如果不同，而且新值为 0，表明按键被按下。弹起与按下传送不同的信号出去，按下时还要进行连击检测，检测用户是否正在连击，按键是否有连击功能可以通过 KeyStrTimerEn[i]数组设置，判断一个按键是否被连击的常数是 KS_INIT_TC（首次）和 KS_CONT_TC（第二次开始）。

2）单片机程序设计

代码如下：

```
const uchar KeyMessageId[NUM_IN_KEY]={
                              POWER_KEY_DOWN, VOLM_KEY_DOWN, MUTE_KEY_DOWN,
                              VOLP_KEY_DOWN, SEL_KEY_DOWN};

const uchar ContStrikeMsg[NUM_IN_KEY]={0, VOLM_KEY_DOWN, 0, VOLP_KEY_DOWN, 0};
//创建按键输入状态变量表
uchar KeyState[NUM_IN_KEY]={0, 0, 0, 0, 0};          //各按键当前状态
uchar KeyFilterIn[NUM_IN_KEY]={0, 0, 0, 0, 0};       //各按键滤波器入口状态
uchar KeyFilterOut[NUM_IN_KEY]={0, 0, 0, 0, 0};      //各按键滤波器出口状态
uint KeyFiltTimer[NUM_IN_KEY]={0, 0, 0, 0, 0};       //各按键滤波器定时器
uint KeyStrikTimer[NUM_IN_KEY]={0, 0, 0, 0, 0};      //各按键连击定时器
uchar KeyStrTimerEn[NUM_IN_KEY]={0, 0, 0, 0, 0};     //各按键连击定时器使能

/***************************************************************************
函数名：KeyScan
```

描述:读入按键输入状态，对按键输入状态进行滤波，每当检测到按键输入事件时，便立即调用相应的函数予以处理。

输入:无

输出:无

返回:无

```
************************************************************************/
void KeyScan(void)
{
    uchar TempState,  KeyMessage;
    uchar        i;

    POWER_KEY=1;            //51 单片机 P1 口选择弱上拉时必须写 1 关闭 I/O 口
                            //内部场效应管才能准确读出状态
    VOLM_KEY=1;             //51 单片机 P1 口选择弱上拉时必须写 1 关闭 I/O 口
                            //内部场效应管才能准确读出状态
    MUTE_KEY=1;             //51 单片机 P1 口选择弱上拉时必须写 1 关闭 I/O 口
                            //内部场效应管才能准确读出状态
    VOLP_KEY=1;             //51 单片机 P1 口选择弱上拉时必须写 1 关闭 I/O 口
                            //内部场效应管才能准确读出状态
    SEL_KEY =1;             //51 单片机 P1 口选择弱上拉时必须写 1 关闭 I/O 口
                            //内部场效应管才能准确读出状态

    //读取按键输入状态
    KeyState[ID_POWER_KEY]=POWER_KEY;   //P1 & BS_STA_KEY;
    KeyState[ID_VOLM_KEY]=VOLM_KEY;     //PINC & BS_DIR_KEY;
    KeyState[ID_MUTE_KEY]=MUTE_KEY;     //P1 & BS_PERP_KEY;
    KeyState[ID_VOLP_KEY]=VOLP_KEY;     //P1 & BS_PERM_KEY;
    KeyState[ID_SEL_KEY]=SEL_KEY;       //P1 & BS_PATP_KEY;

    //测试按键输入状态并执行滤波操作
    for(i=0; i<NUM_IN_KEY; i++)
    {
        if(KeyState[i] ^ KeyFilterIn[i])
        {
            KeyFilterIn[i]=KeyState[i];
            KeyFiltTimer[i]=KEY_FILT_TC;
        }
        else
        {
            KeyFiltTimer[i]→;
            if(KeyFiltTimer[i]==0)
            {
                TempState=KeyFilterOut[i];
                KeyFilterOut[i]=KeyFilterIn[i];
                if(TempState  ^ KeyFilterIn[i])
                {
                    if(KeyFilterIn[i])
                    //松开按键，此时 I/O 口为高电平，按下按键，则 I/O 口为低电平
```

```
                    {
                        KeyMessage=KeyMessageId[i]+KEY_UP_BASE;
                        KeyStrTimerEn[i]=0;
                    }
                    else
                    {
                        KeyMessage=KeyMessageId[i];
                        KeyStrTimerEn[i]=ContStrikeMsg[i];
                        KeyStrikTimer[i]=KS_INIT_TC;
                    }
                    KeyMessageProc(KeyMessage);      //KeyMessagePro
                }
            }
        }
    }
}

/*************************************************************************
函数名: ContinueStrikeScan
描述:按键连击扫描函数。当按键第一次被按下时，经历 KS_INIT_TC 时间产生第一个连击消息，以
后每隔 KS_CONT_TC 时间便产生一个连击消息。
输入:无
输出:无
返回:无
*************************************************************************/
void ContinueStrikeScan(void)
{
    int i;
    for(i=0; i<NUM_IN_KEY; i++)
    {
        if(KeyStrTimerEn[i])
        {
            KeyStrikTimer[i]→;
            if(KeyStrikTimer[i]==0)
            {
                KeyMessageProc(KeyStrTimerEn[i]);
                KeyStrikTimer[i]=KS_CONT_TC;
            }
        }
    }
}
```

1.7.2 常见按键接法

单片机人机交互时，按键是最常见的输入方式。常见的按键电路有独立按键电路和动态

扫描的矩阵式按键电路两种。这里介绍独立按键电路，每个独立按键单独占用一根 I/O 线，每根 I/O 线上按键的状态不会影响其他 I/O 线的工作状态。按键通常一端接地，一端接 I/O 口，并通过上拉电阻上拉；当按键未被按下时，I/O 口由于上拉电阻的作用保持高电平；当按键被按下时，I/O 口接地，维持低电平。单片机通过 I/O 口的电平状态判断是否有按键被按下。独立按键常用接法如图 1-62 所示。

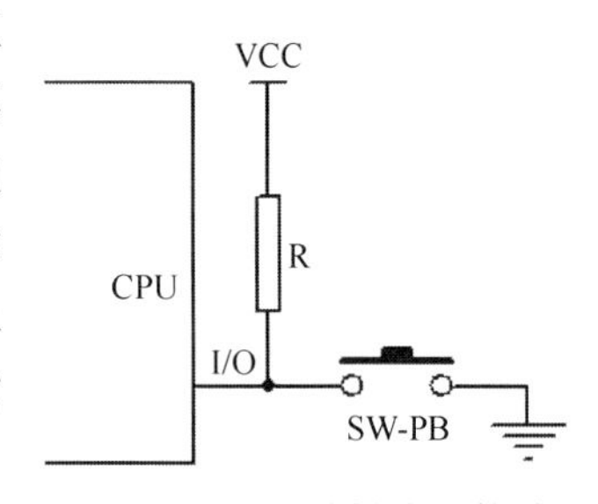

图 1-62 独立按键常用接法

图 1-63 是独立按键原理图，图中按键直接接地，没有接上拉电阻，原因是 STC 单片机初始化时可以设置成弱上拉形式，所有按键都接 P1（P1.2～P1.6）口。

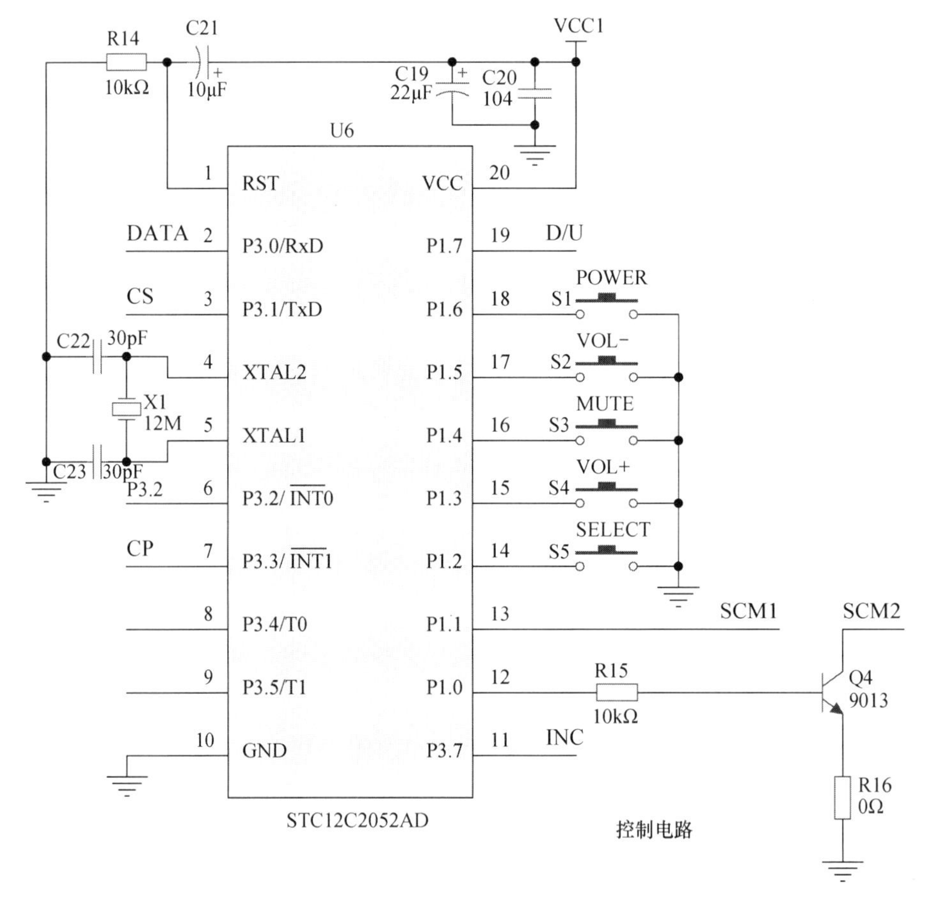

图 1-63 独立按键原理图

1.7.3 本项目按键实际接法

1. 单片机 ADC 按键实际接法原理图

本项目使用的 STC12C5052AD 单片机的 I/O 资源紧张，而其内部集成了 8 个 ADC，因此采用 ADC 按键接法，ADC 按键原理图如图 1-64 所示，图中，多个电阻串联分压，不同的按键对不同的电压进行 A / D 转换，根据转换结果，单片机就能识别按键了。

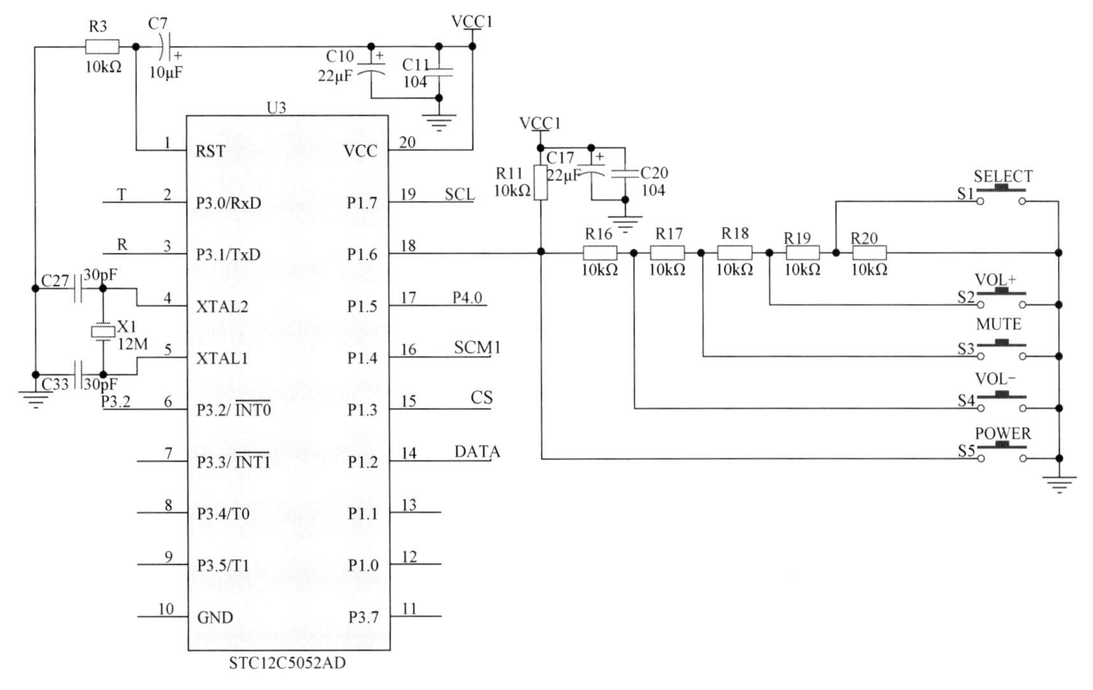

图 1-64　ADC 按键原理图

2. 识别按键源程序

代码如下：

```
#include <reg52.h>
#include "intrins.h"
#include "main.h"
#include "delay.h"
#include "FunctionAdcControl.h"
/***************
Initial ADC sfr
***************/
void InitADC()
{
    P1M0=0x40;                              //Set all P16 高阻
    P1M1=0x00;
    ADC_DATA=0;                             //Clear previous result
    ADC_CONTR=ADC_POWER | ADC_SPEEDLL;
    Delay (2);                              //ADC power-on and delay
}
/***************
Get ADC result
***************/
BYTE GetADCResult(void)
{
    ADC_CONTR=ADC_POWER | ADC_SPEEDLL | ch | ADC_START;
```

```
    _nop_();                        //Must wait before inquiry
    _nop_();
    _nop_();
    _nop_();
    while(!(ADC_CONTR & ADC_FLAG));     //Wait complete flag
    ADC_CONTR&=~ADC_FLAG;               //Close ADC
    return ADC_DATA;                    //Return ADC result
}

unsigned char FunctionkeyControl(void)
{
    float VoltageValue;
    unsigned char KeyID;
    VoltageValue=((GetADCResult())*4.961)/256;
    if(VoltageValue<0.5)          //控制关机与开机
    {
        delayms(20);
        if(VoltageValue<0.5)
        {
            KeyID=POWER_KEY_DOWN;
            delayms(2000);
        }
    }

    else if(2.2<VoltageValue&&VoltageValue<2.8)      //控制音量减小
    {
        delayms(20);
        if(2.2<VoltageValue&&VoltageValue<2.8)       //控制音量减小
        {
            KeyID=VOLM_KEY_DOWN;
            delayms(1500);
        }
    }
    else if(2.8<VoltageValue&&VoltageValue<3.5)      //控制静音
    {
        delayms(20);
        if(2.8<VoltageValue&&VoltageValue<3.5)       //控制静音
        {
            KeyID=MUTE_KEY_DOWN;
            delayms(2000);
        }
    }
    else if(3.5<VoltageValue&&VoltageValue<3.9)      //控制音量增大
    {
        delayms(20);
```

```
        if(3.5<VoltageValue&&VoltageValue<3.9)        //控制音量增大
        {
            KeyID=VOLP_KEY_DOWN;
            delayms(1500);
        }
    }
    else if(3.9<VoltageValue&&VoltageValue<4.1)       //控制音频输入的种类
    {
        delayms(20);
        if(3.9<VoltageValue&&VoltageValue<4.1)        //控制音频输入的种类
        {
            KeyID=SEL_KEY_DOWN;
            delayms(2000);
        }
    }
    else
    {
        KeyID=200;
    }
    return KeyID;
}

/***************
Software delay function
***************/
void Delay(WORD n)
{
    WORD x;

    while(n*)
    {
        x=5000;
        while(x*);
    }
}
```

任务 8　红外遥控解码应用编程

红外遥控是目前使用最广泛的一种通信和遥控手段。由于红外遥控装置具有体积小、功耗低、功能强、成本低等特点，因此，继彩色电视机、录像机之后，录音机、音响设备、空调及玩具等其他小型电器装置也纷纷采用红外遥控方式。工业设备中，在高压、辐射、有毒气体、粉尘等环境下，采用红外遥控方式不仅安全可靠，而且能有效地隔离电气干扰。

1.8.1 红外遥控系统原理

1. 红外遥控系统

通用红外遥控系统由发射和接收两大部分组成，应用编/解码专用集成电路芯片来进行控制操作。发射部分包括键盘矩阵、编码和调制、LED 红外发射器，接收部分包括光电转换放大器、解调、解码电路。红外遥控系统框图如图 1-65 所示。

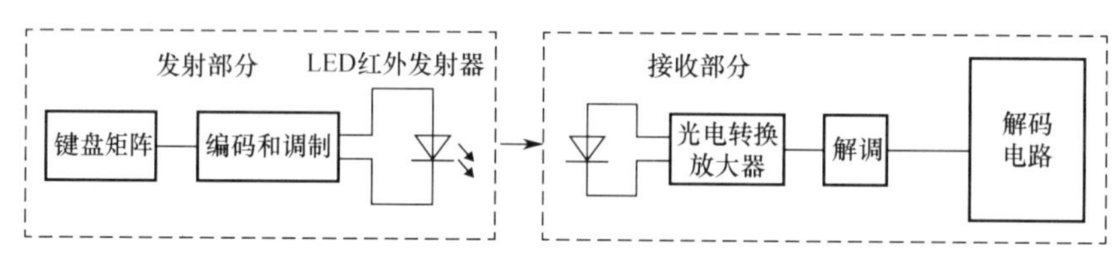

图 1-65 红外遥控系统框图

2. 红外发射原理

1）波形

红外遥控专用芯片很多，根据编码格式可以分成两大类，这里我们以运用比较广泛、解码比较容易的一类来说明。现以由日本 NEC 的红外遥控编码芯片 uPD6121G 组成的发射电路为例说明编码原理（一般家庭用的 DVD、VCD、音响等都使用这种编码芯片）。当红外遥控器上的按键被按下时，它发出的波形如图 1-66 所示。

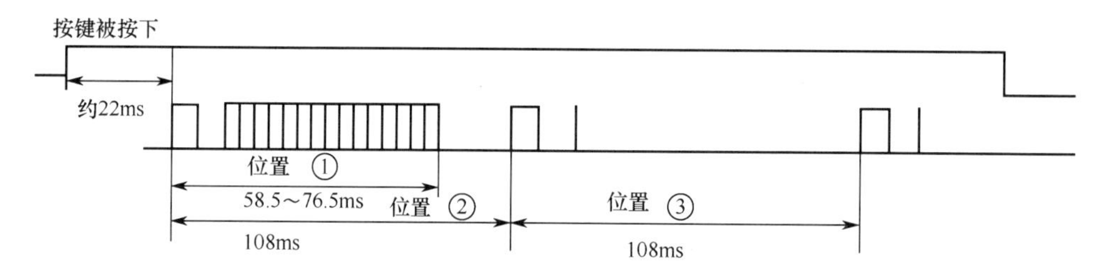

图 1-66 红外遥控器发出的波形

由图 1-66 可知，当一个按键被按下超过 22ms 时，振荡器使芯片激活，将发射一组 108ms 的编码脉冲（如位置②所示）。如果按键被按下超过 108ms 仍未松开，接下来发射的编码脉冲（连发编码脉冲，如位置③所示）将仅由起始码（9ms）和结束码（4.5ms）组成。位置①放大后的波形如图 1-67 所示。

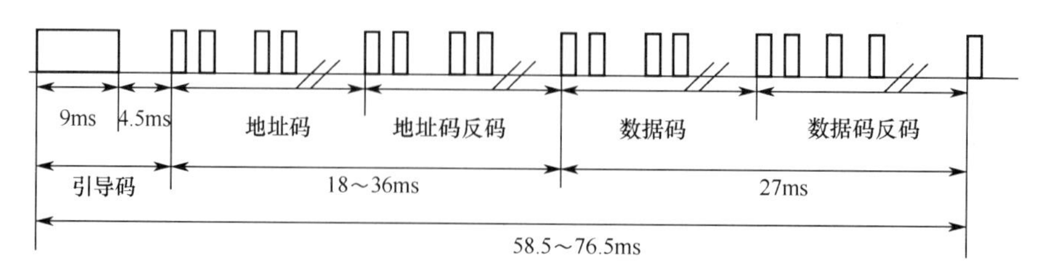

图 1-67 位置①放大后的波形

由位置①放大后的波形可知，108ms 的编码脉冲由引导码［起始码（9ms）、结束码

(4.5ms)]，8 位地址码（用户识别码，9～18ms），8 位地址码反码（用户识别码反码，9～18ms），8 位数据码（键值数据码，9～18ms）和 8 位数据码反码（键值数据码反码，9～18ms）组成。

2）编码格式

红外遥控器发射的信号由一串包含“0”和“1”的二进制代码组成，不同的芯片对“0”和“1”的编码有所不同，通常有曼彻斯特编码和脉冲宽度编码两种。XS-091 遥控板的“0”和“1”采用 PWM（脉冲宽度调制）方法编码。图 1-68 为一个发射波形编码示例。

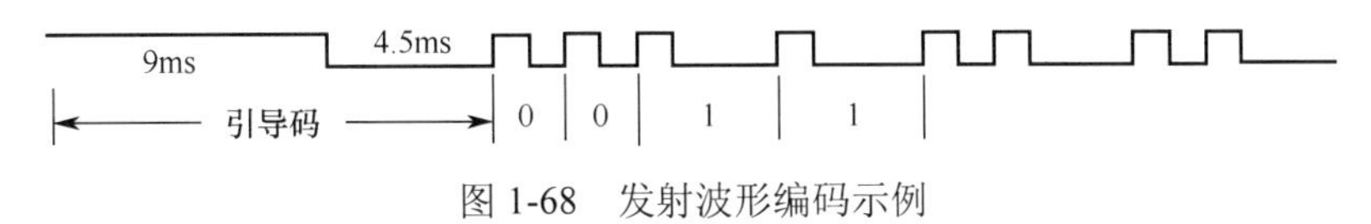

图 1-68　发射波形编码示例

“0”和“1”放大后的波形如图 1-69 所示。这种采用脉冲宽度调制编码的串行码有如下特征：以脉宽为 0.565ms、间隔为 0.56ms、周期为 1.125ms 的组合表示二进制数“0”；以脉宽为 0.565ms、间隔为 1.685ms、周期为 2.25ms 的组合表示二进制数“1”（注意：此处为红外遥控器发射部分“0”和“1”的波形，而接收部分“0”和“1”的波形则与此处的波形分别相反）。

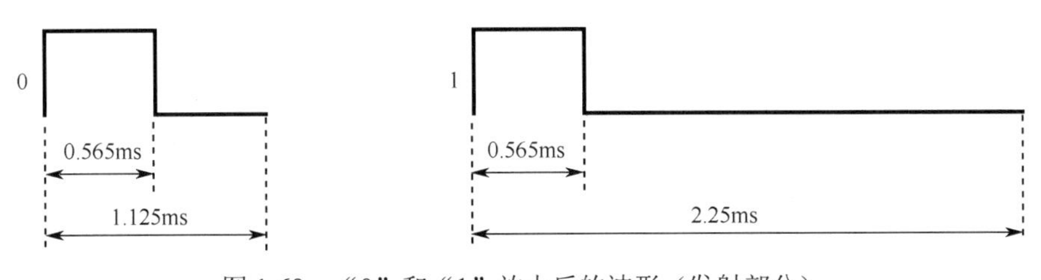

图 1-69　“0”和“1”放大后的波形（发射部分）

3. 红外接收原理

红外遥控器发射信息时，首先将上述“0”和“1”组成 32 位二进制码，经 38kHz 的载频进行二次调制，以提高发射效率，达到降低电源功耗的目的。然后通过红外发射二极管产生红外信号向空间发射。红外接收头接收信息时对 38kHz 载波信号进行过滤，接收到的波形刚好与发射波形相反。编码数据、38kHz 载波、发射数据、接收解码如图 1-70 所示。

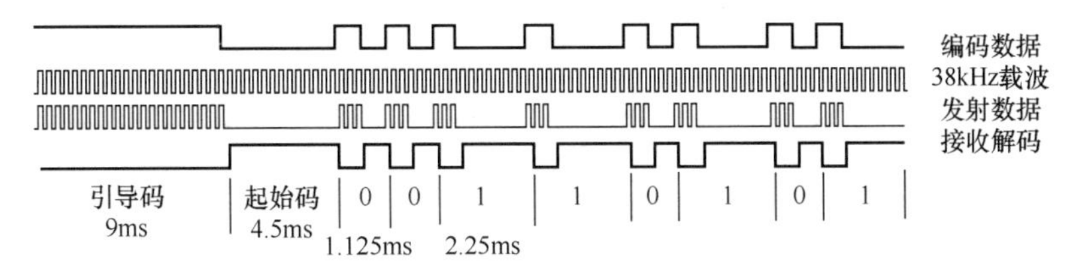

图 1-70　编码数据、38kHz 载波、发射数据、接收解码

接收部分“0”和“1”放大后的波形如图 1-71 所示。

红外接收头接收到的编码波形如图 1-72 所示。uPD6121G 产生的遥控编码是连续的 32 位二进制码，其中前 16 位为 8 位地址码及其反码，能区别不同的设备，防止不同机种遥控码互相干扰。该芯片的地址码固定为十六进制数 01H；后 16 位为 8 位数据码及其反码。uPD6121G 最多有 128 种不同组合的编码。

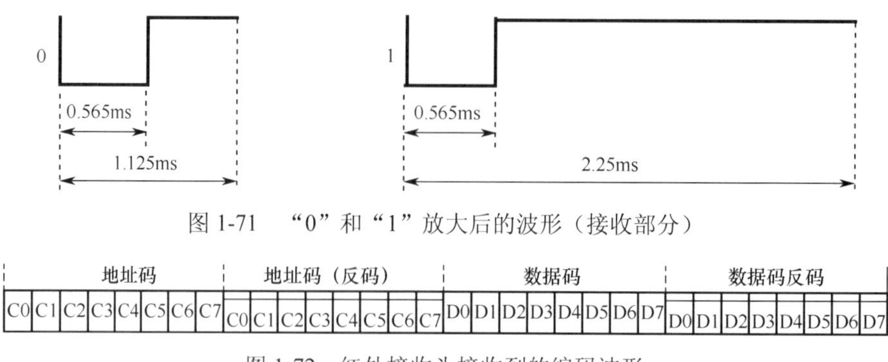

图 1-71 “0”和“1”放大后的波形（接收部分）

图 1-72 红外接收头接收到的编码波形

接收电路使用一种集红外接收和放大于一体的红外接收器，不需要任何外接元件，就能完成从红外接收到输出（与 TTL 电平信号兼容）的所有工作，其体积和普通的塑封晶体三极管基本一样，它适用于各种红外遥控和红外数据传输场合。红外接收器对外有 3 个引脚：OUT、GND、VCC，与单片机连接非常方便，红外接收器 HS0038B 的引脚如图 1-73 所示。

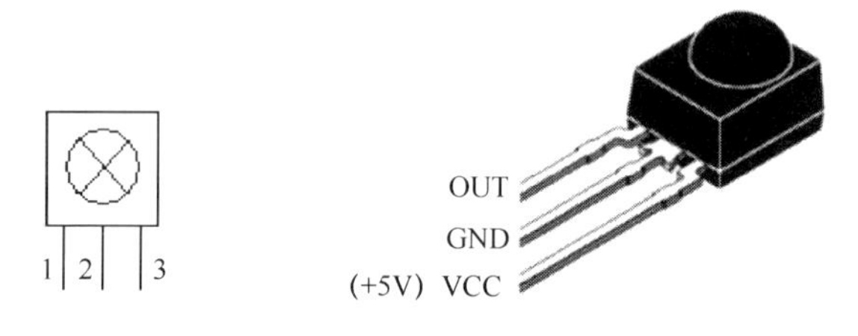

图 1-73 红外接收器 HS0038B 的引脚

红外接收器 HS0038B 的引脚说明如下：

（1）1 脚，OUT 为脉冲信号输出端，接单片机的 I/O 引脚；

（2）2 脚，GND 接地；

（3）3 脚，VCC 接+5V 电源。

1.8.2 解码原理及算法

1. 代码宽度算法

红外接收 16 位地址码的最短宽度为：1.125×16=18ms。

16 位地址码的最长宽度为：2.25ms×16=36ms。

8 位数据码及 8 位数据码反码的宽度和不变：(1.125ms+2.25ms)×8=27ms。

因此，所有 32 位编码的宽度范围为：(18+27)～(36+27)ms，即 45～63ms。

红外信号对于很多电子爱好者来讲非常神奇，它看不到、摸不着，但能实现无线遥控，其实控制的关键就是我们要用单片机芯片来识别红外遥控器发出的红外信号，即我们通常所说的解码。单片机得知发过来的是什么信号，然后做出相应的判断与控制，如我们按电视机遥控器上的按键时，单片机会控制更换电视频道，如果按的是遥控器上的音量键，则单片机会控制增减音量。

2. 解码的关键

解码的关键是识别“0”和“1”。从位的定义我们可以发现“0”和“1”均以 0.565ms 的低电平开始，不同的是高电平的宽度：“0”为 0.56ms，“1”为 1.685ms，所以必须根据高电平的宽度区别“0”和“1”。

如果从 0.565ms 的低电平后开始延时，0.56ms 以后，若读到的电平为低电平，说明该位为“0”，反之则为“1”。可靠起见，延时必须比 0.56ms 长些，但又不能超过 1.125ms，否则如果该位为“0”，读到的已是下一位的“1”，因此取(1.125ms+0.56ms)/2≈0.84ms 最为可靠，一般取 0.84ms 左右均可。根据编码的格式，应该等待 9ms 的起始码和 4.5ms 的结束码完成后才能读码。

1.8.3　原理图及红外程序

红外接收电路如图 1-74 所示，接收到的信号通过 OUT 引脚连接单片机的 P3.2 引脚。

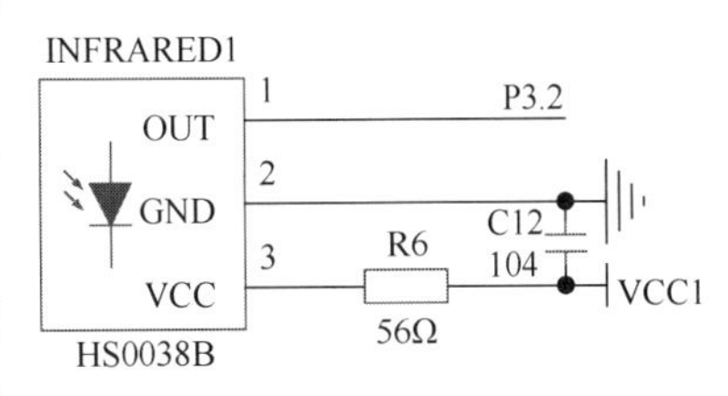

图 1-74　红外接收电路

红外遥控发射芯片采用 PPM（脉冲位置调制）编码方式，当红外发射器按键被按下后，将发射一组 108ms 的编码脉冲。通过对地址码的检验，每个红外遥控器只能控制一个设备动作，这样可以有效地防止多个设备之间的干扰。地址码后面还有数据码和数据码反码，用来检验地址码接收的正确性，防止误操作，增强系统的可靠性。引导码是起始部分，单片机采用外部中断 INTI 引脚和红外接收头的信号线相连，中断方式为边沿触发方式，用定时器 0 计算中断的间隔时间来区分引导码、二进制“1”“0”码，并将 8 位数据码提取出来在数码管上显示。

红外程序如下：

```
#include "Interrupt.h"
#include "main.h"

unsigned int LanYa_Key;
unsigned char  Blue_Tooth=0;
unsigned char  Infrared=0;
unsigned char  IR_Time=0;
bit Time_Flag=0;
bit BlueTooth_Flag=1;
bit Disturb=0;
uchar  RXDDATA[4]={0x00,0x00,0x00,0x00};  //存放接收到的四组红外编码
uchar RXDDATA1[4]={0x00,0x00,0x00,0x00};
/**************************************************************
** 函数名称:ser()
** 功能说明:蓝牙中断函数
** 输入参数:无
** 输出参数:无
** 返回参数:无
```

```
** 注    意:无
**************************************************************/
void BlueTooth_Receive() interrupt 4
{
        ES=0;
        RI=0;
        LanYa_Key=SBUF;
        switch(LanYa_Key)         //判断数据码，根据不同的数据码做出不同的选择
        {
                case 67:Blue_Tooth=POWER_KEY_DOWN; break;       //电源
                case 65:Blue_Tooth=VOLP_KEY_DOWN;  break;       //音量加
                case 68:Blue_Tooth=MUTE_KEY_DOWN;  break;       //静音
                case 66:Blue_Tooth=VOLM_KEY_DOWN;  break;       //音量减
                case 69:Blue_Tooth=SEL_KEY_DOWN;       break;   //模式切换
                case 'O':BlueTooth_Flag=NEW_REFRESH; break;     //手机显示
                                                               //更新蓝牙标志位
                default:Blue_Tooth=BLUETOOTH_IDLE;      break;
        }
        ES=1;
}

bit Get_BlueTooth_Flag()
{
        return BlueTooth_Flag;
}

unsigned char Get_BlueTooth_Num()
{
        return Blue_Tooth;
}
void Clear_BlueTooth_Num()
{
        Blue_Tooth=BLUETOOTH_IDLE;
}
/*************************************************************
 ** 函数名称:intt_0()
 ** 功能说明:红外中断函数
 ** 输入参数:无
 ** 输出参数:无
 ** 返回参数:无
 ** 注    意:红外遥控发射芯片采用 PPM 编码方式
*************************************************************/
void intt_0() interrupt 0
//下降沿触发:接收不到红外信息时，OUT 为高电平，接收到红外信息时，OUT 为低电平
{
        uchar four, one, num=0;
        uint TimeTempL=0, TimeTempH=0, TimeTempDatL=0;
        uchar tempdata=0;
```

```
EX0=0;          //关中断 0 使能，防止处理过程中再接收红外信号
IE0=0;
delayms(2);     //延时 2ms，防干扰
if(IR_GET)      //再检测红外接收器(9ms 的引导低电平)，若为高电平，则说明是干扰
{
        EX0=1;  //使能中断 0
        return; //退出中断程序
}
while((!IR_GET)&&(TimeTempL<65000)) TimeTempL++;
//等 IR 变为高电平时，跳过 9ms 的引导低电平
Delay2500us();
if(IR_GET==0)                      //红外连按处理
{
        delayms(800);              //红外连按处理过快的处理
        switch(RXDDATA1[2])        //根据不同的数据码做出不同的选择
        {
          case 0x09:Infrared=VOLP_KEY_DOWN;   break;
          case 0x15:Infrared=VOLM_KEY_DOWN;   break;
          default:Infrared=INFRARED_IDLE;     break;
        }
        delayms(700);                 //红外连按处理过快的处理
}
else
{
        while((IR_GET)&&(TimeTempH<65000)) TimeTempH++;
        //等 IR 变为低电平，跳过 4.5ms 的引导高电平
        for(four=0; four<4; four++)           //四组数据
        {
                for(one=0; one<8; one++)     //每组数据 8 位
                {
                        while((!IR_GET)&&(TimeTempDatL<65000))
                                TimeTempDatL++;
                        //等 IR 变为高电平时，跳过低电平
                        Delay1ms();           //精确延时 1ms
                        if((IR_GET==1))
                //检测到高电平 1，说明该位为 1，延时 1ms 等待脉冲高电平结束
                        {
                                tempdata|=(1<<one);
                                Delay1ms();
                        }
                        else
                                tempdata&= ~(1<<one);
                        // 检测到低电平 0，说明该位为 0，继续检测下一位
            }//全部四组数据接收结束
            RXDDATA[four]=tempdata;
        }
        if(RXDDATA[2]!=~RXDDATA[3])  //检测接收到的数据不正确
        {
                EX0=1;         //使能中断 0
```

```
                EA= 1;     //处理完红外接收，使能中断 0，退出中断 0
                return;    //退出中断
            }
            else   //如果接收正确
            {
                if(RXDDATA[0]==0x00)    //地址码判断
                {
                    RXDDATA1[2]=RXDDATA[2];
                    switch(RXDDATA[2])   //根据不同的数据码做出不同的选择
                    {
                    case 0x45:Infrared=POWER_KEY_DOWN;
                    if(IR_Time!=0) Disturb=1;    break;   //电源开机
                    case 0x09:Infrared=VOLP_KEY_DOWN;
                    if(IR_Time!=0) Disturb=1;    break;   //音量加
                    case 0x47:Infrared=MUTE_KEY_DOWN;
                    if(IR_Time!=0) Disturb=1;    break;   //静音
                    case 0x15:Infrared=VOLM_KEY_DOWN;
                    if(IR_Time!=0) Disturb=1;    break;   //音量减
                    case 0x19: Infrared=SEL_KEY_DOWN;
                    if(IR_Time !=0) Disturb=1;   break;
                    //输入模式切换
                    case 0x07: Infrared=SET_VOL_GO; break ;  //确认按键
                    case 0x16: Infrared=0; IR_Time++;      break;
                    case 0x0c: Infrared=1; IR_Time++;      break;
                    case 0x18: Infrared=2; IR_Time++;      break;
                    case 0x5e: Infrared=3; IR_Time++;      break;
                    case 0x08: Infrared=4; IR_Time++;      break;
                    case 0x1c: Infrared=5; IR_Time++;      break;
                    case 0x5a: Infrared=6; IR_Time++;      break;
                    case 0x42: Infrared=7; IR_Time++;      break;
                    case 0x52: Infrared=8; IR_Time++;      break;
                    case 0x4a: Infrared=9; IR_Time++;      break;
                    default:Infrared=INFRARED_IDLE;        break;
                }
                delayms(200);
                if(IR_Time>=3)
                    IR_Time=1;
            }

        }
    }
    EA=1;        //打开总中断开关
    EX0=1;   //处理完红外接收，使能中断 0，退出中断 0
}

unsigned char Get_Infrared_Num()
{
    return Infrared;
}
```

```
unsigned char Get_IRTime()
{
        return IR_Time;
}
void Clear_Infrared_Num()
{
        Infrared=INFRARED_IDLE;
}
void Clear_Time_Num()
{
        IR_Time=0;
}
bit Get_Disturb()
{
        return Disturb;
}
void Clear_Disturb()
{
        Disturb=0;
}
void Time0() interrupt 1
{
        static unsigned char Time_Count=0;
        TH0=0x60;
        TL0=0xb0;
        Time_Count++;
        if(Time_Count>=15)
        {
                Time_Flag=1;
                Time_Count=0;
        }
}
bit Get_TimeFlag ()
{
        return Time_Flag;
}
void Clear_TimeFlag()
{
        Time_Flag=0;
}
```

任务 9　几种常用数字电位器原理图和程序设计

1.9.1　数字电位器原理及编程

数字电位器（Digital Potentiometer）又称数控可编程电阻器，是一种代替传统机械电位器（模拟电位器）的新型 CMOS 数字、模拟混合信号处理的集成电路。数字电位器由数字输入控制，产生一个模拟量的输出。依据数字电位器的不同，抽头电流最大值的范围为从几百微安到几毫安。数字电位器采用数控方式调节电阻值，具有使用灵活、调节精度高、无触点、低噪声、不易污损、抗振动、抗干扰、体积小、寿命长等显著优点，可在许多领域取代机械电位器。

当数字电位器作为分压器时，其高端、低端、滑动端分别用 V_H、V_L、V_W 表示；而作为可调电阻器时，其高端、低端、滑动端分别用 R_H、R_L 和 R_W 表示，如图 1-75（a）所示。图 1-75（b）为数字电位器的内部简化电路，将 n 个阻值相同的电阻串联，每个电阻的两端通过一个由 MOS 管构成的模拟开关相连，作为数字电位器的抽头。这种模拟开关等效于单刀单掷开关，且在数字信号的控制下，每次只能有一个模拟开关闭合，从而将串联电阻的每个节点连接到滑动端。

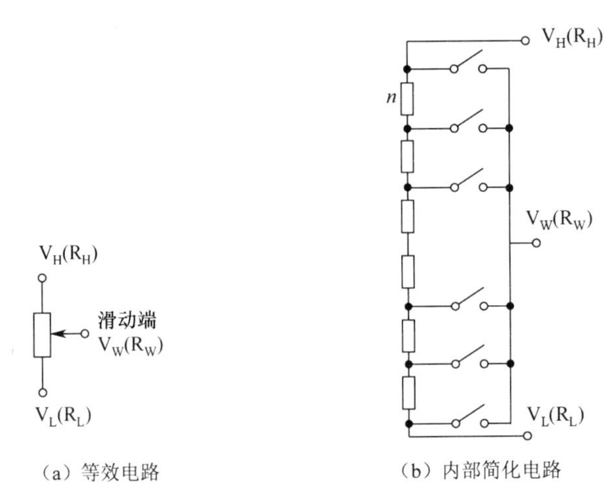

图 1-75　数字电位器原理

数字电位器的数字控制部分包括加/减计数器、译码电路、保存与恢复控制电路和掉电不挥发存储器等模块。利用“串入并出”的加 / 减计数器，在输入脉冲和控制信号的控制下，可实现加 / 减计数，计数器把累计的数据直接提供给译码电路控制开关阵列，同时也将数据传送给内部存储器保存。当外部计数脉冲信号停止或片选信号无效后，译码电路的输出端只有一个有效，于是只选择一个 MOS 管导通。

数字控制部分的存储器是一种掉电不挥发存储器，当电路掉电后再次上电时，数字电位器中仍保存着原有的控制数据，其中间抽头到两端点之间的阻值仍是上一次的调整结果。因此，数字电位器与机械电位器的使用效果基本相同。但是由于开关的工作采用“先连接、后断开”的方式，所以在输入计数有效期间，数字电位器的阻值与期望值可能会有一定的差别，其只有在调整结束后才能达到期望值。

数字电位器与机械电位器有两个重要区别：

（1）调整过程中，数字电位器的阻值不是连续变化的，而是在调整结束后才具有所希望的输出的，这是因为数字电位器采用 MOS 管作为开关电路，并且采用“先开后关”的控制方法；

（2）数字电位器无法实现阻值的连续调整，而只能按数字电位器中电阻网络上的最小值进行调整。

本项目中，胆机用数字电位器实现了音量、音源选择的遥控智能控制。

1．数字电位器与数/模转换器区别

利用数字输入控制和微调模拟输出有两种选择：数字电位器和数/模转换器（DAC），两者均采用数字输入控制模拟输出。通过数字电位器可以调整模拟电压；通过 DAC 既可以调整电流，也可以调整电压。数字电位器有三个模拟连接端：高端、滑动端（或模拟输出）和低端（如图 1-76 所示）。DAC 具有对应的三个端：高端对应于正基准电压端，滑动端对应于 DAC 输出端，低端则对应于接地端或负基准电压端（如图 1-77 所示）。

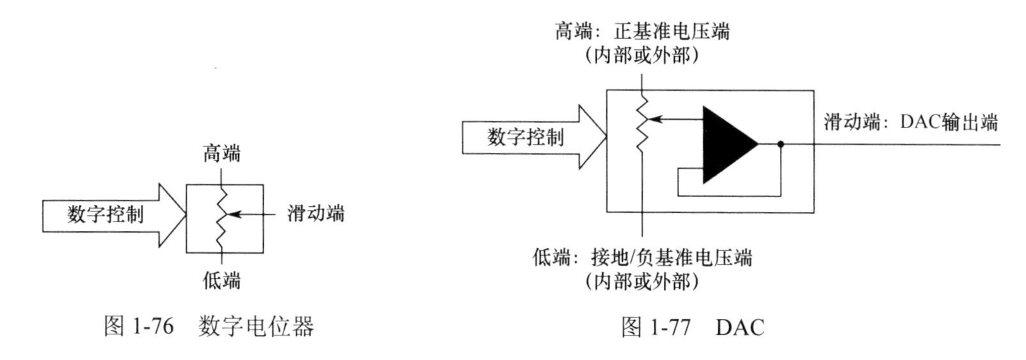

图 1-76　数字电位器　　图 1-77　DAC

DAC 和数字电位器存在一些明显区别，最明显的差异是 DAC 通常包括一个输出放大器/缓冲器，而数字电位器却没有。大部分数字电位器需要借助外部缓冲器驱动低阻负载。在有些应用中，用户可以轻易地在 DAC 和数字电位器之间做出选择；而在有些应用中，两者都能满足需求。

2．数字电位器选型

数字电位器主要的生产厂商有 XICOR 公司（X9C103）、MAX 公司、Analog Devices 公司等。其主要参数如下：

（1）滑动端最大电流（一般为 1mA）；

（2）可调电压，一般为 0～5V，高的可达 30V；

（3）滑动端个数（阶数），有 32、64、100、128、256 等；

（4）接口方式，有三线（U/D，INC，CS）、两线（SCA，SCL）方式，还有 SPI 方式和按键控制方式（X9511）；

（5）总阻值；

（6）阻值增大方式，一般为线性的；

（7）封装；

（8）工作电压，一般为 2.7～5V；

（9）调节时间及频率、精度方面的问题。

1.9.2　三线制 MAX5389 数字电位器

1．MAX5389 原理图

MAX5389 是美信公司的双路、256 阶低电压线性变化数字电位器，供电电压最大不超过 6V，电位器最大阻值为 100kΩ，带宽最小可以达到 75kHz，满足音频音量调整的需要。

MAX5389 是两路受微控制器控制的数字电位器，HA、LA、HB、LB 为输入端，$\overline{\text{CSA}}$和$\overline{\text{CSB}}$为片选端。MAX5389 引脚功能图如图 1-78 所示。MAX5389 引脚连接图如图 1-79 所示。

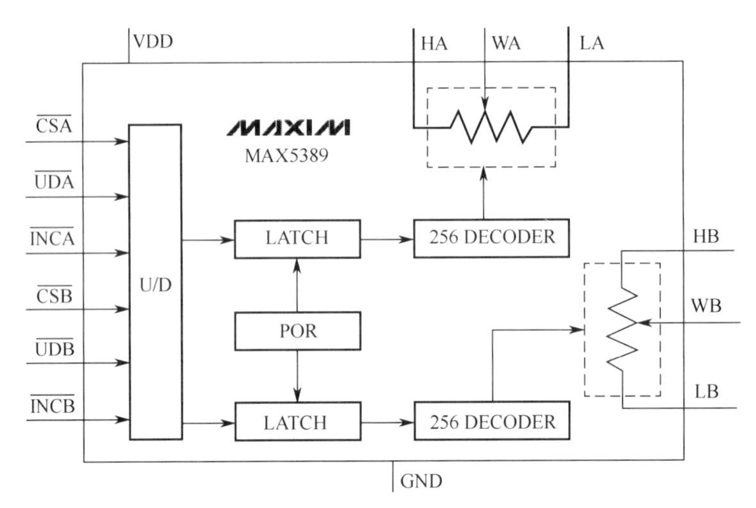

图 1-78　MAX5389 引脚功能图

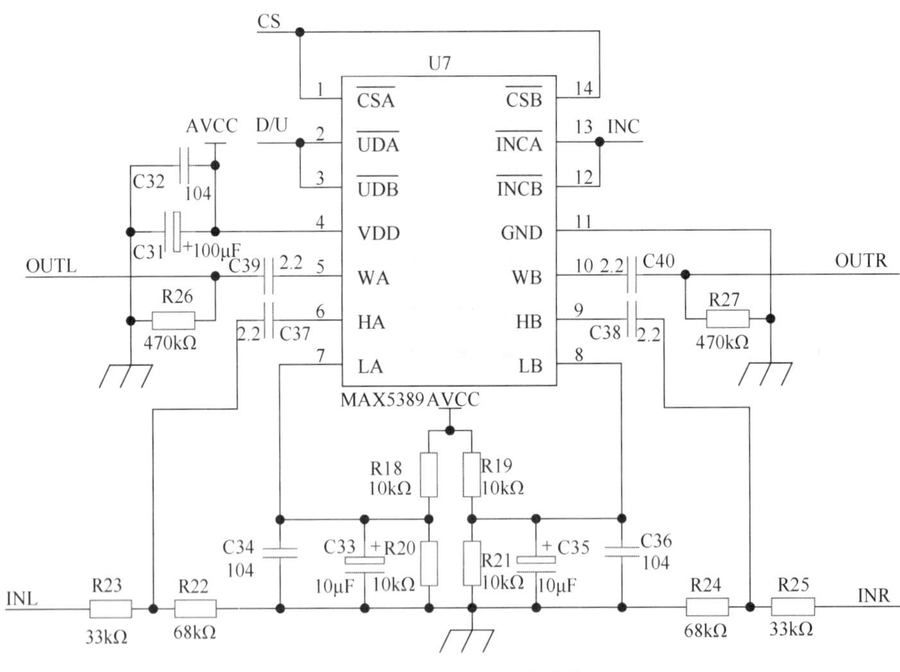

图 1-79　MAX5389 引脚连接图

2. 音量控制电路

音量控制电路实物图如图 1-80 所示，音量控制电路 PCB 图如图 1-81 所示。当芯片 MAX5389 的引脚 1、引脚 2、引脚 3 及引脚 14 同时得到单片机送来的高电平，且引脚 12 和引脚 13 同时得到单片机送来的下降沿时，原始信号将被放大，即音量增大；当芯片 MAX5389 的引脚 1 和引脚 14 同时得到单片机送来的高电平，引脚 2 和引脚 3 同时得到单片机送来的低电平，且引脚 12 和引脚 13 同时得到单片机送来的下降沿时，原始信号将被缩小，即音量减小。

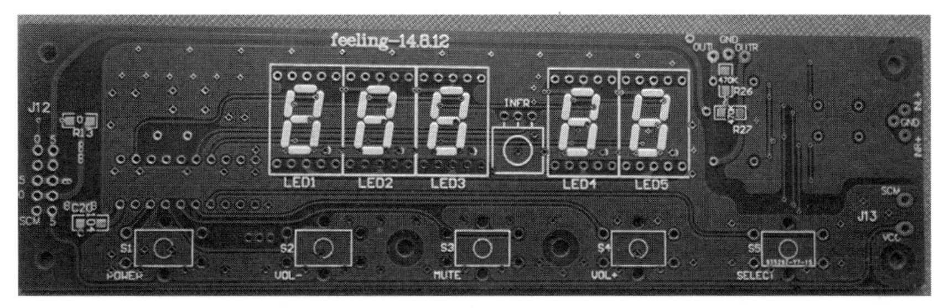

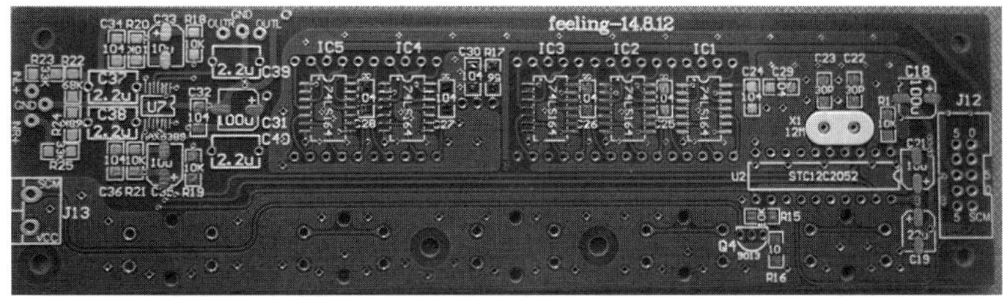

图 1-80　音量控制电路实物图

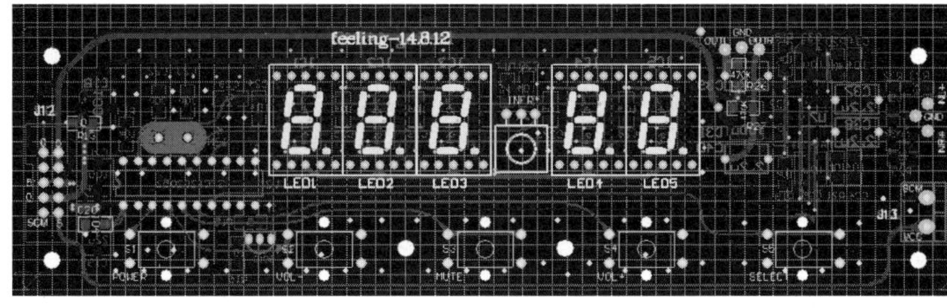

图 1-81

图 1-81　音量控制电路 PCB 图

3. MAX5389 参考程序

代码如下：

```
#include "MAX5389.h"
sbit MAX5389_cs=P3^1;
sbit MAX5389_inc=P3^7;
sbit MAX5389_ud=P1^7;
/************************************************************
//数字电位器初始化，先调到最小位置，再调到中间位置
************************************************************/
void init_MAX5389()
{
    dec_MAX5389(255);       //先调到最小位置
    inc_MAX5389(127);       //再调到中间位置
}
/************************************************************
//数字电位器 num 表示要调步数，256 个抽头，相当于 255 步
//ud 为高，cs 为低，inc 下降沿时进行上调步数工作
************************************************************/
void inc_MAX5389(uchar num)
```

```
{
    MAX5389_cs=0;
    MAX5389_ud=1;           //UD 拉高，进行上调步数操作
    Delau_us (3);     //延时 3 微秒
    for(num; num>0; num→)
    {
            MAX5389_inc=1;
            Delau_us(200);
            MAX5389_inc=0;   //inc 产生负跳变
            Delau_us(200);
    }
}
void dec_MAX5389(uchar num)
{
    MAX5389_cs=0;
    MAX5389_ud=0;           //UD 拉低，进行下调步数操作
    Delau_us (3);     //延时 3 微秒
    for(num; num>0; num→)
    {
            MAX5389_inc=1;
            Delau_us(200);
            MAX5389_inc=0;   //inc 产生负跳变
            Delau_us(200);
    }
}
```

1.9.3 I2C 两线制 TDA7449 数字电位器

1. TDA7449 原理图

I2C 两线制数字电位器 TDA7449 原理图如图 1-82 所示，其中 I2C_DA 是 I2C 数据总线，I2C_CK 是 I2C 时钟总线。AO_SP_L 是经过 TDA7449 音量、音调调整后的左声道输出；AO_SP_R 是经过 TDA7449 音量、音调调整后的右声道输出。

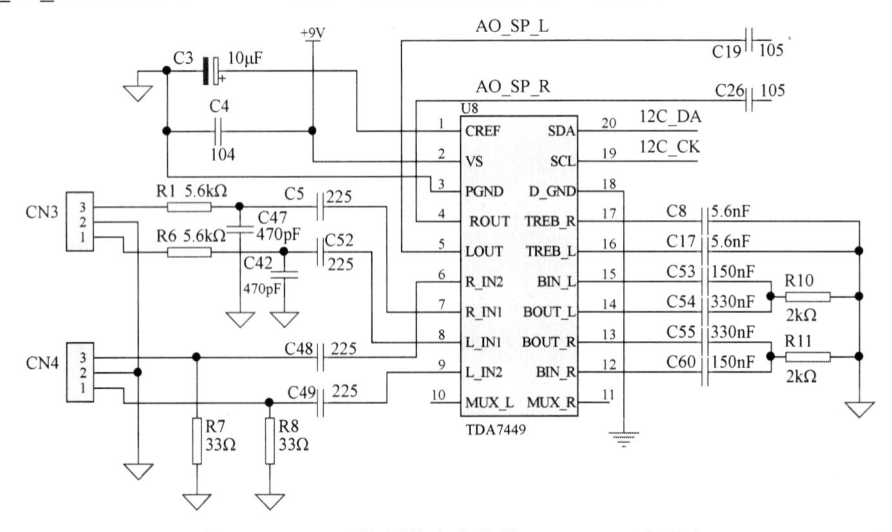

图 1-82 I2C 两线制数字电位器 TDA7449 原理图

2. STC 单片机 I2C 控制程序

代码如下：

```
#include "stm32f10x.h"
#include "i2c_gpio.h"

/* 定义I2C总线连接的GPIO口，用户只需要修改下面4行代码即可任意改变SCL和SDA的引脚 */
#define GPIO_PORT_I2C    GPIOB               /* GPIO口 */
#define RCC_I2C_PORT     RCC_APB2Periph_GPIOB     /* GPIO口时钟 */
#define I2C_SCL_PIN      GPIO_Pin_13         /* 连接到SCL时钟线的GPIO */
#define I2C_SDA_PIN      GPIO_Pin_12         /* 连接到SDA数据线的GPIO */
#define I2C_SCL_1() GPIO_SetBits(GPIO_PORT_I2C, I2C_SCL_PIN) /* SCL = 1 */
#define I2C_SCL_0() GPIO_ResetBits(GPIO_PORT_I2C, I2C_SCL_PIN) /* SCL = 0 */
#define I2C_SDA_1() GPIO_SetBits(GPIO_PORT_I2C, I2C_SDA_PIN)  /* SDA = 1 */
#define I2C_SDA_0() GPIO_ResetBits(GPIO_PORT_I2C, I2C_SDA_PIN)/* SDA = 0 */
#define I2C_SDA_READ()  GPIO_ReadInputDataBit(GPIO_PORT_I2C, I2C_SDA_PIN)
/* 读SDA口线状态 */

/***************************************************************************
*函 数 名: i2c_Delay
*功能说明: I2C总线位延迟，最快400kHz
*形    参: 无
*返 回 值: 无
***************************************************************************/
static void i2c_Delay(void)
{
    uint8_t i;  /*下面的时间是通过安富莱AX-Pro逻辑分析仪测试得到的。
    CPU 主频为 72MHz 时，内部 Flash 运行，MDK 工程不优化，循环次数为 10 时，SCL 频率=
205kHz，循环次数为 7 时，SCL 频率=347kHz，SCL 高电平时间为 1.5 微秒，SCL 低电平时间为 2.87 微
秒，循环次数为 5 时，SCL 频率=421kHz，SCL 高电平时间为 1.25 微秒，SCL 低电平时间 2.375 微秒，
IAR工程编译效率高，不能设置为7。*/
    for(i = 0; i < 20; i++);
}

/***************************************************************************
*函 数 名: i2c_Start
*功能说明: CPU发出I2C总线启动信号
*形    参: 无
*返 回 值: 无
***************************************************************************/
void i2c_Start(void)
{
    /* 当SCL为高电平时，SDA出现一个下降沿，表示I2C总线启动信号 */
    I2C_SDA_1();
    I2C_SCL_1();
    i2c_Delay();
    I2C_SDA_0();
    i2c_Delay();
```

```
    I2C_SCL_0();
    i2c_Delay();
}

/****************************************************************************
*函 数 名: i2c_Start
*功能说明: CPU 发出 I2C 总线停止信号
*形    参: 无
*返 回 值: 无
****************************************************************************/
void i2c_Stop(void)
{
    /* 当 SCL 为高电平时，SDA 出现一个上升沿，表示 I2C 总线停止信号 */
    I2C_SDA_0();
    i2c_Delay();
    I2C_SCL_1();
    i2c_Delay();
    I2C_SDA_1();
}
/****************************************************************************
*函 数 名: i2c_SendByte
*功能说明: CPU 向 I2C 总线设备发送 8bit 数据
*形    参: _ucByte，等待发送的字节
*返 回 值: 无
****************************************************************************/
void i2c_SendByte(uint8_t _ucByte)
{
    uint8_t i;
    /* 先发送字节的高位 bit7 */
    for(i=0;i<8;i++)
    {
        if(_ucByte&0x80)
        {
            I2C_SDA_1();
        }
        else
        {
            I2C_SDA_0();
        }
        i2c_Delay();
        I2C_SCL_1();
        i2c_Delay();
        I2C_SCL_0();
        if (i==7)
        {
             I2C_SDA_1();  //释放总线
        }
        _ucByte<<=1;     /* 左移一个 bit */
```

```
        i2c_Delay();
    }
}

/*********************************************************************************
*函 数 名: i2c_ReadByte
*功能说明: CPU 从 I2C 总线设备读取 8bit 数据
*形    参: 无
*返 回 值: 读到的数据
*********************************************************************************/
uint8_t i2c_ReadByte(void)
{
    uint8_t i;
    uint8_t value;
    /* 读到的第 1 个 bit 为数据的 bit7 */
    value=0;
    for(i=0; i<8; i++)
    {
        value<<=1;
        I2C_SCL_1();
        i2c_Delay();
        if(I2C_SDA_READ())
        {
            value++;
        }
        I2C_SCL_0();
        i2c_Delay();
    }
    return value;
}

/*********************************************************************************
*函 数 名: i2c_WaitAck
*功能说明: CPU 产生一个时钟，并读取器件的 ACK 应答信号
*形    参: 无
*返 回 值: 返回 0 表示正确应答，返回 1 表示无器件响应
*********************************************************************************/
uint8_t i2c_WaitAck(void)
{
    uint8_t re;
    I2C_SDA_1();          /* CPU 释放 SDA 总线 */
    i2c_Delay();
    I2C_SCL_1();          /* CPU 驱动 SCL=1， 此时器件会返回 ACK 应答 */
    i2c_Delay();
    if(I2C_SDA_READ())  /* CPU 读取 SDA 口的线状态 */
    {
        re=1;
    }
```

```
    else
    {
        re=0;
    }
    I2C_SCL_0();
    i2c_Delay();
    return re;
}

/******************************************************************************
*函 数 名: i2c_Ack
*功能说明: CPU产生一个ACK信号
*形    参: 无
*返 回 值: 无
*****************************************************************************/
void i2c_Ack(void)
{
    I2C_SDA_0();     /* CPU驱动SDA=0 */
    i2c_Delay();
    I2C_SCL_1();     /* CPU产生1个时钟 */
    i2c_Delay();
    I2C_SCL_0();
    i2c_Delay();
    I2C_SDA_1();     /* CPU释放SDA总线 */
}

/*****************************************************************************
*函 数 名: i2c_NAck
*功能说明: CPU产生1个NACK信号
*形    参: 无
*返 回 值: 无
*****************************************************************************/
void i2c_NAck(void)
{
    I2C_SDA_1();     /* CPU驱动SDA=1 */
    i2c_Delay();
    I2C_SCL_1();     /* CPU产生1个时钟 */
    i2c_Delay();
    I2C_SCL_0();
    i2c_Delay();
}

/******************************************************************************
*   函 数 名: i2c_CheckDevice
*   功能说明: 检测I2C总线设备，CPU发送设备地址，然后读取设备应答来判断该设备是否存在
*   形    参: _Address，设备的I2C总线地址
*   返 回 值: 返回0表示正确，返回1表示未检测到
*****************************************************************************/
```

```
uint8_t i2c_CheckDevice(uint8_t _Address)
{
    uint8_t ucAck;
    i2c_CfgGpio();                    /* 配置 GPIO */
    i2c_Start();                      /* 发送启动信号 */
    /* 发送设备地址+读/写控制 bit (0=w, 1=r),bit7 先传 */
    i2c_SendByte(_Address | I2C_WR);
    ucAck=i2c_WaitAck();              /* 检测设备的 ACK 应答 */
    i2c_Stop();                       /* 发送停止信号 */
    return ucAck;
}
/**************************************************************************
*函 数 名: i2c_CfgGpio
*功能说明: 配置 I2C 总线的 GPIO，采用模拟 I/O 方式实现
*形    参: 无
*返 回 值: 无
**************************************************************************/
void i2c_CfgGpio(void)
{
    GPIO_InitTypeDef GPIO_InitStructure;
    RCC_APB2PeriphClockCmd(RCC_I2C_PORT, ENABLE);   /* 打开 GPIO 时钟 */
    GPIO_InitStructure.GPIO_Pin=I2C_SCL_PIN | I2C_SDA_PIN;
    GPIO_InitStructure.GPIO_Speed=GPIO_Speed_50MHz;
    GPIO_InitStructure.GPIO_Mode=GPIO_Mode_Out_OD;      /* 开漏输出 */
    GPIO_Init(GPIO_PORT_I2C, &GPIO_InitStructure);
    /* 给一个停止信号，复位 I2C 总线上的所有设备到待机模式 */
    i2c_Stop();
}
```

3. STC 单片机 TDA7449 控制程序

代码如下：

```
//**************************************************************************
//音量加
//tda7449Table[4]=volume_value
//**************************************************************************
void volume_inc(void)
{
   if((volume_value>0)&&(volume_value<57))volume_value→;
   //if(volume_value>47)volume_value=47;
   //else if((volume_value>0)&&(volume_value<48))volume_value→;
   else if(volume_value==0)volume_value = 0;
   tda7449Table[4]=volume_value;
   eeprom_write();
   tda7449_write();
}
//*************************************************************************//
音量加
//**************************************************************************
void volume_dec(void)
```

```
{
    if(volume_value<56)volume_value++;
    //if(volume_value==47)volume_value=56;
    //else if(volume_value<47)volume_value++;
    else if(volume_value>56)volume_value=56;
    tda7449Table[4]=volume_value;
    eeprom_write();
    tda7449_write();
}
//**********************************************************************
//低音加
//tda7449Table[6]=bass_value
//**********************************************************************
void bass_inc(void)
{
    if(bass_value<7)bass_value++;
    else if(bass_value==7)bass_value=15;
    else if(bass_value>8)bass_value→;
    else if(bass_value==8)bass_value=8;
    tda7449Table[6]=bass_value;
    eeprom_write();
    tda7449_write();
}
//**********************************************************************
//低音减
//tda7449Table[6]=bass_value
//**********************************************************************
void bass_dec(void)
{
    if((bass_value>0)&&(bass_value<8))bass_value→;
    else if(bass_value==0)bass_value=0;
    else if((bass_value>7)&&(bass_value<15))bass_value++;
    else if(bass_value==15)bass_value=7;
    tda7449Table[6]=bass_value;
    eeprom_write();
    tda7449_write();
}
//**********************************************************************
//高音加
//tda7449Table[7]=treble_value
//**********************************************************************
void treble_inc(void)
{
    if(treble_value<7)treble_value++;
    else if(treble_value==7)treble_value=15;
    else if(treble_value>8)treble_value→;
    else if(treble_value==8)treble_value=8;
    tda7449Table[7]=treble_value;
```

```
    eeprom_write();
    tda7449_write();
}
//*************************************************************************
//高音减
//tda7449Table[7]=treble_value
//*************************************************************************
void treble_dec(void)
{
    if((treble_value>0)&&(treble_value<8))treble_value--;
    else if((treble_value>7)&&(treble_value<15))treble_value++;
    else if(treble_value==15)treble_value=7;
    else if(treble_value==0)treble_value=0;
    tda7449Table[7]=treble_value;
    eeprom_write();
    tda7449_write();
}
//*************************************************************************
//平衡加
//balan_R_value=0
//tda7449Table[8]=balan_R_value
//balan_R_flag=0，递减；balan_R_flag=1，递增；
//*************************************************************************
void balance_R(void)
{
  if(balan_R_flag==0)
  {
     if(balan_R_value==120){balan_R_value=120;  balan_R_flag=1; }
     else if(balan_R_value<79)balan_R_value++;
     else if(balan_R_value==79){balan_R_value=120;  balan_R_flag=1; }
  }
  else
  {
     if(balan_R_value==120)balan_R_value=79;
     else if((balan_R_value>0)&&(balan_L_value<80))balan_R_value--;
     else if(balan_R_value==0){balan_L_value=0;  balan_R_flag=0; }
  }
  tda7449Table[8]=balan_R_value;
  eeprom_write();
  tda7449_write();
}
//*************************************************************************
//平衡减
//tda7449Table[9]=balan_L_value;
//balan_L_flag=0，递增；balan_L_flag=1，递减；
//*************************************************************************
void balance_L(void)
{
```

```
    if(balan_L_flag==0)
    {
      if(balan_L_value==120){balan_L_value=120; balan_L_flag=1; }
      else if(balan_L_value<79)balan_L_value++;
      else if(balan_L_value==79){balan_L_value=120; balan_L_flag=1; }
    }
    else
    {
      if(balan_L_value==120)balan_L_value=79;
      else if((balan_L_value>0)&&(balan_L_value<80))balan_L_value→;
      else if(balan_L_value==0){balan_L_value=0; balan_L_flag=0; }
    }
    tda7449Table[9]=balan_L_value;
    eeprom_write();
    tda7449_write();
  }
  //**********************************************************************
  //复位
  //**********************************************************************
  void rest(void)
  {
    address=0x88;                       //芯片地址（这里是 88H）
    sub_addr=0x10;                      //功能码（10H）
    in_select=3;                        //输入通道选择初始化，in_select=3，选择 in1
    in_gain=5;                          //输入增益初始化，in_gain=10，输入增益 20dB
    volume_value=25;                    //音量初始化，volume_value=25，音量-25dB
    not_use=0;                          //不用
    bass_value=15;                      //低音控制初始化，bass_value=15，低音 0dB
    treble_value=15;                    //高音控制初始化，treble_value=15，低音 0dB
    balan_R_value=0;                    //右声道增益初始化，balan_R_value=0，0dB
    balan_L_value=0;                    //左声道增益初始化，balan_L_value=0，0dB
    S_R_L_value=0;                      //0 为立体声，1 为左声道，2 为右声道
    tda7449Table[0]=address;
    tda7449Table[1]=sub_addr;
    tda7449Table[2]=in_select;
    tda7449Table[3]=in_gain   ;
    tda7449Table[4]=volume_value;
    tda7449Table[5]=not_use;
    tda7449Table[6]=bass_value;
    tda7449Table[7]=treble_value;
    tda7449Table[8]=balan_R_value;
    tda7449Table[9]=balan_L_value;
    eeprom_write();
    tda7449_write();
  }
  //**********************************************************************
  // 静音
  // mute_off_on=0，不静音；mute_off_on=1，静音；
```

```
//*****************************************************************
void mute(void)
{
  if(mute_off_on==0)
  {
      mute_buffer=volume_value;
      volume_value=56;
      mute_off_on=1;
  }
  else
  {
      volume_value=mute_buffer;
      mute_off_on=0;
  }
  tda7449Table[4]=volume_value;
  eeprom_write();
  tda7449_write();
}
//*****************************************************************
//立体声/左声道/右声道切换
//*****************************************************************
void stereo_R_L(void)
{
  if(S_R_L_value==0)S_R_L_value=1;
  else if(S_R_L_value==1)S_R_L_value=2;
  else if(S_R_L_value>1)S_R_L_value=0;

  switch(S_R_L_value)
  {
     case 0:
           balan_R_value1=balan_R_value;
           balan_L_value1=balan_L_value;
           break;
     case 1:
           balan_R_value1=balan_R_value;
           balan_L_value1=120 ;
           break;
     case 2:
           balan_R_value1=120 ;
           balan_L_value1=balan_L_value;
          break;
  }
  tda7449Table[8]=balan_R_value1;
  tda7449Table[9]=balan_L_value1;
  eeprom_write();
  tda7449_write();
}

//*****************************************************************
```

```
//输入通道CH1/CH2切换
//****************************************************************************
void ch1_ch2_select(void)
{
  if(in_select==2)
  {
     in_select=3;
  }
  else
  {
     in_select=2;
  }
  tda7449Table[2]=in_select;
  eeprom_write();
  tda7449_write();
}

//**************************************************************************
//对TDA7449写数据
//**************************************************************************
void tda7449_write(void)
{
   int16_t j;
   __set_PRIMASK (1);        /* 关中断 */
   i2c_CfgGpio();
   i2c_Start();
   for(j=0; j<11; j++)
   {
       i2c_SendByte(tda7449Table[j]);
       if(i2c_WaitAck()!=0) break;
   }
   i2c_Stop();
   __set_PRIMASK(0);         /* 开中断 */
}
```

1.9.4 AX2358数字电位器

本项目中的数字电位器采用AX2358，它带输入选择器，并且内置2声道—6声道转换器，可以直接将传统立体2声道信号直接转换成模拟6声道信号，同时内置6声道音量控制电路，采用I2C控制界面，每级有1dB衰减范围（0～−79dB），具有低噪声、高分离度，极少的周边元件等特点，是新一代多声道系统必备的、极佳音量控制元件。

1. AX2358功能说明

1）总线接口

数据的输入与输出由SDA和SCL引脚完成。注意，上拉电阻必须连接到电源正极。

2）数据有效性

当SCL为高电平时，SDA数据有效并保持稳定。另外，当SCL为低电平时，SDA的高电平和低电平状态可以改变，如图 1-83 所示。

3）开始/结束条件

如图 1-84 所示，数据开始必须满足的条件如下：①SCL 为高电平；②SDA 从高电平转变为低电平。数据结束必须满足的条件如下：①SCL 为高电平；②SDA 从低电平转变为高电平。

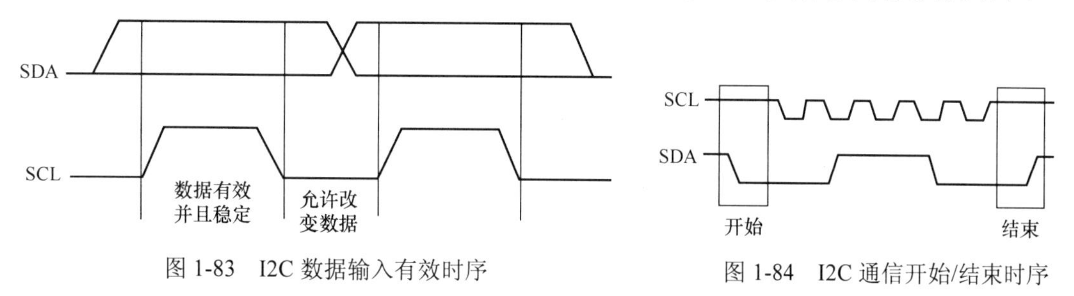

图 1-83　I2C 数据输入有效时序

图 1-84　I2C 通信开始/结束时序

4）数据格式

每字节由 8 位组成，每字节必须跟随一个应答信号，高位首先被传输。

5）应答信号

在发送响应信号脉冲时，单片机预置 SDA 一个持续的高电平，响应时，电路强制拉低 SDA 电平，这样，SDA 在这个脉冲段中保持低电平。音频处理器在接收到每字节数据时都将返回一个应答信号，否则，SDA 在第 9 个脉冲期间将保持高电平。此时，单片机将产生一个中断信号来停止发送，如图 1-85 所示。

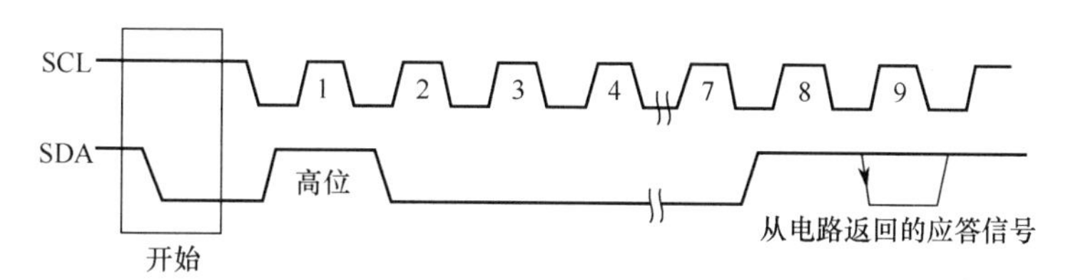

图 1-85　I2C 通信（带应答信号）时序

6）无应答信号的数据传输

如果不使用应答信号，有一种简单的单片机传输方式可用：等待一个时钟周期且不检查此时的应答信号，之后再发送数据。如果使用此方案，会有更大的可能引起误操作。

7）接口协议

接口协议包括开始条件、AX2358 地址（10010100）、应答信号、传输数据（*N* 字节+应答信号）、结束条件，如图 1-86 所示。

通信最大时钟速度：100kbit/s。

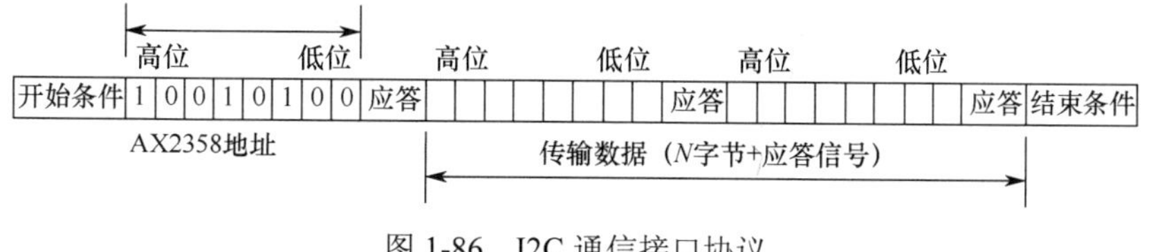

图 1-86　I2C 通信接口协议

8）AX2358 地址

AX2358 的地址为 94H，如图 1-87 所示。

1（高位）	0	0	1	0	1	0	0（低位）

图 1-86 AX2358 地址

9）I2C 开始时间

AX2358 上电后，需要等待一段短暂的时间以达到稳定，此时间与 C_{REF} 的数值成正比，在 C_{REF} 为 10μF 时，至少要等待 300ms 后才可以发送数据，否则有可能出现控制错误，如图 1-87 所示。

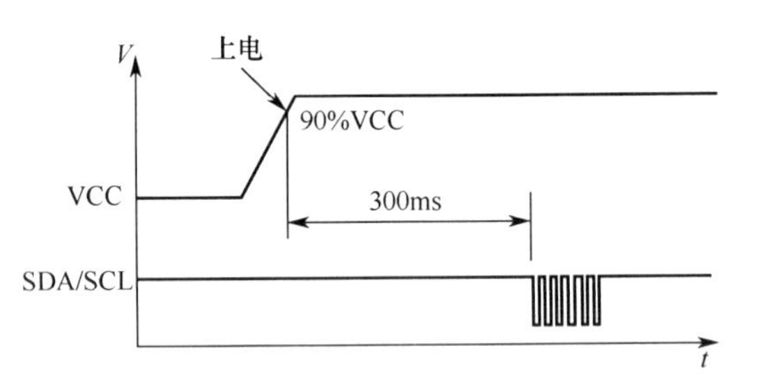

图 1-87 I2C 开始时间

10）传送数据协议

（1）AX2358 功能寄存器没有任何默认设置，在清寄存器后，必须为其赋一个初始值，否则可能没有输出。为使电路正常工作，建议在发送数据时先发送一个清寄存器信号。对于 AX2358，可以采用如图 1-88 所示的清寄存器命令。

开始条件	1	0	0	1	0	1	0	0	应答	1	1	0	0	0	1	0	0	应答	结束条件
	AX2358地址									清寄存器									

图 1-88 清寄存器命令

（2）在调整 AX2358 的音量时，必须送一个−10dB/级和一个−1dB/级的数据。如果只送一个数据，由于前一寄存器的记忆效应，电路将不会正常工作，例如，全部 6 声道音量为−42dB，如图 1-89 所示。

开始条件	1	0	0	1	0	1	0	0	应答	1	1	0	1	0	1	0	0	应答	1	1	1	0	0	0	1	0	应答	结束条件
	AX2358地址									−40dB									−2dB									

开始条件	1	0	0	1	0	1	0	0	应答	1	1	1	0	0	0	1	0	应答	1	1	0	1	0	1	0	0	应答	结束条件
	AX2358地址									−2dB									−40dB									

图 1-89 音量参数设置

注意： 图 1-90～图 1-92 所示的传输方式不被允许。

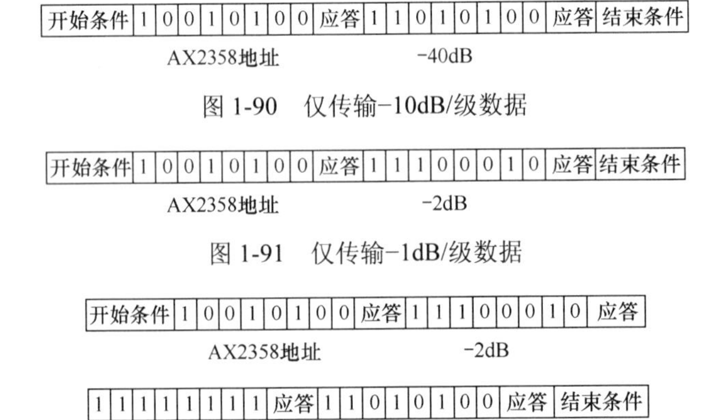

图 1-90 仅传输−10dB/级数据

图 1-91 仅传输−1dB/级数据

图 1-92 其他控制命令与−10dB/级和−1dB/级数据同时发送

11）功能位

输入选择与静音功能表如表 1-5 所示。

表 1-5　输入选择与静音功能表

高位	中间位						低位	功能
1	1	1	1	C3	C2	C1	C0	输入选择切换
1	1	1	1	1	1	1	M	FL（左主声道）静音
1	1	1	1	1	1	1	M	FR（右主声道）静音
1	1	1	1	1	1	1	M	CT（中置声道）静音
1	1	1	1	1	1	1	M	SUB（前低频声道）静音
1	1	1	1	1	1	1	M	SL（环绕左声道）静音
1	1	1	1	1	1	1	M	SR（环绕右声道）静音
1	1	1	1	1	1	1	M	所有声道静音

*M=1，为静音开启；M=0，为静音关闭。

声道输入功能表如表 1-6 所示。

表 1-6　声道输入功能表

C3	C2	C1	C0	功能
1	0	0	0	立体声 4 输入
1	0	0	1	立体声 3 输入
1	0	1	0	立体声 2 输入
1	0	1	1	立体声 1 输入
1	1	1	1	6 声道输入

*立体声 1=L1、R1，立体声 2=L2、R2，以此类推。

附加音效功能表如表 1-7 所示。

表 1-7　附加音效功能表

高位	中间位						低位	功能
1	1	0	0	0	0	0	0	环绕增强开启
1	1	0	0	0	0	0	1	环绕增强关闭
1	1	0	0	0	0	1	0	混音声道（−6dB）开启
1	1	0	0	0	0	1	1	混音声道（−6dB）关闭

音量衰减功能表如表 1-8 所示。

表 1-8　音量衰减功能表（A 表示−1dB/级，B 表示−10dB/级）

高位	中间位						低位	功能
1	1	0	0	A3	A2	A1	A0	通道 6，−1dB/级
1	1	1	1	0	B2	B1	B0	通道 6，−10dB/级
1	0	0	1	A3	A2	A1	A0	通道 1，−1dB/级
1	0	0	0	0	B2	B1	B0	通道 1，−10dB/级
0	1	0	1	A3	A2	A1	A0	通道 2，−1dB/级
0	1	0	0	0	B2	B1	B0	通道 2，−10dB/级

（续表）

高位	中间位						低位	功能
0	0	0	1	A3	A2	A1	A0	通道 3，−1dB/级
0	0	0	0	0	B2	B1	B0	通道 3，−10dB/级
0	0	1	1	A3	A2	A1	A0	通道 4，−1dB/级
0	0	1	0	0	B2	B1	B0	通道 4，−10dB/级
0	1	1	1	A3	A2	A1	A0	通道 5，−1dB/级
0	1	1	0	0	B2	B1	B0	通道 5，−10dB/级
1	0	1	1	A3	A2	A1	A0	通道 6，−1dB/级
1	0	1	0	0	B2	B1	B0	通道 6，−10dB/级
1	1	0	0	0	1	0	0	6 通道清零

衰减位如表 1-9 所示。

表 1-9 衰减位

A3	A2/B2	A1/B1	A0/B0	衰减值（dB）
0	0	0	0	0/0
0	0	0	1	−1/−10
0	0	1	0	−2/−20
0	0	1	1	−3/−30
0	1	0	0	−4/−40
0	1	0	1	−5/−50
0	1	1	0	−6/−60
0	1	1	1	−7/−70
1	0	0	0	−8/—
1	0	0	1	−9/—

12）2 声道—6 声道转换器

AX2358 的任一组立体声输入端的信号被选择后均直接被自动转换成 6 声道信号，然后经过音量调节输出。但是 6 声道输入端的信号被选择时，信号直接进行音量调节，然后输出，不经过任何处理。2 声道—6 声道转换时，原来的 L 和 R 音源也直接进行音量调节，只有 CT，SUB，SL，SR 为经过处理而附加的。并非任何立体声信号均有必要转换成 6 声道信号输出，因此 AX2358 提供了每声道独立的静音功能，不需要输出的声道均可以用静音功能在输出端予以控制。

13）环绕增强功能

环绕增强功能开启时可在 2 声道—6 声道转换状态下增强信号源的空间感。建议在立体声进、立体声出的功能下，将环绕增强功能关闭，这样可以增加 L、R 的分离度，此功能在 6 声道输入状态下无作用。

14）混音声道

混音声道是指 CT 和 SUB，这两个声道的信号是由 L、R 信号相加混音而成的。原本 L、R 信号并未经过处理直通 FL、FR 输出端，由于仍含有完整的同相信号（CT）与副低频信号（SUB），因此混音声道的输出为−6dB，以免幅值过大。此混音输出（−6dB）可以用 I2C 控制其开启。

15）副低频分频器

AX2358 内置副低频分频器的正向 OP 缓冲器，因此和外部 RC 元件配合就可以接成

SallenKey 形式的低通滤波器，如图 1-93 所示。

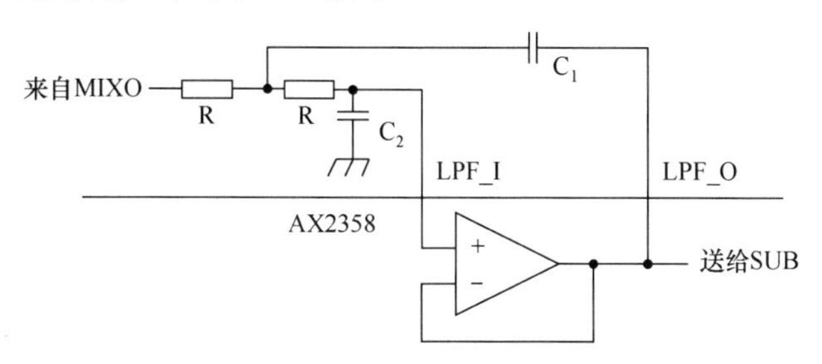

图 1-93　SallenKey 形式的低通滤波器

如果图中 R=24kΩ，则低通滤波器 F=280Hz，C_1=0.047μF，C_2=0.018μF；或 F=200Hz，C_1=0.068μF，C_2=0.027μF；或 F=120Hz，C_1=0.1μF，C_2=0.047μF。

2．STC 单片机 AX2358 控制程序

代码如下：

```
#include"ax2358.h"
#include"delay.h"
#include "FunctionAdcControl.h"
//********端口定义**********************************
//****************************************
sbit    SCL=P1^7;                    //I2C 时钟引脚定义
sbit    SDA=P3^7;                    //I2C 数据引脚定义
#define WriteAddress 0x94            //I2C 写入时的地址字节数据
#define clean        0xc4            //清理
#define SL_MUTE      0xf9            //静音 SL
#define SR_MUTE      0xfb            //静音 SR
#define ALL_MUTE     0xff            //所有通道静音
#define ALL_NO       0xfe            //取消静音
#define USURROUND_OFF 0xc1           //环绕关闭
uchar code INPUT_MODE[]={0xc4, 0xcb, 0xca, 0xc9, 0xc8, 0xcf};
//清理，独立输入 1，独立输入 2，独立输入 3，独立输入 4，六通道输入 5
uchar code SHIWEI[]={0xd0, 0xd1, 0xd2, 0xd3, 0xd4, 0xd5, 0xd6, 0xd7};
//六通道声音十位 0—7
uchar code GEWEI[]={0xe0, 0xe1, 0xe2, 0xe3, 0xe4, 0xe5, 0xe6, 0xe7, 0xe8,
0xe9};
//六通道声音个位 0—9
/***************************************************************
 ** 函数名称:Delay5us
 ** 功能说明:I2C 延时
 ** 输入参数:无
 ** 输出参数:无
 ** 返回参数:无
 ** 注    意:无
***************************************************************/
void Delay5us()
{
    unsigned char i;
```

```
    _nop_();
    _nop_();
    _nop_();
    i=80;
    while(→i);
}

/*************************************************************
 ** 函数名称:I2C_Start
 ** 功能说明:I2C 起始信号
 ** 输入参数:无
 ** 输出参数:无
 ** 返回参数:无
 ** 注    意:无
*************************************************************/
void I2C_Start()
{
    SDA=1;                          //拉高数据线
    SCL=1;                          //拉高时钟线
    Delay5us();                     //延时
    SDA=0;                          //产生下降沿
    Delay5us();                     //延时
    SCL=0;                          //拉低时钟线
}
/*************************************************************
 ** 函数名称:I2C_Stop()
 ** 功能说明:I2C 停止信号
 ** 输入参数:无
 ** 输出参数:无
 ** 返回参数:无
 ** 注    意:无
*************************************************************/
void I2C_Stop()
{
    SDA=0;                          //拉低数据线
    SCL=1;                          //拉高时钟线
    Delay5us();                     //延时
    SDA=1;                          //产生上升沿
    Delay5us();                     //延时
}
/*************************************************************
 ** 函数名称:I2C_RecvACK
 ** 功能说明:I2C 接收应答信号
 ** 输入参数:无
 ** 输出参数:无
 ** 返回参数:无
 ** 注    意:无
*************************************************************/
```

```
bit I2C_RecvACK()
{
    SCL=1;                           //拉高时钟线
    Delay5us();                      //延时
    CY=SDA;                          //读应答信号
    SCL=0;                           //拉低时钟线
    Delay5us();                      //延时
    return CY;
}
/***************************************************************
 ** 函数名称:I2C_SendByte
 ** 功能说明:向 I2C 总线发送一字节数据
 ** 输入参数:dat—>发送的数据
 ** 输出参数:无
 ** 返回参数:无
 ** 注    意:无
***************************************************************/
void I2C_SendByte(uchar dat)
{
    uchar i;
    for(i=0; i<8; i++)               //8 位计数器
    {
        dat<<=1;                     //移出数据的最高位
        SDA=CY;                      //送数据口
        SCL=1;                       //拉高时钟线
        Delay5us();                  //延时
        SCL=0;                       //拉低时钟线
        Delay5us();                  //延时
    }
    I2C_RecvACK();
}
/***************************************************************
 ** 函数名称:MUTE_WriteI2C
 ** 功能说明:0 不静音，1 静音
 ** 输入参数:0，1
 ** 输出参数:无
 ** 返回参数:无
 ** 注    意:无
***************************************************************/
void MUTE_WriteI2C(uchar REG_data, uchar REG_data1)
{
    if(REG_data==1)
    {
        I2C_Start();                         //起始信号
        I2C_SendByte(WriteAddress);          //发送设备地址
        I2C_SendByte(ALL_MUTE);              //发送静音码
        I2C_Stop();                          //发送停止信号
    }
```

```
    else
    {
    if(REG_data1==5)
    {
        I2C_Start();                        //起始信号
        I2C_SendByte(WriteAddress);         //发送设备地址+写信号
        I2C_SendByte(ALL_NO);               //发送不静音码
        I2C_Stop();                         //发送停止信号
    }
    else
    {
        I2C_Start();                        //起始信号
        I2C_SendByte(WriteAddress);         //发送设备地址+写信号
        I2C_SendByte(ALL_NO);               //发送不静音码
        I2C_SendByte(SL_MUTE);              //静音 SL
        I2C_SendByte(SR_MUTE);              //静音 SR
        I2C_Stop();                         //发送停止信号
    }
    }
}
/****************************************************************
 ** 函数名称:Volume_WriteI2C
 ** 功能说明:向 AX2358 写入音量 先发十位音量再发个位音量
 ** 输入参数:Shi_Wei: 十位码 Ge_Wei: 个位码
 ** 输出参数:无
 ** 返回参数:无
 ** 注    意:无
****************************************************************/
void Volume_WriteI2C(uchar Shi_Wei, uchar Ge_Wei)
{
   I2C_Start();                             //起始信号
   I2C_SendByte(WriteAddress);              //发送设备地址+写信号
   I2C_SendByte(SHIWEI[Shi_Wei]);           //发送音量十位码
   I2C_SendByte(GEWEI[Ge_Wei]);             //发送音量个位吗
   I2C_Stop();                              //发送停止信号
}
/****************************************************************
 ** 函数名称:MOTE_WriteI2C
 ** 功能说明:输入模式设置
 ** 输入参数:0-5 分别对应输入 1 到 3, 平衡
 ** 输出参数:无
 ** 返回参数:无
 ** 注    意:输入 0 表示清理寄存器, 清理完要设置输入和音量
****************************************************************/
void MOTE_WriteI2C(uchar mode)
{
    if(mode==5) //判断是否为 5, 5 为平衡输入, 不要关闭 slsr
    {
```

```
    I2C_Start();                                   //起始信号
    I2C_SendByte(WriteAddress);                    //发送设备地址+写信号
    I2C_SendByte(USURROUND_OFF);                   //关闭环绕
    I2C_SendByte(INPUT_MODE[mode]);                //发送输入模式
    I2C_Stop();                                    //发送停止信号
    }
    else
    {
    I2C_Start();                                   //起始信号
    I2C_SendByte(WriteAddress);                    //发送设备地址+写信号
    I2C_SendByte(USURROUND_OFF);                   //关闭环绕
    I2C_SendByte(INPUT_MODE[mode]);                //发送输入模式
    I2C_SendByte(SL_MUTE);                         //静音 SL
    I2C_SendByte(SR_MUTE);                         //静音 SR
    I2C_Stop();                                    //发送停止信号
    }
}
/****************************************************************
 ** 函数名称:AX2358_INIT
 ** 功能说明:AX2358 上电初始化
 ** 输入参数:无
 ** 输出参数:无
 ** 返回参数:无
 ** 注    意:无
****************************************************************/
void AX2358_INIT()
{
    I2C_Start();                       //起始信号
    I2C_SendByte(WriteAddress);        //发送设备地址+写信号
    I2C_SendByte(clean);               //发送设备地址+写信号
    I2C_SendByte(USURROUND_OFF);       //内部寄存器数据
    I2C_Stop();                        //发送停止信号
}
/****************************************************************
 ** 函数名称:Volume_Set
 ** 功能说明:音量处理得到十位和个位
 ** 输入参数:无
 ** 输出参数:无
 ** 返回参数:无
 ** 注    意:无
****************************************************************/
void Volume_Set(uchar vol)
{
    uchar vol_shi, vol_bit, vol1;
    vol1=79-vol;
    vol_bit=vol1%10;                             //得到个位数
    vol_shi=vol1/10;                             //得到十位数
    Volume_WriteI2C(vol_shi, vol_bit);           //调用模式切换
}
```

任务 10 数码管原理图和程序设计

1.10.1 数码管显示原理

考虑到希望远距离时可以看得清楚信息显示，本项目选用数码管显示，数码管需要通过段码和位码控制显示内容，如果单独连接单片机，需要非常多的 I/O 口，本项目的控制单片机采用 STC12C5052AD，其只有 20 个引脚，I/O 口资源不够，为了节省 I/O 口，同时考虑数码管个数的扩展，还采用了“串入并出”的芯片 74LS164。使用该芯片既可以节省 I/O 口［只需要 CP（时钟），DATA（数据）信号与单片机 I/O 口相连］，还可以给数码管提供驱动，起到电流放大的作用。

1. 74LS164 引脚图

74LS164 引脚图如图 1-94 所示。

A、B 为数据输入端；CLK 为时钟端；MR 为清 0 端，低电平有效；VCC 为电源端；GND 为接地端；Q0 为最低位输出端；Q1 为次低位输出端；……；Q7 为最高位输出端。

A 1 14 VCC
B 2 13 Q7
Q0 3 12 Q6
Q1 4 11 Q5
Q2 5 10 D4
Q3 6 9 MR
GND 7 8 CLK

图 1-94 74LS164 引脚图

2. 74LS164 内部结构

74LS164 的内部结构为 RS 触发器组合结构，RS 触发器的 R（Reset）为清 0 端，S（Set）为置 1 端，它们都是高电平有效的；C1 为时钟端，下降沿有效。74LS164 内部结构如图 1-95 所示。

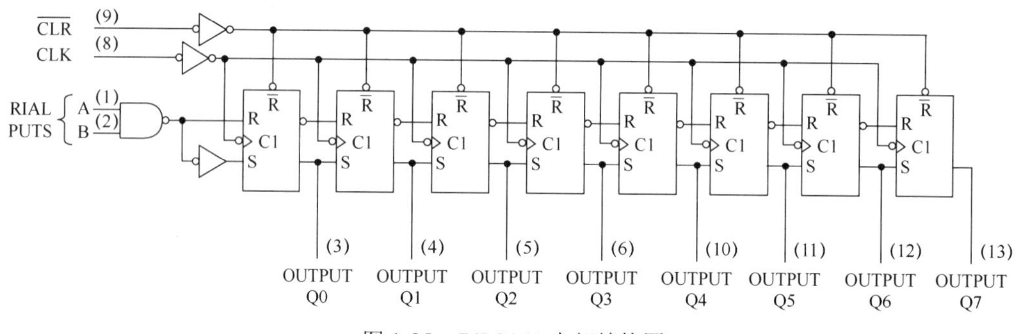

图 1-95 74LS164 内部结构图

3. 74LS164 真值表

74LS164 真值表如表 1-10 所示。

表 1-10 74LS164 真值表

输入					输出			
方式	MR	CLK	A	B	Q_0	Q_2	……	Q_7
1	L	X	X	X	L	L	……	L
2	H	L	X	X	Q0	Q2	……	Q_7
3	H	↑	H	H	H	$Q0_n$	……	$Q6_n$
4	H	↑	L	X	L	$Q0_n$	……	$Q6_n$
5	H		X	L	L	$Q0_n$	……	$Q6_n$

MR 为清 0 端，异步清 0，当 MR 无效时，如果 CLK 不是有效的（上升沿有效），不论 A、B 端输入的为何值，输出保持原值；当 MR 无效，且 CLK 有效时，如果 A、B 端输入的同时为高电平，那么一个上升沿后，A、B 端输入的高电平将移位到 Q0 端；当 MR 无效，且 CLK 有效时，如果 A、B 端的输入不相等，那么只要有一个输入为低电平，则低电平将移位到 Q0 端。

4．数码管显示电路

数码管中的每一段相当于一个发光二极管，一个 8 段数码管则相当于 8 个发光二极管。对于共阳极数码管，内部每个发光二极管的阳极被接在一起，成为各段的公共选通线，发光二极管的阴极则成为段选线。对于共阴极数码管，则正好相反，内部发光二极管的阴极接在一起，阳极成为段选线。这两种数码管的驱动方式是不同的。当需要点亮共阳极数码管的一段时，公共段需接高电平（写逻辑 1），该段的段选线接低电平（写逻辑 0），从而该段被点亮。当需要点亮共阴极数码管的一段时，公共段需接低电平，该段的段选线接高电平，该段被点亮。

单片机驱动显示有很多方法，按显示方式可以分为静态显示和动态显示。

（1）静态显示：静态显示是指当显示器显示某一字符时，发光二极管的位选始终被选中。在这种显示方式下，每个数码管需要一个 8 位的输出端进行控制。由于单片机本身提供的 I/O 口有限，实际使用时，通常通过扩展 I/O 口的形式解决输出端数量不足的问题。静态显示的主要优点是显示稳定，在发光二极管导通电流一定的情况下，显示器的亮度大，在系统运行过程中，在需要更新显示内容时，CPU 才去执行显示更新子程序，这样既节约了 CPU 的时间，又提高了 CPU 的工作效率。

（2）动态显示：动态显示是指一位一位地轮流点亮每段数码管（称为扫描），即每段数码管的位选被轮流选中，多段数码管公用一组段选，段选数据仅对位选选中的数码管有效。显示器每隔一段时间亮一次。显示器的亮度既与导通电流有关，也与点亮时间和间隔时间的比例有关。通过调整电流和时间参数，可以既保证亮度，又保证显示。若显示器的位数不大于 8 位，则显示器的公共端只需一个 8 位 I/O 口进行动态扫描（称为扫描口），控制每位显示器所显示的字形也需要一个 8 位 I/O 口（称为段码输出）。

静态显示的不足之处是占用硬件资源较多，每个数码管需要独占 8 条输出线。随着显示器位数的增加，需要的 I/O 口也将增加。在多任务系统的设计中，硬件资源是可行性问题中首先要考虑的要素，基于这类考虑，我们采用扫描形式的动态显示方式。

数码管结构示意图如图 1-96 所示。

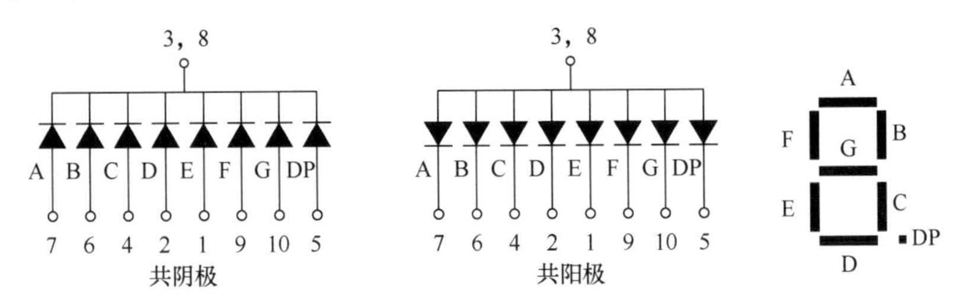

图 1-96　数码管结构示意图

要注意的是，低电平时的灌电流 I_{OL} 最大为 8mA，而此次我们采用的是共阳极数码管，点亮数码管时为低电平，此时的电流为灌电流。我们采用的是静态显示，8mA 的灌电流足够点亮数码管。

数码管的各个数据引脚都连接 74LS164，74LS164 再连接单片机。通过编程，配置好 74LS164 的启用程序，再把得到的转速传送到 74LS164 上，从而通过 74LS164 移位使数码管显示数据。

74LS164 是 8 位边沿触发式移位寄存器，其串行输入数据，并行输出数据。数据通过两个输入端（A 或 B）之一串行输入；任一输入端可以作为高电平使能端，控制另一输入端的数据输入。两个输入端需要连接在一起，或者把不用的输入端接高电平，一定不要悬空。

时钟（CP）信号每次由低变高时，数据右移一位，输入 Q0，Q0 是两个数据输入端（A 和 B）的逻辑与结果，它用于在时钟上升沿之前保持一个建立时间的长度。

清 0（MR）输入端上的一个低电平将使其他所有输入端都无效，同时非同步地清除寄存器，强制所有的输出为低电平。

74LS164 的引脚连接说明如表 1-11 所示。共阳极数码管原理图如图 1-97 所示。

表 1-11　74LS164 的引脚连接说明

编号	符号	引脚说明	编号	符号	引脚说明
1	A	数据输入	8	CLK	时钟输入（低电平到高电平边沿触发）
2	B	数据输入	9	MR	中央复位输入（低电平有效）
3	Q0	数据输出	10	Q4	数据输出
4	Q1	数据输出	11	Q5	数据输出
5	Q2	数据输出	12	Q6	数据输出
6	Q3	数据输出	13	Q7	数据输出
7	GND	地	14	VCC	电源

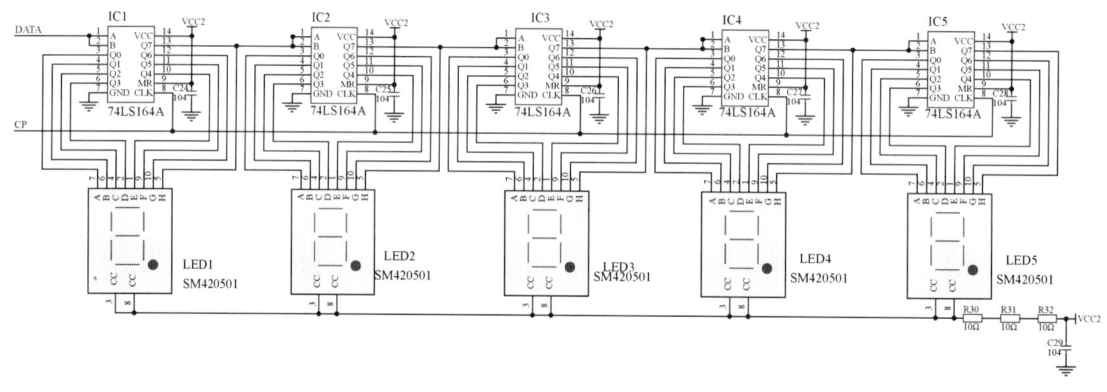

图 1-97　共阳极数码管原理图

思考：

如果要采用共阴极的接法，是否可行？

共阴极需要采用拉电流，而 74LS164 的拉电流最大才 400μA，不能驱动数码管。

特别注意： V_{IH}（高电平输入门槛）最低为 2V；V_{IL}（低电平输入门槛）最高不要超过 0.8V；噪声容限为 1.2V。

1.10.2　数码管程序设计

代码如下：

```
#include "led_display.h"
```

```
#include "lanya.h"
#include "main.h"
//#define NO  0   清理
//#define LO1 1   独立 1
//#define LO2 2   独立 2
//#define LO3 3   独立 3
//#define CD2 5   平衡
/****************************************************************
LED 段码，H，G，F，E，D，C，B，A 排列
****************************************************************/
uchar code tab1[]={0xc0，0xf9，0xa4，0xb0，0x99，0x92，0x82，0xf8，0x80，
0x90，0xff};
//共阳极 LED 段码 0～9，全灭;
uchar code mode_array[][3]=
{
    {0xc0，0xc0，0xc0}，  //  000
    {0xc6，0x89，0xa4}，  //  lo2
    {0xc6，0x89，0xb0}，  //  lo3
    {0xc1，0x92，0x83}，  //  usb
}

/****************************************************************
164 移位操作，每次完成一字节的传送
Reset   Clock       A1  A2  QA  QB   ... QH
H       上升沿      H   D   D   QAn ... QGn
****************************************************************/
void sendbyte(uchar seg)
{
    uchar num，count;
    num=seg;
    for(count=0; count<8; count++)
    {
        dat_164=num&0x80;                 //num&0x80，将最高位移到 164 的数据位
        //第一次移出的位在 H，第二次移出的位在 G，以此类推
        num=_crol_(num，1);               //循环左移
        clk_164=0;                        //产生上升沿
        Delau_us (2);                     //微秒级延时
        clk_164=1;
    }
}
/**********************************************************
 ** 函数名称:Displays
 ** 功能说明:显示更新函数
 ** 输入参数:mode->模式  vol->音量
 ** 输出参数:无
 ** 返回参数:无
 ** 注    意:无
```

```
****************************************************************/
void Displays(uchar mode, uchar vol, uchar status)
{
    uchar vol_shi, vol_bit, VOL_NUM1;
     if(status==EN_ABLE)
     {
            VOL_NUM1=vol;
            vol_bit=VOL_NUM1%10;
            vol_shi=VOL_NUM1/10;

            sendbyte(tabl[vol_bit]);            //送给HC164音量的个位
            sendbyte(tabl[vol_shi]);            //送给HC164音量的十位
            sendbyte(mode_array[mode][2]);  //送给HC164模式的3位
            sendbyte(mode_array[mode][1]);  //送给HC164模式的2位
            sendbyte(mode_array[mode][0]);  //送给HC164模式的1位
     }
     else if(status==DIS_ABLE)
     {
            sendbyte(0xff);
            sendbyte(0xff);
            sendbyte(mode_array[mode][2]);  //送给HC164模式的3位
            sendbyte(mode_array[mode][1]);  //送给HC164模式的2位
            sendbyte(mode_array[mode][0]);  //送给HC164模式的1位
     }

}

/****************************************************************
 ** 函数名称:DisplayClear
 ** 功能说明:关闭显示
 ** 输入参数:无
 ** 输出参数:无
 ** 返回参数:无
 ** 注    意:无
****************************************************************/
void DisplayClear(void)
{
    uchar DisplayBuffer[5];
    uchar i;
    for(i=0; i<5; i++)
    {
        DisplayBuffer[i]=0xff;
    }
    sendbyte(DisplayBuffer[0]);      //sent low value
    Delau_us (2);                    //微秒级延时
    sendbyte(DisplayBuffer[1]);      //sent low value
    Delau_us (2);                    //微秒级延时
```

```
    sendbyte(DisplayBuffer[2]);       //sent low value
    Delau_us (2);                     //微秒级延时
    sendbyte(DisplayBuffer[3]);       //sent low value
    Delau_us (2);                     //微秒级延时
    sendbyte(DisplayBuffer[4]);       //sent low value
    Delau_us (2);                     //微秒级延时
}
```

任务 11　EEPROM 程序设计

1.11.1　EEPROM 的特点

EEPROM 属于非易失性存储器，用来存储数据，即使在掉电的状态下数据也不会丢失。将胆机中有关音量、音源选择等用户上一次使用的数据存储在 EEPROM 里，可让胆机具有记忆功能。即使遇到突然停电的情况，再打开胆机时先前的设置数据也不会丢失，给用户带来了方便。

STC12C5052AD 单片机内部可使用 EEPROM（Data Flash）的地址（与程序空间是分开的）。如果对应用程序区进行 IAP 写数据/擦除扇区的操作，则该语句会被单片机忽略，继续执行下一条语句。程序在用户应用程序区时，仅可以对 EEPROM 进行 IAP/ISP 操作。

特别注意：电源电压过低时（5V 单片机在 3.7V 以下）对 EEPROM 进行操作，单片机不执行此功能，但会继续执行程序。由于单片机的 5V 电源是通过整流滤波得到的，在程序设计时必须充分考虑滤波过程中电容的充电时间，否则在电压未达到 3.7V 时去读 EEPROM，将会得到随机值，显示乱码。

表 1-12 是 STC12C2052AD/STC12LE2052AD 单片机内部 EEPROM 地址表。

表 1-12　STC12C2052AD/STC12LE2052AD 单片机内部 EEPROM 地址表

<table>
<tr><td colspan="2">第一扇区</td><td colspan="2">第二扇区</td><td colspan="2">第三扇区</td><td colspan="2">第四扇区</td><td rowspan="15">每个扇区存储 512 字节，建议将同一次修改的数据放在同一个扇区</td></tr>
<tr><td>起始地址</td><td>结束地址</td><td>起始地址</td><td>结束地址</td><td>起始地址</td><td>结束地址</td><td>起始地址</td><td>结束地址</td></tr>
<tr><td>0000H</td><td>01FFH</td><td>0200H</td><td>03FFH</td><td>0400H</td><td>05FFH</td><td>0600H</td><td>07FFH</td></tr>
<tr><td colspan="2">第五扇区</td><td colspan="2">第六扇区</td><td colspan="2">第七扇区</td><td colspan="2">第八扇区</td></tr>
<tr><td>起始地址</td><td>结束地址</td><td>起始地址</td><td>结束地址</td><td>起始地址</td><td>结束地址</td><td>起始地址</td><td>结束地址</td></tr>
<tr><td>0800H</td><td>09FFH</td><td>0A00H</td><td>0BFFH</td><td>0C00H</td><td>0DFFH</td><td>0E00H</td><td>0FFFH</td></tr>
<tr><td colspan="2">第九扇区</td><td colspan="2">第十扇区</td><td colspan="2">第十一扇区</td><td colspan="2">第十二扇区</td></tr>
<tr><td>起始地址</td><td>结束地址</td><td>起始地址</td><td>结束地址</td><td>起始地址</td><td>结束地址</td><td>起始地址</td><td>结束地址</td></tr>
<tr><td>1000H</td><td>11FFH</td><td>1200H</td><td>13FFH</td><td>1400H</td><td>15FFH</td><td>1600H</td><td>17FFH</td></tr>
<tr><td colspan="2">第十三扇区</td><td colspan="2">第十四扇区</td><td colspan="2">第十五扇区</td><td colspan="2">第十六扇区</td></tr>
<tr><td>起始地址</td><td>结束地址</td><td>起始地址</td><td>结束地址</td><td>起始地址</td><td>结束地址</td><td>起始地址</td><td>结束地址</td></tr>
<tr><td>1800H</td><td>19FFH</td><td>1A00H</td><td>1BFFH</td><td>1C00H</td><td>1DFFH</td><td>1E00H</td><td>1FFFH</td></tr>
<tr><td colspan="2">第十七扇区</td><td colspan="2">第十八扇区</td><td colspan="2">第十九扇区</td><td colspan="2">第二十扇区</td></tr>
<tr><td>起始地址</td><td>结束地址</td><td>起始地址</td><td>结束地址</td><td>起始地址</td><td>结束地址</td><td>起始地址</td><td>结束地址</td></tr>
<tr><td>2000H</td><td>21FFH</td><td>2200H</td><td>23FFH</td><td>2400H</td><td>25FFH</td><td>2600H</td><td>27FFH</td></tr>
</table>

字节编程：如果要写 EEPROM，要写入的字节中的数据必须为 0FFH，如果该字节中的数据不是 0FFH，则须先将整个扇区擦除，因为只有进行扇区擦除才可以改写 EEPROM。

1.11.2 EEPROM 程序设计

代码如下：

```
#include "eepromcz.h"
/*******************************************************
注意，写数据时，一定要先擦除扇区，后写数据，所以要写的数据尽量不要太多，也可以将不同功能的数据存储不同的扇区里。
字节编程前，字节里面的数据必须是 0FFH，所以必须要进行扇区擦除。
*******************************************************/
/****************************
software delay function
****************************/
void EepromDelay(uchar n)
{
    uint x;
    uchar y;
    for(y=0; y<n; y++)
    for(x=0; x<100; x++);
}
/***************************************************
disable isp/iap/eeprom function
make MCU in a safe state
***************************************************/
void IapIdle()
{
    IAP_CONTR=0;              //CLOSE IAP FUNCTI/ON
    IAP_CMD=0;                //CLEAR COMMAND TO STANDBY
    IAP_TRIG=0;               //CLEAR TRIGGER REGISTER
    IAP_ADDRH=0X80;           //DATA PTR POINT TO NON_EEPROM AREA
    IAP_ADDRL=0;              //CLEAR IAP ADDRESS TO PREVENT MISUSE
}

/*******************************************************
READ ONE BYTE FROM ISP/IAP/EEPROM EREA
INPUT: ADDR(ISP/ISP/EEPROM ADDRESS)
OUTPUT: FLASH DATA
*******************************************************/
uchar IapReadByte(uint addr)
{
    uchar dat;                //data buffer
    IAP_CONTR=ENABLE_IAP;     //OPEN IAP FUNCTI/ON , AND  SET WAIT TIME
    IAP_CMD=CMD_READ;         //SET ISP/IAP/EEPROM READ COMMAND
    IAP_ADDRL=addr;           //set ISP/IAP/EEPROM ADDRESS LOW
    IAP_ADDRH=addr>>8;        //set ISP/IAP/EEPROM ADDRESS HIGH
    IAP_TRIG=0X46;            //SET TRIGGER COMMAND1 (0X46)
    IAP_TRIG=0XB9;            //SET TRIGGER COMMAND2(0XB9)
```

```
    _nop_(); //MCU will hold here until ISP/IAP/EEPROM operation complete
    dat=IAP_DATA;            //READ ISP/IAP/EEPROM DATA
    IapIdle();               //close ISP/IAP/EEPROM FUNTI/ON
    return dat;              //return flash data
}

/*******************************************************
Program one byte to ISP/IAP/EEPROM area
INPUT: ADDR(ISP/ISP/EEPROM ADDRESS)
     dat (ISP/ISP/EEPROM data)
OUTPUT: -
*******************************************************/
void IapProgramByte(uint addr, uchar dat)
{
    IAP_CONTR=ENABLE_IAP;        //OPEN IAP FUNCITON, AND SET WAIT TIME
    IAP_CMD=CMD_PROGRAM;         //SET ISP/IAP/EEPROM  PROGRAM COMMAND
    IAP_ADDRL=addr;              //set ISP/IAP/EEPROM ADDRESS LOW
    IAP_ADDRH=addr>>8;           //set ISP/IAP/EEPROM ADDRESS HIGH
    IAP_DATA=dat;                //write ISP/IAP/EEPROM data
    IAP_TRIG=0X46;               //SEND trigger command1(0x46)
    IAP_TRIG=0XB9;               //SEND TRIGGER COMMAND2(0XB9)
    _nop_();
    IapIdle();
}

/*******************************************************
Erase one sector area
INPUT: ADDR(ISP/ISP/EEPROM ADDRESS)
OUTPUT: -
*******************************************************/
void IapEraseSector(uint addr)
{
    IAP_CONTR=ENABLE_IAP;        //OPEN IAP FUNCITON, AND SET WAIT TIME
    IAP_CMD=CMD_ERASE;           //SET ISP/IAP/EEPROM  ERASE COMMAND
    IAP_ADDRL=addr;              //set ISP/IAP/EEPROM ADDRESS LOW
    IAP_ADDRH=addr>>8;           //set ISP/IAP/EEPROM ADDRESS HIGH
    IAP_TRIG=0X46;               //SEND trigger command1(0x46)
    IAP_TRIG=0XB9;               //SEND TRIGGER COMMAND2(0XB9)
    _nop_();
    IapIdle();
}
```

任务 12　蓝牙模块配置及程序设计

1.12.1　蓝牙模块配置

蓝牙信号的收发采用蓝牙模块实现。本项目所用的蓝牙模块使用遵循蓝牙 V1.1 标准的无线信号收发芯片，具有片内数字无线处理器（Digital Radio Processor，DRP）、数控振荡器，支持片内射频收发开关切换，内置 ARM7 嵌入式处理器。接收信号时，片内射频收发开关处于收状态，射频信号被天线接收后，经过蓝牙收发器直接被传输到基带信号处理器中。基带信号处理过程包括下变频和采样。数字信号存储在 RAM（容量为 32KB）中，供 ARM7 调用和处理，ARM7 将处理后的数据从编码接口输出到其他设备中。信号发送是信号接收的逆过程。此外，无线信号收发芯片还包括时钟和电源管理模块及多个通用 I/O 口，供不同的外设使用。其主机接口可以提供双工的通用串口，以方便地和 PC 的 RS-232 接口通信，以及和 DSP 的缓冲串口通信。

本项目所用的蓝牙模块是 HC-05，配置 USB 转串口模块，这个模块包括 PL2302 和 CH340 等，这个模块有 4 根线要与蓝牙模块连接，分别是 5V→5V，GND→GND，TXD→RXD，RXD→TXD。蓝牙模块实物（蓝牙小板）图如图 1-98 所示。

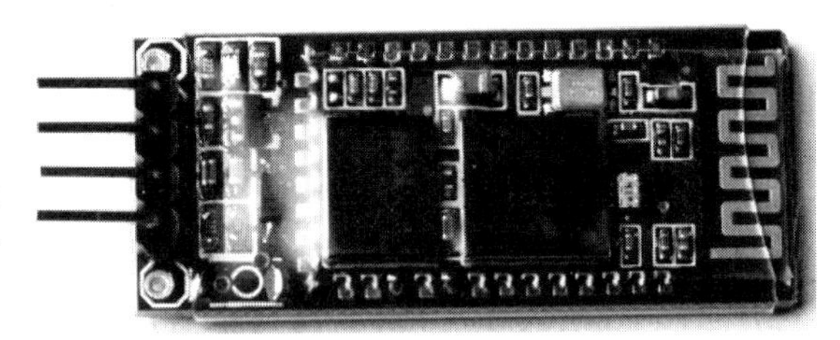

图 1-98 蓝牙模块实物图

按下蓝牙小板上的按键，将串口连接到计算机上，蓝牙小板上的 LED 指示灯会常亮一段时间，然后 LED 指示灯就会闪烁，这时放开按键，蓝牙就进入了 AT 命令配置模式，打开串口工具，设置波特率为 38400，打开串口，发送以下 AT 命令，按回车键，如图 1-99 所示。

```
AT+ROLE=1              //成功返回“OK”，证明成功进入 AT 配置模式
at+name=CHICHE         //设置名称
AT+UART?               //查询串口参数
AT+UART=9600,0,0       //设置串口参数（波特率 9600，没有停止位，没有校验位）
AT+PSWD?               //查询配对密码
AT+PSWD=CHICHE         //设置配对密码
```

其他 AT 命令可以参考 HC-05 蓝牙模块的 AT 命令说明书。

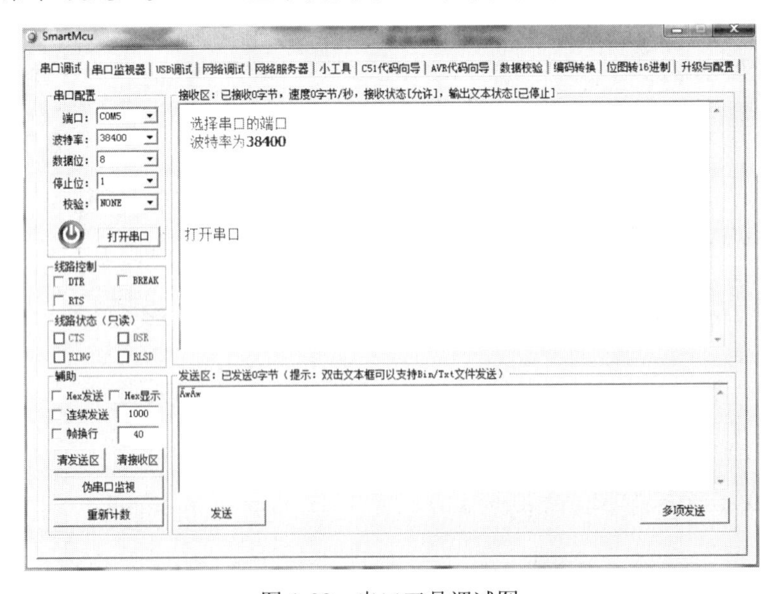

图 1-99 串口工具调试图

1.12.2　蓝牙模块与 STC 单片机串口连接编程

代码如下：

```
void Lanya_init()
{
    TMOD|=0X20;                 //设置定时器 1 采用方式 2
    TH1=0xfd ;
    TL1=0xfd ;                  //初值
    TR1=1;                      //启动定时器 1
    REN=1;                      //使能接收
    SM0=0;
    SM1=1;                      //设置串口采用工作方式 1
    EA=1;                       //打开总中断开关
    ES=1;                       //打开串口中断开关
}
/******************************************************************
***函数名：print_char()
***功能：从串口打印一字节
***参数：一字节
***返回：无
*******************************************************************/
 void print_char(unsigned int v)
 {
     ES=0;
     SBUF=v;
     while(TI==0);
     TI=0;
     ES=1;
 }
```

1.12.3　手机端 App 蓝牙程序设计

加入蓝牙模块的 STC 控制板实物图如图 1-100 所示。设计完成的手机 App 主界面如图 1-101 所示。

图 1-100　加入蓝牙模块的 STC 控制板实物图

图 1-101 手机 App 主界面

“关于”界面程序：about.java，代码如下：

```
package com.test.BTClientfzhiyin;
import android.R.integer;
import android.app.Activity;
import android.os.Bundle;
import android.view.View;
import android.view.View.OnClickListener;
import android.view.Window;
import android.widget.Button;
import android.widget.ImageView;

public class about extends Activity{
    private ImageView ivPicture=null;
    private Integer[] iImages={R.drawable.death, R.drawable.logoion, R.drawable.
poto, R.drawable.icont1, R.drawable.poto1};
    @Override
    protected void onCreate(Bundle savedInstanceState){
        //TODO 自动生成的方法存根
        super.onCreate(savedInstanceState);
        requestWindowFeature(Window.FEATURE_INDETERMINATE_PROGRESS);
        //设置窗口显示模式为窗口模式
        setContentView(R.layout.abou);
        ivPicture=(ImageView)findViewById(R.id.imageView1);
        Button button=(Button) findViewById(R.id.button1);
        Button button2=(Button) findViewById(R.id.button2);
        button.setOnClickListener(new OnClickListener(){
            int nubble=5;
            @Override
            public void onClick(View v){
                // TODO 自动生成的方法存根
```

```
                if(nubble>0){
                    ivPicture.setImageResource(iImages[→nubble]);
                }
                else if(nubble==0){
                    nubble=5;
                    ivPicture.setImageResource(iImages[4]);
                }
            }
        });
        button2.setOnClickListener(new OnClickListener(){
            int nubble=0;
            @Override
            public void onClick(View v){
                //TODO 自动生成的方法存根
                if(nubble<5){
                    ivPicture.setImageResource(iImages[nubble++]);
                }
                else if(nubble==5){
                    nubble=0;
                    ivPicture.setImageResource(iImages[0]);
                }
            }
        });
    }
}
```

主界面程序：BTClient.java，包括按键处理、蓝牙的连接等，代码如下：

```
package com.test.BTClientfzhiyin;
import java.io.I/OException;
import java.io.InputStream;
import java.io.OutputStream;
import java.util.UUID;
import com.test.BTClientfzhiyin.DeviceListActivity;
import android.app.Activity;
import android.bluetooth.BluetoothAdapter;
import android.bluetooth.BluetoothDevice;
import android.bluetooth.BluetoothSocket;
import android.content.Intent;
import android.content.SharedPreferences;
import android.os.Bundle;
import android.os.Handler;
import android.os.Message;
import android.util.Log;
import android.view.KeyEvent;
import android.view.Menu;
import android.view.MenuItem;
import android.view.View;
import android.widget.Button;
```

```
import android.widget.TextView;
import android.widget.Toast;

public class BTClient extends Activity{
    private final static int REQUEST_CONNECT_DEVICE=1; //宏定义，查询设备句柄
    private static boolean isExit=false;
    private   final   static   String   MY_UUID="00001101-0000-1000-8000-
00805F9B34FB";                               //SPP 服务 UUID 号
    private InputStream is;              //输入流，用来接收蓝牙数据
    //private TextView text0;            //提示栏解释句柄
    private TextView dis;                //接收数据显示句柄
    private TextView dis1;               //翻页句柄
    private String smsg = "";            //显示用数据缓存
    private byte open='C';
    private byte add='A';
    private byte reduce='B';
    private byte mute='D';
    private byte select='E';

    public String filename="";               //用来保存存储的文件名
    BluetoothDevice _device=null;            //蓝牙设备
    BluetoothSocket _socket=null;            //蓝牙通信 socket
    boolean _discoveryFinished=false;
    boolean bRun=true;
    boolean bThread=false;
    String readString="98:D3:31:FB:1F:9B";

    private   BluetoothAdapter   _bluetooth=BluetoothAdapter.   getDefault
Adapter();                                          //获取本地蓝牙适配器，即蓝牙设备
    private SharedPreferences sP;

    /×× Called when the activity is first created. ×/
    @Override
    public void onCreate(Bundle savedInstanceState){
       super.onCreate(savedInstanceState);
       setContentView(R.layout.main);          //设置画面为主画面 main.xml
       //text0=(TextView)findViewById(R.id.Text0);         //得到提示栏句柄
       //edit0=(EditText)findViewById(R.id.Edit0);         //得到输入框句柄
       sP=getPreferences("Datadefault", MODE_PRIVATE);
       dis=(TextView) findViewById(R.id.text2);            //得到提示栏句柄
       dis1=(TextView)findViewById(R.id.text);             //得到提示栏句柄
       if(_socket!=null)
       {
       }
       else{
          if(_bluetooth.isEnabled()==false){
            _bluetooth.enable();
          }
```

```
        Toast.makeText(this, "正在为你连接蓝牙设备，请稍后……", Toast.
LENGTH_SHORT).show();
        while(_bluetooth.isEnabled()==false);

        String readString=sP.getString("DataKEY", "98:D3:31:FB:1F:9B");
        //得到蓝牙设备句柄
        _device=_bluetooth.getRemoteDevice(readString);
        //用服务号得到socket
        try{
           _socket   =   _device.createRfcommSocketToServiceRecord(UUID.
fromString(MY_UUID));
        }catch(I/OException e){
         Toast.makeText(this, "连接失败！", Toast.LENGTH_LONG).show();
        }
        //连接socket
        //Button btn=(Button) findViewById(R.id.Button03);
        try{
         _socket.connect();
         Toast.makeText(this ,  " 连 接 "+_device.getName()+" 成 功 ！ " ,
Toast.LENGTH_LONG).show();
          if(_socket!= null){
             try{
                 OutputStream os=_socket.getOutputStream();
                 //蓝牙连接输出流
                 os.write('O');
             }catch(I/OException e){
             }
          }
          else{
          Toast.makeText(this, "请连接蓝牙", Toast.LENGTH_LONG). show();
          }
        //btn.setText("断开");
        }catch(I/OException e){
          try{
            Toast.makeText(this, "连接失败！", Toast.LENGTH_LONG). show();
            _socket.close();
            _socket=null;
          }catch(I/OException ee){
            Toast.makeText(this, "连接失败！", Toast.LENGTH_LONG).show();
          }
          return;
        }
      }
      //打开接收线程
      try{
        is=_socket.getInputStream();    //得到蓝牙数据输入流
        }catch(I/OException e){
          Toast.makeText(this, "接收数据失败！", Toast.LENGTH_SHORT).show();
```

```
            return;
        }
        if(bThread==false){
            ReadThread.start();
            bThread=true;
        }else{
            bRun=true;
        }

      //如果打开本地蓝牙设备不成功，则提示信息，结束程序
      if(_bluetooth==null){
            Toast.makeText(this, "无法打开手机蓝牙，请确认手机是否有蓝牙功能！",
Toast.LENGTH_LONG).show();
          finish();
          return;
      }

      //设置设备可以被搜索
      new Thread(){
          public void run(){
      }
      }.start();
    }

    private SharedPreferences getPreferences(String string , int
modePrivate) {
        // TODO 自动生成的方法存根
        return null;
    }

    //发送按键响应
    public void onConnectac_power(View v){
        if(_socket!=null){
        try{
            OutputStream os=_socket.getOutputStream();   //蓝牙连接输出流
            os.write(open);
        }catch(I/OException e){
        }
        }
        else {
            Toast.makeText(this, "请连接蓝牙", Toast.LENGTH_SHORT).show();
        }
    }
    public void onConnectvol_add(View v){
        if(_socket!=null) {
        try{
        OutputStream os=_socket.getOutputStream();   //蓝牙连接输出流
        os.write(add);
```

```
        }catch(I/OException e){
        }
        }
            else{
            Toast.makeText(this, "请连接蓝牙", Toast.LENGTH_SHORT).show();
        }
        }
        public void onConnectvol_reduce(View v){
            if(_socket!= null){
            try{
                OutputStream os=_socket.getOutputStream();    //蓝牙连接输出流
                os.write(reduce);
            }catch(I/OException e){
            }
            }
            else {
            Toast.makeText(this, "请连接蓝牙", Toast.LENGTH_SHORT).show();
        }
        }
        public void onConnectselect(View v){
            if(_socket!= null){
            try{
                OutputStream os=_socket.getOutputStream();    //蓝牙连接输出流
                os.write(select);
            }catch(I/OException e){
            }
            }
            else{
                Toast.makeText(this, "请连接蓝牙", Toast.LENGTH_SHORT).show();
             }
        }
        public void onConnectac_mute(View v){
            if(_socket!= null){
            try{
                OutputStream os=_socket.getOutputStream();    //蓝牙连接输出流
                os.write(mute);
            }catch(I/OException e){
            }
            }
            else {
            Toast.makeText(this, "请连接蓝牙", Toast.LENGTH_SHORT).show();
        }
        }
        //接收活动结果，响应 startActivityForResult()
        public void onActivityResult(int requestCode, int resultCode, Intent
data){
        switch(requestCode){
        case REQUEST_CONNECT_DEVICE: //连接结果，由 DeviceListActivity 设置返回
```

```
            //响应返回结果
            if(resultCode==Activity.RESULT_OK){ //连接成功，由 DeviceList Activity
设置返回
                //MAC 地址，由 DeviceListActivity 设置返回
                String   address   =   data.getExtras().getString(DeviceList
Activity.EXTRA_DEVICE_ADDRESS);
                SharedPreferences.Editor editor=sP.edit();
                editor.putString("DataKEY", address);
                editor.commit();
                // 得到蓝牙设备句柄
                _device=_bluetooth.getRemoteDevice(address);
                // 用服务号得到 socket
                try{
                  _socket=_device.createRfcommSocketToServiceRecord(UUID.
fromString(MY_UUID));
                }catch(I/OException e){
                  Toast.makeText(this， "连接失败！"， Toast.LENGTH_SHORT).
show();
                }
                //连接 socket
                //Button btn=(Button) findViewById(R.id.Button03);
                try{
                  _socket.connect();
                  Toast.makeText(this， "连接"+_device.getName()+"成功！"，
Toast.LENGTH_SHORT).show();
                  if(_socket!= null){
                      try{
                          OutputStream os=_socket.getOutputStream();
                          //蓝牙连接输出流
                          os.write('O');
                      }catch(I/OException e){
                      }
                  }
                  else{
                      Toast.makeText(this, "请连接蓝牙", Toast.LENGTH_SHORT).
show();
                  }
                //btn.setText("断开");
                }catch(I/OException e){
                  try{
                      Toast.makeText(this， "连接失败！"， Toast.LENGTH_
SHORT).show();
                      _socket.close();
                      _socket = null;
                  }catch(I/OException ee){
                      Toast.makeText(this， "连接失败！"， Toast.LENGTH_
SHORT).show();
                  }
```

```
                    return;
                }

                //打开接收线程
                try{
                  is=_socket.getInputStream();     //得到蓝牙数据输入流
                }catch(I/OException e){
                      Toast.makeText(this, "接收数据失败！", Toast.LENGTH_
SHORT).show();
                      return;
                  }
                  if(bThread==false){
                      ReadThread.start();
                      bThread=true;
                  }else{
                      bRun=true;
                  }
            }
          break;
      default:break;
      }
      }

      //接收数据线程
      Thread ReadThread=new Thread(){

      public void run(){
          int num=0;
          byte[] buffer=new byte[1024];
          bRun=true;
          //接收线程
          while(true){
              try{
                  while(is.available()==0){
                      while(bRun==false){}
                  }
                  while(true){
                      num=is.read(buffer);         //读入数据
                      String s0=new String(buffer, 0, num);
                      smsg=s0;                     //保存收到数据
                      Log.e("", smsg);
                      if(is.available()==0) break; //若短时间内没有数据，则跳出进行显示
                  }
                  //发送显示消息，进行显示刷新
                  handler.sendMessage(handler.obtainMessage());
              }catch(I/OException e){
              }
          }
```

```
    }
    };

    //消息处理队列
    Handler handler= new Handler(){
    public void handleMessage(Message msg){
        super.handleMessage(msg);
        if(smsg.equals("z"))       {dis.setText("CD1"); }       //显示数据
        else if(smsg.equals("y")) {dis.setText("CD2"); }       //显示数据
        else if(smsg.equals("x")) {dis.setText("USB"); }       //显示数据
        else if(smsg.equals("t")) {dis.setText("L01"); }       //显示数据
        else if(smsg.equals("u")) {dis.setText("L02"); }       //显示数据
        else if(smsg.equals("v")) {dis.setText("L03"); }       //显示数据
        else if(smsg.equals("+")) {dis1.setText("00"); }       //显示数据
        else if(smsg.equals(", ")) {dis1.setText("01"); }      //显示数据
        else if(smsg.equals("-")) {dis1.setText("02"); }       //显示数据
        else if(smsg.equals(".")) {dis1.setText("03"); }       //显示数据
        else if(smsg.equals("/")) {dis1.setText("04"); }       //显示数据
        else if(smsg.equals("0")) {dis1.setText("05"); }       //显示数据
        else if(smsg.equals("1")) {dis1.setText("06"); }       //显示数据
        else if(smsg.equals("2")) {dis1.setText("07"); }       //显示数据
        else if(smsg.equals("3")) {dis1.setText("08"); }       //显示数据
        else if(smsg.equals("4")) {dis1.setText("09"); }       //显示数据
        else if(smsg.equals("5")) {dis1.setText("10"); }       //显示数据
        else if(smsg.equals("6")) {dis1.setText("11"); }       //显示数据
        else if(smsg.equals("7")) {dis1.setText("12"); }       //显示数据
        else if(smsg.equals("8")) {dis1.setText("13"); }       //显示数据
        else if(smsg.equals("9")) {dis1.setText("14"); }       //显示数据
        else if(smsg.equals(":")) {dis1.setText("15"); }       //显示数据
        else if(smsg.equals("; ")) {dis1.setText("16"); }      //显示数据
        else if(smsg.equals("<")) {dis1.setText("17"); }       //显示数据
        else if(smsg.equals("=")) {dis1.setText("18"); }       //显示数据
        else if(smsg.equals(">")) {dis1.setText("19"); }       //显示数据
        else if(smsg.equals("?")) {dis1.setText("20"); }       //显示数据
        else if(smsg.equals("@")) {dis1.setText("21"); }       //显示数据
        else if(smsg.equals("A")) {dis1.setText("22"); }       //显示数据
        else if(smsg.equals("B")) {dis1.setText("23"); }       //显示数据
        else if(smsg.equals("C")) {dis1.setText("24"); }       //显示数据
        else if(smsg.equals("D")) {dis1.setText("25"); }       //显示数据
        else if(smsg.equals("E")) {dis1.setText("26"); }       //显示数据
        else if(smsg.equals("F")) {dis1.setText("27"); }       //显示数据
        else if(smsg.equals("G")) {dis1.setText("28"); }       //显示数据
        else if(smsg.equals("H")) {dis1.setText("29"); }       //显示数据
        else if(smsg.equals("I")) {dis1.setText("30"); }       //显示数据
        else if(smsg.equals("J")) {dis1.setText("31"); }       //显示数据
        else if(smsg.equals("K")) {dis1.setText("32"); }       //显示数据
        else if(smsg.equals("L")) {dis1.setText("33"); }       //显示数据
        else if(smsg.equals("M")) {dis1.setText("34"); }       //显示数据
```

```
    else if(smsg.equals("N")) {dis1.setText("35"); }    //显示数据
    else if(smsg.equals("O")) {dis1.setText("36"); }    //显示数据
    else if(smsg.equals("P")) {dis1.setText("37"); }    //显示数据
    else if(smsg.equals("Q")) {dis1.setText("38"); }    //显示数据
    else if(smsg.equals("R")) {dis1.setText("39"); }    //显示数据
    else if(smsg.equals("S")) {dis1.setText("40"); }    //显示数据
    else if(smsg.equals("T")) {dis1.setText("41"); }    //显示数据
    else if(smsg.equals("U")) {dis1.setText("42"); }    //显示数据
    else if(smsg.equals("V")) {dis1.setText("43"); }    //显示数据
    else if(smsg.equals("W")) {dis1.setText("44"); }    //显示数据
    else if(smsg.equals("X")) {dis1.setText("45"); }    //显示数据
    else if(smsg.equals("Y")) {dis1.setText("46"); }    //显示数据
    else if(smsg.equals("Z")) {dis1.setText("47"); }    //显示数据
    else if(smsg.equals("[")) {dis1.setText("48"); }    //显示数据
    else if(smsg.equals("、")) {dis1.setText("49"); }    //显示数据
    else if(smsg.equals("]")) {dis1.setText("50"); }    //显示数据
    else if(smsg.equals("^")) {dis1.setText("51"); }    //显示数据
    else if(smsg.equals("_")) {dis1.setText("52"); }    //显示数据
    else if(smsg.equals("`")) {dis1.setText("53"); }    //显示数据
    else if(smsg.equals("a")) {dis1.setText("54"); }    //显示数据
    else if(smsg.equals("b")) {dis1.setText("55"); }    //显示数据
    else if(smsg.equals("c")) {dis1.setText("56"); }    //显示数据
    else if(smsg.equals("d")) {dis1.setText("57"); }    //显示数据
    else if(smsg.equals("e")) {dis1.setText("58"); }    //显示数据
    else if(smsg.equals("f")) {dis1.setText("59"); }    //显示数据
    else if(smsg.equals("g")) {dis1.setText("60"); }    //显示数据
    else if(smsg.equals("h")) {dis1.setText("61"); }    //显示数据
    else if(smsg.equals("i")) {dis1.setText("62"); }    //显示数据
    else if(smsg.equals("j")) {dis1.setText("63"); }    //显示数据
    else if(smsg.equals("k")) {dis1.setText("64"); }    //显示数据
    else if(smsg.equals("l")) {dis1.setText("65"); }    //显示数据
    else if(smsg.equals("m")) {dis1.setText("66"); }    //显示数据
    else if(smsg.equals("n")) {dis1.setText("67"); }    //显示数据
    else if(smsg.equals("o")) {dis1.setText("68"); }    //显示数据
    else if(smsg.equals("p")) {dis1.setText("69"); }    //显示数据
    else if(smsg.equals("q")) {dis1.setText("70"); }    //显示数据
    else if(smsg.equals("r")) {dis1.setText("71"); }    //显示数据
    else if(smsg.equals("s")) {dis1.setText("72"); }    //显示数据
    else if(smsg.equals("w")) {dis1.setText("00"); dis.setText
            ("000"); }//显示数据
    isExit = false;
  }
};

//关闭程序，调用处理部分
public void onDestroy(){
    super.onDestroy();
    if(_socket!=null)              //关闭连接 socket
```

```
            try{
                _socket.close();
            }catch(I/OException e){}
            _bluetooth.disable();          //关闭蓝牙服务
        }

        //菜单处理部分
        @Override
        public boolean onCreateOptionsMenu(Menu menu) {//建立菜单
            getMenuInflater().inflate(R.menu.option_menu, menu);
            return true;
        }

        @Override
        public boolean onOptionsItemSelected(MenuItem item){ //菜单响应函数
            switch(item.getItemId()){
            case R.id.scan:
                if(_bluetooth.isEnabled()==false){
                Toast.makeText(this, "正在打开蓝牙，请稍候……", Toast.LENGTH_
LONG).show();
                return true;
                }
                // Launch the DeviceListActivity to see devices and do scan
                Intent serverIntent = new Intent(this , DeviceListActivity.
class);
                startActivityForResult(serverIntent, REQUEST_CONNECT_DEVICE);
                return true;
            case R.id.quit:
                finish();
                return true;
            case R.id.clear:
                try{
                    _socket = null;
                    Toast.makeText(BTClient.this, "断开连接成功", Toast.LENGTH_
LONG).show();
                }catch (Exception e){
                    // TODO: handle exception
                    Toast.makeText(BTClient.this, "断开连接失败", Toast.LENGTH_
LONG).show();
                }
                return true;
            case R.id.save:
                Intent intent = new Intent(BTClient.this, about.class);
                startActivity(intent);
                return true;
            }
            return false;
        }
```

```
//连接按键响应函数
public void onConnectButtonClicked(View v){
if(_bluetooth.isEnabled()==false){  //如果蓝牙服务不可用，则提示
    Toast.makeText(this, " 打开蓝牙中……", Toast.LENGTH_LONG).show();
    return;
}

//如果未连接设备，则打开 DeviceListActivity 进行设备搜索
if(_socket==null){
    Intent serverIntent=new Intent(this, DeviceListActivity.class);
    //跳转程序设置
    startActivityForResult(serverIntent, REQUEST_CONNECT_DEVICE);
    //设置返回宏定义
}
else{
    //关闭连接 socket
   try{
        is.close();
        _socket.close();
        _socket=null;
        bRun=false;
    }catch(I/OException e){}
}
return;
}
@Override
public boolean onKeyDown(int keyCode, KeyEvent event){
    //TODO 自动生成的方法存根
    if(keyCode==KeyEvent.KEYCODE_BACK){
        if(!isExit){
            isExit=true;
            Toast.makeText(getApplicationContext(), "再按一次退出应用",
Toast.LENGTH_SHORT).show();
            handler.sendEmptyMessageDelayed(0, 1000);
        }
        else{
            if(_socket!= null){
            try{
                OutputStream os=_socket.getOutputStream();
                //蓝牙连接输出流
                os.write('G');
            }catch(I/OException e){
            }
            }
             else{
                Toast.makeText(this, "正在关闭", Toast.LENGTH_SHORT).
show();
```

```
                }
                _bluetooth.disable();   //关闭蓝牙服务
                finish();
                System.exit(0);
            }
            return false;
        }
        return super.onKeyDown(keyCode, event);
    }
}
```

查找蓝牙地址、搜索窗口源程序：DevicelistActivity.java，代码如下：

```
package com.test.BTClientfzhiyin;
import java.util.Set;
import android.app.Activity;
import android.bluetooth.BluetoothAdapter;
import android.bluetooth.BluetoothDevice;
import android.content.BroadcastReceiver;
import android.content.Context;
import android.content.Intent;
import android.content.IntentFilter;
import android.os.Bundle;
import android.util.Log;
import android.view.View;
import android.view.Window;
import android.view.View.OnClickListener;
import android.widget.AdapterView;
import android.widget.ArrayAdapter;
import android.widget.Button;
import android.widget.ListView;
import android.widget.TextView;
import android.widget.AdapterView.OnItemClickListener;
public class DeviceListActivity extends Activity{
    //调试用
    private static final String TAG="DeviceListActivity";
    private static final boolean D=true;

    //返回时数据标签
    public static String EXTRA_DEVICE_ADDRESS="设备地址";

    //成员域
    private BluetoothAdapter mBtAdapter;
    private ArrayAdapter<String>mPairedDevicesArrayAdapter;
    private ArrayAdapter<String>mNewDevicesArrayAdapter;

    @Override
    protected void onCreate(Bundle savedInstanceState){
        super.onCreate(savedInstanceState);
```

```
        //创建并显示窗口
        requestWindowFeature(Window.FEATURE_INDETERMINATE_PROGRESS);
        //设置窗口显示模式为窗口模式
        setContentView(R.layout.device_list);

        //设定默认返回值为取消
        setResult(Activity.RESULT_CANCELED);

        //设定扫描按键响应
        Button scanButton=(Button) findViewById(R.id.button_scan);
        scanButton.setOnClickListener(new OnClickListener(){
            public void onClick(View v){
                doDiscovery();
                v.setVisibility(View.GONE);
            }
        });

        //初始化设备存储数组
        mPairedDevicesArrayAdapter=new ArrayAdapter<String>(this ,  R.layout.
device_name);
        mNewDevicesArrayAdapter=new ArrayAdapter<String>(this ,  R.layout.
device_name);
        //设置已配对设备列表
        ListView pairedListView=(ListView) findViewById(R.id.paired_devices);
        pairedListView.setAdapter(mPairedDevicesArrayAdapter);
        pairedListView.setOnItemClickListener(mDeviceClickListener);

        //设置新查找设备列表
        ListView newDevicesListView=(ListView) findViewById(R.id.new_ devices);
        newDevicesListView.setAdapter(mNewDevicesArrayAdapter);
        newDevicesListView.setOnItemClickListener(mDeviceClickListener);

        //注册查找到设备的 action 接收器
        IntentFilter filter=new IntentFilter(BluetoothDevice.ACTI/ON_FOUND);
        this.registerReceiver(mReceiver, filter);
        //注册查找结束的 action 接收器
        filter=new IntentFilter(BluetoothAdapter.ACTI/ON_DISCOVERY_ FINISHED);
        this.registerReceiver(mReceiver, filter);
        //得到本地蓝牙句柄
        mBtAdapter=BluetoothAdapter.getDefaultAdapter();

    }

    @Override
    protected void onDestroy(){
        super.onDestroy();
        //关闭服务查找
        if(mBtAdapter != null){
```

```
            mBtAdapter.cancelDiscovery();
        }
        //注销 action 接收器
        this.unregisterReceiver(mReceiver);
    }

    public void OnCancel(View v){
         finish();
    }
    /××
     × 开始服务和设备查找
     ×/
    private void doDiscovery(){
        if (D) Log.d(TAG, "doDiscovery()");

        //在窗口显示查找中的信息
        setProgressBarIndeterminateVisibility(true);
        setTitle("查找设备中...");
        findViewById(R.id.title_new_devices).setVisibility(View.VISIBLE);

        //关闭正在进行的服务查找
        if(mBtAdapter.isDiscovering()){
            mBtAdapter.cancelDiscovery();
        }
        //重新开始
        mBtAdapter.startDiscovery();
    }

    //选择设备响应函数
    private OnItemClickListener mDeviceClickListener=new OnItemClickListener() {
        public void onItemClick(AdapterView<?> av, View v, int arg2, long arg3) {
            //准备连接设备，关闭服务查找
            mBtAdapter.cancelDiscovery();

            //得到 MAC 地址
            String info=((TextView) v).getText().toString();
            String address=info.substring(info.length() - 17);

            //设置返回数据
            Intent intent=new Intent();
            intent.putExtra(EXTRA_DEVICE_ADDRESS, address);

            //设置返回值并结束程序
            setResult(Activity.RESULT_OK, intent);
            finish();
        }
    };
    //查找到设备和搜索完成 action 监听器
```

```
    private final BroadcastReceiver mReceiver=new BroadcastReceiver(){
        @Override
        public void onReceive(Context context, Intent intent){
            String action=intent.getAction();

            //查找到设备 action
            if(BluetoothDevice.ACTI/ON_FOUND.equals(action)){
                //得到蓝牙设备
                BluetoothDevice device=intent.getParcelableExtra(Bluetooth Device.
EXTRA_DEVICE);
                //如果是已配对的，则略过，已得到显示，将其余的添加到列表中进行显示
                if(device.getBondState()!=BluetoothDevice.BOND_BONDED){
                    mNewDevicesArrayAdapter.add(device.getName()+"\n"+device.
getAddress());
                }else{ //添加到已配对设备列表
                  mPairedDevicesArrayAdapter.add(device.getName()+"\n"+device.
getAddress());
                }
                //搜索完成 action
            } else if (BluetoothAdapter.ACTI/ON_DISCOVERY_FINISHED.equals
(action)){
                setProgressBarIndeterminateVisibility(false);
                setTitle("选择要连接的设备");
                if(mNewDevicesArrayAdapter.getCount()==0){
                    String noDevices="没有找到新设备";
                    mNewDevicesArrayAdapter.add(noDevices);
                }
            }
        }
    };
}
```

启动界面程序：startActivity.java，代码如下：

```
package com.test.BTClientfzhiyin;
import android.app.Activity;
import android.content.Intent;
import android.media.MediaPlayer;
import android.os.Bundle;
import android.view.View;
import android.view.animation.AlphaAnimation;
import android.view.animation.Animation;
import android.view.animation.Animation.AnimationListener;

public class StartActivity extends Activity{
    @Override
    protected void onCreate(Bundle savedInstanceState){
        //TODO 自动生成的方法存根
        super.onCreate(savedInstanceState);
        final View view=View.inflate(this, R.layout.startactivity, null);
```

```
        setContentView(view);
        AlphaAnimation alp=new AlphaAnimation(0.0f, 1.0f);
        alp.setDuration(1000);
        view.startAnimation(alp);
        alp.setAnimationListener(new AnimationListener(){
            @Override
            public void onAnimationStart(Animation animation){
                //TODO 自动生成的方法存根
            }

            @Override
            public void onAnimationRepeat(Animation animation){
                //TODO 自动生成的方法存根
            }

            @Override
            public void onAnimationEnd(Animation animation){
                //TODO 自动生成的方法存根
            Intent intenton =new Intent(StartActivity.this, BTClient.class);
            startActivity(intenton);
            finish();
            }
        });
    }
}
```

项目 2　ARM 单片机音频控制板电路设计与制作

任务 1　ARM 单片机音频控制板原理图设计与分析

2.1.1　ARM 单片机音频控制板总体框图

考虑到项目 1 中 STC12C5052AD 单片机的 5K Flash ROM 基本用完，未来升级的空间基本没有，故本章采用基于 ARM Cortex-M 内核的 STM32 系列的 32 位单片机 STM32F103C8T6 进行操作，其采用 LQFP 封装，有 37 个 I/O 口，程序存储器容量是 64KB，RAM 容量为 20KB×8，自带 12bit 的 ADC。

ARM 单片机音频控制板（简称 ARM 控制板）总体框图如图 2-1 所示，除微控制器变成 ARM 单片机 STM32F103C8T6，增加了一个外部 EEPROM 芯片 AT24C02，以及电源管理模块有变化外，其他模块与 STC 控制板基本相同。

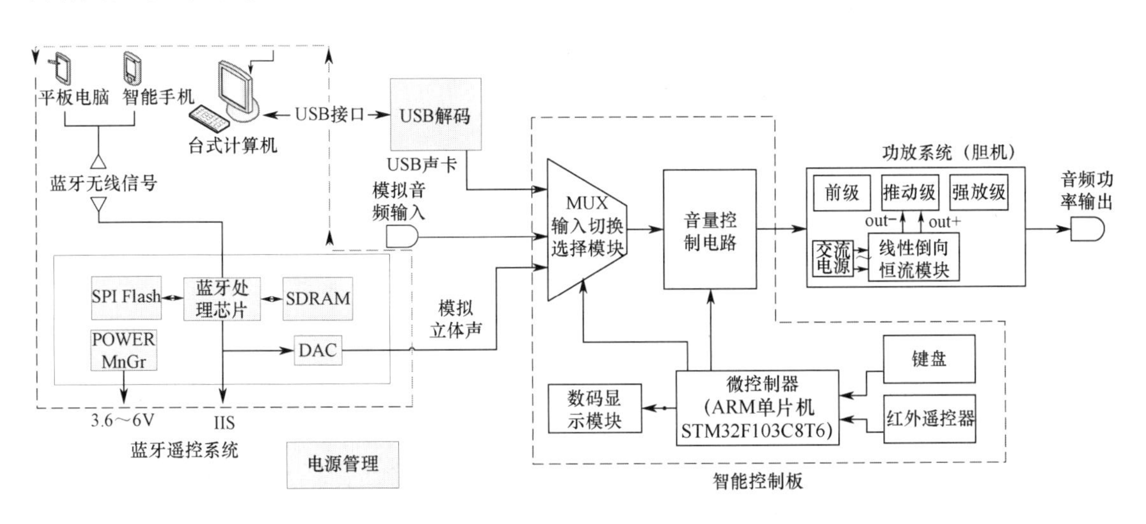

图 2-1　ARM 控制板总体框图

整个系统包括蓝牙遥控系统、智能控制板、胆机、电源管理等子系统，构成无损高音质音乐传输播放系统。

蓝牙遥控系统：用 Java 编写的手机 App 系统，能通过蓝牙协议控制胆机的开/关机、输入选择、音量增/减、静音等。

智能控制板：包括微控制器、数码显示模块、输入切换选择模块、音量控制电路、键盘、红外遥控器。智能控制板是整个系统的中枢部分，是实现播放系统无损、全数字化、可遥控化、键盘智能化的关键。

胆机：音乐放大及电/声转换部分，采用前级、中间级、末级结构，采用了独创的线性倒相恒流源模块，实现了倒相的平衡。

电源管理：为智能控制板、胆机等提供电源。模拟电源和数字电源应单独分开布线。

2.1.2 主电路图

ARM控制板原理图（各模块简图汇总）如图2-2所示，下面分别介绍电路中的主要部分。

1．微控制器处理电路

微控制器处理电路如图2-3所示，主控CPU采用了STM32F103C8T6单片机，配8MHz晶振，CPU系统频率达到72MHz，拥有64KB Flash ROM；该单片机需4组电源供电，且每组电源需配备退耦电容。PCB布线应尽可能靠近单片机电源引脚，以保证单片机供电电压的平稳，并滤除干扰。单片机外接一个EEPROM芯片AT24C02，用于存储关机前的状态信息。程序下载采用串口形式，以节省I/O口。

微控制器处理电路主要通过ADC扫描键盘，通过外部中断获取红外遥控器的按键信息，通过串口中断获取蓝牙模块发送过来的手机App按键信息，将按键信息通过74LS164的CP和Data信号由数码管显示出来；再通过SDA、SCL端送到数字电位器AX2358中，完成数字音源和模拟音源的切换、音量增大/减小、静音等操作。

2．音量控制电路

如图2-4所示，音量控制电路由AX2358控制，信噪比超过100dB，声道的分离度超过100dB，带输入选择器，它能支持4组RCA和1组XLR音频信号输入，而最终输出1组XLR音频信号，单片机通过I2C协议控制AX2358音量与通道的切换。

3．显示电路

显示电路如图2-5所示，采用静态显示，通过5个数码管显示音源的选择和音量，前3个数码管显示音源输入，可显示USB和CD1，后2个数码管显示音量，范围为00～79，共80阶。使用“串入并出”移位寄存器74LS164，串行输入可以节省单片机的I/O口，同时74LS164的最大灌电流可以达到8mA，能直接驱动数码管且方便扩展。

4．蓝牙模块

蓝牙通信广泛应用于语音通信、无线控制中，智能手机等终端可通过蓝牙模块与单片机系统连接。通过Java编写的胆机控制手机App如图2-6所示，该App基于Eclipse集成平台、Android 4.4（及以上）版本开发。该App可以通过蓝牙接收音量控制电路发过来的信息，并实时显示音源输入和音量状态。

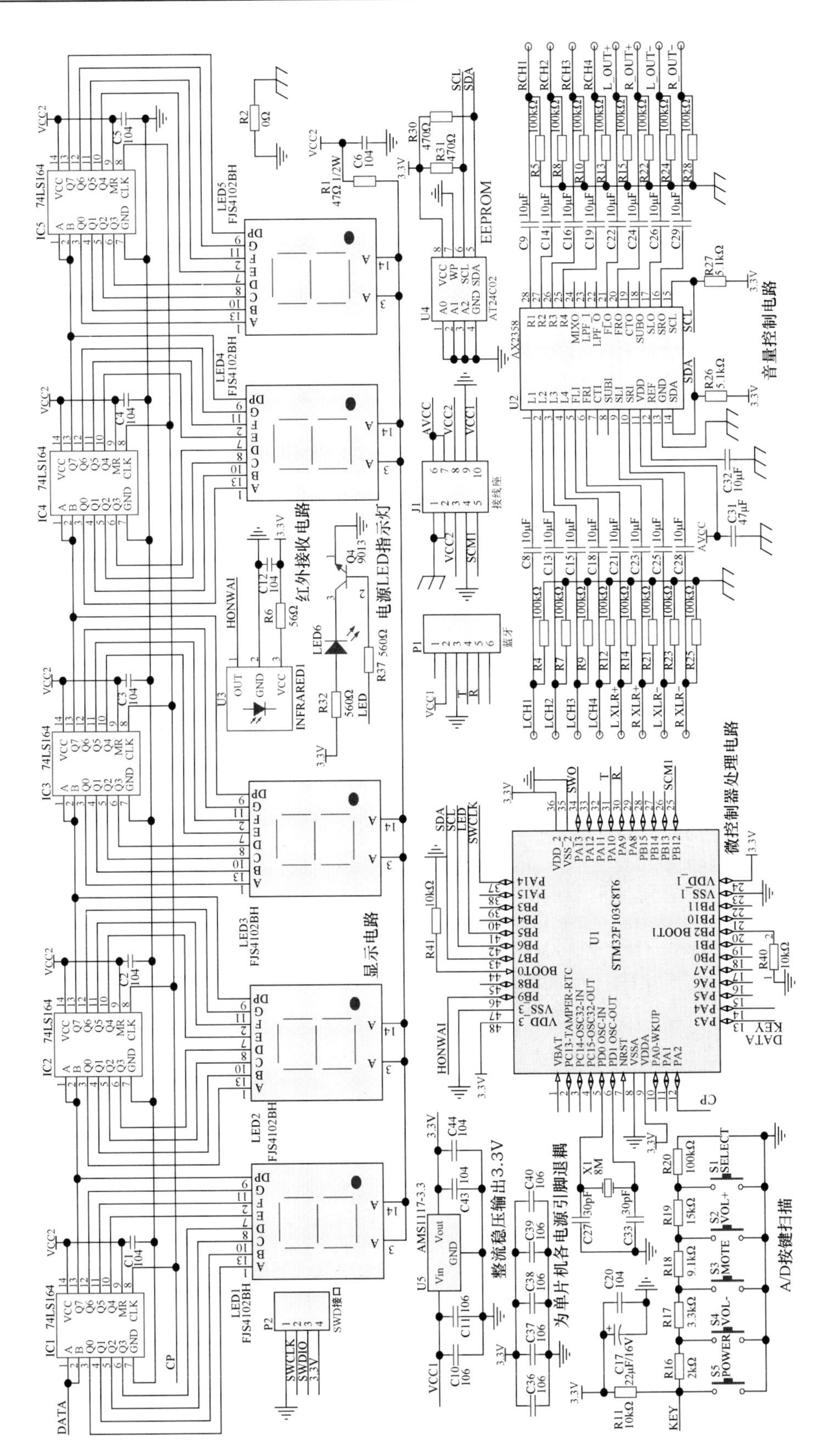

图 2-2　ARM 控制板原理图

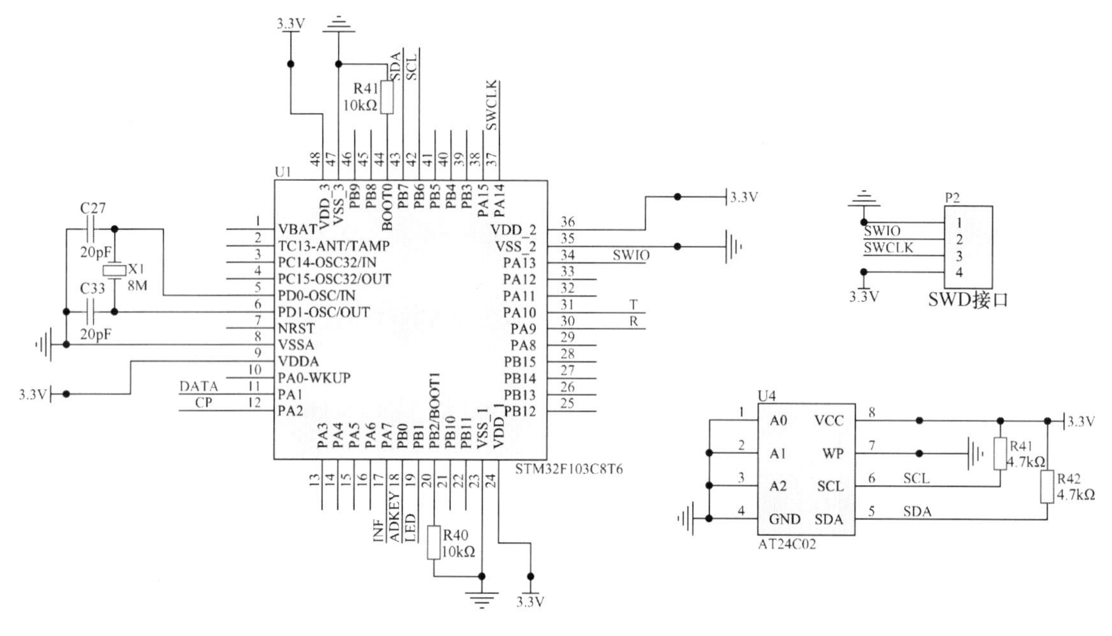

图 2-3 微控制器处理电路

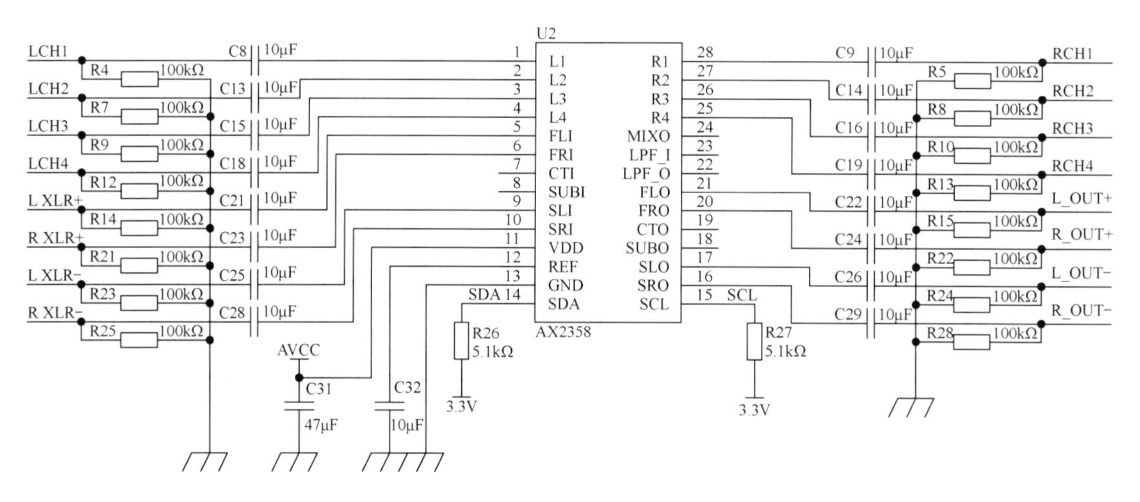

图 2-4 音量控制电路

搭载 Android 系统的手机（简称 Android 手机）通过 App 控制手机蓝牙发送信号，ARM 单片机与蓝牙模块通过串口连接，如图 2-7 所示，蓝牙模块接收到手机蓝牙发过来的无线信号后通过串口传递给 ARM 单片机，单片机再执行相关操作。蓝牙模块采用的是 HC-05，常用的 USB 转串口模块有 PL2302 和 CH340 等。

5. 人机交互模块

本系统应用的控制方式有按键、红外遥控器和蓝牙三种，图 2-8 为人机交互控制原理图。

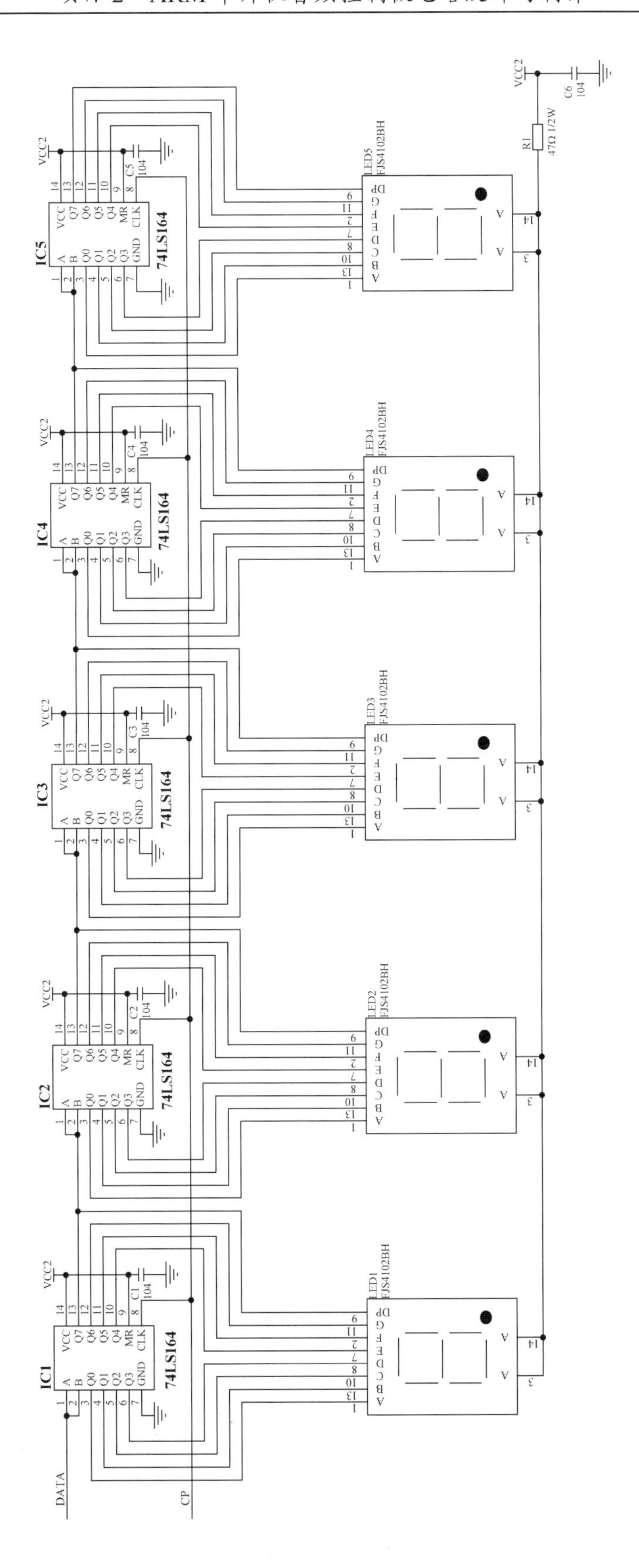

VCC2
C6
104
R1
47Ω 1/2W
LED5
FJS4102BH
LED4
FJS4102BH
LED3
FJS4102BH
LED2
FJS4102BH
LED1
FJS4102BH
IC5
IC4
IC3
IC2
IC1
74LS164
C5
C4
C3
C2
C1
104
VCC
Q7
Q6
Q5
Q4
MR
CLK
A
B
Q0
Q1
Q2
Q3
GND
DP
G
F
E
D
C
DATA
CP

图 2-5　显示电路

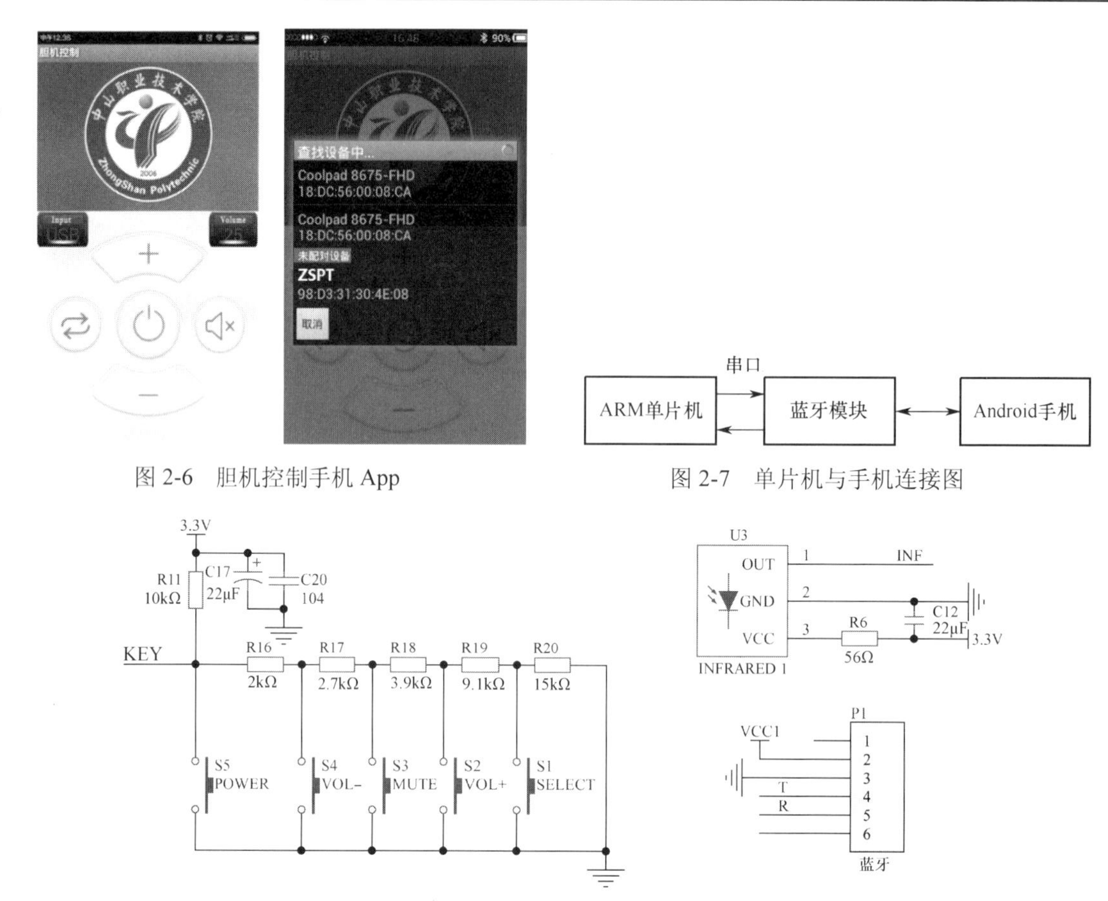

图 2-6 胆机控制手机 App

图 2-7 单片机与手机连接图

图 2-8 人机交互控制原理图

6. 电源电路

电源通过一个 10P 的牛角座从电源板接入，所需要的直流电压有 3.3V、5V、9V 三种，其中 3.3V 的直流电压通过稳压芯片 AMS1117-3.3 转换得到。另外，由于本项目涉及音频处理，需要解决地之间相互干扰的问题，所以在模拟地与数字地的结合处串联一个 0Ω 电阻，电源电路原理图如图 2-9 所示。

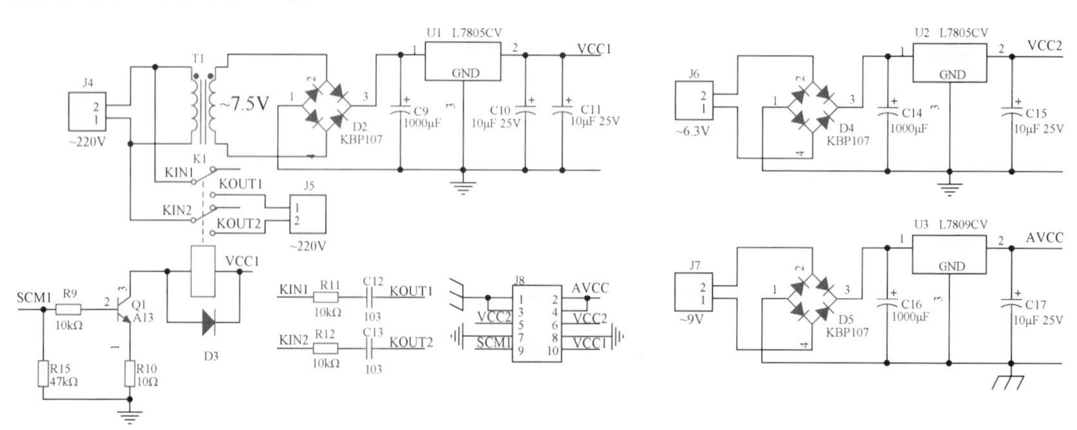

图 2-9 电源电路原理图

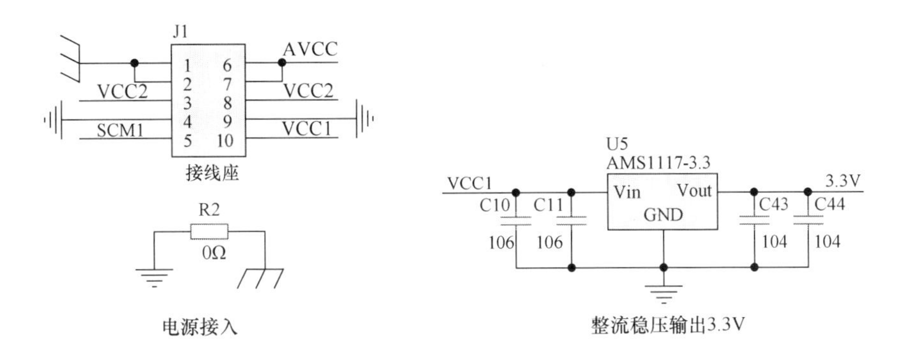

图 2-9　电源电路原理图（续）

任务 2　ARM 单片机音频控制板 PCB 设计

1. 画原理图的要求

（1）用 A4 幅面。

（2）原理图中所有的字符都用粗体，11 号字。

（3）取消自动放置节点功能，手工放置节点，节点选用 SMALL 型的。

（4）原理图中的元件符号应与 ARM 控制板上的基本一致。

（5）原理图中的字符不应与元件符号或连线有重叠现象。

（6）原理图布局应居中，与 ARM 控制板基本一致。

（7）原理图中的输入元件封装应具有唯一性，即一个元件对应一种封装。

2. 输入元件封装

在输入元件封装时，要注意元件封装的唯一性。例如，在图 2-10 中，原理图中的元件 R1 有两个封装名：AXIAL-300-P60 和 CR1005-0402，而 CR1005-0402 是不需要的封装，应将其删除，AXIAL-300-P60 是需要的封装，应将其保留，所以要保证只保留一个需要的封装，将其他多余的封装全部删除。

3. 在以自己的学号和姓名命名的 PCB 文件中画 PCB 外框

画 PCB 外框，安装孔要画在 Keep-Out 层，线宽约为 0.12mm。PCB 外框、安装孔和关键元件的坐标如图 2-11 所示。

4. 设置栅格尺寸

选择“Design→Board Options”选项，弹出“Board Options”对话框，按图 2-12 进行设置，在以后的操作中，这个设置不要改变。

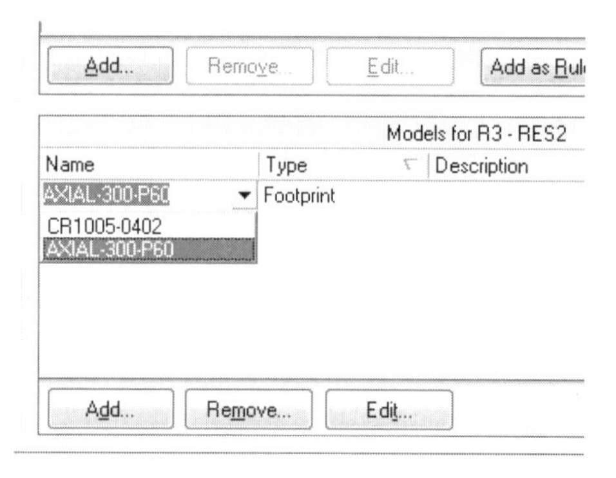

图 2-10　输入元件封装的方法

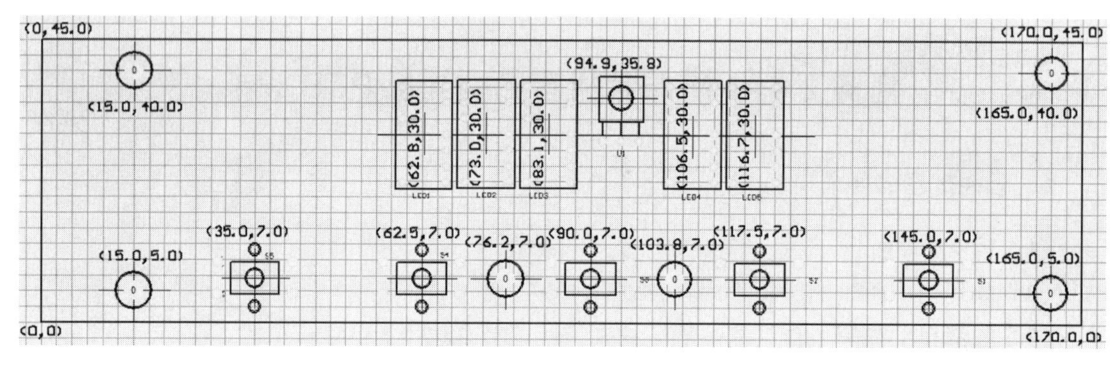

图 2-11　PCB 外框、安装孔和关键元件的坐标

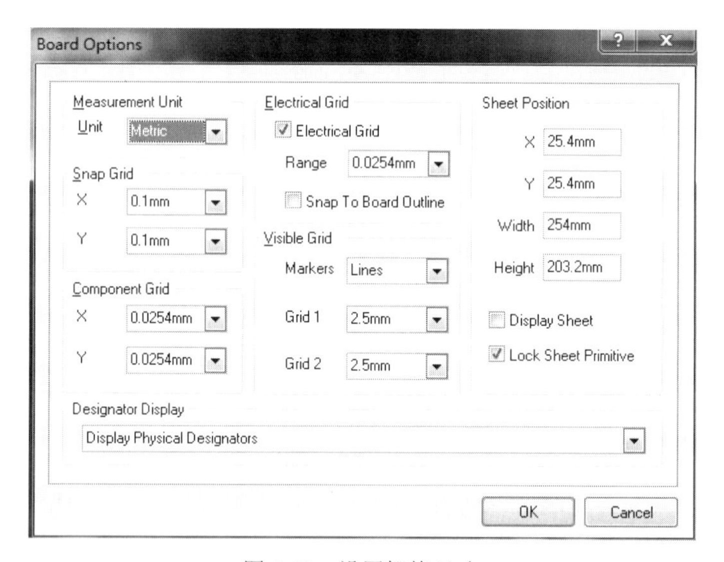

图 2-12　设置栅格尺寸

5．将原理图元件封装自动装载到 PCB 图中

选择“Design→Update PCB Document xxx”选项，如图 2-13 所示，装载结果如图 2-14 所示。

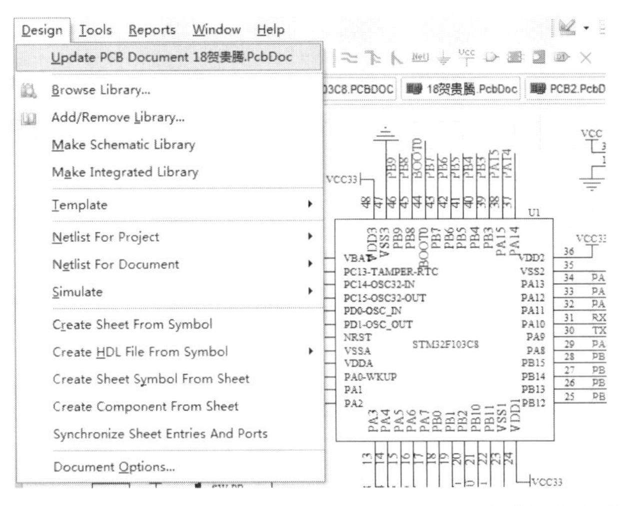

图 2-13　将原理图元件封装自动装载到 PCB 图中的操作方法

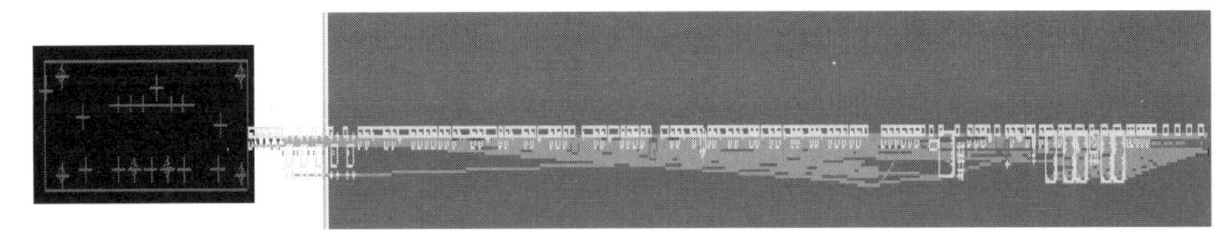

图 2-14　将原理图元件封装自动装载到 PCB 图中的装载结果

6．PCB 图的手工布局

（1）首先将关键元件放置在所要求的坐标位置上，然后将接线座 J1、电容 C17、稳压芯片 U5、SWD 接口 P2、晶振 X1 和 EEPROM 存储器 U4 放在相应的位置上，最后将其他元件移到板框附近，如图 2-15 所示。

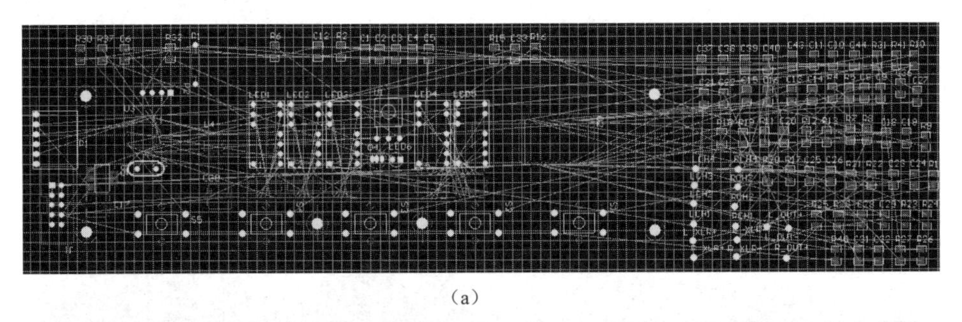

（a）

图 2-15（a）

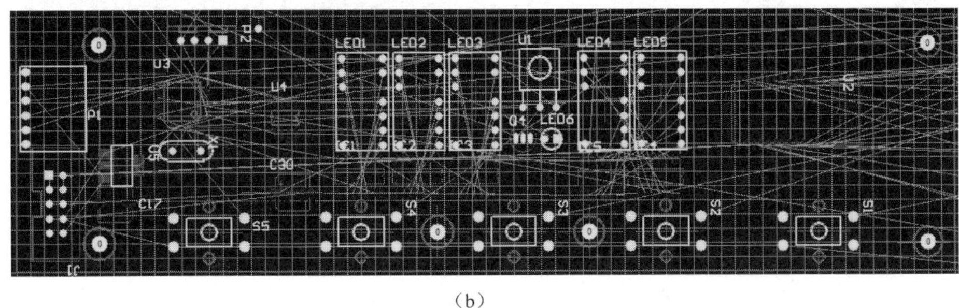

（b）

图 2-15（b）

图 2-15　将关键元件移到所要求的坐标位置上

（2）元件位置锁定。经检查无误后，对元件所放置的坐标位置进行锁定。元件位置的锁定方法如图 2-16 所示。

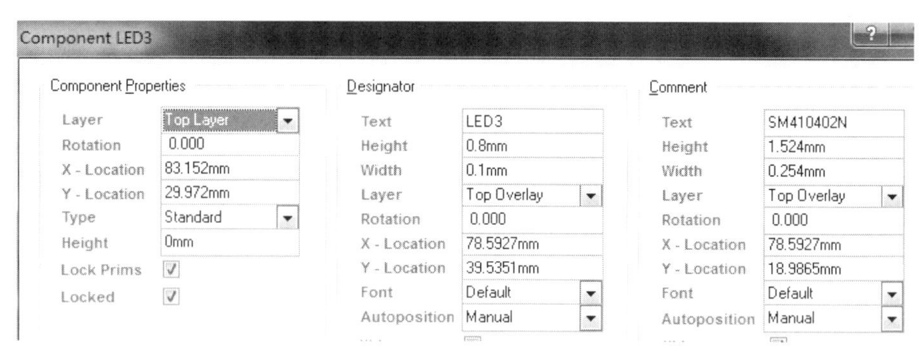

图 2-16　元件位置的锁定方法

（3）将贴片电阻和电容按图 2-17 的要求分类放置，以检查贴片电阻和电容的数量和封装是否符合要求。分类放置的要求如下（从左到右）：

贴片电阻（1）：R2、R4、R5、R7、R8、R9、R10、R12、R13、R14、R15、R21、R22、R23、R24、R25、R28、R41。

电容（1）：C1、C2、C3、C4、C5、C6、C10、C11、C20、C27、C31、C32、C33、C36、C37、C38、C39、C40、C43、C44。

贴片电阻（2）：R6、R11、R16、R17、R18、R19、R20、R26、R27、R30、R31、R32、R37、R40。

电容（2）：C8、C9、C12、C13、C14、C15、C16、C18、C19、C21、C22、C23、C24、C25、C26、C28、C29。

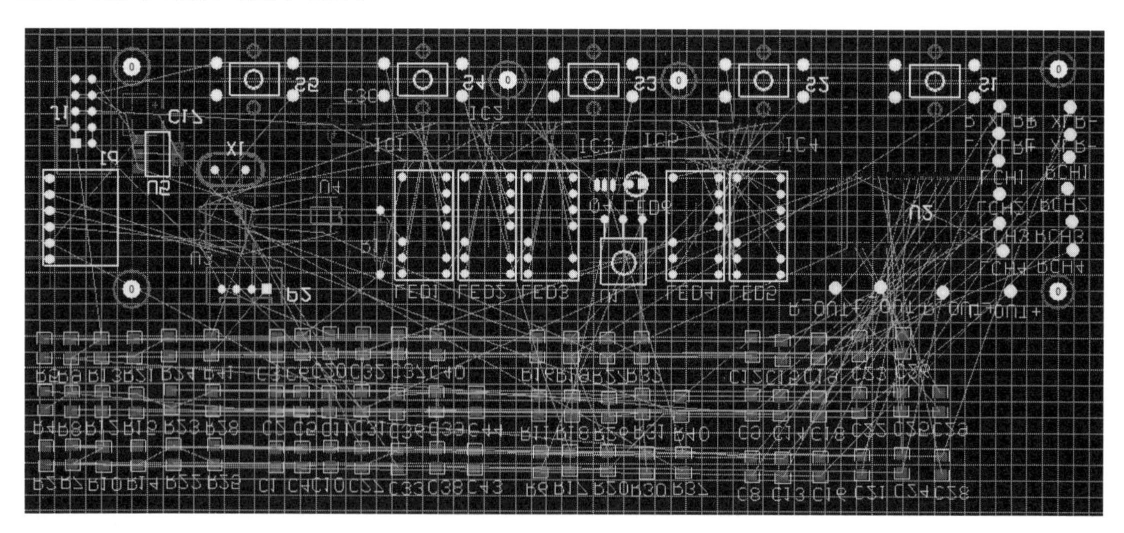
图 2-17　将贴片电阻和电容分类放置

（4）对以下贴片电阻和电容做两项操作：①改成底层贴装，即将焊盘变为蓝色；②将轮廓线条转换到底层 Top Overlay 层，如图 2-18 所示。完成这一操作有多种方法。

贴片电阻：R6、R11、R16、R17、R18、R19、R20、R26、R27、R30、R31、R32、R37、R40。

电容：C5、C6、C8、C9、C10、C11、C12、C13、C20、C27、C31、C32、C33、C36、C37、C38、C39、C40、C43、C44。

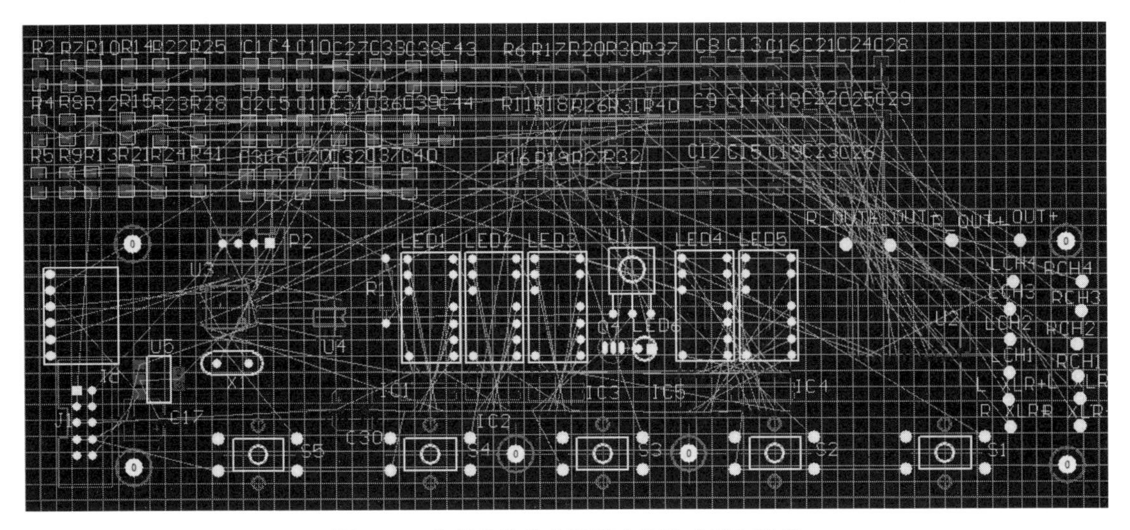

图 2-18　将部分贴片电阻和电容改成底层贴装

（5）调整端口位置。新增 6 个 GND 端，原有 18 个端口，现有 24 个端口，按图 2-19 的要求放置，并将字符大小改成 Height=0.8mm，Width=0.1mm。

图 2-17

图 2-18

图 2-19

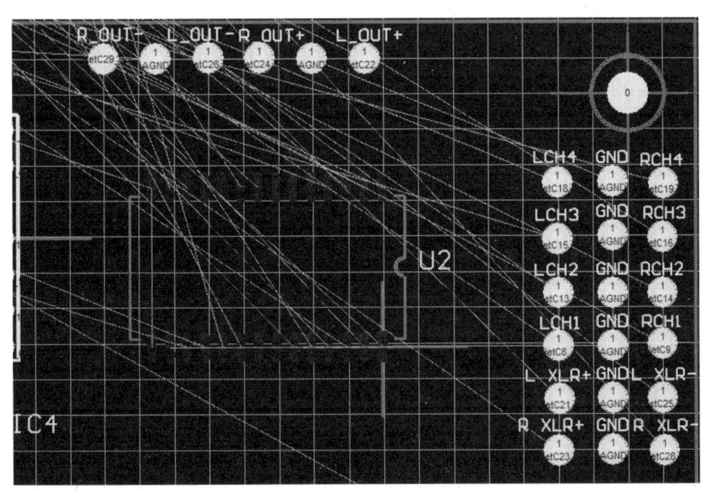

图 2-19　位置和字符大小调整后的端口布局

（6）放置底层贴片电阻和电容。按图 2-20 的要求，放置以下贴片电阻和电容。放置时，要特别注意元件引脚的方向。

贴片电阻：R6、R11、R16、R17、R18、R19、R20、R26、R27、R30、R31、R32、R37、R40。

电容：C8、C9、C12、C13、C14、C15、C16、C18、C19、C21、C22、C23、C24、C25、C26、C28、C29。

（7）字符层转换和字符镜像处理。将底层贴片电阻和电容的字符转换到底层 Top Overlay 层，同时对字符做镜像处理，如图 2-21 所示。

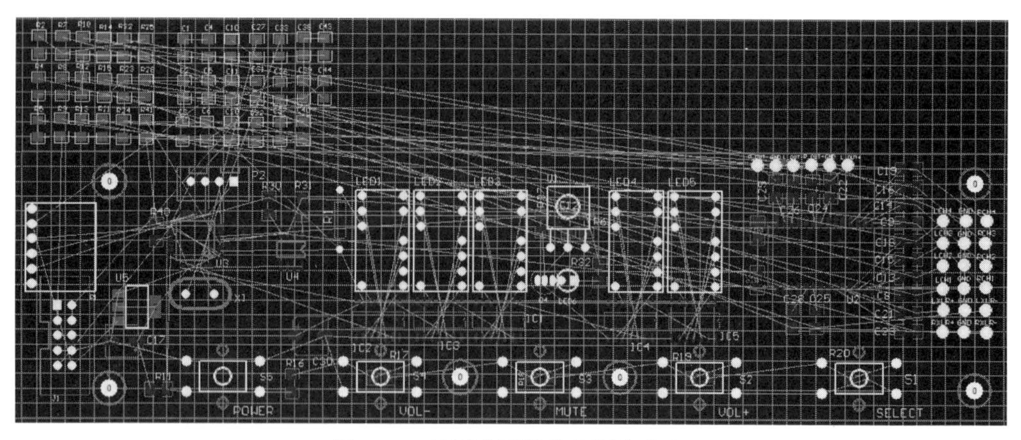

图 2-20 放置底层贴片电阻和电容

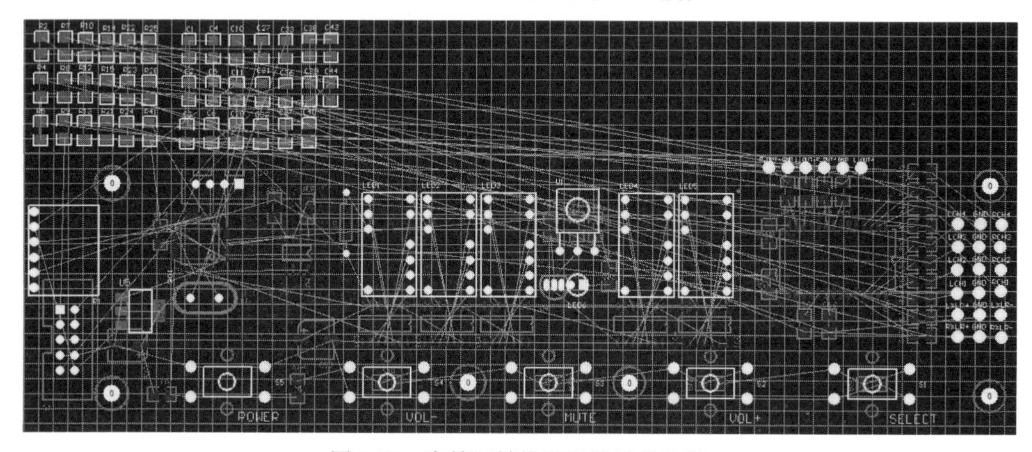

图 2-21 字符层转换和字符镜像处理

（8）放置顶层贴片电阻和电容。按图 2-22 的要求，放置以下贴片电阻和电容。放置时，要特别注意元件引脚的方向。

贴片电阻：R2、R4、R5、R7、R8、R9、R10、R12、R13、R14、R15、R21、R22、R23、R24、R25、R28、R41。

电容：C1、C2、C3、C4、C5、C6、C10、C11、C20、C27、C31、C32、C33、C36、C37、C38、C39、C40、C43、C44。

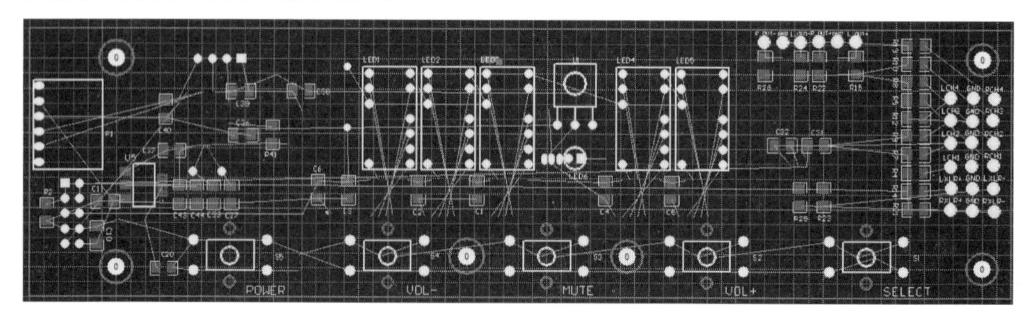

图 2-22 放置顶层贴片电阻和电容

7. 利用“Interaction Routing”命令进行手工布线

（1）用“Shift+空格”快捷键放置圆弧线，如图 2-23 所示。

图 2-20

图 2-21

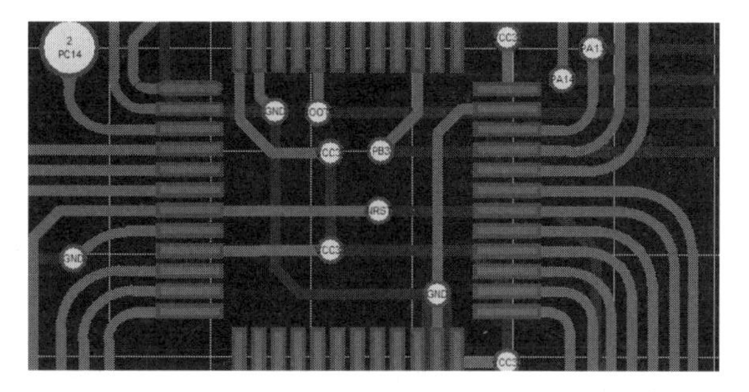

图 2-23　用“Shift+空格”快捷键放置圆弧线

图 2-22

图 2-23

（2）选择“Tools→Teardrops”选项放置泪滴线，如图 2-24 所示。

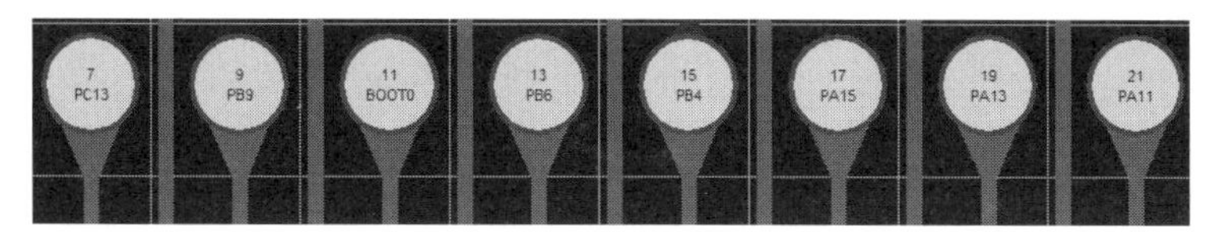

图 2-24　选择“Tools→Teardrops”选项放置泪滴线

图 2-24

（3）选择“Place→Arc（Edge）”选项放置大弧线，如图 2-25 所示。

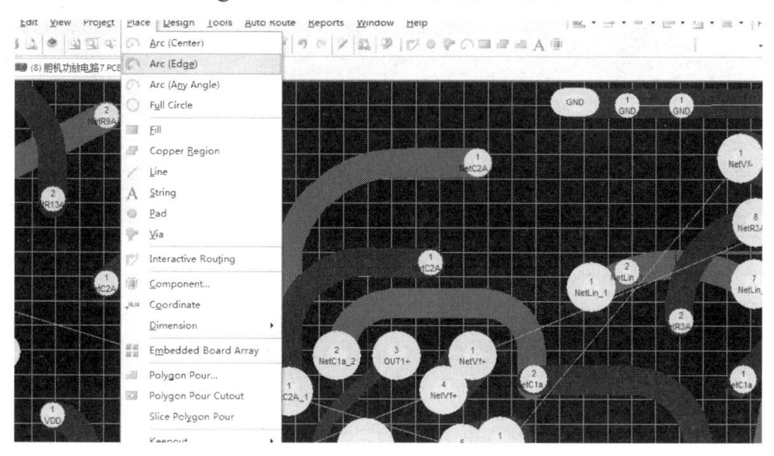

图 2-25　选择“Place→Arc（Edge）”选项放置大弧线

（4）进行底层手工布线。关闭顶层走线层和顶层 Top Overlay 层，打开底层走线层和底层 Top Overlay 层。选择“Place→Interaction Routing”选项进行手工布线。手工布线完成后，应与 ARM 控制板基本一致，如图 2-26 所示。线宽有三种，分别为 0.3mm、0.5mm 和 1.2mm。

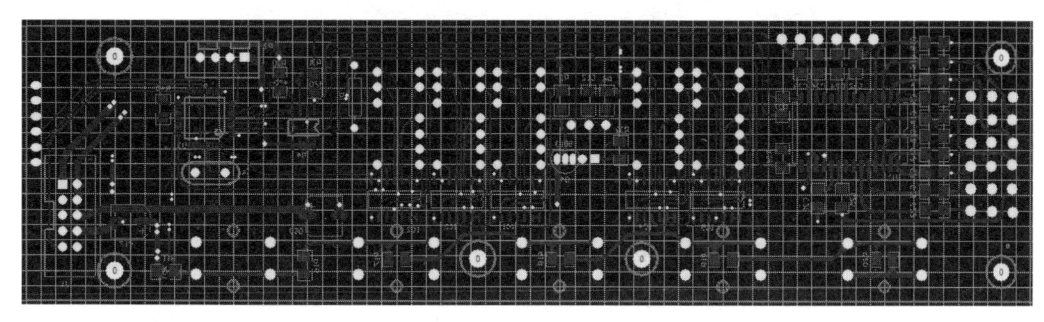

图 2-26　底层手工布线

（5）进行顶层手工布线。关闭底层走线层和底层 Top Overlay 层，打开顶层走线层和顶层 Top Overlay 层。选择“Place→Interaction Routing”选项进行手工布线。手工布线完成后，应与 ARM 控制板基本一致，如图 2-27 所示。线宽有三种，分别为 0.3mm、0.5mm 和 1.2mm。

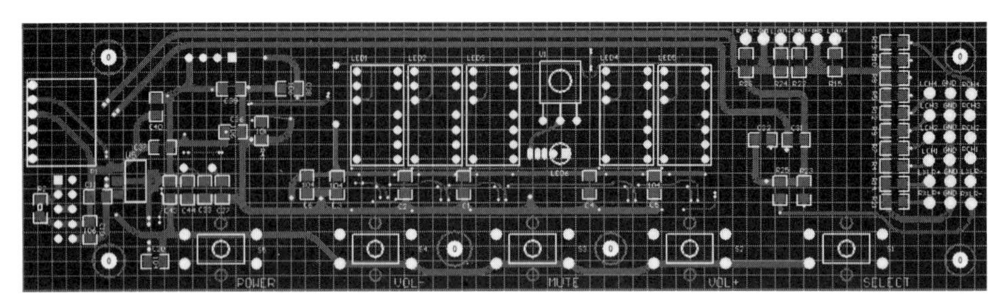

图 2-27　顶层手工布线

（6）完成带过孔的走线。打开底层走线层和底层 Top Overlay 层，再打开顶层走线层和顶层 Top Overlay 层。选择“Place→Interaction Routing”选项完成带过孔的走线。手工布线完成后，应与 ARM 控制板基本一致，如图 2-28 所示。线宽有三种，分别为 0.3mm、0.5mm 和 1.2mm。

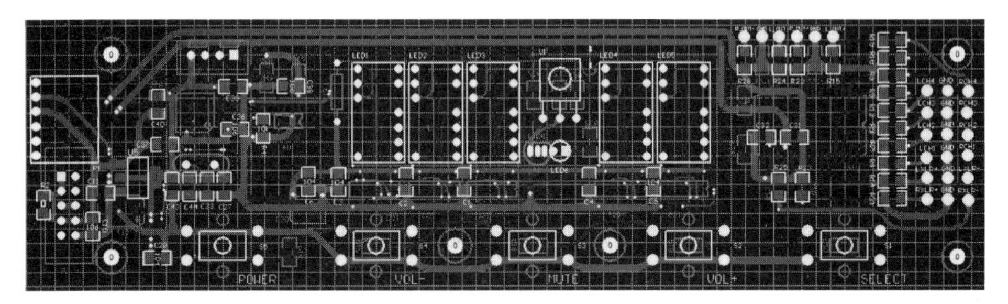

图 2-28　完成带过孔的走线（手工布线完成）

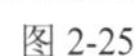
图 2-25

图 2-26

图 2-27

图 2-28

8．GND 和 AGND 的处理

如图 2-29 所示，利用 0Ω 电阻将 GND 端和 AGND 端连接起来。

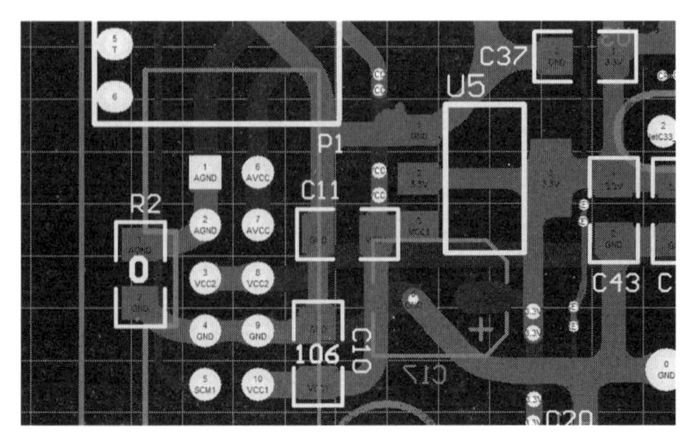

图 2-29　利用 0Ω 电阻将 GND 端和 AGND 端连接起来

9. PCB 图的封装和元件引脚连线的检查

第一种检查方法：对照原理图，对 PCB 图的封装进行逐个检查，对元件引脚的走线进行逐条检查，将错误查出来，并将错误的走线删除。

第二种检查方法：对照图 2-26、图 2-27 和图 2-28 进行检查，对元件引脚的走线进行逐条检查，将错误查出来，并将错误的走线删除，再改正元件引脚的网络名，使各元件引脚间有正确的连接，最后，用“Interaction Routing”命令，将引脚间走线连接起来。

选择“Design→Netlist→Edit Nets”选项，如图 2-30 所示，进入“Netlist Manager”对话框，如图 2-31 所示。

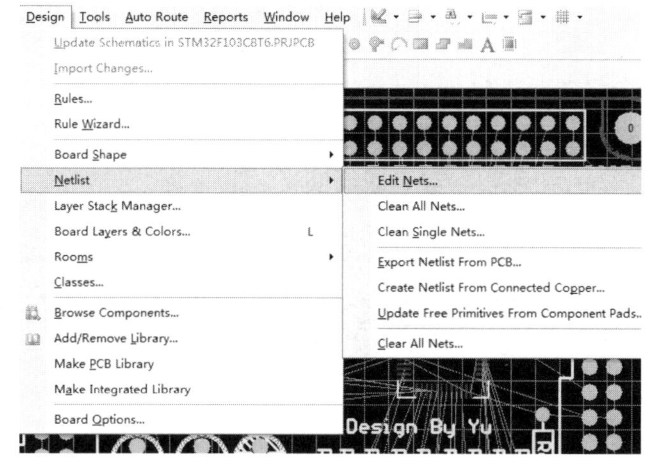

图 2-30　进入“Netlist Manager”对话框的方法

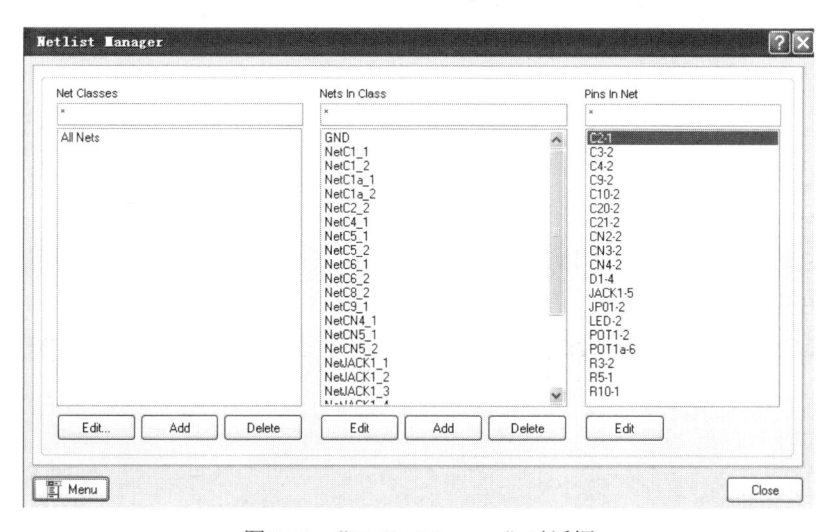

图 2-31　“Netlist Manager”对话框

在“Netlist Manager”对话框中，可以增加、删除和更改 PCB 图中网络编号，对新放置的元件进行封装；对没有连接导线的元件引脚，可以新增网络编号，将元件引脚重新正确连接；对走线连接错误的元件引脚进行更改。通过这些措施，可以将错误的元件封装更换为正确的元件封装，重新添加少、漏的元件封装，将一个元件出现的多个封装进行合并，并将引脚正确连接。

10. 覆铜

（1）顶层覆铜，效果如图 2-32 所示。

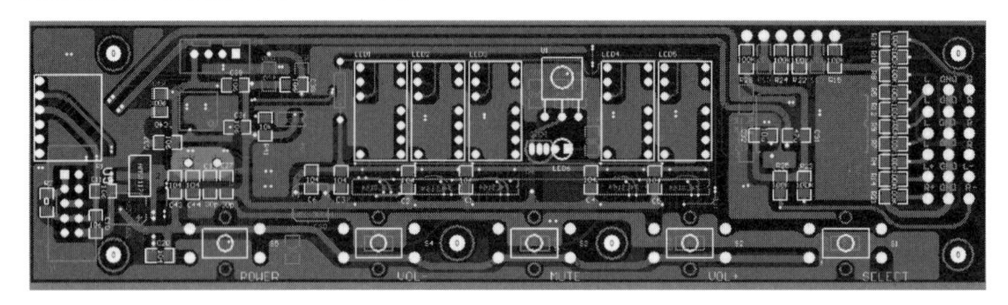

图 2-32 顶层覆铜

（2）底层覆铜，效果如图 2-33 所示。

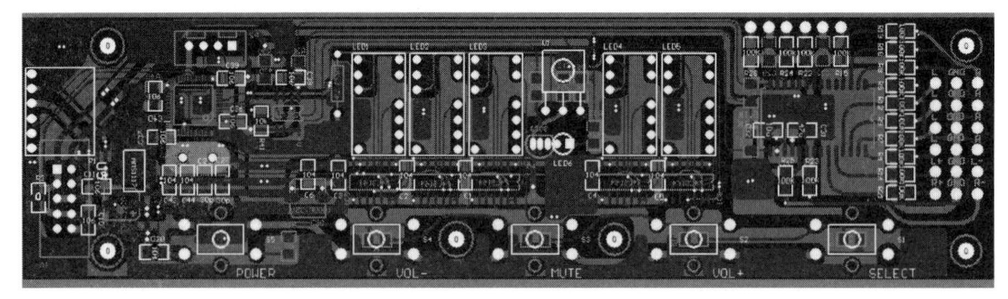

图 2-33 底层覆铜

图 2-32

任务 3 ARM 单片机音频控制板开发环境的搭建

图 2-33

J-Link 是 SEGGER 公司为支持仿真 ARM 内核芯片推出的 JTAG 仿真器，可配合 IAR EWARM、ADS、KEIL、WINARM、RealView 等集成开发环境，支持所有 ARM7/ARM9 内核芯片的仿真，可通过 RDI 接口和各集成开发环境无缝连接，操作方便、连接方便、简单易学，是学习 ARM 单片机实用的开发工具。

J-Link 安装和配置过程分别如图 2-34～图 2-45 所示，该过程较简单，请读者查找相关资料并参考本书提供的过程图自行安装和配置。

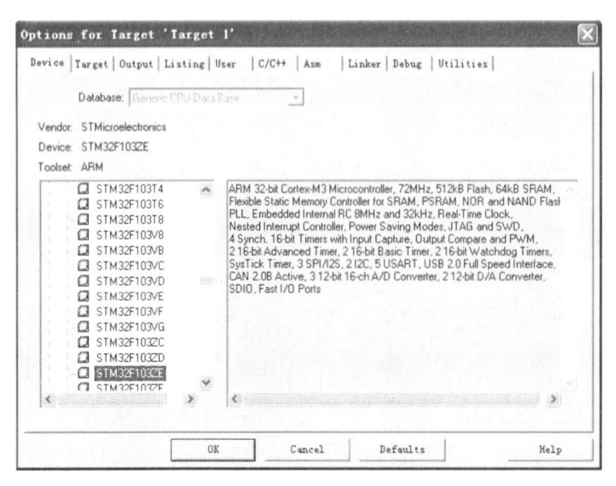

图 2-34 J-Link 安装和配置过程-1

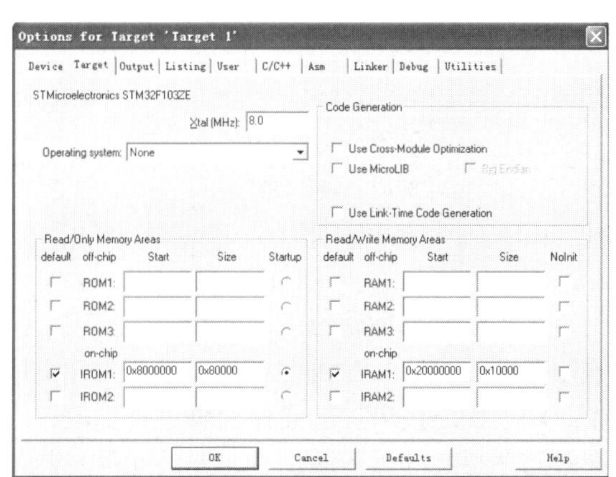

图 2-35 J-Link 安装和配置过程-2

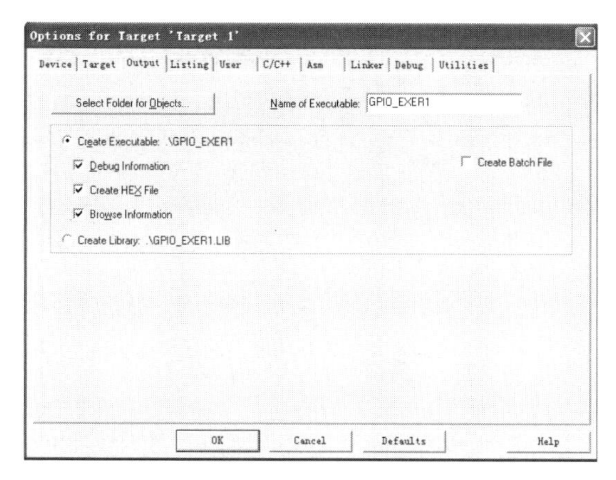

图 2-36　J-Link 安装和配置过程-3

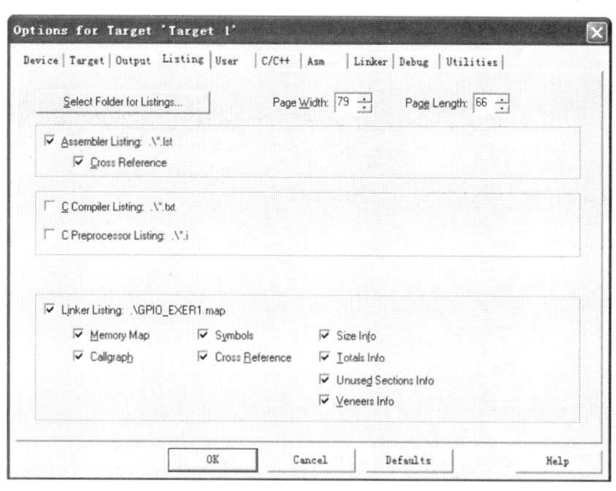

图 2-37　J-Link 安装和配置过程-4

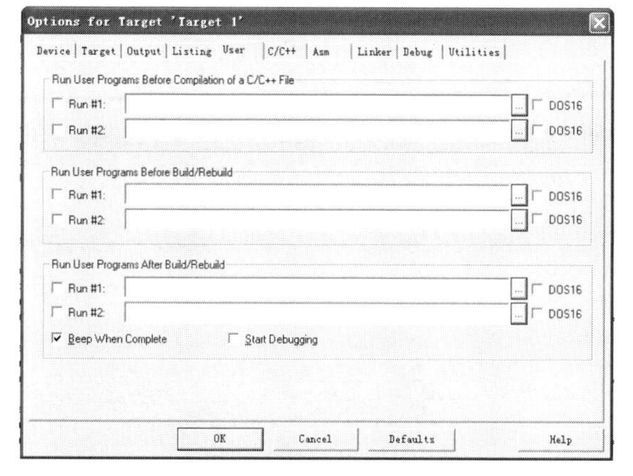

图 2-38　J-Link 安装和配置过程-5

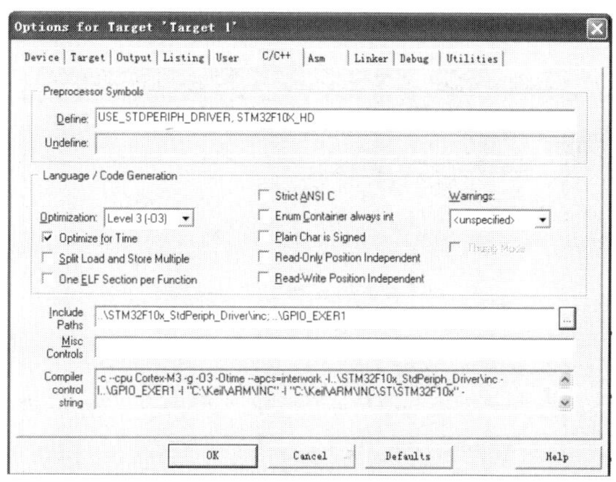

图 2-39　J-Link 安装和配置过程-6

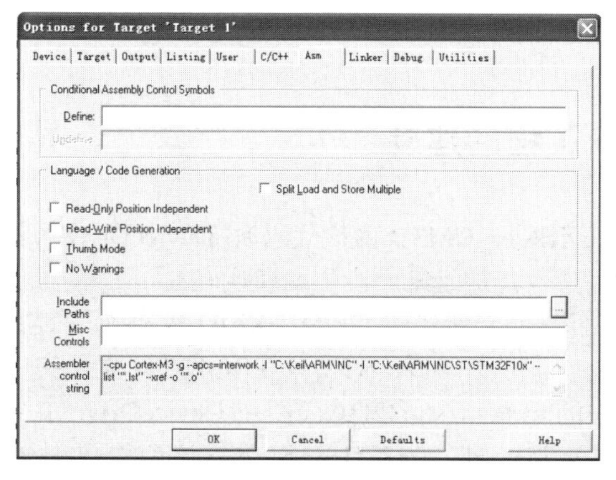

图 2-40　J-Link 安装和配置过程-7

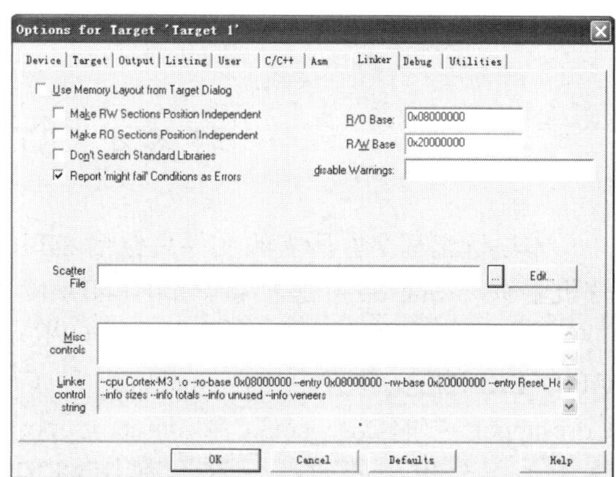

图 2-41　J-Link 安装和配置过程-8

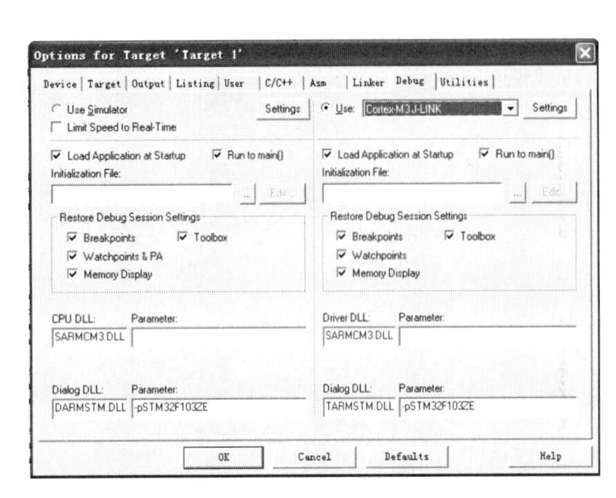

图 2-42　J-Link 安装和配置过程-9

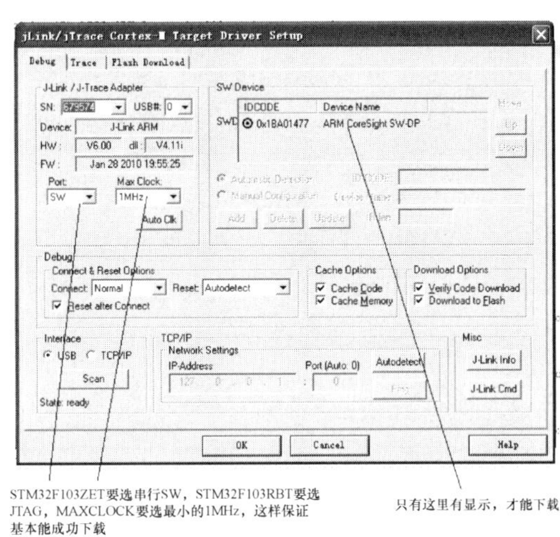

图 2-43　J-Link 安装和配置过程-10

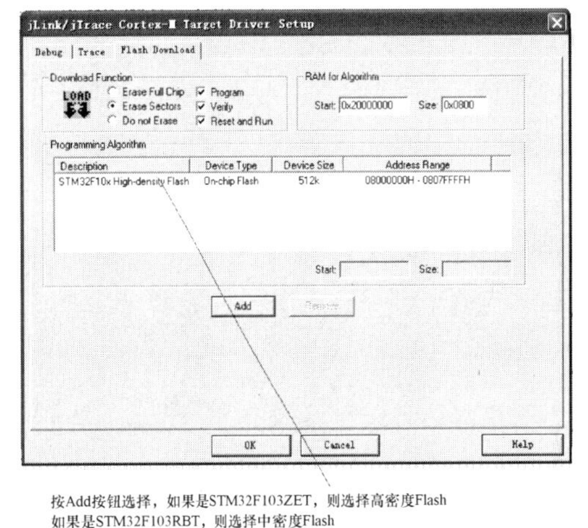

图 2-44　J-Link 安装和配置过程-11

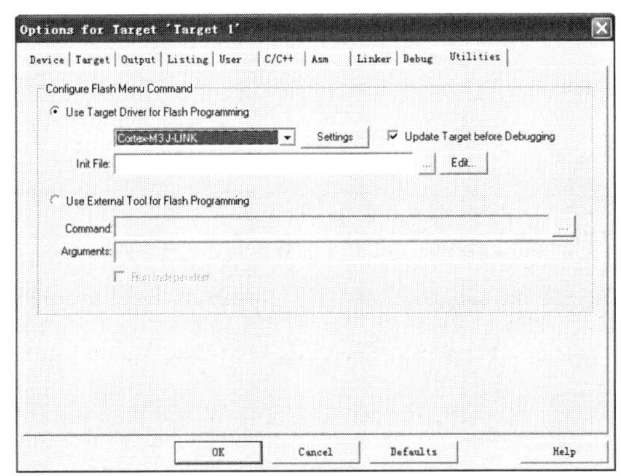

图 2-45　J-Link 安装和配置过程-12

任务 4　STM 工程的建立

本项目工程文件所需的文件夹包括 GPIO_EXER1、CM3（内核代码）、DeviceDrive（单片机驱动）、Startup（启动代码）、HEADER（头文件，加进来不产生编译代码）。

将 STM32_PROJECT 文件夹中的 GPIO 文件复制到新建的 GPIO_EXER1 文件夹中。在 GPIO_EXER1 文件夹中加入 main.c；在 CM3 文件夹中加入 STM32_PROJECT 文件夹中 Coresupport 中的 core_cm3.c 和 devicesupport 中的 system_stm32f10x.c；在 DeviceDrive 文件夹中加入要用到的驱动，这里有 stm32f10x_gpio.c 和 stm32f10x_rcc.c，这两个文件在 STM32_PROJECT/STM32F10x_StdPeriph_Driver/src 文件夹中；Startup 文件夹中存储的是启动代码。HEEDER 文件夹中存储的是头文件，不产生编译代码，头文件可以没有，若没有，则可通过#include 加进来，为了看程序方便，经常会用到头文件，最后的工程文件如图 2-46 所示。

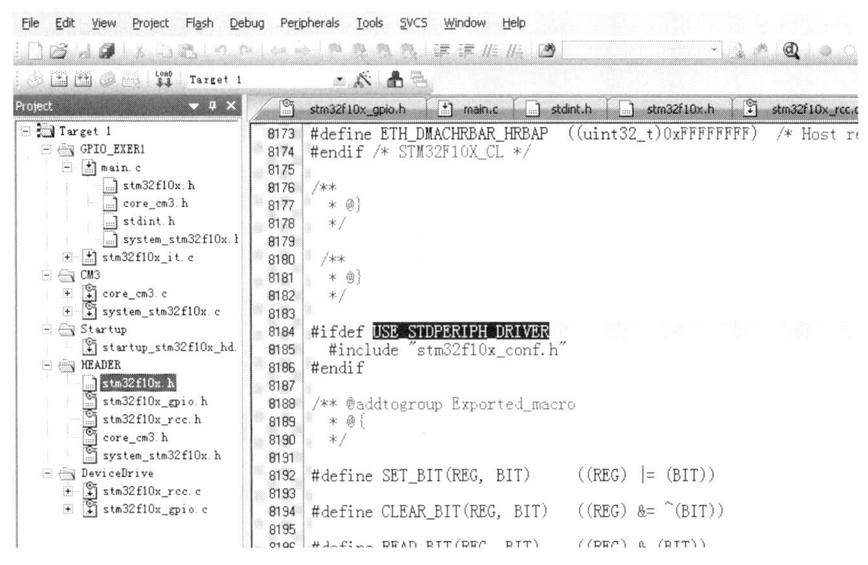

图 2-46　工程文件

1. 工程配置

图 2-46 中，将程序中被选中的 USE_STDPERIPH_DRIVER 加到图 2-47 所示的对话框中的 Define 文本框中。

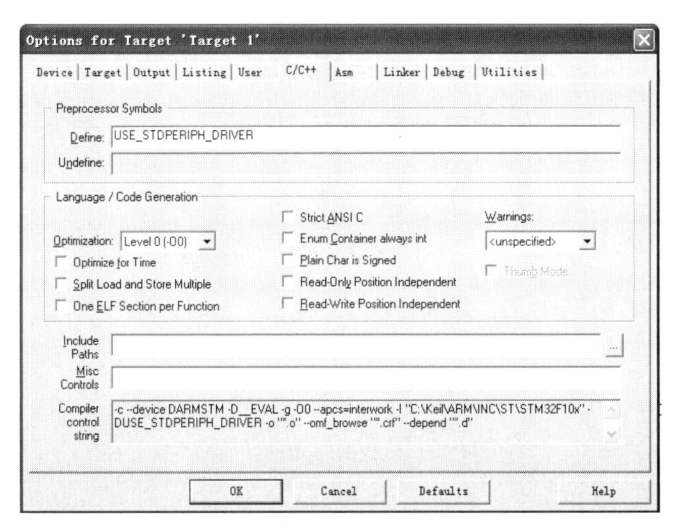

图 2-47　将程序中被选中的 USE_STDPERIPH_DRIVER 加到 Define 文本框中

再把 STM32F10X_HD 加到图 2-47 所示的对话框中的 Define 文本框中，两个文件之间用逗号隔开。

在 Include Paths 文本框中输入两个点“..”，将 STM32 工程文件的头文件路径加进来，再把 GPIO_EXER1 文件夹的相对路径加进来，注意路径之间用分号分隔，分号后有空格，如图 2-48 所示。

选择 Debug 选项卡，配置如图 2-49 所示。

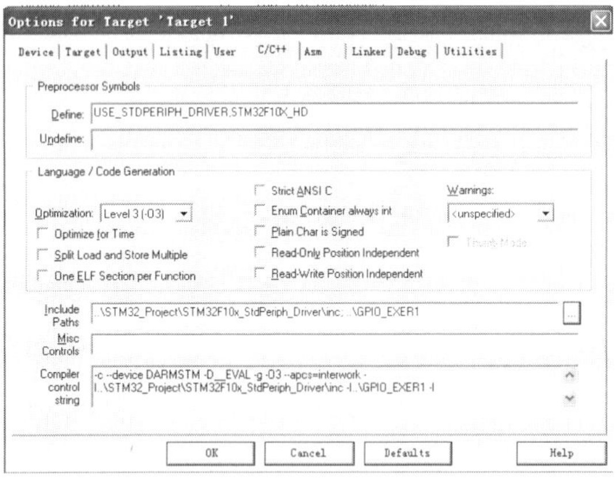

图 2-48 把 STM32F10X_HD 加到 Define 文本框中

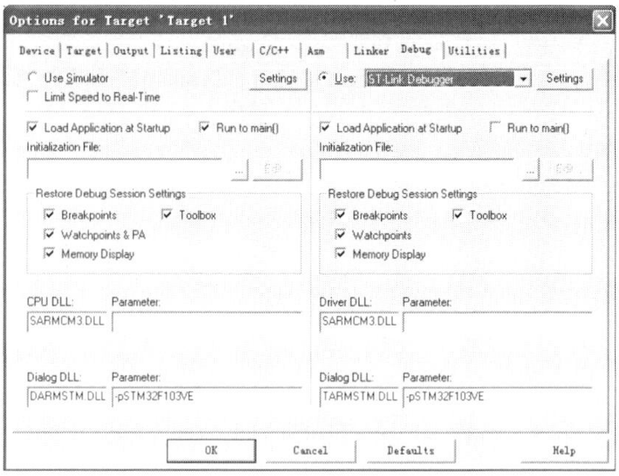

图 2-49 Debug 选项卡配置

2. 程序解读

```
RCC_APB2PeriphClockCmd(RCC_APB2Periph_GPIOA | RCC_APB2Periph_GPIOB |
                       RCC_APB2Periph_GPIOC | RCC_APB2Periph_GPIOD |
                       RCC_APB2Periph_GPIOE, ENABLE);
```

将时钟打开，这里可以打开 stm32f10x_rcc.c 查看，如果要打开其他元件，可以进行查找，如图 2-50 所示。

```
void RCC_APB1PeriphClockCmd(uint32_t RCC_APB1Periph, FunctionalState NewState)
{
  /* Check the parameters */
  assert_param(IS_RCC_APB1_PERIPH(RCC_APB1Periph));
  assert_param(IS_FUNCTIONAL_STATE(NewState));
  if (NewState != DISABLE)
  {
    RCC->APB1ENR |= RCC_APB1Periph;
  }
  else
  {
    RCC->APB1ENR &= ~RCC_APB1Periph;
  }
}

#ifdef STM32F10X_CL
```

图 2-50 查找要打开的其他元件

STM32 中用到了很多结构体，它将每个设备定义成一个结构体，这样从宏观上来说是比较直观的。

另外 GPIOX(GPIOA-G)是定义了的一个地址，相当于指针，所以要引用它的成员 ODR 寄存器时，必须要用 GPIOX->ODR，不能使用 GPIOX.ODR。

3. GPIO 编程举例

程序对应的电路如图 2-51 所示，将键盘的状态读到发光二极管上。

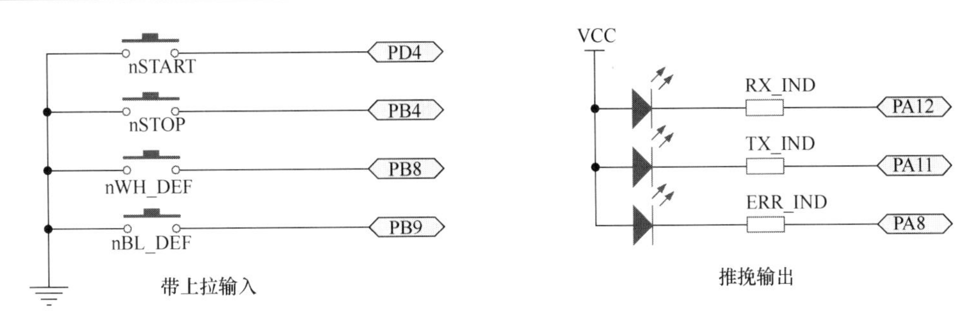

图 2-51　程序对应的电路

（1）创建文件夹，包括 GPIO_EXER1、Headers（头文件不产生编译代码，如图 2-52 所示）。

（2）将不需要的配置头文件在 stm32f10x_conf.h 中注释掉，留下三个要用的配置头文件，如图 2-53 所示。

（3）编写主函数，步骤如下：

① 定义变量，注意结构体变量；②初始化，注意查看帮助文件中的函数；③编写 While(1){}里面的程序。

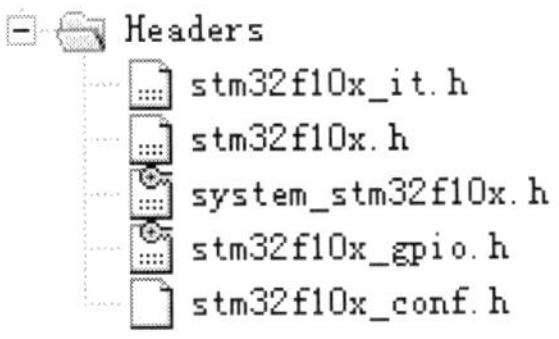

```
Headers
    stm32f10x_it.h
    stm32f10x.h
    system_stm32f10x.h
    stm32f10x_gpio.h
    stm32f10x_conf.h
```

图 2-52　Headers 文件夹

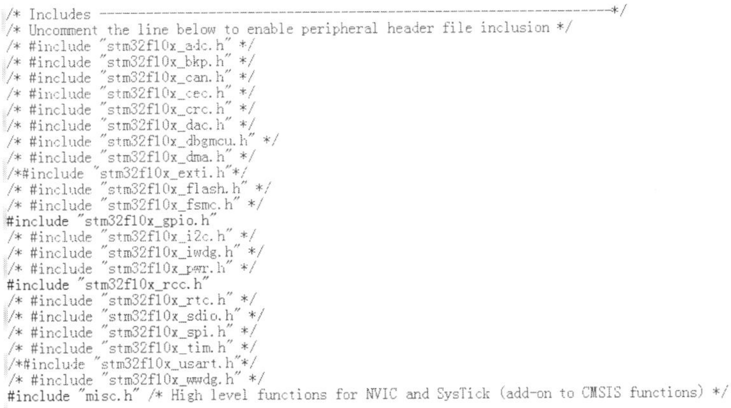

```
/* Includes ------------------------------------------------------------------*/
/* Uncomment the line below to enable peripheral header file inclusion */
/* #include "stm32f10x_adc.h" */
/* #include "stm32f10x_bkp.h" */
/* #include "stm32f10x_can.h" */
/* #include "stm32f10x_cec.h" */
/* #include "stm32f10x_crc.h" */
/* #include "stm32f10x_dac.h" */
/* #include "stm32f10x_dbgmcu.h" */
/* #include "stm32f10x_dma.h" */
/*#include "stm32f10x_exti.h"*/
/* #include "stm32f10x_flash.h" */
/* #include "stm32f10x_fsmc.h" */
#include "stm32f10x_gpio.h"
/* #include "stm32f10x_i2c.h" */
/* #include "stm32f10x_iwdg.h" */
/* #include "stm32f10x_pwr.h" */
#include "stm32f10x_rcc.h"
/* #include "stm32f10x_rtc.h" */
/* #include "stm32f10x_sdio.h" */
/* #include "stm32f10x_spi.h" */
/* #include "stm32f10x_tim.h" */
/*#include "stm32f10x_usart.h"*/
/* #include "stm32f10x_wwdg.h" */
#include "misc.h" /* High level functions for NVIC and SysTick (add-on to CMSIS functions) */
```

图 2-53　留下三个要用的配置头文件

示例如下：

```
int main(void)
{
    uint8_t Temp, KeyState;
    //打开所有 GPIO 端口的时钟
    RCC_APB2PeriphClockCmd(RCC_APB2Periph_GPIOA | RCC_APB2Periph_GPIOB |
                     RCC_APB2Periph_GPIOC | RCC_APB2Periph_GPIOD |
                     RCC_APB2Periph_GPIOE, ENABLE);
    //将所有 I/O 引脚配置为模拟输入
    GPIO_InitStructure.GPIO_Pin = GPIO_Pin_All;
    GPIO_InitStructure.GPIO_Mode = GPIO_Mode_AIN;
    GPIO_Init(GPIOA, &GPIO_InitStructure);
    GPIO_Init(GPIOB, &GPIO_InitStructure);
    GPIO_Init(GPIOC, &GPIO_InitStructure);
```

```
    GPIO_Init(GPIOD, &GPIO_InitStructure);
    GPIO_Init(GPIOE, &GPIO_InitStructure);

    //将RX_IND, TX_IND, ERR_IND配置为推挽输出，输出内容来自GPIO输出锁存器ODR
    GPIO_InitStructure.GPIO_Pin = RX_IND | TX_IND | ERR_IND;
    GPIO_InitStructure.GPIO_Mode = GPIO_Mode_Out_PP;
    GPIO_InitStructure.GPIO_Speed = GPIO_Speed_2MHz;
    GPIO_Init(GPIOA, &GPIO_InitStructure);

    //将nSTOP, nWH_DEF, nBL_DEF按钮配置为带上拉的输入
    GPIO_InitStructure.GPIO_Pin = nSTOP | nWH_DEF | nBL_DEF;
    GPIO_InitStructure.GPIO_Mode = GPIO_Mode_IPU;
    GPIO_Init(GPIOB, &GPIO_InitStructure);

    //将nSTART按钮配置为带上拉的输入
    GPIO_InitStructure.GPIO_Pin = nSTART;
    GPIO_InitStructure.GPIO_Mode = GPIO_Mode_IPU;
    GPIO_Init(GPIOD, &GPIO_InitStructure);

    //将所有指示灯关闭
    GPIOA->ODR = 0xffff;

    //读取nWH_DEF按钮的逻辑状态并将其存入KeyState变量中
    KeyState = GPIO_ReadInputDataBit(GPIOB, nWH_DEF);

    //主循环
    while (1)
    {
        //读取nSTART按钮的逻辑状态并将其存入Temp变量中
        Temp = GPIO_ReadInputDataBit(GPIOD, nSTART);
        //将Temp逻辑状态写入RX_IND引脚
        GPIO_WriteBit(GPIOA, RX_IND, (BitAction)Temp);

        //读取nSTOP按钮的逻辑状态并将其存入Temp变量中
        Temp = GPIO_ReadInputDataBit(GPIOB, nSTOP);
        //将Temp逻辑状态写入TX_IND引脚
        GPIO_WriteBit(GPIOA, TX_IND, (BitAction)Temp);

        //读取nWH_DEF按钮的逻辑状态并将其存入Temp变量中
        Temp = GPIO_ReadInputDataBit(GPIOB, nWH_DEF);
        //检查该按钮的逻辑状态是否发生从高到低的跳变，若是，则取反ERR_IND指示灯
        if(KeyState && (!Temp)) GPIOA->ODR = GPIOA->ODR ^ ERR_IND;
        //将KeyState更新为nWH_DEF按钮的当前状态
        KeyState = Temp;
    }

}
```

任务 5　ARM 程序设计

2.5.1　按键程序设计

代码如下：

```
#include "Button.h"
#include "DataIn.h"
uint16_t KeyVoltage;
uint16_t ADCValue;
extern uint8_t Power;
extern uint8_t Change;
static float Value = 3;
uint8_t ButtonUp = 1;

///////延时//////////////////////////////////////////////
void delay_ms(u32 i)
{
    u32 temp;
    SysTick->LOAD=9000*i;
    SysTick->CTRL=0X01;
    SysTick->VAL=0;
    do
    {
        temp=SysTick->CTRL;
    }
    while((temp&0x01)&&(!(temp&(1<<16))));
    SysTick->CTRL=0;
    SysTick->VAL=0;
}

////////按键判断///////////////////////////////////
static void ButtonSelect(void)
{
    if(Change)
    {
        return ;
    }
    if((Value < 2.5f) && (ButtonUp == 1))              //是否有按键
    {
        delay_ms(100);
        Value = (float)ADCValue/4096*3.3;
        if(Value > 2.5f)
            return ;
        ButtonUp = 0;                                  //按键被按下标志位
//************************************
```

```
        if((Value > 2.3f)  && (Value < 2.5f))       //按下 SELECT 键
        {
                if(Mod < 4)
                {
                    Mod++;
                }
                else
                {
                    Mod = 0;
                }
            }
//**********************************
        else if((Value > 1.7f) && (Value < 2.1f))       //按下 VOL+键
        {
                if(Volume < 77)
                {
                    Volume++;
                }
        }
//*******************************_
        else if((Value > 1.0f) && (Value < 1.4f))       //按下 MUTE 键
        {
                    Mute = ~(0xfe | Mute);
        }
//*********************************
        else if((Value > 0.4f) && (Value < 0.8f))       //按下 VOL-键
        {
                if(Volume > 0)
                {
                    Volume*;
                }
        }
//*********************************
        else if(Value<0.2f)                             //按下 POWER 键
        {
                Power++;
                if(Power >= 3)
                {
                    Power = 0;
                }
        }
        Change = 1;                                         //数据改变标志位
    }

    //按键被释放
    if((ButtonUp == 0) && (Value > 2.5f))
    {
        delay_ms(100);
```

```
        if(Value > 2.5f)
        {
            ButtonUp = 1;
        }
    }

}

////////按键检测////////////////////////
void ButtonDown(void)
{
    Value = (float)ADCValue/4096*3.3;
    ButtonSelect();
}

//////AD 按键 GPIO 配置////////////////////////
//static void Button_ADC_GPIO_Config(void)
//{
//GPIO_InitTypeDef GPIO_InitStructure;
//
//// 打开 ADC I/O 端口时钟
//RCC_APB2PeriphClockCmd ( RCC_APB2Periph_GPIOA, ENABLE );
//
//// 配置 ADC I/O 引脚模式
//GPIO_InitStructure.GPIO_Pin = GPIO_Pin_4;
//GPIO_InitStructure.GPIO_Mode = GPIO_Mode_AIN;
//
//// 初始化 ADC I/O
//GPIO_Init(GPIOA, &GPIO_InitStructure);
//}

////配置 ADC 工作模式////////////////////////////////////////
static void Button_ADC_Mode_Config(void)
{
    /*声明结构体*/
    GPIO_InitTypeDef GPIO_InitStructure;
    ADC_InitTypeDef ADC_InitStructure;
    DMA_InitTypeDef DMA_InitStructure;
    NVIC_InitTypeDef NVIC_InitStructure;

    /*配置对应的外设时钟*/
    RCC_AHBPeriphClockCmd(RCC_DMA, ENABLE);
    RCC_APB2PeriphClockCmd(RCC_KeyScanf_Port, ENABLE);
    RCC_APB2PeriphClockCmd(RCC_ADC, ENABLE);
    /*设置 ADC 时钟 8 分频*/
    RCC_ADCCLKConfig(RCC_PCLK2_Div8);

    /*选中对应的 ADC 引脚*/
```

```
    GPIO_InitStructure.GPIO_Pin = KeyScanf_Pin;
    /*配置输入模式为模拟输入*/
    GPIO_InitStructure.GPIO_Mode = GPIO_Mode_AIN;
    /*初始化 GPIO*/
    GPIO_Init(KeyScanf_Port, &GPIO_InitStructure);

    /*DMA 外设基地址*/
    DMA_InitStructure.DMA_PeripheralBaseAddr=(uint32_t)&Voltage_Input_Mode->DR;
    /*DMA 内存基地址*/
    DMA_InitStructure.DMA_MemoryBaseAddr = (uint32_t)&KeyVoltage;
    /*外设作为数据传输的来源*/
    DMA_InitStructure.DMA_DIR = DMA_DIR_PeripheralSRC;
    /*传输的次数*/
    DMA_InitStructure.DMA_BufferSize = 1;
    /*外设地址寄存器不变*/
    DMA_InitStructure.DMA_PeripheralInc = DMA_PeripheralInc_Disable;
    /*内存地址寄存器不变*/
    DMA_InitStructure.DMA_MemoryInc = DMA_MemoryInc_Disable;
    /*外设数据宽度为 16 位*/
    DMA_InitStructure.DMA_PeripheralDataSize    =    DMA_PeripheralDataSize_
HalfWord;
    /*内存数据宽度为 16 位*/
    DMA_InitStructure.DMA_MemoryDataSize = DMA_MemoryDataSize_HalfWord;
    /*工作在循环缓存模式*/
    DMA_InitStructure.DMA_Mode = DMA_Mode_Circular;
    /*DMA 通道拥有高优先级*/
    DMA_InitStructure.DMA_Priority = DMA_Priority_High;
    /*DMA 通道没有内存到内存传输*/
    DMA_InitStructure.DMA_M2M = DMA_M2M_Disable;
    /*初始化 DMA*/
    DMA_Init(KeyScanf_Channel, &DMA_InitStructure);
    /*打开 DMA, 传输完成中断*/
    DMA_ITConfig(KeyScanf_Channel, DMA_IT_TC, ENABLE);
    /*使能 DMA*/
    DMA_Cmd(KeyScanf_Channel, ENABLE);

    /*Voltage_Input_Mode 和 ADC2 工作在独立模式*/
    ADC_InitStructure.ADC_Mode = ADC_Mode_Independent;
    /*ADC 工作在单通道模式*/
    ADC_InitStructure.ADC_ScanConvMode = DISABLE;
    /*ADC 工作在循环模式*/
    ADC_InitStructure.ADC_ContinuousConvMode = ENABLE;
    /*转换由软件触发而不是外部触发*/
    ADC_InitStructure.ADC_ExternalTrigConv = ADC_ExternalTrigConv_None;
    /*ADC 数据右对齐*/
    ADC_InitStructure.ADC_DataAlign = ADC_DataAlign_Right;
    /*转换的通道为 1*/
    ADC_InitStructure.ADC_NbrOfChannel = 1;
    /*初始化 ADC*/
```

```
    ADC_Init(Voltage_Input_Mode, &ADC_InitStructure);

    /*采样时间为 239.5 个周期*/
    ADC_RegularChannelConfig(Voltage_Input_Mode , Voltage_Input_Pin , 1 ,
ADC_SampleTime_239Cycles5);
    /*使能 ADC 的 DMA 请求*/
    ADC_DMACmd(Voltage_Input_Mode, ENABLE);
    /*使能 ADC*/
    ADC_Cmd(Voltage_Input_Mode, ENABLE);
    /*重置指定的 ADC 的校准寄存器*/
    ADC_ResetCalibration(Voltage_Input_Mode);
    /*等待指定的 ADC 校准寄存器重置完成*/
    while(ADC_GetResetCalibrationStatus(Voltage_Input_Mode));
    /*开始指定的 ADC 校准状态*/
    ADC_StartCalibration(Voltage_Input_Mode);
    /*等待指定的 ADC 校准完毕*/
    while(ADC_GetCalibrationStatus(Voltage_Input_Mode));
    /*使能 ADC 的软件转换启动功能*/
    ADC_SoftwareStartConvCmd(Voltage_Input_Mode, ENABLE);
    /*等待 ADC 转换启动*/
    while(ADC_GetSoftwareStartConvStatus(Voltage_Input_Mode));

    /*设置优先级分组为 0 分组*/
    NVIC_PriorityGroupConfig(NVIC_PriorityGroup_0);
    /*DMA1 通道 1 中断*/
    NVIC_InitStructure.NVIC_IRQChannel = DMA1_Channel1_IRQn;
    /*先占优先级为 0 位*/
    NVIC_InitStructure.NVIC_IRQChannelPreemptionPriority = 0;
    /*从优先级为 3 位*/
    NVIC_InitStructure.NVIC_IRQChannelSubPriority = 3;
    /*使能定义的 IRQ 通道*/
    NVIC_InitStructure.NVIC_IRQChannelCmd = ENABLE;
    /*初始化 NVIC*/
    NVIC_Init(&NVIC_InitStructure);
}

//////////////////////////////////////////////////////////////////////
void DMA1_Channel1_IRQHandler(void)
{
    if(DMA_GetITStatus(DMA_IT_TC) == SET)
        ADCValue = KeyVoltage;
    DMA_ClearITPendingBit(DMA_IT_TC);
}

////ADC 初始化////////////////////////////////////////////////////////
void ButtonInit(void)
{
    Button_ADC_Mode_Config();
}
```

2.5.2 数码管显示程序设计

代码如下：

```
#include "Display.h"

////////////////////{0, 1, 2, 3, 4, 5, 6, 7, 8, 9, H, C, 全灭}
static const uint8_t Code164[] = {0x02,0x9f,0x25,0x0d,0x99,0x49,0x41,0x1f,0x01,
0x9,0x91,0x63,0xff};
static uint8_t CacheNumber[] = {0,0,0,0,0};    //数字缓存

////移位输入164//////////////////////////////
static void Shift164(uint8_t Code)
{
    for(uint8_t i = 0;i < 8;i++)
    {
        Clk164_L;
        if(Code & 0x01)
        {
            Date164_H;
        }
        else
        {
            Date164_L;
        }

        Clk164_H;
        //delay();
        Code>>=1;
    }
}
////移入字形码//////////////////////////////////////////
static void CacheCode(void)
{
    for(uint8_t i = 0;i < 5;i++)
    {
        Shift164(Code164[CacheNumber[i]]);
    }
}
/////////////////////////////////////////////////////////

////设置数码模式和音量///////////////////////////
void Display(uint8_t Mode, uint8_t Number)
{
    //CacheCode();
```

```
    CacheNumber[0] = Number%10;
    CacheNumber[1] = Number/10;
    CacheNumber[2] = Mode;
    CacheNumber[3] = 10;
    CacheNumber[4] = 11;
    CacheCode();
}
////////////////////////////////////////////////////////

//重置数码管//////////////////////////////////////////////
void DisplayDeInit(void)
{
    for(uint8_t i = 0;i < 5;i++)
    {
        CacheNumber[i] = 12;
    }
    CacheCode();
}
/////////////////////////////////////////////////////

////数码管 GPIO 设置///////////////////////////////////////////////
static void Display_GPIO_Config(void)
{
    GPIO_InitTypeDef GPIO_InitStructure;

    RCC_APB2PeriphClockCmd(RCC_APB2Periph_GPIOA|RCC_APB2Periph_GPIOA,ENABLE);

    //GPIO_InitStructure.GPIO_Pin = GPIO_Pin_0 | GPIO_Pin_1 | GPIO_Pin_7;
    GPIO_InitStructure.GPIO_Pin = GPIO_Pin_2;
    GPIO_InitStructure.GPIO_Mode = GPIO_Mode_Out_PP;
    GPIO_InitStructure.GPIO_Speed = GPIO_Speed_50MHz;
    GPIO_Init(GPIOA, &GPIO_InitStructure);
    GPIO_InitStructure.GPIO_Pin = GPIO_Pin_3;
    GPIO_Init(GPIOA, &GPIO_InitStructure);

    RCC_APB2PeriphClockCmd(RCC_APB2Periph_GPIOB, ENABLE);
    GPIO_InitStructure.GPIO_Pin = GPIO_Pin_5;
    GPIO_InitStructure.GPIO_Mode = GPIO_Mode_Out_PP;
    GPIO_InitStructure.GPIO_Speed = GPIO_Speed_2MHz;
    GPIO_Init(GPIOB, &GPIO_InitStructure);
}
///////////////////////////////////////////////////////

////数码管初始化///////////////////////////////////////
void DisplayInit(void)
{
```

```
    Display_GPIO_Config();
    CacheCode();
}
```

2.5.3 AT24C02 EEPROM 程序设计

AT24C02 的 SCL 引脚连接 STM32F103C8T6 的 PB6 引脚，AT24C02 的 SDA 引脚连接 STM32F103C8T6 的 PB7 引脚。

代码如下：

```
#include "SaveLoad.h"
//////滴答定时器定时 1 微秒/////////////////////////////////////////////////
void Delay_us(u32 i)
{
    u32 temp;
    SysTick->LOAD=9*i;
    SysTick->CTRL=0X01;
    SysTick->VAL=0;
    do
    {
        temp=SysTick->CTRL;
    }
    while((temp&0x01)&&(!(temp&(1<<16))));
    SysTick->CTRL=0;
    SysTick->VAL=0;
}
/////////////////////////////////////////////////////////////

//////I2C 开始函数////////////////////////////////////////
static void Start(void)
{
    SDA_H;
    SCL_H;
    Delay_us(2);
    SDA_L;
    Delay_us(2);
    SCL_L;
    Delay_us(2);
}
/////////////////////////////////////////////////////////////

//////I2C 停止函数///////////////////////////////////////////
static void Stop(void)
{
    SDA_L;
    SCL_H;
    Delay_us(2);
```

```
    SDA_H;
}
////////////////////////////////////////////////////////////

///////发送一字节数据/////////////////////////////////////
static void WriteByte(uint8_t byte)
{
    for (uint8_t i = 0; i < 8; i++)
    {
        if (byte & 0x80)
        {
            SDA_H;
        }
        else
        {
            SDA_L;
        }
        Delay_us(2);
        SCL_H;
        Delay_us(2);
        SCL_L;
        if (i == 7)
        {
             SDA_H; // 释放总线       }
        byte <<= 1; /* 左移 1 个 bit */
        Delay_us(2);
    }
}
//////////////////////////////////////////////////////////

////等待应答信号///////////////////////////////////////////////
static uint8_t WaitAck(void)
{
    uint8_t Ack;
    SDA_H;  /* CPU 释放 SDA 总线 */
    Delay_us(2);
    SCL_H;  /* CPU 驱动 SCL = 1, 此时器件会返回 ACK 应答 */
    Delay_us(2);
    if (SDA_ReadLine)   /* CPU 读取 SDA 口的线状态 */
    {
        Ack = 1;
    }
    else
    {
        Ack = 0;
    }
    SCL_L;
    Delay_us(2);
```

```
    return Ack;
}
////////////////////////////////////////////////////////////////////

/////写入数据/////////////////////////////////////////////////////
uint8_t WriteData(uint8_t Add,uint8_t Var,uint8_t Data)
{
    Start();
    WriteByte(Add & 0x00);
    if(WaitAck())
    {
        goto fail;
    }
    //地址写入
    if(Var != 0)
    {
        WriteByte(Var);
        if(WaitAck())
        {
            goto fail;
        }
    }
    //开始发送数据
    WriteByte(Data);
    //等待应答
    if(WaitAck())
    {
            goto fail;
    }
    Stop();
    return 1;
    //无应答信号，结束发送
    fail:
    Stop();
    return 0;
}
/////////////////////////////////////////////////////////////////

////CPU发送应答或非应答信号/////////////////////////////////////////
static void AckOrNack(uint8_t Ack)
{
    if(Ack)          //应答信号
    {
        SDA_L;
        Delay_us(2);
```

```
        SCL_H;
        Delay_us(2);
        SCL_L;
        Delay_us(2);
        SDA_H;          //释放总线
    }
    else{               //非应答信号
        SDA_H;
        Delay_us(2);
        SCL_H;
        Delay_us(2);
        SCL_L;
        Delay_us(2);
    }

}
/////////////////////////////////////////////////////

////读取数据///////////////////////////////////////////
uint8_t ReadData(uint8_t Add,uint8_t Var)
{
    uint8_t Data = 0;
    Start();
    //器件地址
    WriteByte(Add | 0x01); //写命令
    //等待应答
    if(WaitAck())
    {
        goto fail;
    }
    //发送内存单元地址
    WriteByte(Var);
    //等待应答
    if(WaitAck())
    {
        goto fail;
    }
    //开始接收数据
    for(uint8_t i = 0;i < 8;i++)
    {
        Delay_us(2);
        SCL_L;
        Delay_us(2);
        SCL_H;
```

```
            if(SDA_ReadLine)
            {
                Data |=  0x01;
            }
            else
            {
                Data &=  0x00;
            }
            Data<<=1;
        }
        AckOrNack(1);
        Stop();
        return Data;
        fail:                   //发送失败
        Stop();
        return 0;
    }
    ////////////////////////////////////////////////////

    /////配置 I2C 的 GPIO/////////////////////////////////////
    static void SaveLoad_Gpio_Config(void)
    {
        //结构体初始化
        GPIO_InitTypeDef GPIO_InitStructure;
        //时钟
        RCC_APB2PeriphClockCmd(RCC_APB2Periph_GPIOB   |   RCC_APB2Periph_GPIOB,
ENABLE);
        //初始化引脚模式
        GPIO_InitStructure.GPIO_Speed = GPIO_Speed_50MHz;
        GPIO_InitStructure.GPIO_Pin = GPIO_Pin_6;
        GPIO_InitStructure.GPIO_Mode = GPIO_Mode_Out_OD;
        //初始化 EEPROM I/O
        GPIO_Init(GPIOB,&GPIO_InitStructure);
        GPIO_InitStructure.GPIO_Pin = GPIO_Pin_7;
        GPIO_Init(GPIOB,&GPIO_InitStructure);
    }
    //////////////////////////////////////////////////////

    /////I2C 初始化////////////////////////////////////
    void SaveLoadInit(void)
    {
        SaveLoad_Gpio_Config();
        SCL_H;
        SDA_H;
    }
```

2.5.4　数据的存储和读出程序设计

代码如下：

```
#include "DataIn.h"
#include "Display.h"
#include "SaveLoad.h"

uint8_t Volume = 0;                          //音量
uint8_t Mod = 0;                             //模式
uint8_t Mute = 0;                            //静音
uint8_t Power = 0;                           //电源
uint8_t Change = 0;                          //数据改变标志位
//////处理数码管和 EEPROM 数据//////////////////
void InputData(void)
{
    if(!Change)                              //数据没变化就跳出
    {
        return ;
    }
    //清除 AX2358 寄存器
    //WriteData(0x94,0,0xc4);
    if(!Mute)
    {
        Display(Mod,Volume);
        //写入 AX2358
    //WriteData(0x94, 0xd0 | (Volume / 10), 0x70 | (Volume % 10));
    }
    else
    {
        //静音
        Display(Mod,0);
    //WriteData(0x94,0,0xff);
    }

    //数码管数据存储
    WriteData(0xa0,0xa0,Volume);
    WriteData(0xa0,0xb0,Mod);
    WriteData(0xa0,0xc0,Mute);

    Change = 0;
}
////////////////////////////////////////////////

//////读取 EEPROM 数据///////////////////////////
void OutputData(void)
{
```

```
    Volume = ReadData(0xa0,0xa0);
    Mod = ReadData(0xa0,0xb0);
    Mute = ReadData(0xa0,0xc0);
    Change = 1;
}
```

2.5.5 红外遥控器程序设计

代码如下：

```
#include "Infrared.h"
#include "DataIn.h"
uint8_t State[2];         //保存红外接收的状态
uint16_t Temp;            //下降沿时计数器的值
uint32_t PPM_Val = 0;     //红外接收到的数据
short infrared = 0;
void Infrared_Configuration(void)
{
    GPIO_InitTypeDef GPIO_InitStructure;
    TIM_TimeBaseInitTypeDef TIM_TimeBaseStructure;
    TIM_ICInitTypeDef TIM_ICInitStructure;
    NVIC_InitTypeDef NVIC_InitStructure;

    /*开时钟线*/
    RCC_APB1PeriphClockCmd(Infrared_TIM_Clock, ENABLE);
    RCC_APB2PeriphClockCmd(Infrared_COM_Clock, ENABLE);

    /*引脚初始化*/
    GPIO_InitStructure.GPIO_Pin = Infrared_Bits;
    GPIO_InitStructure.GPIO_Mode = GPIO_Mode_IN_FLOATING;//浮空输入
    GPIO_Init(Infrared_COM, &GPIO_InitStructure);

    /*定时器初始化*/
    TIM_TimeBaseStructure.TIM_Period = Arr;
    TIM_TimeBaseStructure.TIM_Prescaler =Psc;
    /*T=psc/72000000*Arr*/
    TIM_TimeBaseStructure.TIM_ClockDivision = TIM_CKD_DIV1;
    //设置时钟分割:TDTS = Tck_tim
    TIM_TimeBaseStructure.TIM_CounterMode = TIM_CounterMode_Up;
    //TIM 向上计数模式
    TIM_TimeBaseInit(Infrared_TIM, &TIM_TimeBaseStructure);

    TIM_ICInitStructure.TIM_Channel = Infrared_Channel;//选择捕获的通道
    TIM_ICInitStructure.TIM_ICPolarity = TIM_ICPolarity_Rising;//上升沿捕获
    TIM_ICInitStructure.TIM_ICSelection = TIM_ICSelection_DirectTI;
```

```
    TIM_ICInitStructure.TIM_ICPrescaler = TIM_ICPSC_DIV1;//配置输入分频,不分频
    TIM_ICInitStructure.TIM_ICFilter = 0x03;//IC4F=0011 配置输入滤波器 8 个定
时器时钟周期，滤波
    TIM_ICInit(Infrared_TIM, &TIM_ICInitStructure);
    TIM_ITConfig(Infrared_TIM,    TIM_IT_Update    |    Infrared_Interrupt,
ENABLE);//允许更新中断,允许捕获中断
    TIM_Cmd(Infrared_TIM, ENABLE);//使能定时
    /*中断优先级配置函数*/
    NVIC_PriorityGroupConfig(NVIC_PriorityGroup_0);
    NVIC_InitStructure.NVIC_IRQChannel = Infrared_IRQn;  //TIM 中断
    NVIC_InitStructure.NVIC_IRQChannelPreemptionPriority = 0;//先占优先级 0 级
    NVIC_InitStructure.NVIC_IRQChannelSubPriority = 1;  //从优先级 3 级
    NVIC_InitStructure.NVIC_IRQChannelCmd = ENABLE; //IRQ 通道被使能
    NVIC_Init(&NVIC_InitStructure);
}

/*
*函数名称：Confirm_Correct
*函数说明：判断红外信号是否正确
*变量说明：infrared_1-保存红外地址码，infrared_2-保存地址反码
*返回值说明：temp-如果红外解码正确返回 1，否则返回 0
*/
uint8_t Confirm_Correct(void)
{
    uint8_t infrared_1 = 0, infrared_2 = 0;
    uint8_t temp = 0;
    if(State[0] & 0x40)
    {
        State[0] &= 0x00;//状态清零，为下次捕获做准备
        infrared_1 = PPM_Val>>24;//获取红外地址
        infrared_2 = (PPM_Val>>16) & 0xFF;//获取红外地址反码
        if(infrared_1 == (uint8_t)~infrared_2)
        {
            infrared_1 = PPM_Val>>8;
            infrared_2 = PPM_Val;
            if(infrared_1 == (uint8_t)~infrared_2)
                temp = 1;
        }
    }
    return temp;
}

/*
*函数名称：Infrared_Addr
```

```
*函数说明：输出红外数据码
*变量说明：无
*返回值说明：无
*/
void Infrared_Addr(void)
{
    uint8_t temp = 0;
    temp = PPM_Val>>8;
    if(Confirm_Correct() == 1)
    {
        Power++;
            if(Power >= 3)
            {
                Power = 0;
            }
        switch(temp)
        {
            case 0xA2: //开/关机
                break;
            case 0x62:  //MODE
                if(Mod < 4)
                {
                    Mod++;
                }
                else
                {
                    Mod = 0;
                }
                break;
            case 0xE2:  //静音
                Mute = ~(0xfe | Mute);
                break;
            case 0x22: //暂停
                break;
            case 0xA8:  //音量减
                if(Volume > 0)
                {
                    Volume--;
                }
                break;
            case 0x90: //音量加
                if(Volume < 77)
                {
                    Volume++;
```

```
                }
                break;
            default :  break;
        }
        Change = 1;
    }
}

/*
*函数名称：TIM4_IRQHandler
*函数说明：定时器 4 中断服务函数
*变量说明：无
*/
void TIM4_IRQHandler(void)
{
    if(TIM_GetITStatus(Infrared_TIM, TIM_IT_Update) != RESET)//是否
    {
        if(State[0] & 0x80)//上次有数据被接收到了
        {
            State[0] &= ~0x10;//取消上升沿已经被捕获标记
            if((State[0] & 0x0F) == 0x00)
                State[0] |= 1 << 6;//标记已经完成一次按键的键值信息采集
            if((State[0] & 0x0F) < 14)
                State[0]++;
            else
            {
                State[0] &= ~(1<<7);//清空引导标识
                State[0] &= 0xF0;//清空计数器
            }
        }
    }
    if(TIM_GetITStatus(Infrared_TIM, Infrared_Interrupt) != RESET)
    {
        if(Read_Infrared)//上升沿捕获
        {
            TIM_OC4PolarityConfig(Infrared_TIM, TIM_ICPolarity_Falling);
            //设置为下降沿捕获
            TIM_SetCounter(Infrared_TIM, 0);//清空定时器值
            State[0] |= 0x10;//标记上升沿已经被捕获
        }
        else //下降沿捕获
        {
            Temp = TIM_GetCapture4(Infrared_TIM);//读取捕获的值
            TIM_OC4PolarityConfig(Infrared_TIM, TIM_ICPolarity_Rising);
```

```
            //设置为上升沿捕获

            if(State[0] & 0X10)          //完成一次高电平捕获
            {
                if(State[0] & 0X80)      //接收到了引导码
                {
                    if(Temp > 300 && Temp < 800)    //560 为标准值,560 微秒
                    {
                        PPM_Val <<= 1;  //左移一位
                        PPM_Val |= 0;   //接收到 0
                    }
                    else if(Temp > 1400 && Temp < 1800)
                    //1680 为标准值,1680us
                    {
                        PPM_Val <<= 1;  //左移一位
                        PPM_Val |= 1;   //接收到 1
                    }
                    else if(Temp > 2200 && Temp < 2600)
                    //得到按键键值增加的信息，2500 为标准值 2.5ms
                    {
                        State[0] &= 0XF0;        //清空计时器
                    }
                }
                else if(Temp > 4200 && Temp < 4700)//4500 为标准值 4.5ms
                    State[0] |= 1<<7;//标记成功接收到了引导码
            }
            State[0] &= ~(1<<4);
        }
    }
    TIM_ClearITPendingBit(Infrared_TIM, TIM_IT_Update | Infrared_Interrupt);
}
```

2.5.6 蓝牙程序设计

代码如下：

```
#include "Infrared.h"
#include "BuleTooth.h"
#include "DataIn.h"

///串口 GPIO 配置//////////////////////////////////////////////////////
void BuleTooth_Gpio_Config(void)
{
    //结构体初始化
    GPIO_InitTypeDef GPIO_InStructure;
    USART_InitTypeDef USART_InitStructure;
```

```
    NVIC_InitTypeDef    NVIC_InitStruct;
    //时钟
    RCC_APB2PeriphClockCmd(RCC_APB2Periph_USART1, ENABLE);
    RCC_APB2PeriphClockCmd(RCC_APB2Periph_GPIOA, ENABLE);
    //GPIO 模式配置
    GPIO_InStructure.GPIO_Mode = GPIO_Mode_AF_PP;
    GPIO_InStructure.GPIO_Pin = GPIO_Pin_9;
    GPIO_InStructure.GPIO_Speed = GPIO_Speed_50MHz;
    GPIO_Init(GPIOA,&GPIO_InStructure);
    GPIO_InStructure.GPIO_Mode = GPIO_Mode_IN_FLOATING;
    GPIO_InStructure.GPIO_Pin = GPIO_Pin_10;
    GPIO_Init(GPIOA,&GPIO_InStructure);
    //USART1 配置
    USART_InitStructure.USART_BaudRate = 9600;
    USART_InitStructure.USART_HardwareFlowControl    =    USART_HardwareFlow
Control_None;
    USART_InitStructure.USART_Mode = USART_Mode_Rx | USART_Mode_Tx;
    USART_InitStructure.USART_Parity = USART_Parity_No;
    USART_InitStructure.USART_StopBits = USART_StopBits_1;
    USART_InitStructure.USART_WordLength = USART_WordLength_8b;
    USART_Init(USART1,&USART_InitStructure);
    USART_ITConfig(USART1,USART_IT_RXNE,ENABLE);
    USART_Cmd(USART1,ENABLE);
    //中断配置
    NVIC_InitStruct.NVIC_IRQChannel = USART1_IRQn;
    NVIC_InitStruct.NVIC_IRQChannelPreemptionPriority = 0;
    NVIC_InitStruct.NVIC_IRQChannelSubPriority = 2;
    NVIC_InitStruct.NVIC_IRQChannelCmd = ENABLE;//打开该中断
    NVIC_Init(&NVIC_InitStruct);
}
//////////////////////////////////////////////////////////////////////

//串口中断////////////////////////////////////////////////////////////////
void USART1_IRQHandler(void)
{
    uint8_t temp = 0;
    if(USART_GetITStatus(USART1, USART_IT_RXNE) == SET)
    {
        temp = USART_ReceiveData(USART1);
        if(Change)
        {
            return ;
        }
        switch(temp)
        {
            case 0x45:                                      //切换通道
                if(Mod < 4)
                {
                    Mod++;
                }
                else
```

```
                {
                    Mod = 0;
                }
            break;
            case 0x44:                                              //静音
                Mute = ～(0xfe | Mute);
            break;
            case 0x43:                                              //关机
                Power++;
                if(Power >= 3)
                {
                    Power = 0;
                }
                break;
            case 0x42:                                              //音量减
                if(Volume > 0)
                {
                    Volume--;
                }
                break;
            case 0x41:                                              //音量加
                if(Volume < 77)
                {
                    Volume++;
                }
                break;
        }
        Change = 1; //数据改变标志位
    }
    USART_ClearITPendingBit(USART1,USART_IT_RXNE);
}
```

项目 3　电子管功放电路设计制作与装配

任务 1　电子管功放电路设计

3.1.1　推挽胆机设计

推挽胆机单声道电路原理图如图 3-1 所示。

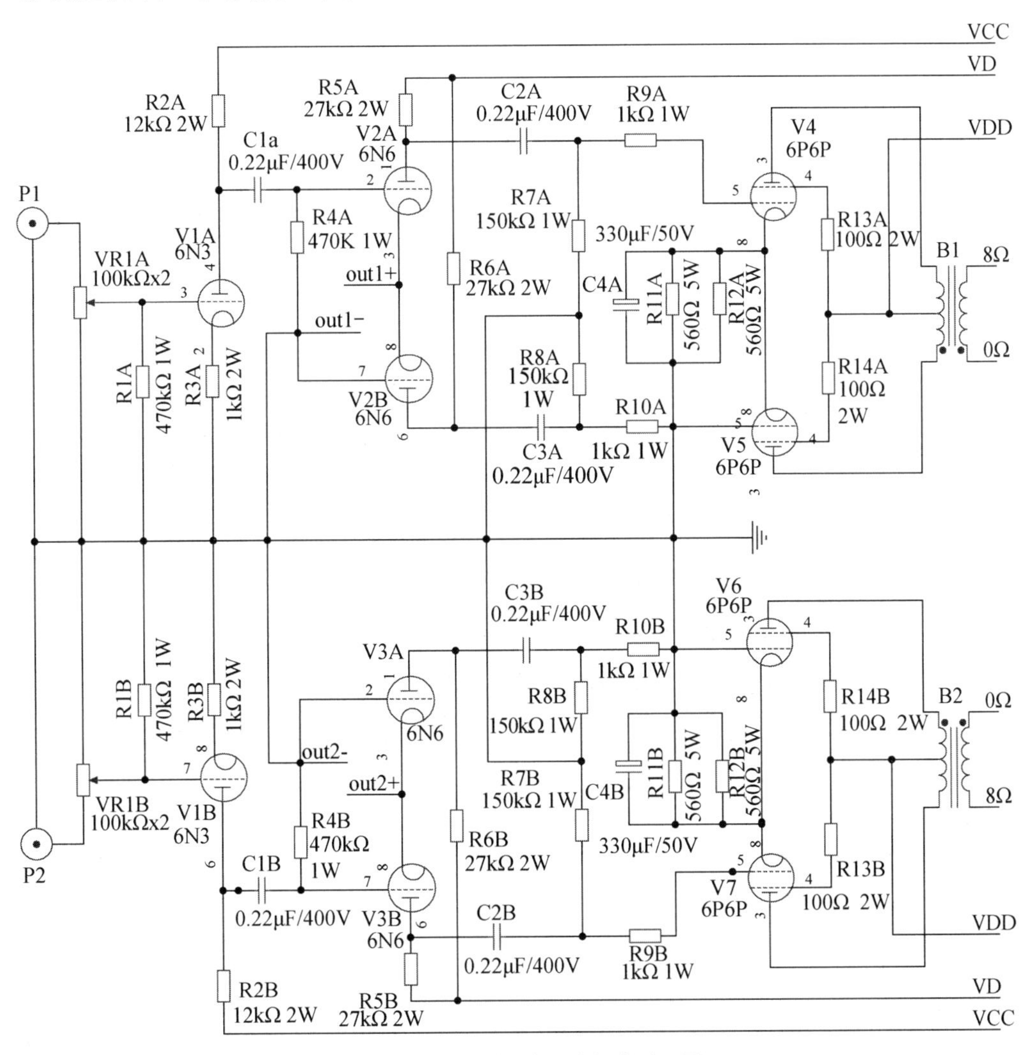

图 3-1　推挽胆机单声道电路原理图

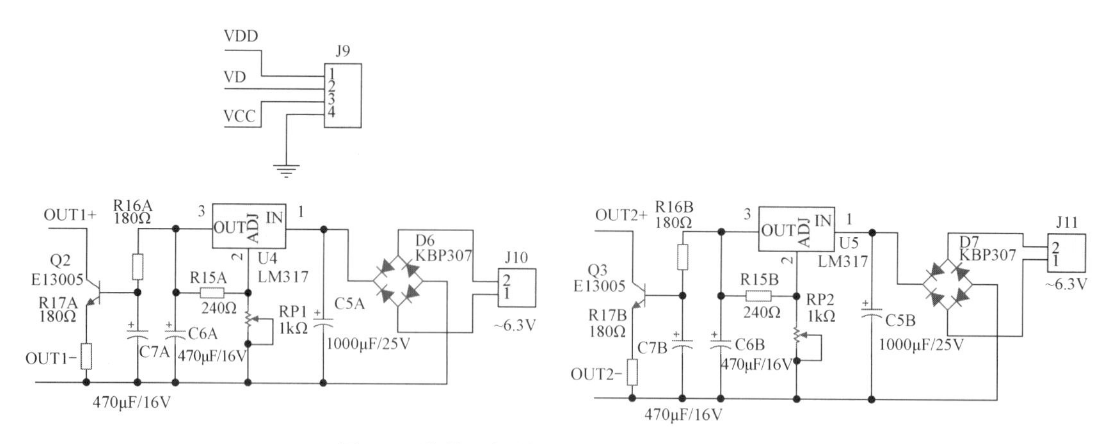

图 3-1 推挽胆机单声道电路原理图（续）

推挽胆机单声道电路板正反面实物图如图 3-2 所示。

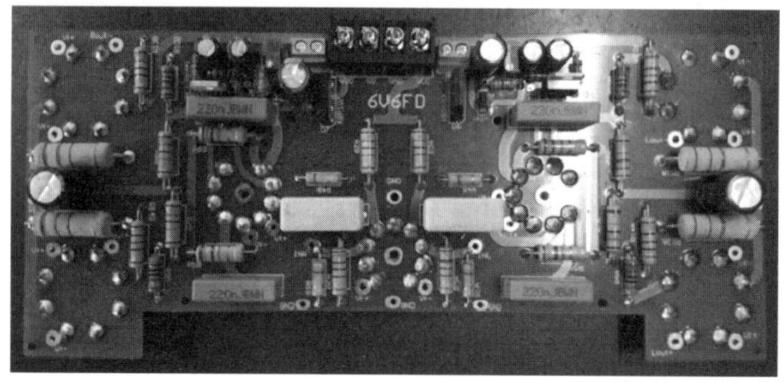

图 3-2 推挽胆机单声道电路板正反面实物图

立体声推挽胆机其中一个声道的胆机如图 3-3 所示，胆机采用三级放大电路，由电压放大级、推动放大级和强放级组成。第一级（电压放大级）采用 6N3 共阴极电压放大电路，第二级（推动放大级）采用 6N6 恒流差分电路，末级（强放级）则采用 6P6P 的推挽电路。放大器常分前级和后级，我们常说的合并机是将两者合二为一的机器。前级的主要作用是对输入的微弱信号进行电压放大，以推动后续的功放管。一般情况下，前级因工作电流较小，元件较简单，材料容易购买，制作相对容易。

第一级为经典的阻容耦合单级共阴极放大电路，它既可单独构成前级放大器，也可作为后级放大器的输入级，如图 3-4 所示。

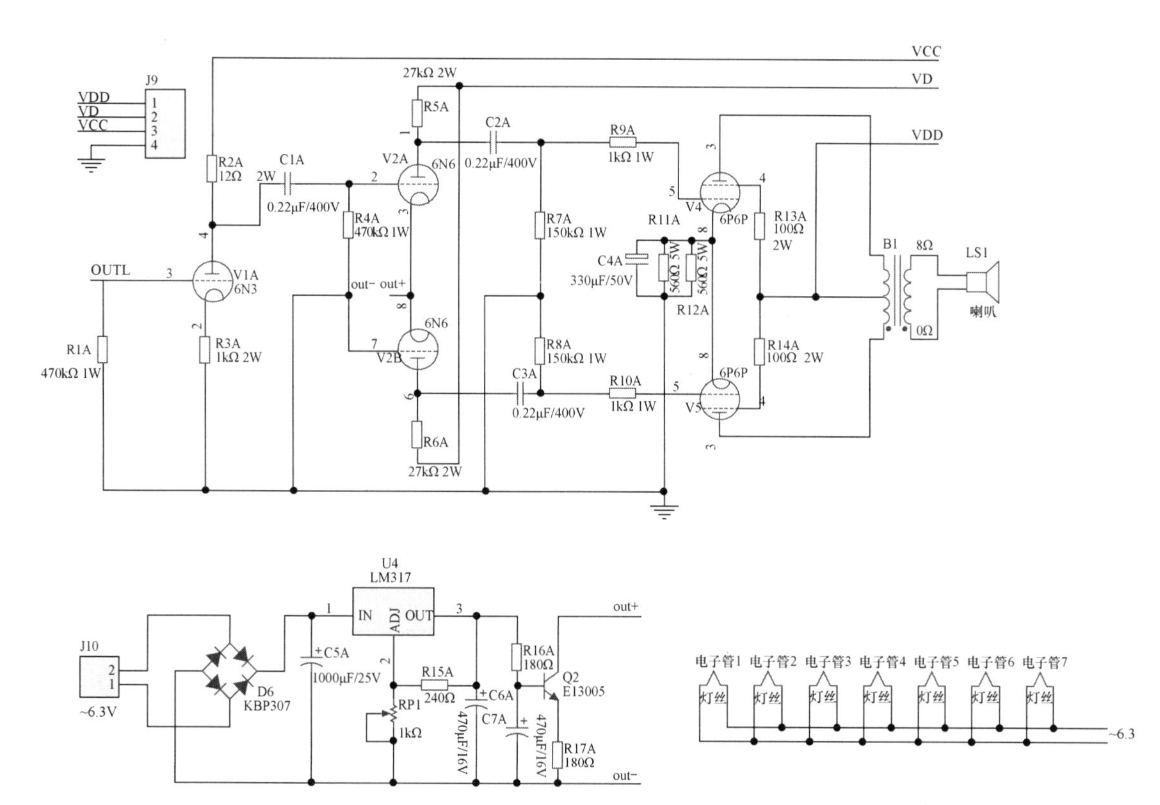

图 3-3　立体声推挽胆机其中一个声道的胆机（单声道放大电路）

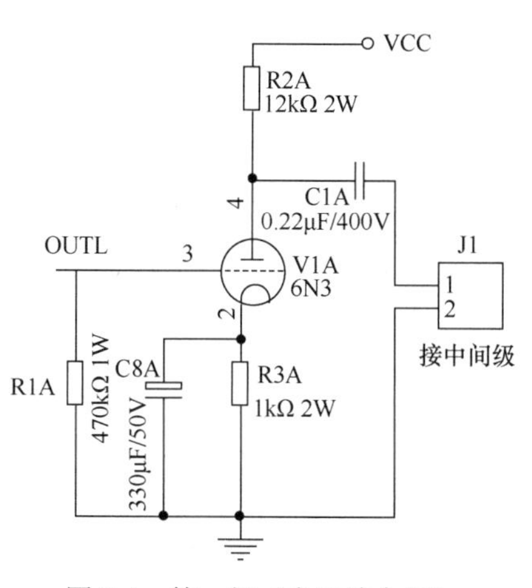

图 3-4　第一级（电压放大级）

第二级（见图 3-5）的作用是为后面的推挽实现倒相，倒相电路采用共阴极电路，共栅极、共阴极完成反相放大，共栅极的输入取自共阴极电路的阴极（类似共阳极），完成同相放大，如果三极管和元件匹配，两种接法的放大倍数是一样的。本级采用 6N6 恒流差分电路，长尾部分采用恒流源，恒流源具有交流电阻大，直流电流、电压稳定等特点。直流电流、电压稳定能保证三极管静态工作点稳定。若交流电阻过大，则流过共阴极上管的阴极的电流无法通过，全部流到了共栅极下管，保证上下两管流过的交流电流相等，再通过三极管配对，电阻、电容等元件配对，保证上下两管交流电压放大倍数一样，方向相反，实现了倒相和放大倍数一致。第二级的功率不是很大，重要的是要保证倒相电路上下两管信号对称，实现倒相。

第三级（见图 3-6）的推挽电路阴极并不像第二级那样采用恒流源，而采用了电阻和电容并联的电路，静态时阴极两个电阻能实现自给负栅偏压，保证栅极的电位比阴极低；第三级动态时由阴极电容作为旁路电容，实现了阴极交流短路，放大倍数最大化；通过这样的设计，第三级功率管 6P6P 能随着输入电流的变化瞬态反应，进行功率放大，接恒流源时，虽然保证了输出的对称性，但功率就无法提高了。另外，第三级采用推挽输出，第二级完成的倒相信号通过上下两管共阴极电路放大后，上下两管大小相等、方向相反的信号经输出变压器完成了 2 倍放大（大小相等、方向相反的信号相减）和推挽输出。

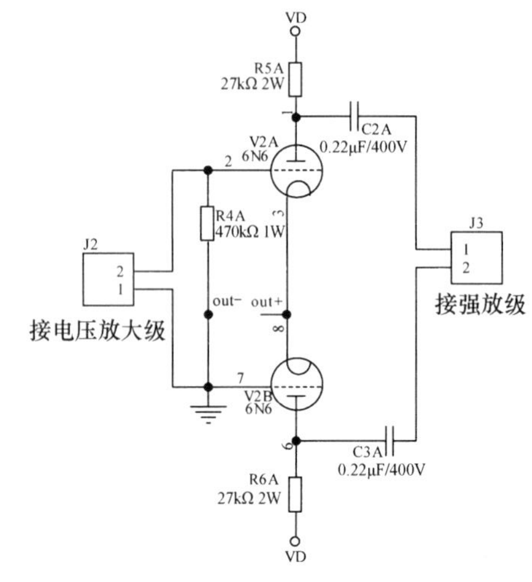

图 3-5 第二级（推动放大级）

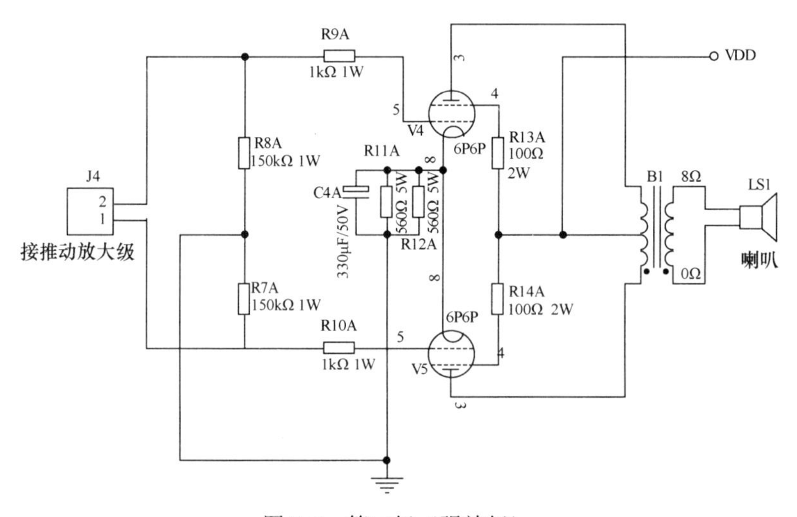

图 3-6 第三级（强放级）

第一级 6N3 的放大倍数约为 6.8 倍，第二级 6N6 的放大倍数约为 13 倍，第三级 6P6P 的放大倍数约为 9 倍；输出变压器放大电流/电压约 33 倍。输出变压器接的喇叭端次级线圈的电阻为 8Ω，等效到输出变压器初级，阻抗为 33×33×8≈8.5kΩ。

第一级 6N3 的阴极电压为 4.5V，阴极（阳极）电流为 4.5mA，6N3 的基本电流是 8.5 ± 3.5mA，极限电流是 18mA；第二级 6N6 的阴极电压为 13V，阴极（阳极）电流为 10mA，6N6 的基本电流是 30 ± 10mA，极限电流是 45mA；第三级 6P6P 的阴极电压为 24.2V，阴极（阳极）电流为 43.2mA（推挽电路），6P6P 的基本电流是 45 ± 12mA，极限电流是 100mA。

电路波形如图 3-7 所示。

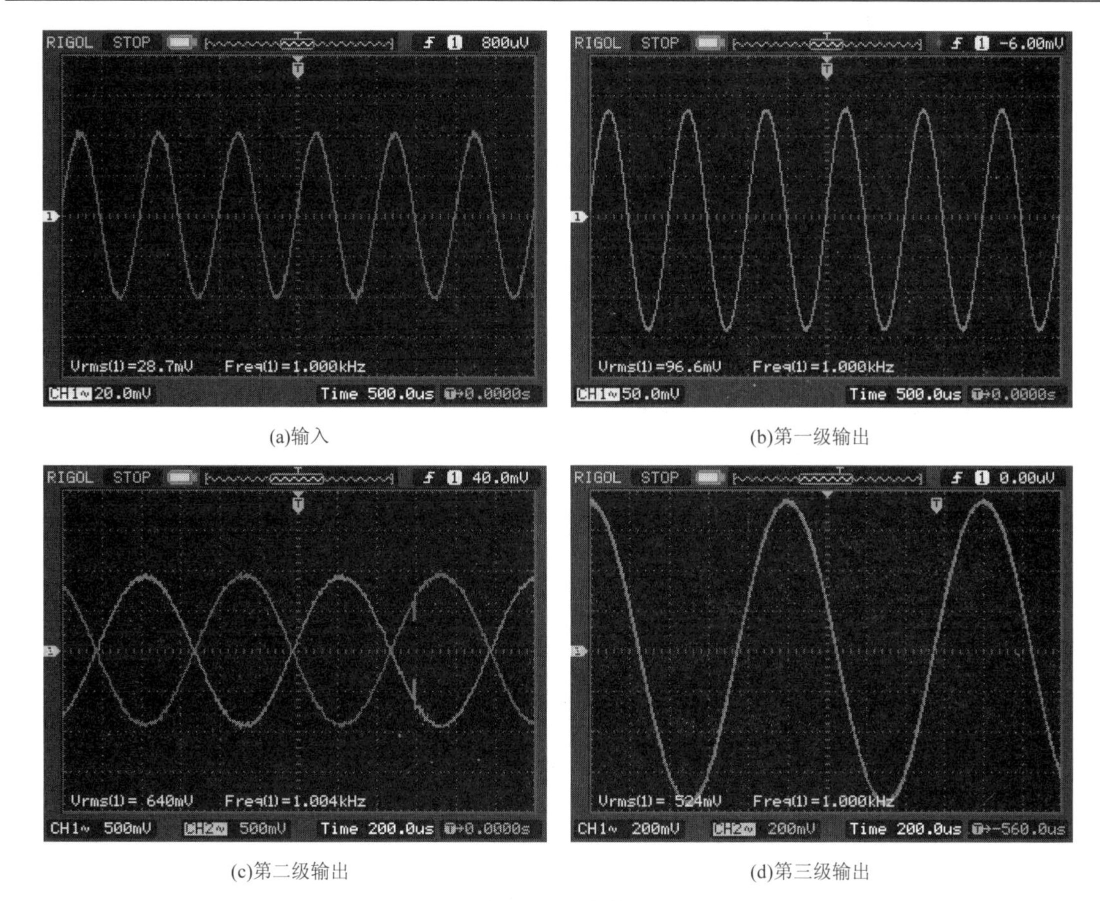

(a)输入　(b)第一级输出

(c)第二级输出　(d)第三级输出

图 3-7　电路波形

第一级的输入范围较小，作为前级（放大）。6N3（V1A）和 R1A、R2A、R3A、C1A，C8A 构成共阴极放大电路，6N3（V1A）为双三极电子管，由 2、3、4，6、7、8 脚分别组成的三极管用于左右声道的输入放大。以一个声道为例：直流电源 VCC 通过 R2A 提供电子管合适的静态偏置，C8A 是旁路电容（30MHz 以上 10μF 左右的电容需要选择钽电容，一般不能使用电解电容。电源滤波中高于 10MHz 的 104 电容容易呈感性。独石电容的高频效应较大，高频场合不适用，一般用瓷片电容），R2A 将 6N3 电流的变化量转换成电压的变化量。R1A 给从阴极到阳极途中碰落到栅极的电子一个释放电阻，不至于让栅极静态电压越来越小，导致阴极电子不能到达阳极。C1A 为耦合电容，起到通交流、隔直流的作用。

第二级采用了恒流差分电路（倒相兼推动），该电路有着与共阴极、共阳极、共栅极这三种基本放大电路组态不同的一些特点：具有非常好的高频响应，而且频率越高，失真越小；具有低输出电阻，推动能力强；V2A 和 V2B（两个 6N6）及恒流模块组成了一个恒流差分倒相电路，当信号从 V2A 的栅极输入时，阳极输出一个反相信号 a，阴极输出一个同相信号。因为 V2A 和 V2B 的阴极相连，所以当信号从 V2B 的阴极输入时，阳极输出一个与输入同相的信号 b，从而使得第二级产生两个极性相反的信号。由于 V2A 的阴极连接恒流源，恒流源的交流阻抗无限大，因此信号能全部被送到下管。通过调节恒流源输出的电流，使得 V2A 和 V2B 的工作电流相同，从而调节上下管的平衡，使得输出波形的幅值相等，所以信号 a 和信号 b 是两个极性相反、幅值相等的信号。

在第二级设计的自制恒流源模块，将在 3.1.3 节介绍。

第三级一个声道用两个 6P6P 进行推挽，电阻 R11A 和 R12A 为阴极电阻，只有 6P6P 阴极有一个稳定的电流，它才能够有稳定的工作状态。

3.1.2 微变等效电路

1. 电子管共阳极接法

共阳极接法如图 3-8 所示。

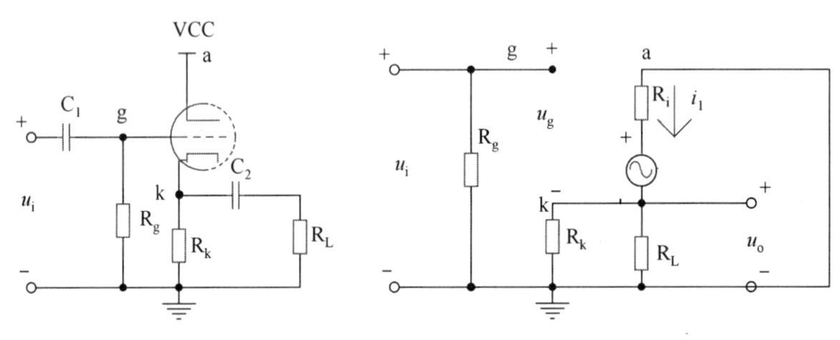

图 3-8 共阳极接法

由图 3-8，可得：

$$i_1 = \mu u_g/(R_i + R_k // R_L)$$

$$u_i = u_g + i_1(R_k // R_L)$$

$$u_o = -i_1(R_k // R_L)$$

$$\begin{aligned}
A &= u_o / u_i \\
&= \{[\mu u_g/(R_i + R_k // R_L)](R_k // R_L)\}/\{u_g + [\mu u_g/(R_i + R_k // R_L)]\ (R_k // R_L)\} \\
&= \mu u_g R_L' /[u_g(R_i + R_L') + \mu u_g R_L'] \\
&= \mu R_L' /(R_i + R_L' + \mu R_L') \\
&= \mu R_L' /[R_i + (1+\mu)R_L']
\end{aligned}$$

2. 电子管共阴极接法（有旁路电容）

共阴极接法（有旁路电容）如图 3-9 所示。

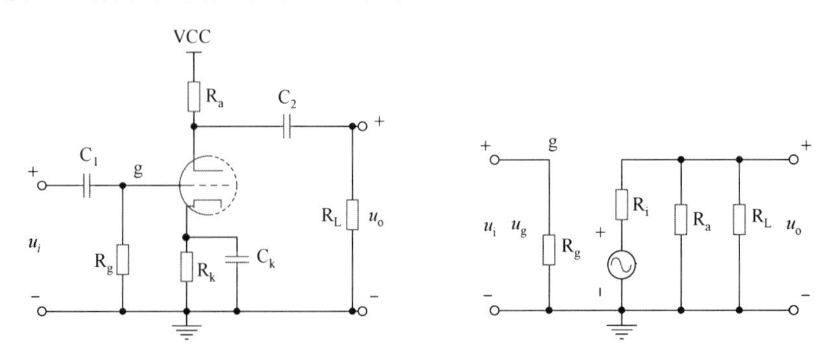

图 3-9 共阴极接法（有旁路电容）

由图 3-9，可得：

$$
\begin{aligned}
u_i &= u_g \\
u_o &= -i_1(R_a // R_L) \\
&= -[\mu u_g /(R_i + R_a // R_L)]R_L' \\
&= -\mu R_L' u_g /(R_i + R_L') \\
A &= u_o / u_i = -\mu R_L' /(R_i + R_L')
\end{aligned}
$$

3. 电子管共阴极接法（无旁路电容）

共阴极接法（无旁路电容）如图 3-10 所示。

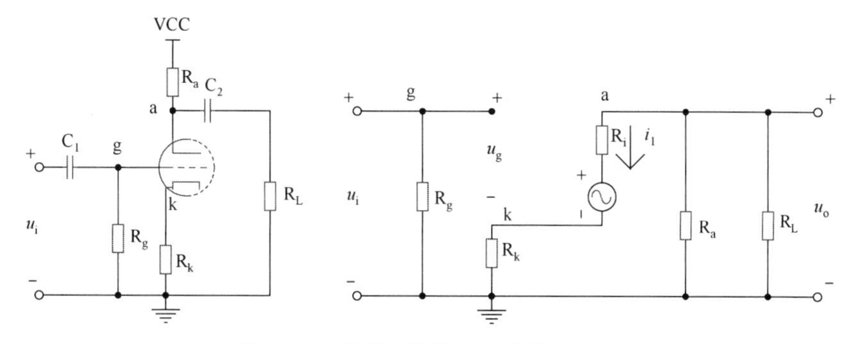

图 3-10　共阴极接法（无旁路电容）

由图 3-10，可得：

$$
\begin{aligned}
u_i &= u_g + i_1 R_k \\
u_o &= -i_1(R_a // R_L) \\
i_1 &= \mu u_g /(R_i + R_k + R_L')
\end{aligned}
$$

$$
\begin{aligned}
u_i &= u_g + \mu u_g R_k /(R_i + R_k + R_L') \\
u_o &= -\mu u_g R_L' /(R_i + R_k + R_L')
\end{aligned}
$$

$$
\begin{aligned}
A &= u_o / u_i \\
&= -\mu R_L' /[(R_i + R_k + R_L') + \mu R_k] \\
&= -\mu R_L' /[R_i + R_L' + (1+\mu) R_k]
\end{aligned}
$$

3.1.3　自制恒流源模块原理图

恒流源是一种宽频谱、高精度交流稳流电源，具有响应速度快、恒流精度高、能长期稳定工作、适合各种性质负载（阻性、感性、容性）等优点，用于检测热继电器、塑壳断路器、小型短路器及需要设定额定电流、动作电流、短路保护电流等的生产场合。

恒流源的实质是利用器件对电流进行反馈，动态调节设备的供电状态，从而使电流趋于恒定。只要能够得到电流，就可以有效形成反馈，从而建立恒流源。恒流源是输出电流恒定的电流源，理想的恒流源应该具有以下特点：

（1）不因负载（输出电压）变化而改变；

（2）不因环境温度变化而改变。

自制恒流源模块如图 3-11 所示。

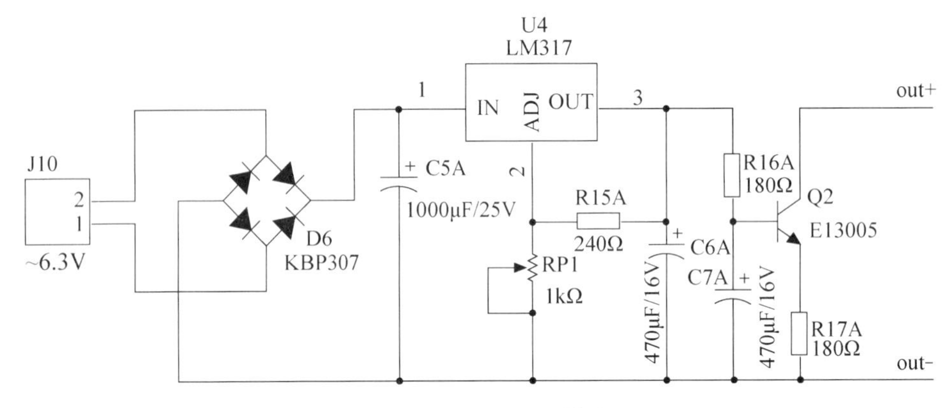

图 3-11 自制恒流源模块

恒流源的基本原理如下。

为了保证输出晶体管的电流稳定，必须要满足两个条件：

（1）输入电压要稳定→输入级是恒压源；

（2）输出晶体管的耐压足够高、电流足够大。

自制恒流源模块采用 4 端网络，输入接 6.3V 交流电，输出接到推动放大级的上下臂上（接到图 3-5 中的 out+和 out−端）。

Q2 的集电极电流是由基极电压所确定的，而 Q2 的基极电压是稳压模块（可调三端稳压电路）LM317 的输出电压，所以，通过调整精密微调电阻 RP1，就可精确调整 Q2 的基极电压，从而准确、有效控制 Q2 的集电极电流。

交流电通过整流滤波桥后，通过 LM317 稳压模块（稳压模块加在 R15A 上的电压为 1.25V，通过调节 RP1，使 LM317 稳压模块和地之间的电压约为 2.5V），成功稳定了 Q2 的电压，使 R17A 两端的电压稳定在 1.8V，最终使 Q2 的输出电流恒定约为 10mA。自制恒流源模块放在第二级电路 V2A 和 V2B 的阴极和地之间。静态时，自制恒流源模块为电子管 V2A 和 V2B 提供合适的静态工作点（输出电压约为 10.5V，输出电流为 10mA）；动态时，自制恒流源模块的交流电阻无穷大，倒相电路下臂 V2B 得到了上臂 V2A 从阴极输出的全部电压。上臂 V2A 输出采用共阴极接法，下臂 V2B 输出采用共栅极接法。共阴极、共栅极的电压放大倍数一样，但共阴极输出与输入反相，共栅极输出与输入同相，从而解决了倒相电路的倒相和幅值平衡等问题。

3.1.4 电源原理图

胆机放大电路电源原理图如图 3-12 所示。电源能影响声音品质。280V 交流电先通过整流桥 KBP407 进行整流，然后通过由 C1、C2、C3、C4 、C5、C6、R2、R3 所组成的“π型”滤波电路进行滤波，最后经过降压电阻 R4、R5、R6，输出 VDD、VCC、VD，为各级放大电路提供电源。

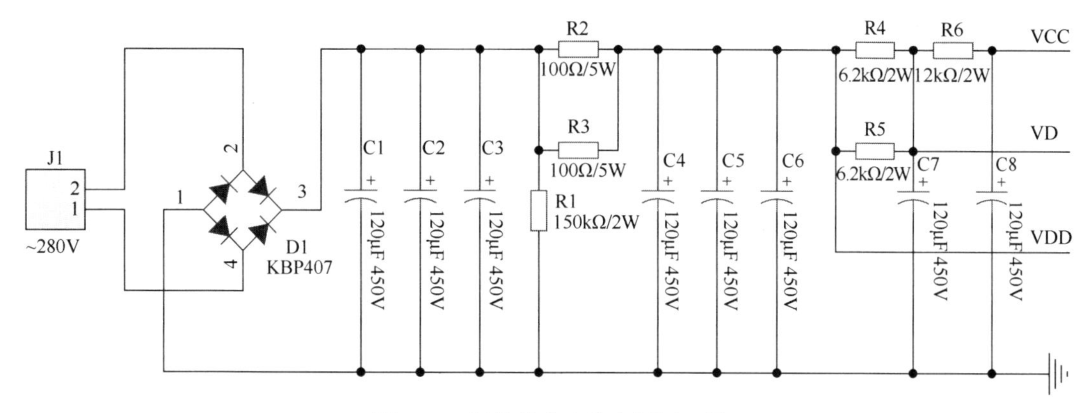

图 3-12　胆机放大电路电源原理图

任务 2　电子管的基本知识

电子管，是一种早期的电信号放大器件。1904 年，英国物理学家弗莱明发明了第一个电子二极管。电子管用于早期的电视机、收音机、扩音机等电子产品中，近年来逐渐被半导体材料制作的放大器和集成电路取代，但目前在一些高保真的音响器材中，仍然使用低噪声、稳定系数高的电子管作为音频功放件。

电子管的优缺点如下。

优点：负载能力强，线性性能优于晶体管；工作频率高，高频大功率时的性能优于晶体管；动态范围大；偶次失真为主，这种失真，类似于我们在音乐厅里面听到的一种反射声，这种偶次的谐波多，会让人觉得声音密度大，更“有味道”。

缺点：体积大、功耗大、发热严重、寿命短、电源利用率低、结构脆弱且需要高压电源等。

电子管的体积很大（相对于晶体管），1946 年，世界上第一台计算机使用了约 1.8 万个电子管搭建而成，占地面积约为 150 平方米，重达约 30 吨，耗电功率约 150kW。

3.2.1　电子管结构

电子管结构图如图 3-13 所示。

在外形上，电子管外面有一层玻璃罩，为电子元件提供了真空的环境，所以在通电时，其会如同小灯泡一样发光发热；而晶体管比较简单，是由半导体材料制作而成的，晶体管利用电信号来控制自身的开合。

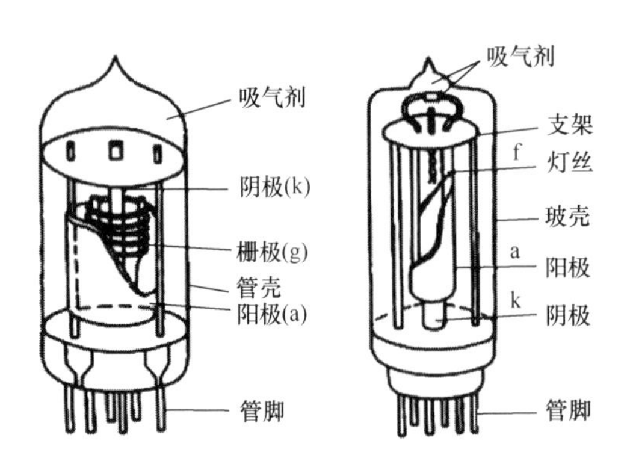

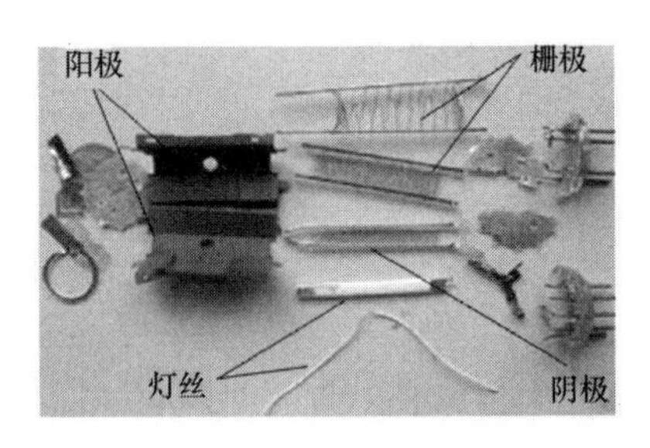

图 3-13　电子管结构图

基本电子管一般有三个极，阴极（k）用来发射电子，阳极（a）用来吸收阴极所发射的电子，栅极（g）用来控制流到阳极的电子流量。阴极发射电子的基本条件是：阴极本身必须具有适当的热量。阴极分为两种，一种是直热式，电流直接通过阴极使阴极发热而发射电子；另一种是旁热式，其一般是一个空心金属管，管内装有绕成螺线形的灯丝，灯丝电压使灯丝发热从而使阴极发热而发射电子，现在常用的是这种电子管。阴极发射出来的电子穿过栅极金属丝间的空隙而达到阳极，由于栅极离阴极近得多，因此改变栅极电位对阳极电流的影响比改变阳极电位对阳极电流的影响大得多，这就是三极管的放大作用。换句话说，就是栅极电压对阳极电流有控制作用，我们用一个参数跨导（S）来表示该作用。另外，还有一个参数 μ，用来描述电子管的放大系数，它的意义是说明栅极电压控制阳极电流的能力比阳极电压控制阳极电流的能力强多少倍。

为了提高电子管的放大系数，在三极管的阳极和栅极之间另外加入一个栅极，称为帘栅极，而构成四极管，由于帘栅极具有比阴极高很多的正电压，因此也是一个能力很强的加速电极，它使得电子以更高的速度到达阳极，这样栅极的控制作用变得更为显著。因此四极管比三极管具有更大的放大系数。但是由于帘栅极对电子的加速作用，高速运动的电子打到阳极上时，这些电子的动能很大，将从阳极上打出所谓的二次电子，这些二次电子有些将被帘栅极吸收，形成帘栅极电流，帘栅极电流上升会导致帘栅极电压下降，从而导致阳极电流减小，为此，四极管的放大系数受到一定限制。

为了解决上述矛盾，在四极管帘栅极外的两侧再加入一对与阴极相连的集射极，因为集射极的电位与阴极相同，所以其对电子有排斥作用，使得电子在通过帘栅极之后在集射极的作用下按一定方向前进并形成扁形射束，扁形射束的电子密度很大，从而形成了一个低压区，从阳极打出来的二次电子受到这个低压区的排斥作用而被推回到阳极，从而使帘栅极电流大大减小，电子管的放大能力加强，这种电子管我们称为束射四极管。束射四极管不但放大系数较三极管高，而且阳极面积较大，允许通过较大的电流，因此现在常用它进行功率放大。

3.2.2　电子管与三极管符号

图 3-14 为电子管（三极）和三极管（晶体）的元件符号。对于电子管来说，阳极（a）

相当于三极管（晶体）的集电极（c），栅极（g）相当于三极管（晶体）的基极（b），阴极（k）相当于三极管（晶体）的发射极（e）。学习电子管的结构，关键是了解电子从哪里来，到哪里去。电子管最中心的位置是阴极，旁边是灯丝，再外圈是栅极，最外圈是阳极。栅极更靠近阴极，离阳极的距离较远。为了发射电子，灯丝通电发光发热，阴极获得热量，获得了更大的动能，阳极加正电压，吸引电子从阴极流到阳极，为了使从阴极发射的电子都能到达阳极，一般将阳极做得像屏风似的，因此阳极也称为屏极；栅极用于控制从阴极到阳极的电流，栅极电压越小，越阻碍电子发射，通过栅极可以实现以弱控强，实现放大。

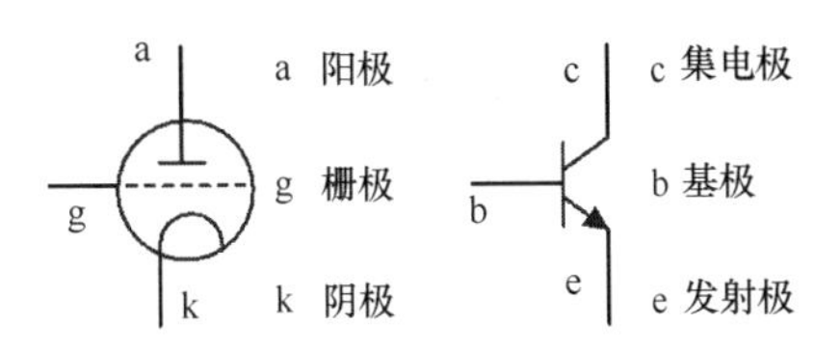

图 3-14　电子管和三极管（晶体）的元件符号

3.2.3　电子管的分类

1. 按电极数分类

电子管按其电极数的不同可分为电压放大管、三极管、四极管、五极管、六极管、七极管、八极管、九极管和复合管等。三极以上的电子管又称为多极管或多栅管。

2. 按外形及外壳材料分类

电子管按其外形及外壳材料可分为瓶形玻璃管（ST 管）、“橡实”管、筒形玻璃管（GT 管）、大型玻璃管（G 式管）、金属瓷管、小型管（也称花生管或指形管、MT 管）、塔形管（灯塔管）、超小型管（铅笔形管）等。

3. 按内部结构分类

电子管按其内部结构可分为单二极管、二极管、双二极三极管、单三极管、功率五极管、束射四极管、束射五极管、双一极管、二极-五极复合管、束射功率四极管、三极-五极复合管、三极-六极复合管、三极-七极复合管等。

4. 按阴极的加热方式分类

电子管按其阴极的加热方式可分为直热式阴极电子管（电流直接通过阴极达到热电子发射状态，阴极和灯丝位于同一引脚）和旁热式阴极电子管（通过阴极旁的灯丝加热阴极，阴极和灯丝位于不同的引脚）。

5. 按屏蔽方式分类

电子管按其屏蔽方式可分为锐截止屏蔽电子管和遥截止屏蔽电子管。

6. 按冷却方式分类

电子管按其冷却方式可分为水冷式电子管、风冷式电子管和自然冷却式电子管。

注意：本书用到的电子管分别为 6N3、6N6、6P6P。6N3 和 6N6 为双二极三极管，6P6P 为束射功率四极管。

3.2.4 电子管的主要参数

1. 双二极三极管 6N 系列

衡量电子管特点和它的性能，常用跨导（S）、内阻（阳极内阻，R_i）、放大系数（μ）等参数。在阳极电压保持不变时，电子管栅极电压在某一工作点上变化一微小增量 ΔU_g，将引起阳极电流相应地变化一个增量 Δi_a，比值 $\Delta i_a / \Delta U_g$ 称为跨导，用符号 S 表示，即 $S=\Delta i_a / \Delta U_g$。在栅极电压保持不变时，阳极电压在某一工作点上变化一微小增量 ΔU_a，将引起阳极电流相应地变化一个增量 Δi_a，比值 $\Delta U_a / \Delta i_a$ 称为内阻，用符号 R_i 表示。放大系数为 $\Delta U_a / \Delta U_g$，称为 μ，一般在 2.5～100 之间。其中，跨导代表电子管栅极电压对阳极电流的控制能力；内阻是当栅极电压为定值时，阳极电压变化量与相应的阳极电流变化量之比，内阻越小，电子管的负载能力、频率响应要更好，应优先采用；放大系数是用来表示放大能力的量。跨导、内阻、放大系数三者的关系是：$\mu=S\times R_i$。

前级电压放大时常用电子管，常将电子管按它们的放大系数分成高 μ、中 μ、低 μ 类型。μ 值大于 35 的叫高 μ 管。如 12AX7、12AT7、6SL7。μ 值大的电子管，放大倍数较大，但输入范围较小，适合作为小信号放大器的前级和功放的第一级。μ 值在 20～35 之间的称为中 μ 管，如 12AU7、6SN7、6N3、6N11 等，它们的特点是输入范围要大一些，但有相对较小的失真。μ 值小于 10 的称为低 μ 管。

电子管的主要参数有灯丝电压、灯丝电流、阳极电流、阳极内阻、阳极电压、帘栅极电压、极间电容、放大系数、跨导、输出功率等，下面对部分参数进行介绍。

1）灯丝电压

灯丝电压是指电子管灯丝的额定工作电压。不同结构和规格的电子管，其灯丝电压也不同。通常，二极管的灯丝电压为 1.2V 或 2.4V（双二极管），三极以上电子管的灯丝电压为 6.3V 或 12.6V（复合管），部分直热式电子管、低内阻管、束射管等的灯丝电压有 2.5V、5V、6V、7.5V、10V、26.5V 等多种。

2）灯丝电流

灯丝电流是指电子管灯丝的工作电流。不同结构和规格的电子管，其灯丝电流也不同。例如，同样是束射四极管，FU-7 的灯丝电流为 0.9mA，而 FU-13 的灯丝电流为 5A。

3）极间电容

被电介质隔开的两个金属体之间存在着一定的电容。电子管的电极是由金属制成的，并被介质（真空）所隔开，因此，各电极之间也存在着某些电容，这些电容叫极间电容。三极管有三个极间电容，如图 3-15 所示，根据它们所处的位置不同，它们的名称也不同。栅极和阴极之间的电容叫输入电容，阳极和阴极之间的电容叫输出电容，阳极和栅极之间的电容叫跨路电容（因为它的位置跨越阳极和栅极回路）。

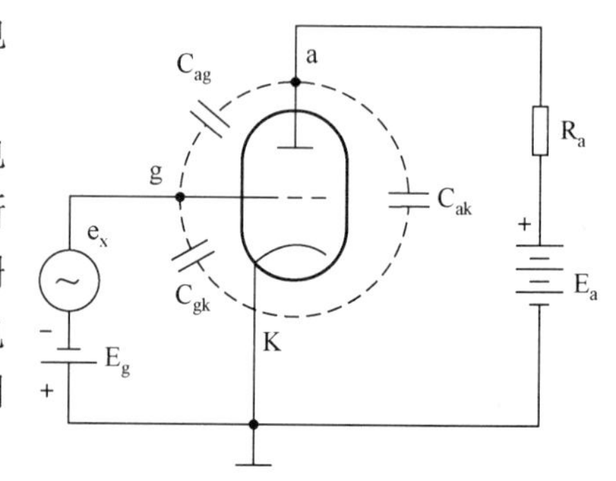

图 3-15 三极管的三个极间电容

输入电容和输出电容虽然分别会使输入、输出电路的电容增大，但影响并不严重，对电子管工作性能影响最大的是跨路电容。

2．束射功率四极管 6P6P

束射功率四极管 6P6P 是玻璃外壳 8 脚管，其阳极的极限耗散功率为 12W，用于 A1、AB1 类功放。6P6P 与 6V6-GT 相似，它们之间可以互换使用。其主要参数如下。

灯丝电压：6.3 V

灯丝电流：0.45 A

极间电容（输入电容）：92.6 pF

极间电容（输出电容）：0.7 pF

跨路电容：43.8 pF

其推荐工作状态（参考值）如下。

阳极电压：315 V

第二栅极电压：285 V

阳极耗散功率：12 W

第二栅极耗散功率：2 W

灯丝阴极间电压：±100 V

第一栅极固定偏压电阻：0.1 MΩ

第一栅极自偏压电阻：0.5 MΩ

3.2.5　电子管的引脚示意图与管座封装

图 3-16 为电子管管座。

图 3-16　电子管管座

1．6N3 和 6N6（9 脚双二极三极管）

图 3-17 为 6N3 引脚图，图 3-18 为 6N6 引脚图。图 3-17 中，4，6—阳极；3，7—栅极；2，8—阴极；1，9—灯丝；5—空脚。图 3-18 中，1，6—阳极；2，7—栅极；3，8—阴极 4，5—灯丝；9—空脚。

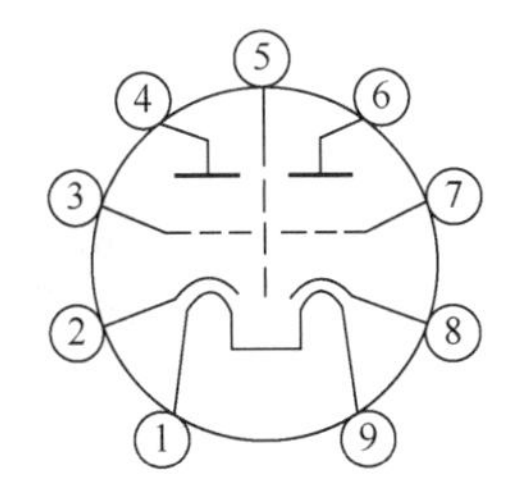

图 3-17　6N3 引脚图

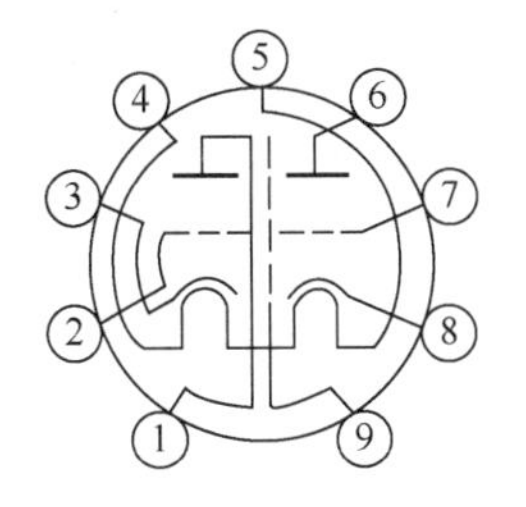

图 3-18　6N6 引脚图

图 3-19 为电子管管座及引脚对应图。

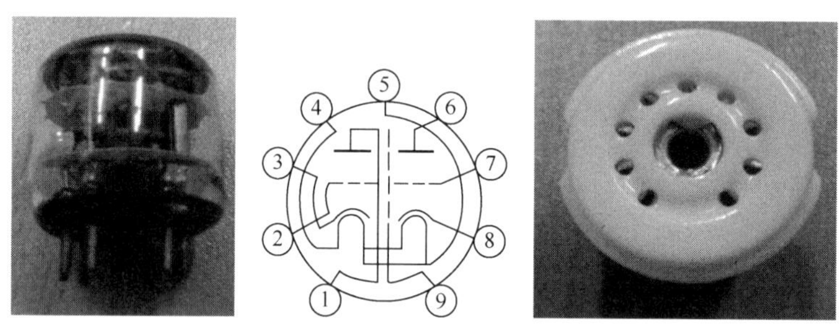

图 3-19　电子管管座及引脚对应图

图 3-20 为大 9 脚管座封装示意图。

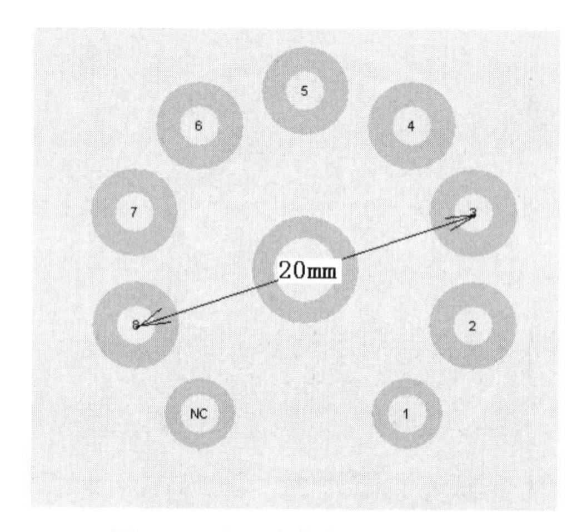

图 3-20　大 9 脚管座封装示意图

2．6P6P（8 脚束射功率四极管）

图 3-21 为 6P6P 引脚图。图 3-21 中，1，6—空脚；2，7—灯丝；3—阳极；4—第二栅极；5—第一栅极；8—阴极。

图 3-22 为电子管管座及引脚对应图。

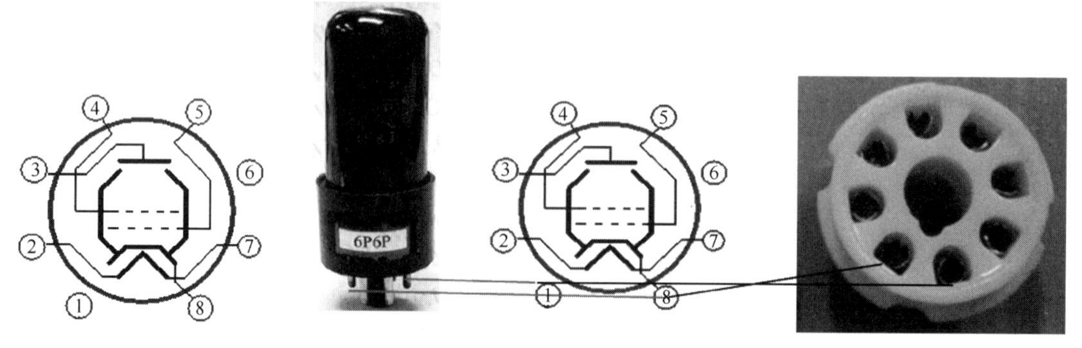

图 3-21　6P6P 引脚图

图 3-22　电子管管座及引脚对应图

图 3-23 为 8 脚管座封装示意图。

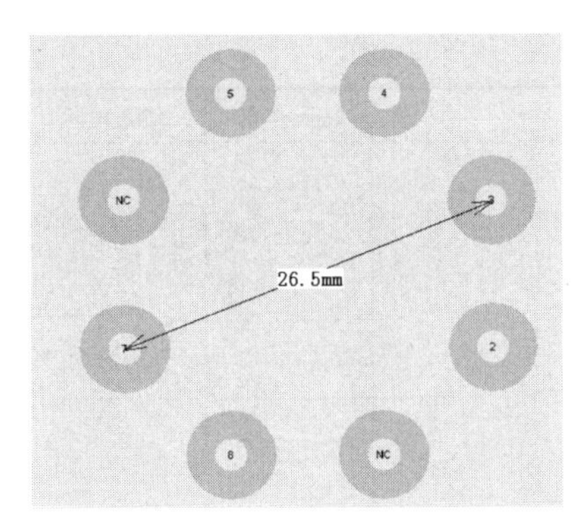

图 3-23　8 脚管座封装示意图

3.2.6　电子管与晶体管的区别

在功能上，电子管和晶体管有着巨大的区别，电子管的功能主要是扩大音响设备的功率，是一种信号放大器，功能比较单一；而晶体管则是一种多功能的电子器件，功能集整流、信号调制、扩大功率、稳定电压为一体，非常齐全。

电子管在高电压、小电流状态下工作。末级功放管的阳极电压可达到 400～500V 甚至上千伏，而流过电子管的电流仅为几十毫安至几百毫安。输入动态范围大，转换速率快。

晶体管在低电压、大电流状态下工作，工作电压在几十伏之内，而电流达几安或数十安。在电路设计上多采用直耦式（OCL、BTL 等）、无输出、变压器电路，输出功率可以很大，达数百瓦，各项电性能都很好。

在使用寿命上，电子管随着反复使用，某些技术指标会明显下降，会出现慢性漏气、灯丝老化的情况。而晶体管及集成电路的寿命是电子管的 100～1000 倍，晶体管使用时不需要预热，一开机就能工作，体积比较小，耐冲击，耐震动。而电子管在使用时需要预热，而且相对笨重。

电子管的“胆味”到底是什么？其实从电气指标上来说，其本质上就是一种谐波失真带来的感受。简单来说，“胆机”放出来的声音会更“讨耳”，更自然，更饱满，相对于晶体管没有那么犀利，追求“原汁原味”。

3.2.7　电子管的三种接法

电子管的三种接法对应三种放大电路，三种放大电路的形式及其性能比较如表 3-1 所示。

表 3-1　三种放大电路的形式及其性能比较

类型	电路	放大倍数	输入电阻	输出电阻	特点
共阴极电路	VCC　R_a　a　C_2　C_1　g　+　k　R_L　u_i　R_g　R_k　C_k　−	大	中	中	放大倍数最大，电阻特性中等，适合用在电压放大场合

（续表）

类型	电路	放大倍数	输入电阻	输出电阻	特点
共阳极电路	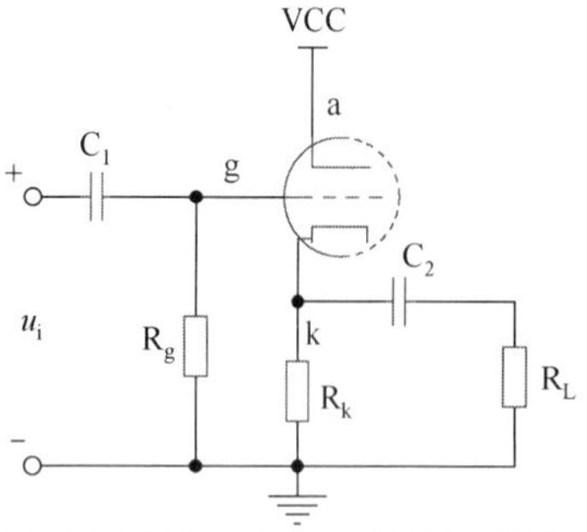 VCC a g C_1 C_2 + u_i − R_g k R_k R_L	小	大	小	电阻特性最好，适合作为放大器的最后一级，提高带负载能力
共栅极电路	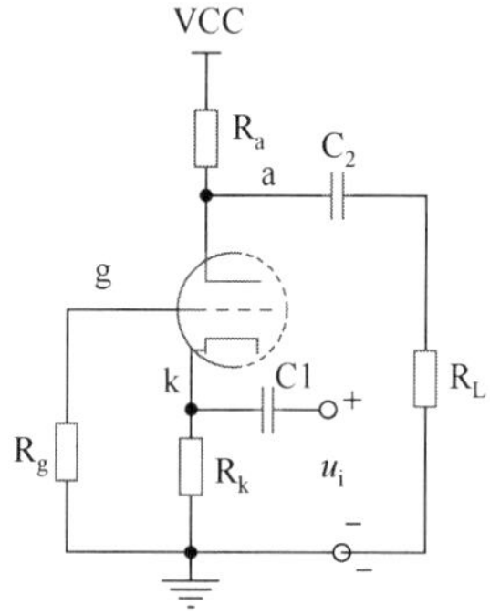 VCC R_a C_2 a g k C1 + u_i − R_g R_k R_L	大	小	大	频率特性最好，电阻特性最差，适合用在较高频率的放大场合

任务 3　单端输出胆机基础知识

3.3.1　单端功放的基本电路

功放要求输出较大的功率，必须有较大的阳极电流，这就要求输入电压要足够大，使电子管处于充分利用的状态，如图 3-25 中的$\tilde{i}_a$和$\tilde{u}_g$，输入电压$\tilde{u}_g$足够大时，$\tilde{i}_a$的变化幅度就大。电压放大器常是为了配合功放而使用的，它把微弱的电压放大到功放工作所必需的幅值，因此有时还要用多级电压放大电路才能满足要求。功放为了得到大的输出功率而输入足够大的信号电压时，将使电子管工作在动态特性曲线的弯曲部分，以致引起非线性失真，这从图 3-25 中就可以看出。同样，在电子管功放中，输出功率与非线性失真是主要的矛盾。

为了得到较高的电能利用率，还要考虑到功放应具有较高的效率。在同样的直流输入功率下，能够转变成的交流输出功率越大，效率越高。

因此，衡量功放性能时，要在容许的非线性失真条件下，尽可能得到最大的输出功率和较高的效率。

图 3-26 为单端功放的基本电路。电路中帘栅极直接接到阳极电源的正端，这样可以提高阳极电流以获得较大的输出功率。功放的负载在大多数情况下可视为一个纯电阻，一般以R_{fz}来表示。

在单端功放中，由于三极管的输出功率较小，一般都使用五极管或束射管。

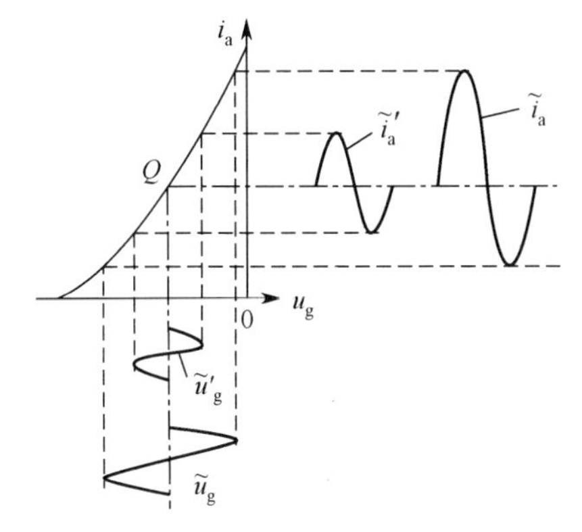

图 3-25　阳极电流变化的幅值与输入电压的关系

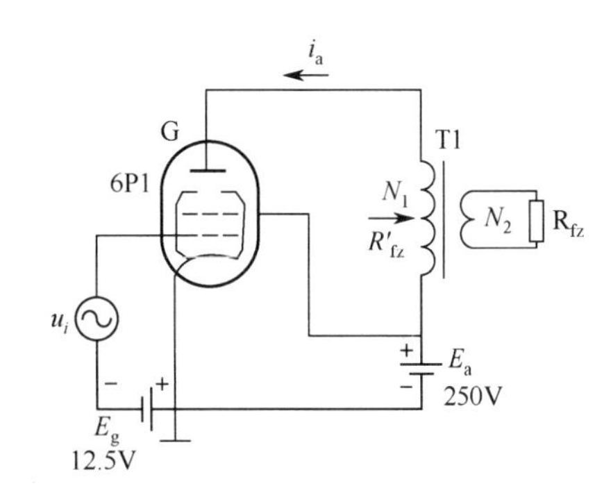

图 3-26　单端功放的基本电路

功放的变压器与负载相耦合后，这个变压器就称为输出变压器，用符号 T 来表示。输出变压器的主要作用是变换作用，将实际的负载电阻 R_{fz}，变换为电子管所要求的负载电阻。因为功放实际的负载电阻的阻值一般都比较小，如普通扬声器线圈的交流电阻为 4Ω～16Ω，而电子管所要求的负载电阻的阻值往往又比较大，如束射管 6P1 的负载电阻约为 5.5kΩ。

根据电工学知识，变压器不但能改变电压和电流，而且具有变换阻抗的作用。变压器变换阻抗的公式是

$$\frac{Z_1}{Z_2}=\left(\frac{N_1}{N_2}\right)^2=n^2$$

或写成

$$Z_1=n^2Z_2$$

其中

$$n=\frac{N_1}{N_2}$$

式中，N_1、N_2 分别是变压器初、次级线圈的匝数；n 是 N_1 与 N_2 之比，称为变比；Z_2 是接在次级线圈上的阻抗；Z_1 是次级线圈接上 Z_2 时折合到初级线圈的等效阻抗。这些关系分别表示在图 3-27 中。

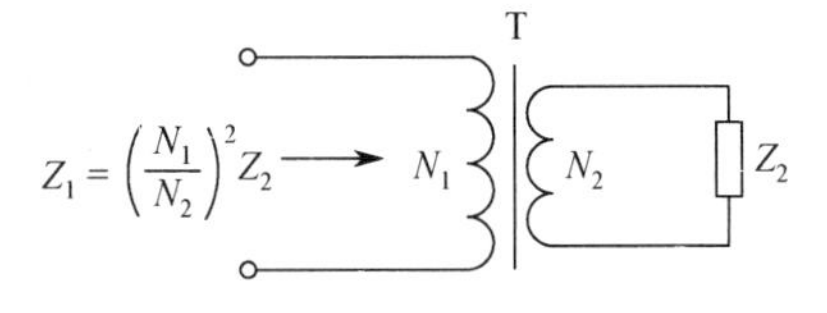

图 3-27　变压器变换阻抗的作用

通过输出变压器的变换作用，实际负载电阻的阻值 R_{fz} 折合到初级线圈的等效电阻是 R'_{fz}，R'_{fz} 就是电子管所要求的负载电阻。所以在功放电路中有以下关系

$$R'_{fz}=\left(\frac{N_1}{N_2}\right)^2R_{fz}=n^2R_{fz}$$

例如，当 6P1 的阳极负载电阻是 5.5kΩ，放大器的实际负载电阻是 600Ω 时，输出变压器的变比应为

$$n=\sqrt{\frac{R'_{fz}}{R_{fz}}}=\sqrt{\frac{5500}{600}}\approx 3$$

即输出变压器初、次级线圈的匝数比约为 3∶1。

3.3.2 单端输出胆机工作原理

现在以单端功放的基本电路为例，用图解法来分析它的静态和动态工作情况。

1. 静态工作点

在静态时，电子管各部分的电流、电压都是直流的，所以静态时只有直流电流通过输出变压器。由于输出变压器对直流没有感应作用，而它初级线圈的直流电阻一般都很小，在它上面所产生的直流电压就很小，可以认为初级线圈对直流来说是短路的，这时电路的情况如图 3-28 所示。因此直流负载线的方程为：

$$u_a=E_a$$

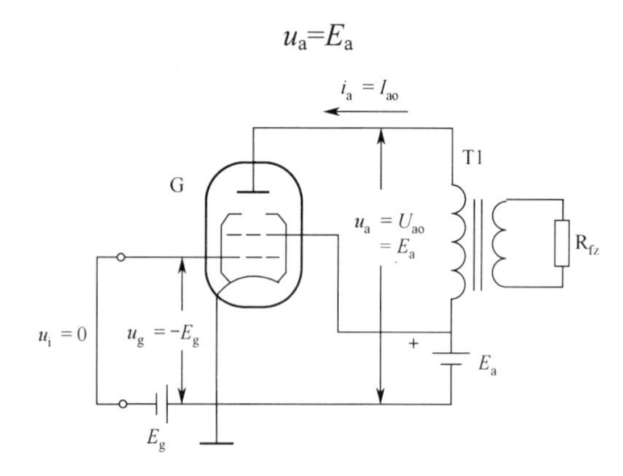

图 3-28 没有信号输入时功放各部分的电压和电流

可见直流负载线是一条通过阳极特性曲线上横轴的 $u_a=E_a$ 那一点的垂直线。当阳极电压 E_a 已知时，直流负载线就很容易画出，如图 3-29 所示。

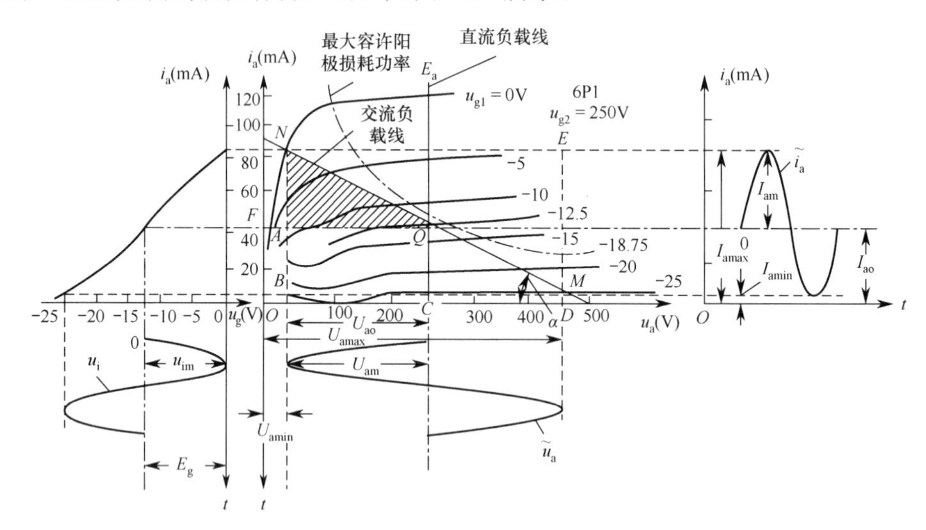

图 3-29 单端功放电路的工作情况图解

直流负载线与 $u_g=-E_g$ 的阳极特性曲线的交点就是电子管的静态工作点 Q。由图 3-28 所给定的数据，可以在图 3-29 的阳极特性曲线上画一条通过 u_a=250V 的垂直线，这就是直流负载线，它与 u_g =−12.5V 的那条特性曲线的交点就是静态工作点 Q，Q 点的静态阳极电压和静态阳极电流分别是 $U_{ao}=E_a$=250V 和 I_{ao}=44mA。

2. 交流负载线

在有信号输入时，阳极电流中将产生交流分量。根据上面讨论的原则，输出变压器的初级线圈相当于一个电阻 R'_{fz}，它是 R_{fz} 的 n^2 倍。当变比 n 已知时，交流负载线的方程为

$$u_a = E_a - \tilde{i}_a R'_{fz}$$

因为

$$i_a = I_{ao} + \tilde{i}_a$$

所以

$$u_a = E_a - (i_a - I_{ao})R'_{fz}$$

式中，当 $i_a=I_{ao}$ 时，$u_a=E_a=U_{ao}$，所以交流负载线也通过静态工作点 Q，再根据 $\alpha = \arctan\frac{1}{R_a}$，可知交流负载线的

$$\alpha = \arctan\frac{1}{R'_{fz}} = \arctan\frac{1}{n^2 R_{fz}}$$

可见，交流负载线是一条通过 Q 点而与横轴夹角为 α 的直线 MN。

3. 阳极电流和阳极电压的波形

画出交流负载线以后，就可以找出在有信号输入时阳极回路中阳极电流与阳极电压的变化规律。方法是根据交流负载线先画出动态特性曲线，然后画出当栅极回路加入正弦波信号电压时相应的阳极电流与阳极电压波形，它们的变化规律也表示在图 3-29 中。从图中可以看出，为了减小阳极电流和阳极电压的波形失真，即要使功放的非线性失真小，单端功放的静态工作点 Q 应取在动态特性曲线直线部分的中点。对电子管 6P1 来说，E_g 约为 12.5V，为了避免信号在正半周时出现栅极电流而引起失真，一般允许输入信号电压的幅值小于或等于栅极偏压值，即 $U_{srm} \leqslant E_g$。在上述情况下，尽可能地提高输入信号电压的幅值，使阳极电流和阳极电压的变化幅度尽量大，以提高输出功率。

3.3.3　输出功率

现在我们来讨论一下在电路参数已确定时功放的输出功率。在非线性失真不大的情况下，电子管阳极的输出功率 P_{ao} 可用下式求出：

$$\begin{aligned} P_{ao} &= I_a U_a = \frac{I_{am}}{\sqrt{2}} \times \frac{U_{am}}{\sqrt{2}} = \frac{1}{2} I_{am} U_{am} \\ &\approx \frac{1}{2}\left[\frac{(I_{amax} - I_{amin})}{2} \times \frac{U_{amax} - U_{amin}}{2}\right] \\ &= \frac{1}{8}(I_{amax} - I_{amin})(U_{amax} - U_{amin}) \end{aligned}$$

式中，I_a、U_a 分别为阳极电流和阳极电压的有效值，I_{am}、U_{am} 分别为阳极电流和阳极电压的幅值；I_{amax}、I_{amin} 分别为阳极电流的最大值和最小值；U_{amax}、U_{amin} 分别为阳极电压的最大值和最小值。

阳极输出功率也可以用图 3-29 中阴影区所示的三角形 ΔAQN 的面积来表示，因为上式

中（$I_{amax}-I_{amin}$）与（$U_{amax}-U_{amin}$）的乘积是矩形□$BDEN$ 的面积，它约为 ΔAQN 面积的 8 倍。三角形 ΔAQN 称为功率三角形，它可以帮助我们分析输出功率的大小。ΔAQN 的面积越大，表示电子管的阳极输出功率越大。

从电工学知识可知，由于变压器本身有铁损耗和铜损耗，因此在使用时要考虑它的效率。在通信设备中功放的输出变压器的效率 η_b 为 70%～80%。考虑输出变压器的效率 η_b 时，功放的输出功率为

$$P_o=\eta_b P_{ao}$$

3.3.4 效率

功放在同样的直流输入功率下，能够转变的交流输出功率越大，表示其效率越高。效率高的意义不仅在于省电，还在于损耗于电子管的功率小，也就是电子管的阳极损耗功率小，因此可以延长电子管的使用期限。

功放的效率可以用屏效率来表示。屏效率的意义是：电子管的阳极输出功率 P_{ao} 与阳极回路的直流输入功率 P_E 之比，即屏效率为

$$\eta_a=\frac{P_{ao}}{P_E}$$

阳极输出的交流功率越大，且阳极电源 E_a 供给的直流功率越小，就意味着屏效率越高。在非线性失真不大的情况下，$P_E \approx I_{ao}E_a$，在图 3-29 中，I_{ao} 与 E_a 的乘积近似地等于矩形□$OCQF$ 的面积，因此屏效率也可以近似地用 ΔAQN 的面积与□$OCQF$ 的面积之比来表示，即

$$\eta_a=\frac{S_{\Delta AQN}}{S_{\square OCQF}}$$

从图 3-29 可见，单端功放的屏效率是比较低的，一般只有 30%～40%。

通过上面的讨论，可以看到在单端功放的工作过程中，阳极电源始终不断地向电子管阳极输送直流功率 $P_E=I_{ao}E_a$。在没有信号输入时，这些功率全部消耗在电子管的阳极上而使阳极发热，所以这时电子管的阳极损耗功率 P_a 就等于 P_E。随着信号的输入，阳极产生交流输出功率 P_{ao}，由于 P_E 基本上不变，因此功放的输出功率是由阳极损耗功率的一部分转换而来的，输入信号幅值越大，输出功率就越大，电子管的阳极损耗功率就越小。由此可见，在单端功放中，电子管的阳极损耗功率在没有信号输入时最大，这时的阳极损耗功率值不应超过电子管的定额，以防止损坏电子管。在电子管手册中有规定的最大阳极损耗功率值，对束射管 6P1 来说，约为 12W。

对于电子管静态工作点 Q 的选择，除了要考虑非线性失真，还应考虑避免超过最大阳极损耗功率。

3.3.5 非线性失真

对于功放来说，我们除了要求其输出一定的交流信号功率和有较高的效率，还要求其非线性失真小。功放的非线性失真主要是由电子管特性曲线的非线性引起的。非线性失真就是输出波形与输入波形不一样所产生的失真，例如，输入是正弦波，而输出不是正弦波。在电

工学中，在对非正弦交流电的分析中可知，任何一个周期性非正弦交流电都可以分解为一个与它频率相同的正弦波（即基波）和许多新频率的正弦波，这些新的频率分别为基波频率的二倍、三倍……，分别称为二次谐波、三次谐波……，并且它们的共同规律是，基波的幅值最大，谐波的次数越高，谐波的幅值越小。由于四次以上的谐波幅值很小，一般功放只考虑二次谐波和三次谐波的影响。从上述的分析可见，非线性失真的结果是功放的输出端出现了谐波分量，谐波分量越多、幅值越大，表明非线性失真越严重。

非线性失真会使音频放大器输出信号的音色严重改变、声音嘶哑难听而又模糊不清，严重影响声音质量，所以非线性失真是功放的主要质量指标之一。

通常非线性失真的大小有两种表示方法。

一种是用非线性失真系数来表示。非线性失真系数的定义是：输出波形中所含有的各次谐波电压有效值的总和与基波电压有效值之比，用符号 γ 来表示，即

$$\gamma = \frac{\text{基波电压有效值}}{\text{全部谐波电压有效值的总和}}$$

γ 越小，说明谐波分量越小，非线性失真就越小。例如，某功放输出端的基波电压为 1V，总的谐波电压为 10mV，则这个功放的非线性失真系数

$$\gamma = \frac{10 \times 10^{-3}}{1} = \frac{10}{1000} = 1\%$$

另一种是用谐波电流有效值的总和与基波电流有效值之比来表示。

3.3.6　负载电阻的选择

在功放中，为了能使电子管输出功率较大而失真较小的信号，电子管就需要有一个合适的阳极交流负载电阻 R'_{fz}。现在来讨论一下当 R'_{fz} 为多大时，阳极输出功率和效率都较大，而非线性失真又较小。

当电子管的静态工作点位置确定以后，R'_{fz} 的大小对输出功率、效率和非线性失真的影响，可以通过图 3-30 所示的三种大小不同的负载电阻所确定的负载线来进行比较，其中 $R'_{fz1} > R'_{fz} > R'_{fz2}$。

从图 3-30 中可以看出，对应于这三条负载线，可以画出相应的三个功率三角形。比较一下这三个功率三角形面积的大小，可见负载电阻为 R'_{fz} 时，功率三角形的面积最大。

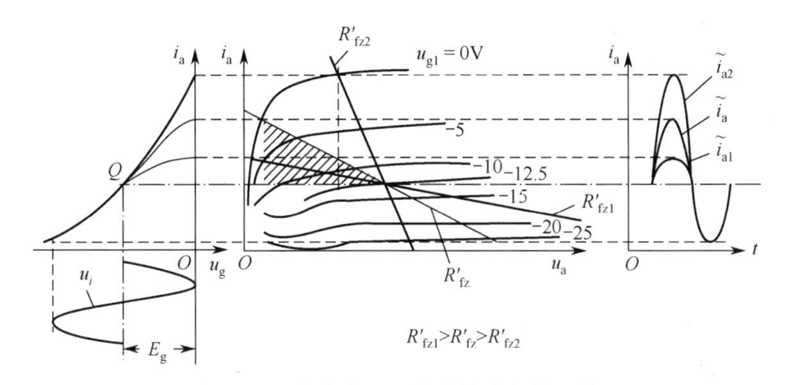

图 3-30　负载电阻对非线性失真的影响

同时，对应上述三条负载线又可以画出相应的三个阳极电流波形 $\tilde{i}_{a1}$、$\tilde{i}_a$ 和 $\tilde{i}_{a2}$。当负载电阻较大时，阳极电流 $\tilde{i}_{a1}$ 波形正半周的幅值小于负半周。非线性失真很大。如果负载电阻很小，这时阳极电流 $\tilde{i}_{a2}$ 波形正半周的幅值又大于负半周的幅值，非线性失真仍很大，显然，只有对应于 R'_{fz} 负载线的电流 $\tilde{i}_a$ 波形失真较小，它的正负半周基本上是对称的。R'_{fz} 负载线的特点是：它通过静态工作点 Q 而又同时通过 $u_g = 0$ 的那条阳极特性曲线的转弯处。在这种情况下，电子管的阳极输出功率较大而非线性失真又较小，因此负载电阻 R'_{fz} 就称为电子管的最佳负载电阻。功放所用电子管的最佳负载电阻在电子管手册上都有给出，在一般情况下，五极管或束射管的最佳负载电阻约为电子管内阻的十分之一到八分之一，即

$$R'_{fz} \approx \left(\frac{1}{10} \sim \frac{1}{8}\right) R_i$$

对于功放的效率来说，当静态工作点不变时，前面已经提到过，阳极电源向电子管阳极输送的直流功率 P_E 基本上是不变的，因此效率的高低就只取决于输出功率的大小，既然使用最佳负载电阻时的输出功率较大，所以这时的效率也是较高的。

图 3-31 为束射管 6P1 作为单端功放时的阳极输出功率、非线性失真系数与阳极交流负载电阻的关系曲线。从图中可以看出，对应于阳极输出功率较大而非线性失真系数又较小的阳极交流负载电阻约为 5.5kΩ，这就是束射管 6P1 在图中所注明的工作状态下的最佳负载电阻。

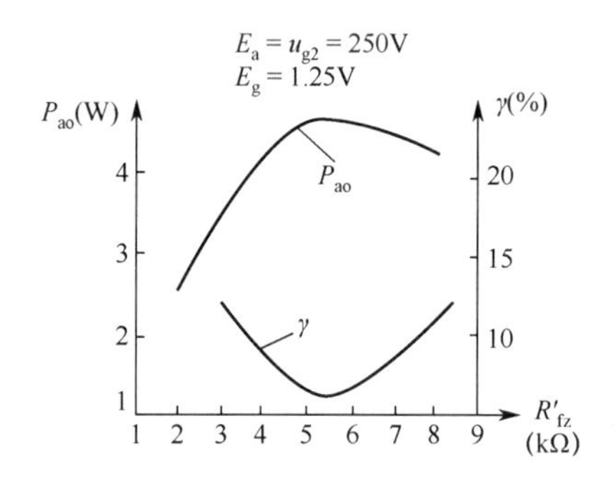

图 3-31 束射管 6P1 的阳极输出功率、非线性失真系数与阳极交流负载电阻的关系曲线

3.3.7 幅频特性

由于功放通常作为多级放大器中的最后一级，它对整个多级放大器的幅频特性当然有一定的影响，因此有必要分析一下功放的幅频特性。其幅频特性的分析方法和电压放大器一样，应用等效电路分析法。

在功放电路中，除了电子管，主要的元件就是输出变压器，为了分析方便，先画出输出变压器的等效电路。图 3-32(a)是输出变压器的等效电路。考虑到变压器初、次级线圈的导线电阻 r_1、r_2 和由这两个线圈的漏磁通所引起的漏电感（简称漏感）L_{s1}、L_{s2} 及初级线圈的分布电容 C_1，可画出如图 3-32(b)所示的电路。至于次级线圈的分布电容，则由于次级线圈的匝数一般都比较小，因此分布电容很小，它的容抗在放大器的通频带内是相当大的，而与它并联的电阻的阻值 R_{fz} 一般又很小，所以在进行分析时，可以不去考虑它。根据变压器变换阻抗的原理，将次级线圈的各个元件折合到初级线圈，就可得到如图 3-32(c)所示的电路，其中 $R'_{fz} = n^2 R_{fz}$，是 R_{fz} 折合到初级线圈的等效电阻、$r'_2 = n^2 r_2$ 是次级线圈的导线电阻 r_2 折合到初级线圈的等效电阻、$L'_{s2} = n^2 L_{s2}$ 是次级线圈的漏感折合到初级线圈的等效漏感。在上述情况下，对初级线圈来说，变压器的作用就只相当于一个电感线圈，初级线圈的激磁电感为 L_1，因此可得出如图 3-32(d)所示的输出变压器的等效电路。

画出输出变压器的等效电路以后，就可以用它来分析功放的幅频特性。图 3-33 是单端功放的等效电路。下面用分频区简化等效电路的方法来分析它的幅频特性。

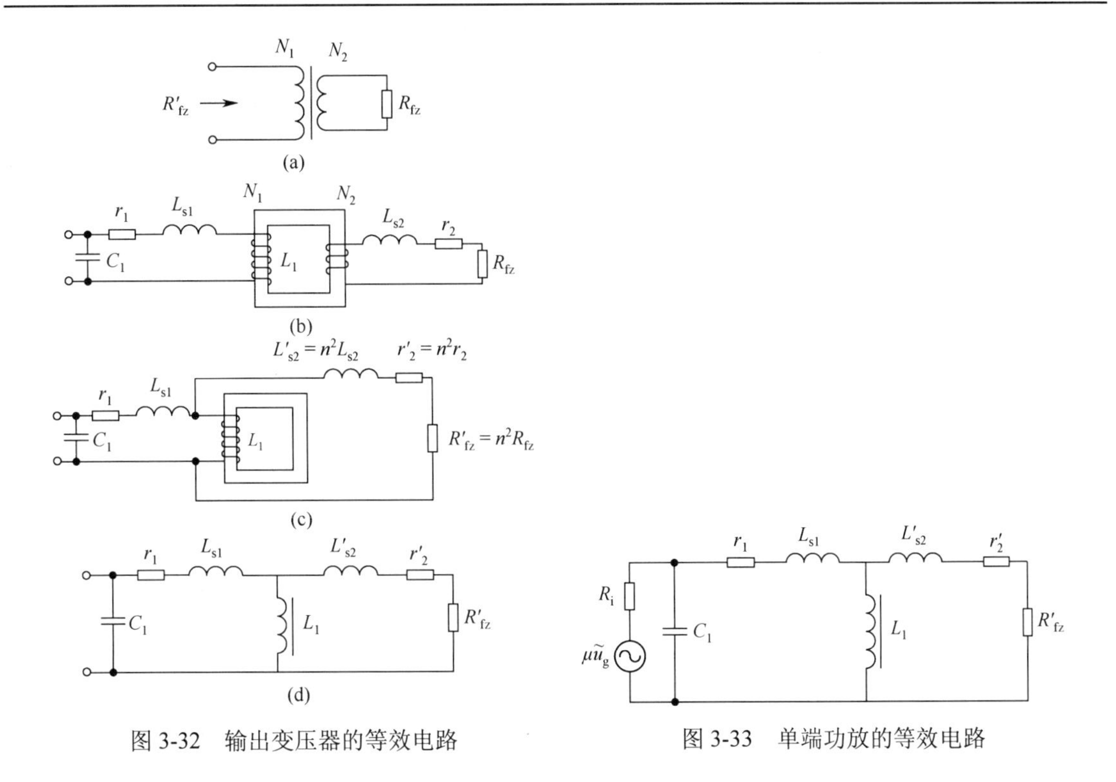

图 3-32　输出变压器的等效电路

图 3-33　单端功放的等效电路

1．中频区特性

图 3-33 中的分布电容 C_1 在中频区时很大。与电子管内阻 R_i 相比较，可视为开路，漏感 L_{s1} 和 L'_{s2} 很小，与电阻 r_1 和 r'_2 相比较，可视为短路，而 L_1 此时却很大，可视为开路。这样简化后的中频区等效电路如图 3-34(a)所示。由图中可以看出，在中频区的频率范围内，电路中没有电抗元件，因此放大器在中频区没有幅频失真。

2．低频区特性

在低频区时，L_1 因频率的降低而变小，这时必须考虑它而不能将其视为开路，漏感 L_{s1} 和 L'_{s2} 比中频区更小，仍可视为短路，分布电容 C_1 比中频区更大，仍可视为开路，故得出如图 4-20(b)所示的低频区等效电路。从图4-20(b)中可以看出，在低频区时，由于电感 L_1 的存在，低频区的放大倍数将随频率的降低而减小。因为频率越低，L_1 越小，它对等效负载电阻的分流作用越显著，因此放大倍数越小。由此可见，影响功放低频区特性的主要因素是输出变压器的初级线圈电感，要使功放的低频失真小，输出变压器初级线圈电感 L_1 应越大越好。

3．高频区特性

在高频区时，L_1 较中频时更大，可视为开路，但是漏感 L_{s1} 和 L'_{s2} 随频率的升高而增大，它们与 r_1 和 r'_2 相比较，不能视为开路，同时 C_1 也随频率的升高而减小，也不能视为开路，因此高频区的等效电路如图 3-34(c)所示。由高频区等效电路可以看出，频率越高，L_{s1} 和 L'_{s2} 越大，对 R'_{fz} 的分压作用越显著，同时 C_1 也越小，分流作用也越显著，因此放大倍数越小。由此可见，影响功放高频区特性的主要因素是输出变压器的漏感和分布电容，因此要使功放的高频失真小，输出变压器的漏感和分布电容应越小越好。

从以上的分析可以得出，单端功放的幅频特性如图 3-35 所示。

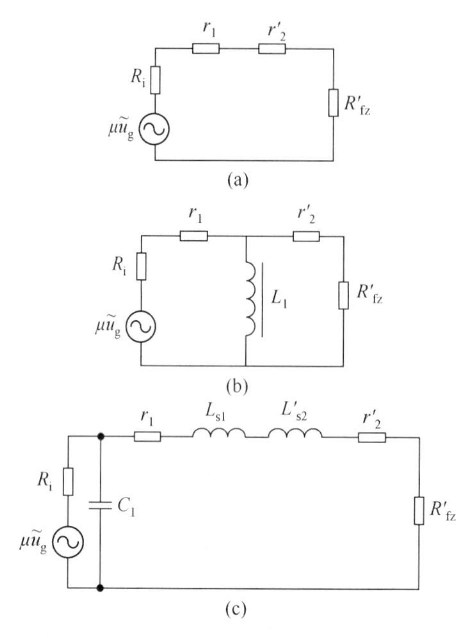

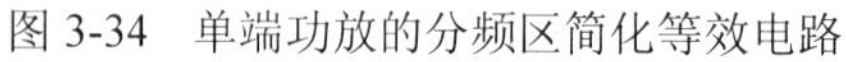
图 3-34　单端功放的分频区简化等效电路

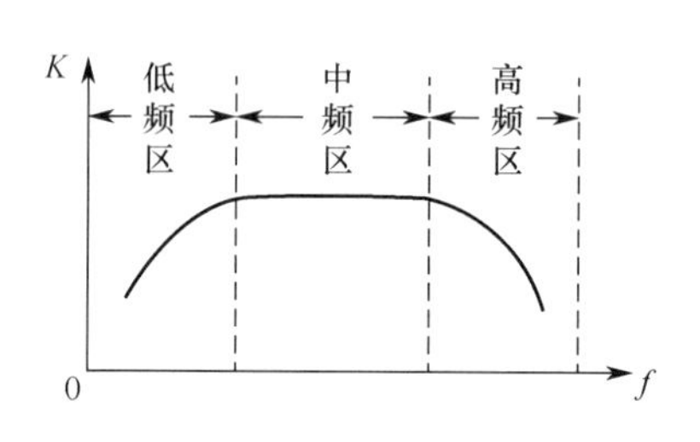

图 3-35　单端功放的幅频特性

任务 4　推挽输出胆机基础知识

3.4.1　推挽功放基本电路

一般单端功放的输出功率不大，如束射管 6P1 作为单端功放时，输出功率不超过 3.8W，并且效率也不高，一般只有 30%～40%。如果要求采用输出功率较大的功放，大多数采用推挽功放。

推挽功放是将两个同型号的电子管 Gl、G2 接成如图 3-36 所示的对地对称的电路。栅极偏压电源及阳极电源 E_a 两管公用，并且两管有共同的输入信号电压 u_i 和负载电阻 R_{fz}。输入信号电压 u_i 通过一个次级有中心抽头的输入变压器 T1 加到两管的栅极，从而使加于两管

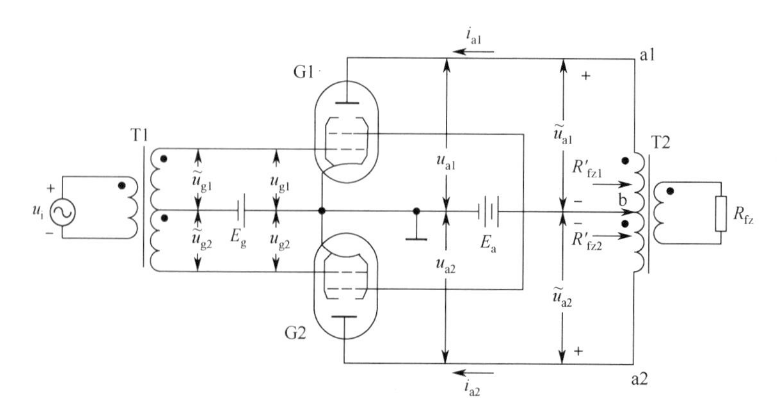

图 3-36　推挽功放的基本电路

的信号电压 $\tilde{u}_{g1}$ 与 $\tilde{u}_{g2}$ 的大小相等而相位相反（指两管栅极对地的电位）。输出变压器 T2 初级线圈的中心抽头接至阳极电源 E_a 的正端。

3.4.2　推挽功放工作原理

当推挽功放的输入电压较小时，各部分电压的瞬时极性如图 3-37 所示。输入变压器次级线圈按照图 3-36 所规定的同名端，在两管的栅极回路内加上两个大小相等而相位相反的电压，如某一瞬间当 G1 的输入电压 $\tilde{u}_{g1}$ 处于正半周时，G2 的输入电压 $\tilde{u}_{g2}$ 处于负半周，它们的波形如图 3-37(b)所示。

电压经电子管放大后，两管输出的阳极电压交流分量 $\tilde{u}_{a1}$ 和 $\tilde{u}_{a2}$ 也是大小相等而相位相反的，$\tilde{u}_{a1}$ 和 $\tilde{u}_{a2}$ 的波形见图 3-37(c)。在输出变压器初级线圈两端，总的输出电压 $\tilde{u}_{a1-a2}$ 是 a1 点至 b 点的电压和 b 点至 a2 点的电压之和，即

$$\tilde{u}_{a1-a2} = \tilde{u}_{a1-b} + \tilde{u}_{b-a2} = \tilde{u}_{a1} - \tilde{u}_{a2}$$

其中，$\tilde{u}_{a1-b} = \tilde{u}_{a1}$，而 $\tilde{u}_{b-a2} = -\tilde{u}_{a2}$，这是因为 $\tilde{u}_{a2}$ 是指 a2 点对地的电压，对交流信号来说，就是 a2 点对 b 点的电压。将图 3-37(c)中 $\tilde{u}_{a1}$ 的波形和 $-\tilde{u}_{a2}$ 的波形相加，就可以得出图图 3-37（d）所示的波形。由于两管的性能相同，$\tilde{u}_{a1}$ 和 $-\tilde{u}_{a2}$ 的幅值也相同，因此初级线圈总的输出电压有效值是单端输出电压有效值的两倍，即

$$U_{a1-a2} = U_{a1} + U_{a2} = 2U_{a1} = 2U_{a2}$$

式中，$U_{a1-a2} = U_{a1} + U_{a2}$ 是初级线圈总的输出电压有效值，U_{a1} 是 $\tilde{u}_{a1}$ 的有效值，U_{a2} 是 $\tilde{u}_{a2}$ 的有效值。

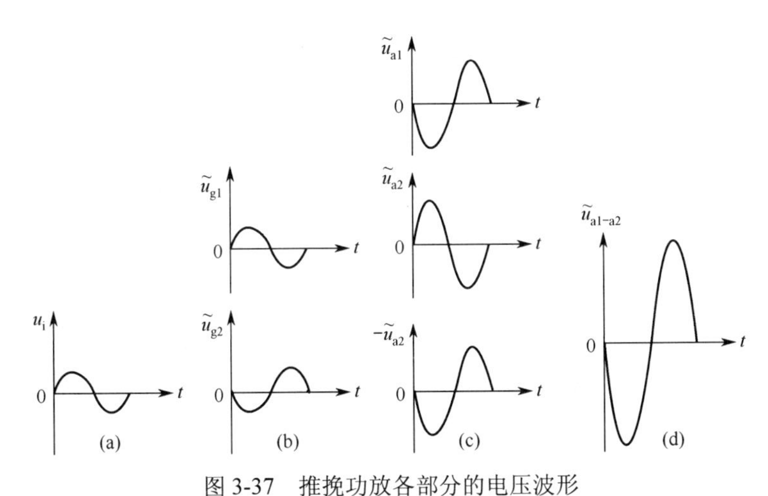

图 3-37　推挽功放各部分的电压波形

另外，a1 点至 a2 点间的总负载电阻 R_{a1-a2}（通常称为阳极至阳极间的负载电阻）也是单端工作时的两倍，即

$$R_{a1-a2} = R'_{fz1} + R'_{fz2} = 2R'_{fz1} = 2R'_{fz2}$$

式中，R'_{fz1}、R'_{fz2} 分别为电子管 Gl 和 G2 的阳极负载电阻，且 $2R'_{fz1} = 2R'_{fz2}$。因此推挽功放的输出功率：

$$P_{o2} = \frac{U_{a1-a2}^2}{R_{a1-a2}} = \frac{(2U_{a1})^2}{2R'_{fz1}} = \frac{2U_{a1}^2}{R'_{fz1}}$$

而单端工作时的输出功率

$$P_{o1} = \frac{U_{a1}^2}{R'_{fz}}$$

比较以上两式，可见

$$P_{o2} = 2P_{o1}$$

所以推挽功放的输出功率是单端工作时的两倍。如果把电子管的工作点加以调整，输出功率还可以再提高。

3.4.3 推挽功放的特点

推挽功放输出功率较高，其特点如下。

1. 非线性失真小

从推挽功放的工作原理可知，两个电子管阳极电压交流分量在输出变压器的初级线圈上是同相相加的，使得总的阳极电压较大。如果由于电子管的非线性失真而产生偶次谐波，这些偶次谐波在输出变压器初级线圈中是相互抵消的。图 3-38(a)表示由于电子管 Gl 的非线性使得 $\tilde{u}_{a1}$ 负半周失真，此正负半周不对称的失真波形可以分解为直流增量、基波和二次谐波三部分，其中直流增量是因非线性而使正负半周不对称所产生的新直流分量；同样，电子管 G2 的非线性失真使 $\tilde{u}_{a2}$ 的负半周失真，$-\tilde{u}_{a2}$ 的波形也可以分解为如图 3-38(b)所示的直流增量、基波和二次谐波三部分。$\tilde{u}_{a2}$ 与 $-\tilde{u}_{a2}$ 相加也就是各对应的分量分别相加，相加的结果是，只有基波分量同相相加，而二次谐波和直流增量都因为相位相反而相互抵消，同理，四次、六次等偶次谐波分量也是相互抵消的，于是功放的输出就只有如图 3-38(c)所示的基波分量。

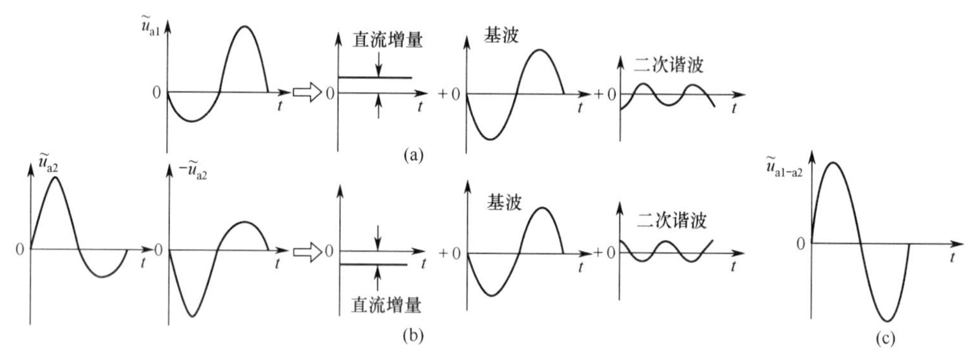

图 3-38 非线性失真小

由非线性失真所产生的谐波中，二次谐波的幅值最大，它的危害性也就最大。在推挽功放的输出信号中因为没有二次谐波分量，所以非线性失真很小，这是推挽功放的主要优点。

2. 输出变压器中没有直流磁通

当没有信号加入时，由于电子管 G1 和 G2 特性一样而有相同的静态工作点，因此两管的阳极电流直流分量的大小是相等的，但这两个电流流过输出变压器初级线圈的两半段（图 3-36 中的 b−a1 和 b−a2）时，两者的方向相反，因此所产生的直流磁通相互抵消，这样输出变压器可以使用截面积较小的铁芯而不致发生磁饱和现象。

3．阳极电源滤波不良所产生的影响减小

通常阳极电源是由整流器供给的，如果整流器的输出包含交流分量，此交流分量在单端功放电路中，将先通过输出变压器初级线圈，再通过互感而在负载上引起交流声。在推挽功放电路中，如果整流器的输出包含交流分量，两管的阳极电流也会因此产生交流分量，但它们流过输出变压器初级线圈的两半段时方向相反，因此所产生的磁通相互抵消而不会产生交流声，这样对电源滤波器的要求就可以降低。

推挽功放的缺点是电路比较复杂，要用中心抽头准确输入和输出变压器，同时要求两个电子管的特性相同。

3.4.4 倒相电路

推挽功放需要两个大小相等而相位相反的输入电压，除了可由次级线圈有中心抽头的输入变压器供给，还可由倒相电路来供给。倒相电路的种类很多，这里只介绍常见的两种。

1．分压式倒相电路

图 3-39 是分压式倒相电路。两个电子管 G1 和 G2 组成两个阻容耦合放大器，G2 的输入电压 u_{sr2} 取自 G1 的输出电压 u_{i1} 的一部分（u_{i1} 在电阻 R_2 上的分压），G1 和 G2 的输出分别接到由 G3 和 G4 所组成的推挽功放的输入回路中，电路中各部分电压的瞬时极性在图中用正负号表示了出来，可以看出，G1 的输出电压 u_{i1} 与输入信号电压 u_{sr1} 相位相反，而 G2 的输入信号电压 u_{sr2} 是 u_{i1} 的一部分且与 u_{i1} 相位相同，由于 G2 的输出电压 u_{i2} 与 u_{sr2} 相位相反，因此 u_{i1} 与 u_{i2} 相位相反。可以通过调整电阻 R_2 的阻值来调整 u_{i2}，使 u_{i1} 和 u_{i2} 相等。

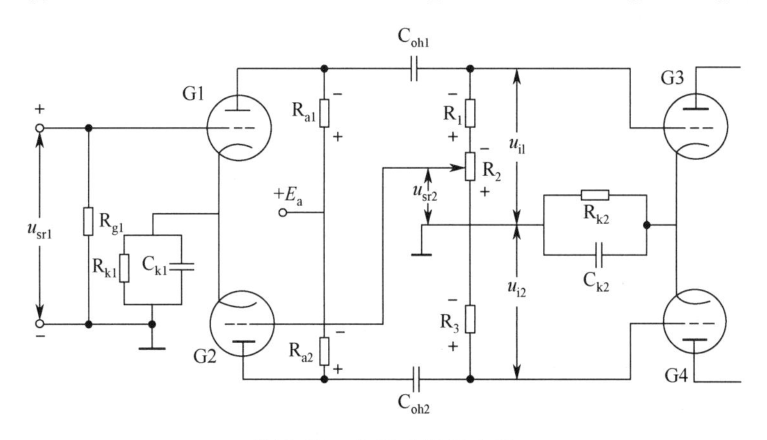

图 3-39 分压式倒相电路

简单起见，电子管 G1 和 G2 可使用双二极三极管，如 6N1、6N3、6N6、6N8P 等。

2．分负载倒相电路

分负载倒相电路就是将一个阻容耦合放大器的阳极负载电阻 R_a 分为阻值相等的两半 R_{a1}、R_{a2}，并将其中的一半接到阴极电路中去，如图 3-40 所示。这样电子管 G1 输出的阳极电压交流分量 $\tilde{u}_a$ 也分成相等的两半，$\tilde{u}_{a1}=\tilde{u}_{a2}=\frac{1}{2}\tilde{u}_a$。$\tilde{u}_{a1}$ 通过 C_{oh1} 耦合到推挽放大管 G2 的栅极，而 $\tilde{u}_{a2}$ 通过 C_{oh2} 耦合到 G3 的栅极。从图中所标注的各部分电压的瞬时极性可以看

出，$\tilde{u}_{a1}$ 与 u_{sr} 相位相反，而 $\tilde{u}_{a2}$ 则与 u_{sr} 相位相同，也就是说，$\tilde{u}_{a1}$ 与 $\tilde{u}_{a2}$ 相位相反，从而达到了倒相的目的。

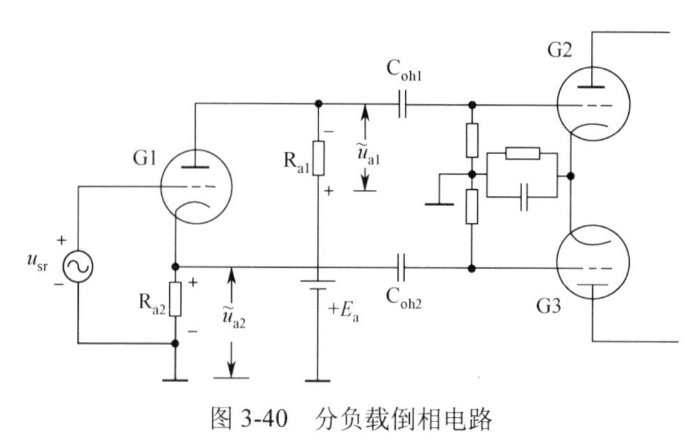

图 3-40　分负载倒相电路

任务 5　装配工艺

3.5.1　双绞线消除干扰的原理

在监控领域中，视频信号的传输和高保真音乐信号的传输有非平衡式和平衡式两种传输方式。同轴电缆属于非平衡传输线，采用一线一地的方式传输，双绞线采用两线不接地的方式传输，属于平衡传输线。

要用双绞线传输视频信号或高保真音乐信号，必须在发送端将非平衡信号转换为平衡信号，在接收端再将平衡信号转换为非平衡信号。一个基本的双绞线视频或高保真传输系统如图 3-41 所示。图中的 A1 是差分信号发送放大器，完成非平衡到平衡的转换，A2 是差分信号接收放大器，完成平衡到非平衡的转换。

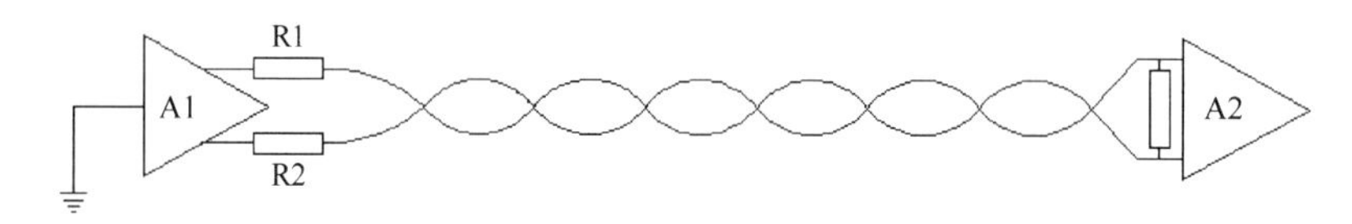

图 3-41　一个基本的双绞线视频或高保真传输系统

在双绞线中，干扰主要来自两方面：一是外部干扰，二是同一电缆内部两条线之间的相互串扰。下面，我们对双绞线消除干扰的原理进行分析。

1．外部干扰

干扰信号对平行线的干扰见图 3-42。U_s 为干扰信号源，干扰电流 I_s 在两条线 L1、L2 上产生的干扰电流分别是 I_1 和 I_2。由于 L1 距离干扰源更近，因此，$I_1>I_2$，$I=I_1-I_2\neq0$，有干扰电流存在。

干扰信号对扭绞双线回路的干扰见图 3-43。双线回路在中点位置进行了一次扭绞。L1 上存在干扰电流 I_{11} 和 I_{12}，L2 上存在干扰电流 I_{21} 和 I_{22}，干扰电流 $I=I_{21}+I_{22}-I_{11}-I_{12}$，由于两段线路的条件相同，所以，总干扰电流 $I=0$。因此只要设置合理的绞距，就能达到消除干扰的目的。

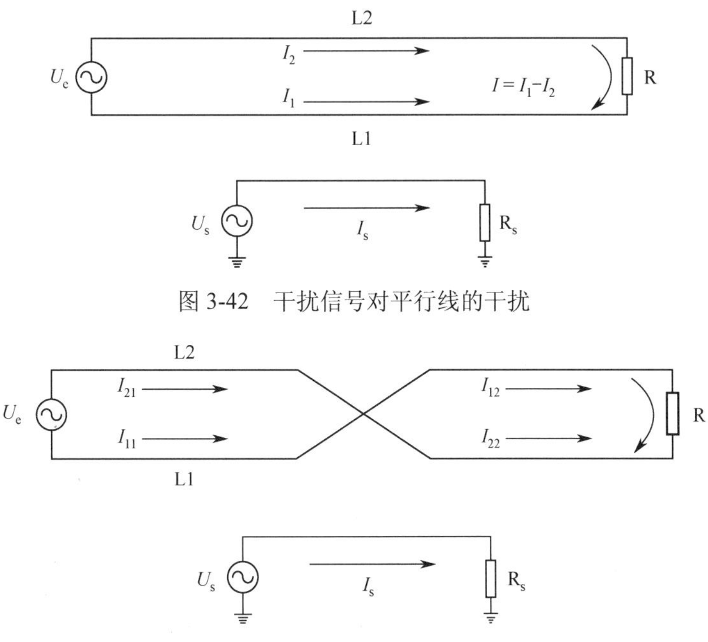

图 3-42　干扰信号对平行线的干扰

图 3-43　干扰信号对扭绞双线回路的干扰

2．同一电缆内部两条线之间的串扰

两个未绞双线回路间的串扰见图 3-44。其中上图为主串回路，下图为被串回路。导线 L1 上的电流 I_1 在被串回路 L3 和 L4 中产生感应电流 I_{31} 和 I_{41}，$I_{41}>I_{31}$，被串回路中形成干扰电流 $I_{11}=I_{41}-I_{31}$，同样，导线 L2 上的电流 I_2 在被串回路 L3 和 L4 中产生感应电流 I_{32} 和 I_{42}，$I_{42}>I_{32}$，被串回路中形成干扰电流 $I_{12}=I_{32}-I_{42}$，则总干扰电流 $I=I_{11}+I_{12}$，由于 L1 与 L3、L4 的距离比 L2 近，$I=I_{11}+I_{12}>0$，在被串回路中形成干扰。

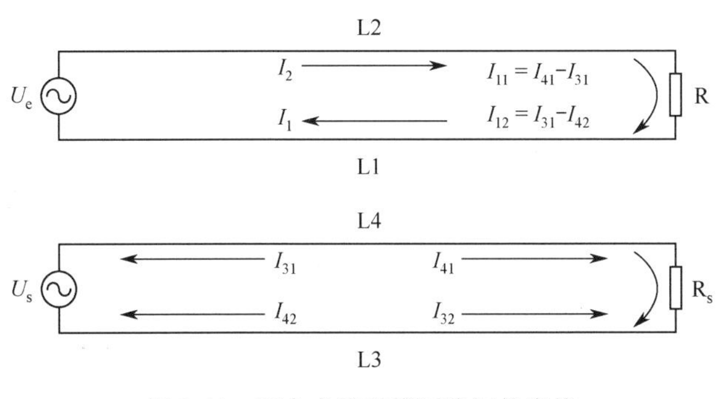

图 3-44　两个未绞双线回路间的串扰

两个绞距相同的双线回路如图 3-45 所示。主串回路和被串回路同时在中点位置做扭绞，因此，两个回路的 4 条导线之间的相对关系与未绞双线回路是完全相同的，根据以上分析可知，不能起到消除干扰的作用。U_e 和 U_s 分别在对方回路中产生干扰电流 I_s 和 I_e，所以当两个绞合的双线回路绞距相同时，不能消除干扰。

两个绞距不同的双线回路见图 3-46。主串回路在中点做扭绞。被串回路除在中点做扭绞外，还在 A 段和 B 段的约中点处分别做扭绞。

先分析 A 段的干扰。在 A 段内，主串回路未做扭绞，而被串回路在约中点处做扭绞；根据上面的分析可知，由于被串回路在 A 段的约中点处做扭绞，导线 L1 对被串回路的干扰电流为零。同样，导线 L2 对被串回路的干扰电流也为零。因此，在 A 段，主串回路对被串回路的干扰电流为零。

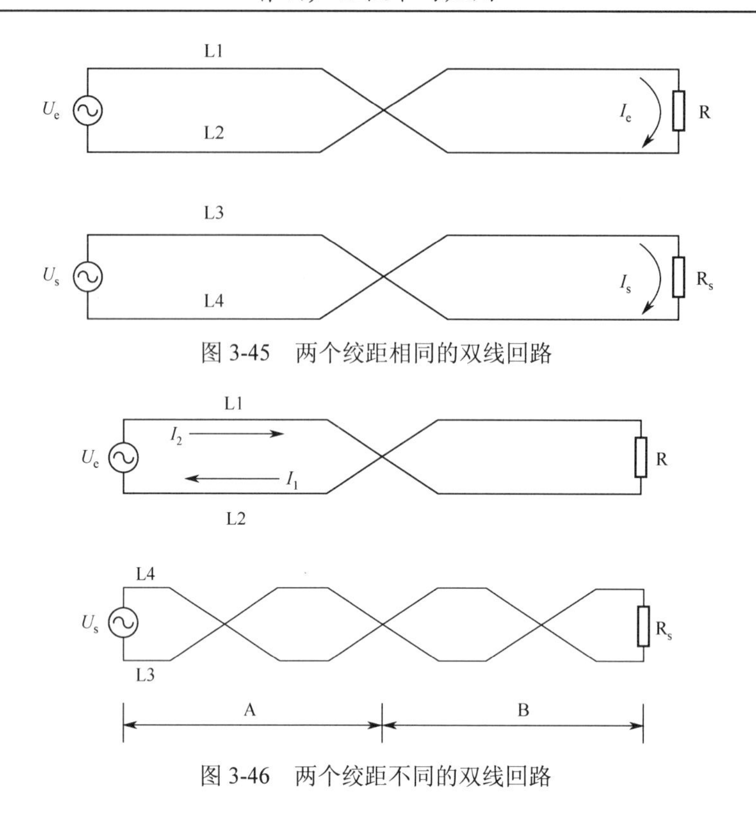

图 3-45 两个绞距相同的双线回路

图 3-46 两个绞距不同的双线回路

B 段的情况与 A 段完全相同。因此，主串回路对被串回路的总干扰电流为零。所以，两个独立的双绞线回路，只要设计合理的绞距，是可以消除相互干扰的。

一条超五类双绞线电缆由 4 对线组成。每对线各自按逆时针方向做扭绞。4 对线的绞距是各不相同的（对于绞距，没有量化标准，各个厂家的绞距有差别，从 1.1cm 到 2.2cm 不等，正规厂家的产品都能满足电气要求）。采取这些措施，不仅可消除外部干扰，同时可消除线间的干扰。

通过以上分析，双绞线对近端干扰的消除效果较好。

另外，从远处看，两条双绞线距离很近，外界的干扰信号（远端干扰）在线上感应出同向的电流（共模干扰），采用双线平衡传输方式，可以在接收端很容易地把它抑制掉，降低干扰，提高信噪比。

双绞线在传输信号时，信号可以在两线间向外辐射，辐射最大的方向是垂直于两线连心线的方向，经过扭绞后，辐射的信号互相抵消一部分，可以大大减弱向外的辐射，既增大了传输的距离，也减少了对外的干扰。

总之，把传输线比喻为一条水管时，同轴电缆就是金属水管，性能优越，只是在接头处容易漏水（对外干扰），外界的杂质（如铁锈）还会渗入水中（抗干扰能力不强），而双绞线就是满是小洞的塑料水管，漏水是不可避免的（对外干扰），但是基本上没有杂质渗入水中（抗干扰能力强），塑料水管价格低，而且一个管道里可以有 4 条水道，方便使用，应用很广泛。

3.5.2 装配工艺示例

下面给出一个装配工艺流程卡部分内容的示例，如表 3-2～表 3-14 所示。

表 3-2　装配工艺流程卡示例-1

<table>
<tr><td rowspan="2"></td><td>装配工艺流程卡</td><td>产品型号</td><td colspan="2">6P6P（6V6）</td><td>产品名称</td><td colspan="2">6P6P 推挽合并机</td><td>产品图号</td><td>20150822</td><td>第 37 页</td></tr>
<tr><td>工艺名称</td><td>控制板 PCB 组装</td><td>工艺号</td><td>004-01</td><td>操作者</td><td></td><td>工号</td><td></td><td>工位号</td><td></td></tr>
<tr><td>旧底图总号</td><td colspan="7">操作步骤及图示说明：
1、在蓝牙模块的正反面贴上 EVA 垫，正面贴 4 层，反面贴 3 层，粘贴完毕后将蓝牙模块插入控制板蓝牙卡槽（U23）
2、将控制板的固定孔对应上机箱前面板的安装铜柱
3、用元机螺丝（M3×6）上紧固定  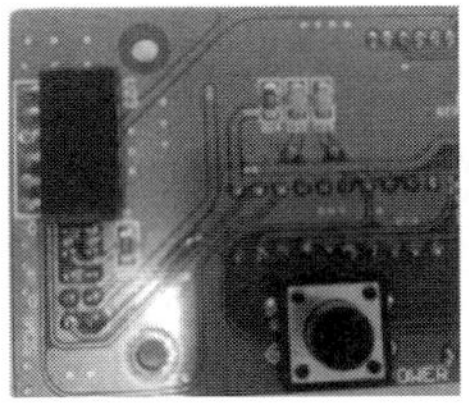  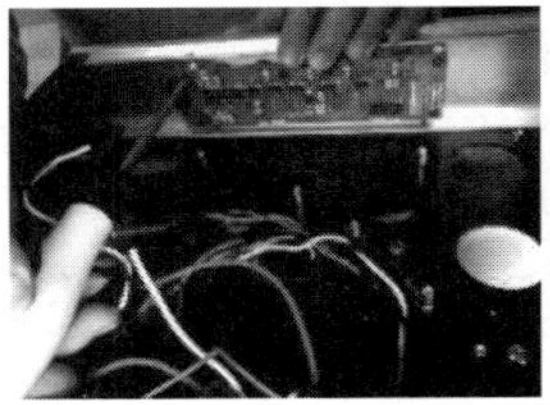 </td><td colspan="3">所需材料：
机箱×1 套
控制板 PCB×1 块
元机螺丝（M3×6）×6 个
蓝牙模块×1 个
EVA 垫×1 个</td></tr>
<tr><td rowspan="4">底图总号</td><td colspan="7" rowspan="4">质量要求及注意：
1、PCB 上的螺丝孔必须与铜柱对上位才可以上螺丝
2、安装时一定要小心，切勿刮坏 PCB
3、安装时台面必须垫珍珠棉，防止机壳被刮花</td><td colspan="3">所需工具：
十字螺丝刀×1 把</td></tr>
<tr><td>拟制</td><td colspan="2"></td></tr>
<tr><td>审核</td><td colspan="2"></td></tr>
<tr><td>批准</td><td colspan="2"></td></tr>
<tr><td>日期</td><td colspan="3"></td><td>签名</td><td colspan="3"></td><td colspan="3"></td></tr>
</table>

表 3-3　装配工艺流程卡示例-2

<table>
<tr><td rowspan="2">SEELING·飞凌</td><td>装配工艺流程卡</td><td>产品型号</td><td colspan="2">6P6P（6V6）</td><td>产品名称</td><td colspan="2">6P6P 推挽合并机</td><td>产品图号</td><td>20150822</td><td>第 38 页</td></tr>
<tr><td>工艺名称</td><td>USB 母座及 RCA 母座的装配</td><td>工艺号</td><td>004-02</td><td>操作者</td><td></td><td>工号</td><td></td><td>工位号</td><td></td></tr>
<tr><td>旧底图总号</td><td colspan="7">操作步骤及图示说明：
1、将 USB 母座 PCB 模块用元机黑色螺丝（M3×5）上至机箱后面板，缺口方向朝外
2、将 RCA 母座拆成 5 部分（如图示中的左数第 3 幅图所示），安装于机箱的 RCA 端口位置。将序号 2 及序号 5 对应的元件安装于机箱外侧，机箱内侧依次安装序号 4、序号 3 及序号 1 对应的元件。RCA 母座的安装顺序为上黑下红，即上左下右（左右声道）。同时注意引片应朝向喇叭接线柱方向。对准位置后，用套筒（直径 12.0mm）拧紧
3、将固定好位置的 RCA 母座的引片，曲折至 60°，将 RCA 母座的引片和信号端（中间引脚）上锡待用
引片曲折至 60°</td><td colspan="3">所需材料：
装配完毕变压器的机箱套件×1 套
USB 母座×1 个
元机黑色螺丝（M3×5）×2 个
RCA 母座，左右声道各 1 个
地线（线径 0.5mm^2/长 2.0cm）×2 条</td></tr>
<tr><td rowspan="3">底图总号</td><td colspan="7" rowspan="3">质量要求及注意：
1、所有螺丝到位即可
2、RCA 母座需上紧至机箱后面板，上紧过程中，切勿刮花机箱外壳</td><td colspan="3">所需工具：
十字螺丝刀×1 把
套筒（直径 12.0mm）×2 把</td></tr>
<tr><td>拟制</td><td colspan="2"></td></tr>
<tr><td>审核</td><td colspan="2"></td></tr>
<tr><td>日期</td><td colspan="2"></td><td colspan="2">签名</td><td colspan="3"></td><td>批准</td><td colspan="2"></td></tr>
</table>

表 3-4　装配工艺流程卡示例-3

<table>
<tr><td rowspan="2"></td><td>装配工艺流程卡</td><td>产品型号</td><td colspan="2">6P6P（6V6）</td><td>产品名称</td><td colspan="2">6P6P 推挽合并机</td><td>产品图号</td><td>20150822</td><td>第 39 页</td></tr>
<tr><td>工艺名称</td><td>喇叭接线柱及
电源母座的装配</td><td>工艺号</td><td>004-03</td><td>操作者</td><td></td><td>工号</td><td></td><td>工位号</td><td></td></tr>
<tr><td>旧底图总号</td><td colspan="7">操作步骤及图示说明：
1、将喇叭接线柱拆分成 6 部分（如图示中的左数第 1 幅图所示），将序号 1 对应的元件装于机箱外侧，序号 2、3、4、5、6 对应的元件依次装于机箱内侧
2、黑色喇叭接线柱左右声道各 1 个，装于中间，红色喇叭接线柱左右声道各 1 个，装于最左侧及最右侧
3、用长杆螺丝刀穿过接线柱的圆孔，垂直桌面固定住喇叭接线柱，同时用套筒（直径 7.0mm）上紧螺丝
4、装电源母座的保险丝，将保险丝（5A/250V）装在保险丝卡槽中，保险丝座有备用保险丝存放槽，可放置一枚备用保险丝。安装完毕后，将保险丝座安置回电源母座
5、用元机黑色螺丝（M3×6）将电源母座上紧至后面板 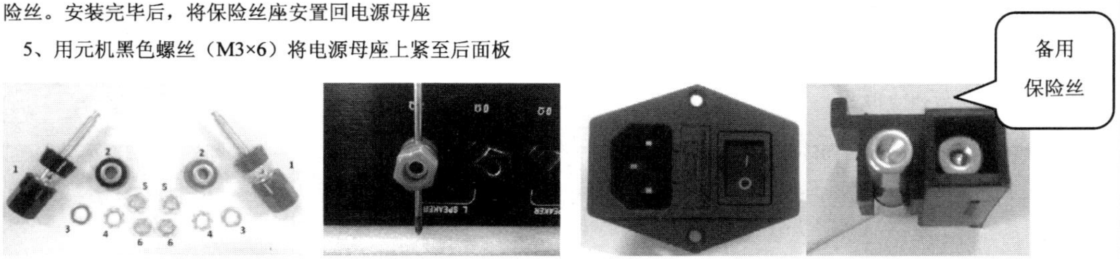
备用
保险丝</td><td colspan="3">所需材料：
机箱×1 套
喇叭接线柱×2 对
带开关的电源母座×1 个
元机黑色螺丝（M3×6）×2 个</td></tr>
<tr><td rowspan="3">底图总号</td><td colspan="7" rowspan="3">质量要求及注意：无</td><td colspan="3">所需工具：
十字螺丝刀×1 把
套筒（直径 7.0mm）×1 把
长杠螺丝刀×1 把</td></tr>
<tr><td>拟制</td><td colspan="2"></td></tr>
<tr><td>审核</td><td colspan="2"></td></tr>
<tr><td>日期</td><td colspan="2"></td><td colspan="2">签名</td><td colspan="3"></td><td>批准</td><td colspan="2"></td></tr>
</table>

表 3-5　装配工艺流程卡示例-4

<table>
<tr><td rowspan="2">SEELING·飞凌</td><td>装配工艺流程卡</td><td>产品型号</td><td colspan="2">6P6P（6V6）</td><td>产品名称</td><td colspan="2">6P6P 推挽合并机</td><td>产品图号</td><td>20150822</td><td>第 40 页</td></tr>
<tr><td>工艺名称</td><td>裁线及开信号线</td><td>工艺号</td><td>004-06</td><td>操作者</td><td></td><td>工号</td><td></td><td>工位号</td><td></td></tr>
<tr><td>旧底图总号</td><td colspan="7">操作步骤及图示说明：
1、裁剪 37cm 长的信号线（双芯屏蔽线/外径 2.5mm）2 条，用于将 CHO3 信号传输至控制板
2、裁剪 41cm 长的信号线（双芯屏蔽线/外径 2.5mm）2 条，用于将 CHO2 信号传输至控制板
3、裁剪 30cm 长的信号线（双芯屏蔽线/外径 2.5mm）2 条，用于将 USB 解码板信号传输至控制板
4、裁剪 15cm 长的信号线（双芯屏蔽线/外径 2.5mm）2 条，用于将控制板信号传输至放大板
5、开信号线，用美工刀在距离边缘 1cm 处，轻切一圈，切勿太过用力，以免破坏内部屏蔽层
6、右声道信号线：用剪线钳在白色线芯距离边缘 7mm 处，轻剥开绝缘层，将其与屏蔽线顺时针拧紧在一起；用剪线钳在红色线芯距离边缘 2mm 处，轻剥开绝缘层，将其与屏蔽线顺时针拧紧；在另一端把屏蔽线剪掉，在红白线芯距离边缘 2mm 处，轻剥开绝缘层，顺时针拧紧
7、左声道信号线：用剪线钳在红色线芯距离边缘 7mm 处，轻剥开绝缘层，将其与屏蔽线顺时针拧紧在一起，用剪线钳在白色线芯距离边缘 2mm 处，轻剥开绝缘层，将其与屏蔽线顺时针拧紧；在另一端把屏蔽线剪掉，在红白线芯距离边缘 2mm 处，轻剥开绝缘层，顺时针拧紧
8、将带屏蔽线的一端作为该信号线的头端，将不带屏蔽线的一端作为该信号线的尾端，将带屏蔽线的线芯作为该信号线的地线，将信号线的尾端在外部绝缘层开口处套上热缩管，用热风枪使其缩紧，防止尾端屏蔽层剪不尽而造成其他线路短路</td><td colspan="3">所需材料：
单芯屏蔽线（外径 2.5mm）35cm×2 条
单芯屏蔽线（外径 2.5mm）12cm×2 条
单芯屏蔽线（外径 2.5mm）10cm×2 条</td></tr>
<tr><td rowspan="3">底图总号</td><td colspan="7" rowspan="3">质量要求及注意：
1、剥第一层绝缘层时，切勿用力过猛，以免损坏屏蔽层
2、剥第二次绝缘层时，切勿用力过猛，以免夹断线芯
3、剥完绝缘层后，在线芯上轻点焊锡，待用</td><td colspan="3">所需工具：
美工刀×1 把
剪线钳×1 把</td></tr>
<tr><td>拟制</td><td colspan="2"></td></tr>
<tr><td>审核</td><td colspan="2"></td></tr>
<tr><td>日期</td><td colspan="2"></td><td colspan="2">签名</td><td colspan="3"></td><td>批准</td><td colspan="2"></td></tr>
</table>

表 3-6 装配工艺流程卡示例-5

<table>
<tr><td rowspan="2">SEELING·飞灵</td><td>装配工艺流程卡</td><td>产品型号</td><td colspan="2">6P6P（6V6）</td><td>产品名称</td><td colspan="2">6P6P 推挽合并机</td><td>产品图号</td><td>20150822</td><td>第 41 页</td></tr>
<tr><td>工艺名称</td><td>控制面板接线</td><td>工艺号</td><td>004-12</td><td>操作者</td><td></td><td>工号</td><td></td><td>工位号</td><td></td></tr>
<tr><td>旧底图总号</td><td colspan="7">操作步骤及图示说明：
1、将信号线的尾端垂直焊于控制板信号输入端，需保证屏蔽线的长度与信号线的长度一致，切忌太长
2、将信号线的头端垂直焊于控制板信号输出端，需保证屏蔽线的长度与信号线的长度一致，切忌太长</td><td colspan="3">所需材料：
装配好所有板块的机箱套件×1 套
35cm 长的信号线（单芯屏蔽线/外径 2.5mm），黑白各 1 条
12cm 长的信号线（单芯屏蔽线/外径 2.5mm），黑白各 1 条</td></tr>
<tr><td rowspan="3">底图总号</td><td colspan="7" rowspan="3">质量要求及注意：
1、焊接信号线时，先焊中间屏蔽线（地线），有助于更好地焊接到位，保持三条线长度一致，焊线垂直于焊盘
2、焊点需圆润、平滑
3、焊接完毕后，用万用表测量是否存在错焊、漏焊、短路等不良现象
4、信号线信号端的绝缘层切勿剥得太长，以信号端刚好立于焊盘上为佳</td><td colspan="3">所需工具：
电烙铁×1 套
剪线钳×1 个
万用表×1 个
焊锡丝×1 卷
镊子×1 把</td></tr>
<tr><td>拟制</td><td colspan="2"></td></tr>
<tr><td>审核</td><td colspan="2"></td></tr>
<tr><td>日期</td><td colspan="3"></td><td>签名</td><td colspan="3"></td><td>批准</td><td colspan="2"></td></tr>
</table>

表 3-7 装配工艺流程卡示例-6

<table>
<tr><td rowspan="2"></td><td>装配工艺流程卡</td><td>产品型号</td><td colspan="2">6P6P（6V6）</td><td>产品名称</td><td colspan="2">6P6P 推挽合并机</td><td>产品图号</td><td>20150822</td><td>第 42 页</td></tr>
<tr><td>工艺名称</td><td>放大板安装</td><td>工艺号</td><td>004-04</td><td>操作者</td><td></td><td>工号</td><td></td><td>工位号</td><td></td></tr>
<tr><td>旧底图总号</td><td colspan="7">操作步骤及图示说明：
1、将焊接元件完毕的放大板固定在机箱顶板内侧，依次上紧 8 个元机黑色螺丝（M3×6）固定
2、连接一组棕黑色 6.3V 电源线至 2 位接线柱（J11）上，接通恒流源模块电源
3、从 2 位接线柱（J11）引一组 8cm 长的信号线（0.5mm²）至 2 位接线柱（J10），走线需采用顺时针双绞线工艺
4、左右声道输出变压器的 B+端均连接电源板 VDD 端，右声道输出变压器引出的棕色线连接右声道的 LOUT−端，紫色线连接右声道的 LOUT+端，左声道输出变压器引出的棕色线连接左声道的 Rout−端，紫色线连接左声道的 Rout+端</td><td colspan="3">所需材料：
焊接元件完毕的放大板×1 块
装配变压器完毕的机箱套件×1 套
元机黑色螺丝（M3×6）×8 个
8cm 长的信号线（0.5mm²）×2 条</td></tr>
<tr><td rowspan="3">底图总号</td><td colspan="7" rowspan="3">质量要求及注意：
1、输出变压器线圈的头尾线头，切忌左右声道接法不同，应严格按照图示要求焊接，否则将出现反相现象
2、所有走线都必须采用顺时针双绞线工艺
3、焊点需圆润、平滑，无虚焊
4、焊接完毕后，用万用表测量是否存在错焊、虚焊或短路等不良现象
5、输出变压器与电路板的接线处，焊线需垂直于焊盘，走线高度应高于电阻（避免触碰到电阻），以免在机器使用过程中电阻发热损坏信号线</td><td colspan="3">所需工具：
十字螺丝刀×1 把
电烙铁×1 套
剪线钳×1 个
万用表×1 个
焊锡丝×1 卷
焊锡丝台×1 套</td></tr>
<tr><td>拟制</td><td colspan="2"></td></tr>
<tr><td>审核</td><td colspan="2"></td></tr>
<tr><td>日期</td><td colspan="2"></td><td colspan="2">签名</td><td colspan="3"></td><td>批准</td><td colspan="2"></td></tr>
</table>

表 3-8　装配工艺流程卡示例-7

<table>
<tr><td rowspan="2"></td><td>装配工艺流程卡</td><td>产品型号</td><td colspan="2">6P6P（6V6）</td><td>产品名称</td><td colspan="2">6P6P 推挽合并机</td><td>产品图号</td><td>20150822</td><td>第 43 页</td></tr>
<tr><td>工艺名称</td><td>电源板及 USB 板安装</td><td>工艺号</td><td>004-05</td><td>操作者</td><td></td><td>工号</td><td></td><td>工位号</td><td></td></tr>
<tr><td>旧底图总号</td><td colspan="7">操作步骤及图示说明：
1、将电源变压器的走线按要求穿过电源板中间镂空孔位
2、在电源板 GND 端接线处及放大板 GND 接线处，分别引 2 条 15cm 长的信号线（0.5mm²）及 2 条 22cm 长的信号线（0.5mm²）待用，走线位于电源板下方（接黑色喇叭端）
3、将焊接元件完毕的电源板固定在顶板内侧，依次上紧 6 个元机黑色螺丝（M3×6）固定
4、将焊接元件完毕的 USB 板固定在顶板内侧，依次上紧 4 个元机黑色螺丝（M3×6）固定 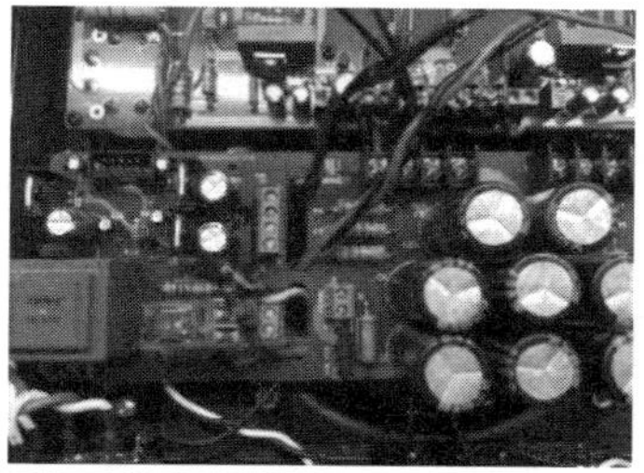  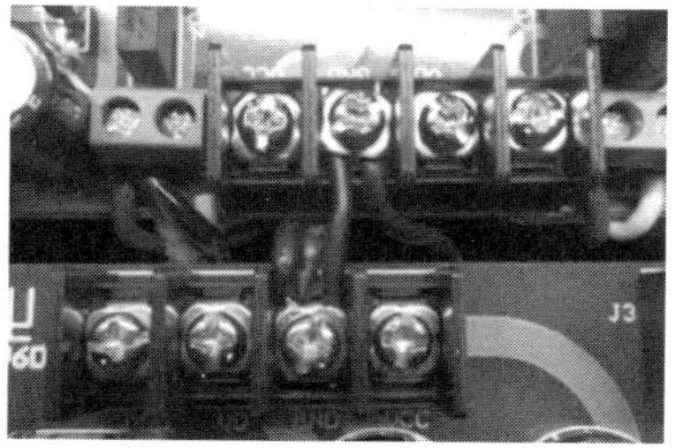</td><td colspan="3">所需材料：
组装变压器及放大板完毕的机箱套件×1 套
焊接元件完毕的电源板×1 块
焊接元件完毕的 USB 板×1 块</td></tr>
<tr><td rowspan="3">底图总号</td><td colspan="7" rowspan="3">质量要求及注意：
1、螺丝上到位即可，切勿过于用力导致滑丝
2、信号线信号端应剥 1.2cm 长的绝缘层，将铜线顺时针拧合之后上锡，然后方可上紧螺丝
3、电源变压器走线的线径较粗，应绞合完毕按规定连接
4、连线完毕后，用万用表测量，避免短路</td><td colspan="3">所需工具：
十字螺丝刀×1 把　电烙铁×1 套
剪线钳×1 个　万用表×1 个
焊锡丝×1 卷　焊锡丝台×1 套</td></tr>
<tr><td>拟制</td><td colspan="2"></td></tr>
<tr><td>审核</td><td colspan="2"></td></tr>
<tr><td>日期</td><td colspan="3"></td><td>签名</td><td colspan="3"></td><td>批准</td><td colspan="2"></td></tr>
</table>

表 3-9　装配工艺流程卡示例-8

<table>
<tr><td rowspan="2"></td><td>装配工艺流程卡</td><td>产品型号</td><td colspan="2">6P6P（6V6）</td><td>产品名称</td><td colspan="2">6P6P 推挽合并机</td><td>产品图号</td><td>20150822</td><td>第 44 页</td></tr>
<tr><td>工艺名称</td><td>电源变压器接线</td><td>工艺号</td><td>004-07</td><td>操作者</td><td></td><td>工号</td><td></td><td>工位号</td><td></td></tr>
<tr><td>旧底图总号</td><td colspan="7">操作步骤及图示说明：
1、电源母座开关连线：白色信号线（1.0mm²）的一端连接电源母座“N-1”端，另一端连接开关“N-1”端（开关端有 4 个接线柱，其中上下各一对，可自行定义，但切勿仅接在一侧，否则开关不起作用），连接完毕后，在接口处套上热缩管
2、红色信号线（1.0mm²）的一端连接电源母座“N-2”端，另一端连接开关“N-2”端，连接完毕后，在接口处套上热缩管
3、开关端口的另一对接线柱，同样用红、白色信号线（1.0mm²）连接到电源板的 2 位接线柱（J4）上
4、将电源板 GND 端接线柱处预留的一条地线连接到电源母座 GND 端，贴平引脚焊接完毕后，用热缩管套牢
5、将电源变压器的 1 组红色信号线（220V）绞合，接至电源板 2 位接线柱（J2）上
6、将电源变压器的 1 组黄黑色信号线（280V）绞合，接至电源板 2 位接线柱（J1）上
7、将电源变压器的 1 组棕黑色信号线（6.3V）绞合，接至电源板 2 位接线柱（J6）上
8、将电源变压器的 1 组蓝黑色信号线（9V）绞合，接至电源板 2 位接线柱（J7）上</td><td colspan="3">所需材料：
电源母座×1 个
热缩管（长 1.0cm/直径 4.0mm）×6 段
4.5cm 长的红、白色信号线（1.0mm²）各 1 条
3.5cm 长的红、白色信号线（1.0mm²）各 1 条</td></tr>
<tr><td rowspan="4">底图总号</td><td colspan="7" rowspan="4">质量要求及注意：
1、所有走线均需采用顺时针双绞线工艺
2、电源母座焊接时，需先将电源母座脚上锡
3、电源母座接线处均需用热缩管套牢
4、连接完毕后，用万用表测量有无短路现象
5、连接接线柱的信号线（铜线）需上锡后才可套紧于接线柱上
6、焊接电源母座开关部分时，需令开关处于接通状态“ON”，否则开关部分会因承受不住烙铁的高温而损坏</td><td colspan="3">所需工具：
十字螺丝刀×1 把
电烙铁×1 套　剪线钳×1 个
尖嘴钳×1 个　电笔×1 支
万用表×1 个　焊锡丝×1 卷</td></tr>
<tr><td>拟制</td><td colspan="2"></td></tr>
<tr><td>审核</td><td colspan="2"></td></tr>
<tr><td>批准</td><td colspan="2"></td></tr>
<tr><td>日期</td><td colspan="3"></td><td>签名</td><td colspan="3"></td><td colspan="3"></td></tr>
</table>

表 3-10　装配工艺流程卡示例-9

<table>
<tr><td rowspan="2"></td><td>装配工艺流程卡</td><td>产品型号</td><td colspan="2">6P6P（6V6）</td><td>产品名称</td><td colspan="2">6P6P 推挽合并机</td><td>产品图号</td><td>20150822</td><td>第 45 页</td></tr>
<tr><td>工艺名称</td><td>电源板走线连接</td><td>工艺号</td><td>004-08</td><td>操作者</td><td></td><td>工号</td><td></td><td>工位号</td><td></td></tr>
<tr><td>旧底图总号</td><td colspan="7">操作步骤及图示说明：
1、按照放大板与电源板上的 4 位接线柱丝印，将 VCC 端、GND 端、VDD 端及 VD 端用信号线连接起来，其中，VCC 端连接的信号线（0.5mm²）长度为 3.0cm，VDD 端连接的信号线（0.5mm²）长度为 6.5cm，VD 端连接的信号线（0.5mm²）长度为 3.5cm，GND 端连接的信号线（1.0mm²）长度为 2.5cm
2、在电源板 GND 端接线处及放大板 GND 端接线处，分别引 2 条 15cm 长的信号线（0.5mm²）及 2 条 22cm 长的信号线（0.5mm²）待用，走线位于电源板下方（接黑色喇叭端）
3、电源板 VDD 端上接有 3 条线，VD 端上接有 1 条线，GND 端上接有 3 条线，VCC 端上接有 1 条线；放大板 VDD 端上接有 1 条线，VD 端上接有 1 条线，GND 端上接有 3 条线，VCC 端上接有 1 条线</td><td colspan="3">所需材料：
固定好放大板及电源板的机箱套件×1 套
6.5cm 长的信号线（0.5mm²）×1 条
3.0cm 长的信号线（0.5mm²）×1 条
3.5cm 长的信号线（0.5mm²）×1 条
2.5cm 长的信号线（1.0mm²）×1 条</td></tr>
<tr><td rowspan="3">底图总号</td><td colspan="7" rowspan="3">质量要求及注意：
1、所有线头剥 0.5cm 长的绝缘层，顺时针拧紧后上锡
2、走线需整齐
3、线头需上紧在接线端上</td><td colspan="3">所需工具：
十字螺丝刀×1 把　　电烙铁×1 套
剪线钳×1 个　　尖嘴钳×1 个
万用表×1 个　　焊锡丝×1 卷</td></tr>
<tr><td>拟制</td><td colspan="2"></td></tr>
<tr><td>审核</td><td colspan="2"></td></tr>
<tr><td>日期</td><td colspan="3"></td><td>签名</td><td colspan="3"></td><td>批准</td><td colspan="2"></td></tr>
</table>

表 3-11 装配工艺流程卡示例-10

<table>
<tr><td rowspan="2">SEELNG·飞歌</td><td>装配工艺流程卡</td><td>产品型号</td><td colspan="2">6P6P（6V6）</td><td>产品名称</td><td colspan="2">6P6P 推挽合并机</td><td>产品图号</td><td>20150822</td><td>第 46 页</td></tr>
<tr><td>工艺名称</td><td>喇叭端接线</td><td>工艺号</td><td>004-11</td><td>操作者</td><td></td><td>工号</td><td></td><td>工位号</td><td></td></tr>
<tr><td>旧底图总号</td><td colspan="7">操作步骤及图示说明：
1、将左声道输出变压器 0Ω 抽头与电源板 GND 端引线［22cm 长的信号线（0.5mm^2），剥 0.5cm 绝缘层］绞合成 1 组，上锡；右声道同样采用该操作
2、将左右输出变压器的 8Ω 抽头及 0Ω 抽头顺时针拧紧上锡，装入线耳，用钳子夹紧并上锡
3、将左声道输出变压器 8Ω 抽头接左侧红色喇叭端，0Ω 抽头接左侧黑色喇叭端；右声道输出变压器 8Ω 抽头接右侧红色喇叭端，0Ω 抽头接右侧黑色喇叭端
4、拧下喇叭端最外侧螺母，将接好线的线耳套入喇叭端，用套筒（直径 7.0mm）上紧螺母，注意保持所有线耳在同一方向</td><td colspan="3">所需材料：
装配好所有板块的机箱套件×1 套
线耳（5.5-5）×4 个</td></tr>
<tr><td rowspan="3">底图总号</td><td colspan="7" rowspan="3">质量要求及注意：
1、线头上锡时，需将烙铁头紧贴铜线，让铜线充分加热，使铜线吃锡均匀
2、走线需要采用双绞线工艺
3、线耳需置于喇叭端下方
4、上紧固定线耳螺母时，需用长杆螺丝刀垂直于桌面固定住喇叭端，注意勿松动喇叭端
5、焊接完毕后，用万用表测试是否连接正确</td><td colspan="3">所需工具：
电烙铁×1 套　剪线钳×1 个
大力钳×1 个　万用表×1 个
焊锡丝×1 卷　长杆螺丝刀×1
套筒（直径 7.0mm）×1 把</td></tr>
<tr><td>拟制</td><td colspan="2"></td></tr>
<tr><td>审核</td><td colspan="2"></td></tr>
<tr><td>日期</td><td colspan="2"></td><td colspan="2">签名</td><td colspan="3"></td><td>批准</td><td colspan="2"></td></tr>
</table>

表 3-12　装配工艺流程卡示例-11

<table>
<tr><td rowspan="2"></td><td>装配工艺流程卡</td><td>产品型号</td><td colspan="2">6P6P（6V6）</td><td>产品名称</td><td colspan="2">6P6P 推挽合并机</td><td>产品图号</td><td>20150822</td><td>第 47 页</td></tr>
<tr><td>工艺名称</td><td>USB 解码板接线</td><td>工艺号</td><td>004-10</td><td>操作者</td><td></td><td>工号</td><td></td><td>工位号</td><td></td></tr>
<tr><td>旧底图总号</td><td colspan="7">操作步骤及图示说明：
1、裁剪红、黑、白、棕色信号线（0.5mm²）各 1 条，长度为 5cm，线头各剥 2.0mm 绝缘层，上锡待用
2、红色信号线连接 USB 解码板的 V+端及 USB 母座的 VCC 端、黑色信号线连接 USB 解码板的 V−端及 USB 母座的 GND 端、白色信号线连接 USB 解码板的 D−端及 USB 母座的 D−端、棕色信号线连接 USB 解码板的 D+端及 USB 母座的 D+端
3、将信号线的头端垂直焊于 USB 解码板信号输出端上，需保证屏蔽线的长度与信号线的长度一致，切忌太长，用镊子轻夹信号线，将红色信号线焊于信号输出端 R 上，白色信号线焊于信号输出端 L 上
GND　L　R</td><td colspan="3">所需材料：
装配好所有板块的机箱套件×1 套
5cm 长的红、黑、白、棕色信号线（0.5mm²）各 1 条
10cm 长的黑色信号线（单芯屏蔽线/外径 2.5mm）×1 条
10cm 长的白色信号线（单芯屏蔽线/外径 2.5mm）×1 条</td></tr>
<tr><td rowspan="3">底图总号</td><td colspan="7" rowspan="3">质量要求及注意：
1、连接 USB 母座与 USB 解码板时，应严格按照丝印及工艺要求焊线，切勿接错信号线
2、焊接信号线时，先焊中间屏蔽线（地线），有助于更好地焊接到位，保持 4 条线长度一致，焊线垂直于焊盘
3、焊点需圆润、平滑
4、焊接完毕后，用万用表测量是否存在错焊、漏焊、短路等不良现象</td><td colspan="3">所需工具：
电烙铁×1 套　剪线钳×1 个
尖嘴钳×1 个　万用表×1 个
焊锡丝×1 卷</td></tr>
<tr><td>拟制</td><td colspan="2"></td></tr>
<tr><td>审核</td><td colspan="2"></td></tr>
<tr><td>日期</td><td colspan="2"></td><td colspan="2">签名</td><td colspan="3"></td><td>批准</td><td colspan="2"></td></tr>
</table>

表 3-13 装配工艺流程卡示例-12

<table>
<tr><td rowspan="2"></td><td>装配工艺流程卡</td><td>产品型号</td><td colspan="2">6P6P（6V6）</td><td>产品名称</td><td colspan="2">6P6P 推挽合并机</td><td>产品图号</td><td>20150822</td><td>第 48 页</td></tr>
<tr><td>工艺名称</td><td>控制板信号输入/
输出端连接</td><td>工艺号</td><td>004-13</td><td>操作者</td><td></td><td>工号</td><td></td><td>工位号</td><td></td></tr>
<tr><td>旧底图总号</td><td colspan="7">操作步骤及图示说明：
1、将控制板信号输出端（GND、R+和 GND、L+）的信号线连接到放大板信号输入端（INR、GND 和 INL、GND）
2、将控制板信号输入端（R、GND、L）的信号线，连接到 USB 信号输出端（R、GND、L）
3、将控制板信号输入端（R、GND、L）的信号线，连接到 RCA 母座（CHO1、CHO2）信号输出端</td><td colspan="3">所需材料：
装配好所有板块的机箱套件×1 套
12cm 长的黑、白色信号线（单芯屏蔽线/2.5mm 外径）各 1 条</td></tr>
<tr><td rowspan="3">底图总号</td><td colspan="7" rowspan="3">质量要求及注意：
1、焊接信号线时，先焊中间屏蔽线（地线），有助于更好地焊接到位，保持三条线的长度一致，焊线垂直于焊盘
2、焊点需圆润、平滑
3、焊接完毕后，用万用表测量是否存在错焊、漏焊、短路等不良现象
4、信号线信号端的绝缘层切勿剥得太长，以信号端刚好立于焊盘上为佳
5、同组信号线不需要采用双绞线工艺，在多股走线汇集处用扎带扎紧信号线即可
6、切换板的输入/输出端信号线、共地线连接，即将两组信号线的屏蔽线焊接在同一个 GND 焊盘上</td><td colspan="3">所需工具：
电烙铁×1 套　剪线钳×1 个
万用表×1 个　焊锡丝×1 卷
镊子×1 把</td></tr>
<tr><td>拟制</td><td colspan="2"></td></tr>
<tr><td>审核</td><td colspan="2"></td></tr>
<tr><td>日期</td><td colspan="2"></td><td colspan="2">签名</td><td colspan="3"></td><td>批准</td><td colspan="2"></td></tr>
</table>

表 3-14　装配工艺流程卡示例-13

<table>
<tr><td rowspan="2"></td><td>装配工艺流程卡</td><td>产品型号</td><td colspan="2">6P6P（6V6）</td><td>产品名称</td><td colspan="2">6P6P 推挽合并机</td><td>产品图号</td><td>20150822</td><td>第 49 页</td></tr>
<tr><td>工艺名称</td><td>灯丝焊接</td><td>工艺号</td><td>004-09</td><td>操作者</td><td></td><td>工号</td><td></td><td>工位号</td><td></td></tr>
<tr><td>旧底图总号</td><td colspan="7">操作步骤：
1、将电源变压器的 1 组红、黑色信号线（6.3V）绞合，接至电源板 4 位接线柱（J3）上
2、从电源板的灯丝接线柱（J3）上，分出 3 组灯丝走线，1 组接 6N3（电压放大）及 6N6（推动兼差分），1 组接左声道 6P6P（电流放大），1 组接右声道 6P6P（电流放大）
3、裁剪 1 条长度为 20cm 的棕色信号线（$0.5mm^2$）及 1 条长度为 20cm 的白色信号线（$0.5mm^2$），一端剥开 0.5cm 长的绝缘层，用铜线拧实，上锡，装配于灯丝接线柱（J3）上，双线顺时针绞合；另一端接到 6N3 电子管灯丝引脚上，棕色信号线连接 Vf+端，白色信号线连接 Vf−端
4、由 6N3 灯丝引脚各引出 2 组灯丝走线（$0.5mm^2$）至 6N6 灯丝引脚，同样采用双绞线工艺，注意棕色信号线连接 Vf+端、白色信号线连接 Vf−端
5、从电源板灯丝接线柱（J3）引出 1 组长度为 28cm 的灯丝走线（$0.5mm^2$）至左声道 6P6P（电流放大）（V5）的灯丝引脚，棕色信号线头连接 Vf+端、白色信号线连接 Vf−端；同样引出 1 组长度为 22cm 的灯丝走线（$0.5mm^2$）至右声道
6、从 6P6P（V5）灯丝引脚，引出 1 组长度为 14cm 灯丝走线（$0.5mm^2$）至 6P6P（V4）灯丝引脚，注意棕色信号线连接 Vf+端、白色信号线连接 Vf−端；同样引出 1 组长度为 14cm 的灯丝走线（$0.5mm^2$）至 6P6P（V7）灯丝引脚</td><td colspan="3">所需材料：
20cm 长的棕色信号线（$0.5mm^2$）×1 条
12cm 长的棕色信号线（$0.5mm^2$）×2 条
28cm 长的棕色信号线（$0.5mm^2$）×1 条
22cm 长的棕色信号线（$0.5mm^2$）×1 条
14cm 长的棕色信号线（$0.5mm^2$）×2 条
20cm 长的白色信号线（$0.5mm^2$）×1 条
12cm 长的白色信号线（$0.5mm^2$）×2 条
28cm 长的白色信号线（$0.5mm^2$）×1 条
22cm 长的白色信号线（$0.5mm^2$）×1 条
14cm 长的白色信号线（$0.5mm^2$）×2 条
装配好所有板块的机箱套件×1 套</td></tr>
<tr><td rowspan="3">底图总号</td><td colspan="7" rowspan="3">质量要求及注意：
1、所有走线均需采用顺时针双绞线工艺
2、剥开的绝缘层不可过长，以 0.5cm 为宜，焊接时需在灯丝引脚焊盘上先上锡，将上好锡的线头垂直于焊盘进行焊接
3、先给焊盘加锡，再把线焊接到焊盘上，焊点需圆润、平滑，切勿虚焊、错焊
4、统一标准，棕色信号线连接灯丝引脚的 Vf+端，白色信号线连接灯丝引脚的 Vf−端
5、走线拐角处需令线 90° 弯曲，保持走线整齐
6、在多股走线汇集点，用扎带扎牢信号线
7、所有灯丝走线焊接完毕后，用万用表测量是否有错焊、虚焊、短路等不良现象</td><td colspan="3">所需工具：
十字螺丝刀×1 把　电烙铁×1 套
剪线钳×1 个　尖嘴钳×1 个
万用表×1 个　焊锡丝×1 卷
扎带×5 条</td></tr>
<tr><td>拟制</td><td colspan="2"></td></tr>
<tr><td>审核</td><td colspan="2"></td></tr>
<tr><td>日期</td><td colspan="2"></td><td colspan="2">签名</td><td colspan="3"></td><td>批准</td><td colspan="2"></td></tr>
</table>

表 3-15 装配工艺流程卡示例-14

<table>
<tr><td rowspan="2">CEELING·飞凌</td><td>装配工艺流程卡</td><td>产品型号</td><td colspan="2">6P6P（6V6）</td><td>产品名称</td><td colspan="2">6P6P 推挽合并机</td><td>产品图号</td><td>20150822</td><td>第 50 页</td></tr>
<tr><td>工艺名称</td><td>排线的制作与安装</td><td>工艺号</td><td>004-14</td><td>操作者</td><td></td><td>工号</td><td></td><td>工位号</td><td></td></tr>
<tr><td>旧底图总号</td><td colspan="7">操作步骤及图示说明：
1、拆分压头，将其拆成 4 部分（如图示第 2 行左数第 2 幅图所示），将排线切整齐，穿过序号 1 对应的元件与序号 3 对应的元件中间，对准压针，确保每一条线刚好压在每一个压针上，此时用手盖紧压头
2、用压线钳压压头，使压针刺穿排线绝缘层，到位即可，切勿用力过猛损坏压头
3、压紧压头后用序号 2 对应的元件，将排线反方向穿过压头，此时压紧序号 2 对应的元件，完成压头的安装
4、将 20cm 长的排线（10P）一端装于电源板（J8）上，另一端装于控制板（J12）上  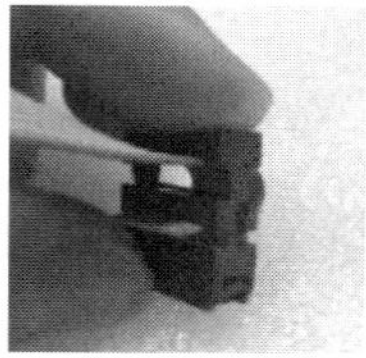  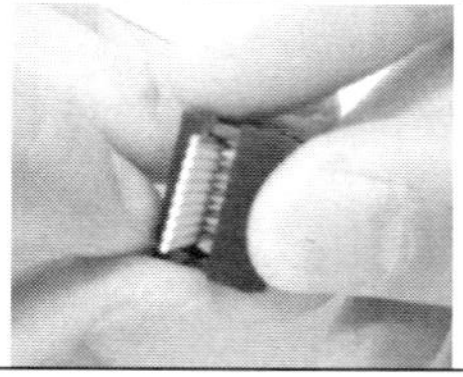 </td><td colspan="3">所需材料：
装配好所有板块的机箱套件×1 套
25cm 长的排线（10P）×1 条
35cm 长的排线（6P）×1 条
10P 压头×2 个
6P 压头×2 个</td></tr>
<tr><td rowspan="3">底图总号</td><td colspan="7" rowspan="3">质量要求及注意：
1、同一条排线，排线两头压头的凹槽方向必须一致
2、压线时排线不可超过压头
3、制作压头完毕后，用万用表测试是否连接到位</td><td colspan="3">所需工具：
剪线钳×1 个
万用表×1 个
胶锤×1 个</td></tr>
<tr><td>拟制</td><td colspan="2"></td></tr>
<tr><td>审核</td><td colspan="2"></td></tr>
<tr><td>日期</td><td colspan="2"></td><td colspan="2">签名</td><td colspan="3"></td><td>批准</td><td colspan="2"></td></tr>
</table>

项目 4　电子管功放测试

任务 1　通电前检查

1．检查连线

检查线与线、线与其他焊盘、线与螺丝、线与其他元件引脚之间有无短路现象；检查板与板之间的接线有无错焊、是否按照丝印正确连接；检查连线之间有无虚焊或者开路现象。

2．检查信号

1）USB 输入（数字）

检查 USB 母座的 VCC、GND、D+、D−端连接的 4 条线两两之间有无短路现象，是否分别焊接在 USB 解码板对应的 VCC、GND、D+、D−端上。

2）RCA 输入（模拟）

检查 RCA+端和 RCA−端是否分别焊接良好，有无短路现象。

3）USB 解码板到控制板

检查 USB 解码板的 L、GND、R 端连接的模拟输出信号线之间有无短路现象，是否正确连接到控制板对应的 L、GND、R 端上。

4）控制板到放大板

检查控制板输出端 L+、GND 和 R+、GND 连接的信号线之间有无短路现象，是否正确连接到放大板对应的 INL、GND 和 INR、GND 端上。

5）放大板到输出变压器

注意左右声道的接线颜色，LOUT+和 ROU+、LOUT−和 ROUT−必须统一，红色线接高电位 VDD。

6）输出变压器到喇叭端

输出变压器的白色线接红色（正）喇叭端、黑色线接黑色（负）喇叭端，黑色喇叭端要接地。

3．检查交流供电

1）AC 电源母座接线

检查火线是否经过保险、零火线有无接开关、地线是否连到电源板的 GND 端上。

2）电源板交流输入

检查 AC220V、AC280V、AC6.3V、AC9V 是否接对，每组交流电是否经过同一个变压器绕组。

3）灯丝供电

检查电源板上的灯丝接线端的交流输入是否为黑色线的 AC6.3V 输入，检查放大板上每个电子管的 Vf+、Vf−端是否分别接在同一 AC 电源端上（同一颜色的线）。

4．直流供电（电源板到主放大板）

检查电源板上的VDD、VD、GND、VCC端是否分别接到放大板上对应的VDD、VD、GND、VCC端上，电源板的GND端是否接到AC输入电源母座的GND端上。

任务2 通电后测试

4.2.1 断高压

测试步骤如下：

（1）通电前先检测实验室插座和胆机电源母座零火线的方向是否一致。

（2）确定检查无误后方可通电，通电及断电后不要乱摸电路板和元件，电容放电需要一段时间。

（3）断高压（280V）时，左右声道输出端接8Ω负载，接上电源线。

（4）测量恒流源LM317稳压模块输出端（3脚，测试点①）的电压，调节电位器，使测试点①的电压为2.5V，对应PCB中的TestL1−2.5V（以一个声道为例），以防止静态工作点初调时电流过大，上高压时烧坏电子管。恒流源测试点①如图4-1所示。

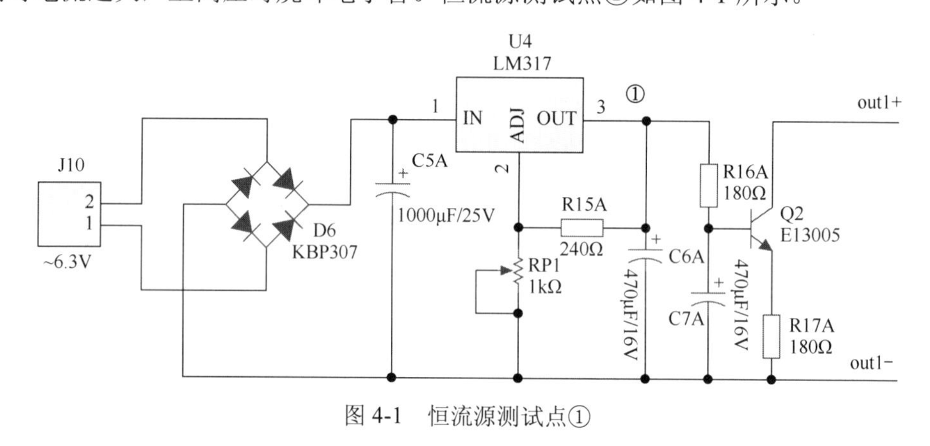

图4-1 恒流源测试点①

（5）测量灯丝电压（6.3～6.8V），观察电子管是否亮。

（6）检测控制板功能是否正常，包括数码管显示，LED指示灯待机状态显示，开关机控制，音量控制及输入挡位切换等。

4.2.2 通高压

测试步骤如下：

（1）关闭总开关，连接280V高压；

（2）测量电源板经整流后的电压（测试点②，应小于450V），恒流源测试点②如图4-2所示。

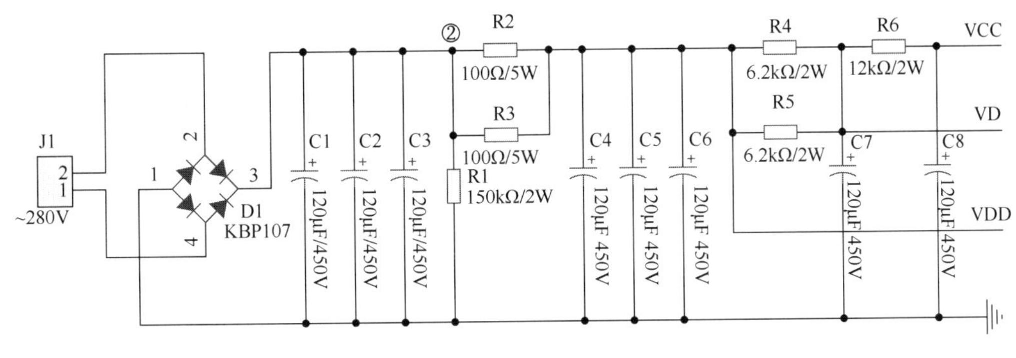

图 4-2　恒流源测试点②

（3）测量三极管（晶体）Q2 的输出电压。通过调节电位器，使测试点③的电压为 1.8V，对应 PCB 中的 TestL2−1.8V（以一个声道为例）。恒流源测试点③如图 4-3 所示。

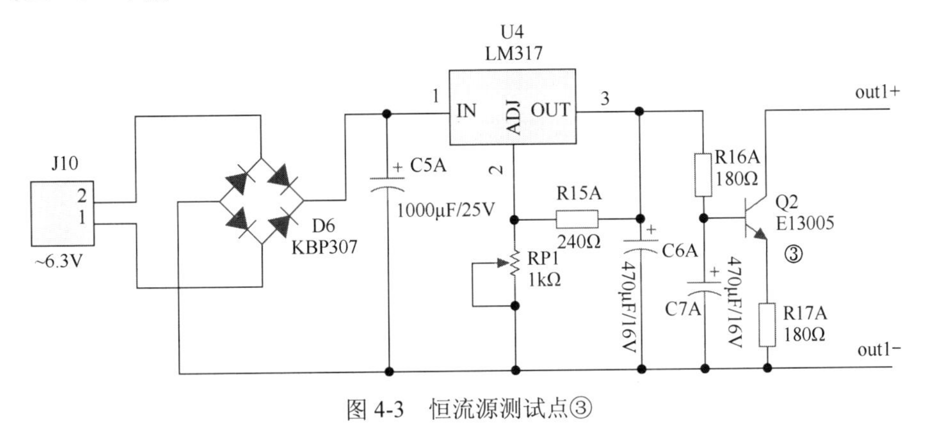

图 4-3　恒流源测试点③

（4）测量电子管 6P6P 阴极电压（V_k=22～25V）（8 脚，测试点④），帘栅极电阻（100Ω），电压降（V_{R13A}、V_{R14A}= 0.1～0.2V）（测试点⑤），后级测试点如图 4-4 所示。

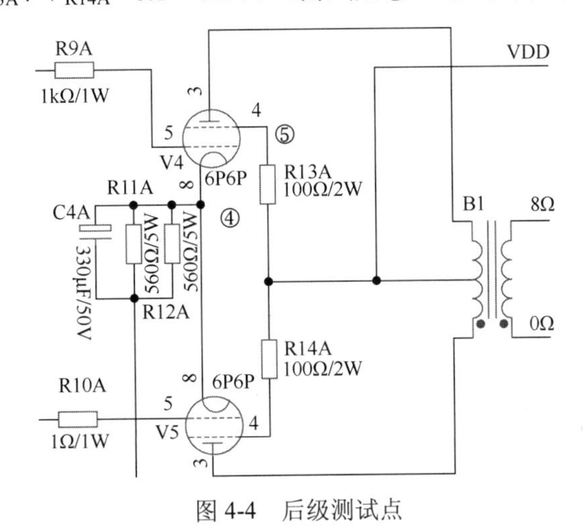

图 4-4　后级测试点

（5）测量电子管 6N3 及 6N6 各点的工作状态。测量 6N3 阳极静态电压［190V（±5V）］（测量点⑥），6N3 阴极静态电压［3.5V（±0.5V）］（测量点⑦）。6N6 阳极静态电压

［195V（±5V）］（测量点⑧），6N6 阴极静态电压［10.0V（±0.5V）］（测量点⑨）。前级和中间级测试点如图 4-5 所示。

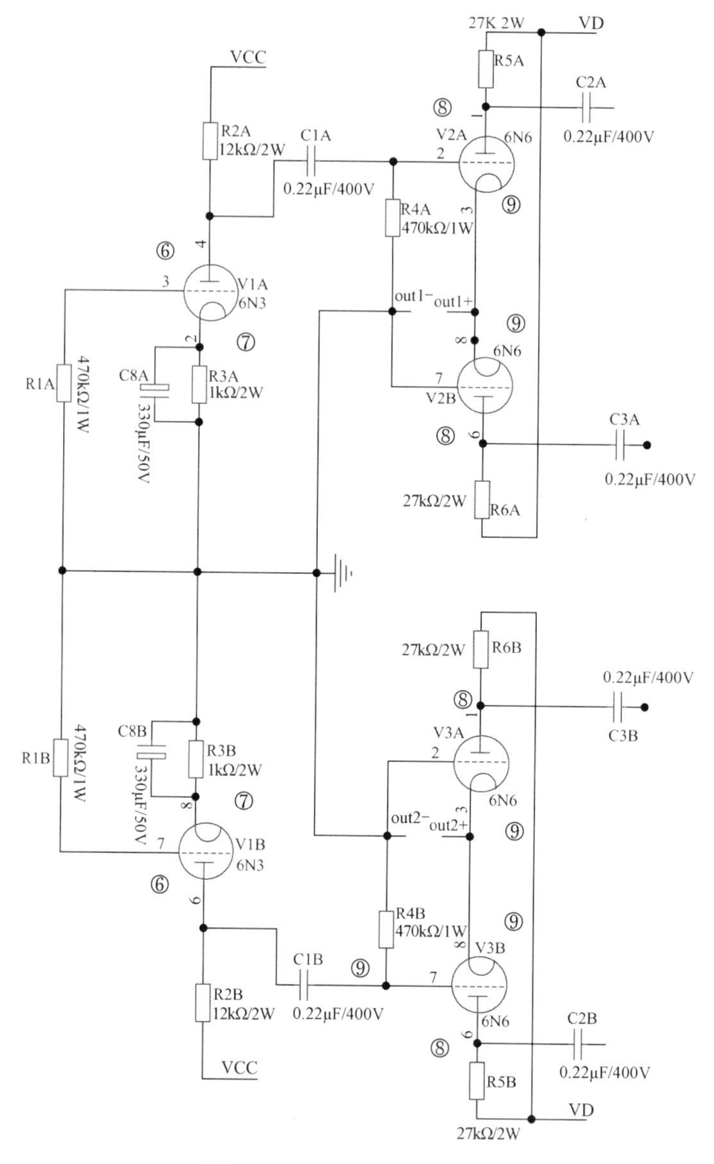

图 4-5　前级和中间级测试点

将 UT61E 型数字万用表量程置于直流电压挡，正表笔接电源电压 VD 端，负表笔接地。

任务 3　静态测试

静态测试表如表 4-1 所示，请将测试结果填入表中。

表 4-1 静态测试表

6V6 胆机功放静态测试表（通高压后）				
恒流源测试点电压	R13A	R14A	R13B	R14B
V	V	V	V	V
引脚电压/电子管型号	V1（6N3）	V2（6N6）（电路板左中）	V3（6N6）（电路板右中）	V4（6P6P）（电路板左下）
1	灯丝电压= V	阳极电压= V	阳极电压= V	空脚
2	阴极电压= V	栅极电压= V	栅极电压= V	灯丝电压= V
3	栅极电压= V	阴极电压= V	阴极电压= V	阳极电压= V
4	阳极电压= V	灯丝电压= V	灯丝电压= V	第二栅极= V
5	空脚	灯丝电压= V	灯丝电压= V	第一栅极= V
6	阳极电压= V	阳极电压= V	阳极电压= V	空脚
7	栅极电压= V	栅极电压= V	栅极电压= V	灯丝电压= V
8	阴极电压= V	阴极电压= V	阴极电压= V	阴极电压= V
9	灯丝电压= V	V	V	
引脚电压/电子管型号	/	V5（6P6P）（电路板左上）	V6（6P6P）（电路板右上）	V7（6P6P）（电路板右下）
1		空脚	空脚	空脚
2		灯丝电压= V	灯丝电压= V	灯丝电压= V
3		阳极电压= V	阳极电压= V	阳极电压= V
4		第二栅极= V	第二栅极= V	第二栅极= V
5		第一栅极= V	第一栅极= V	第一栅极= V
6		空脚	空脚	空脚
7		灯丝电压= V	灯丝电压= V	灯丝电压= V
8		阴极电压= V	阴极电压= V	阴极电压= V

任务 4 动态指标测试

4.4.1 动态指标测试前准备

（1）准备好工具和仪器，包括两个 8Ω 假负载、万用表、数字信号发生器、示波器、数字毫伏表。

（2）把上下两管的阴极相连，测试点③如图 4-6 所示。

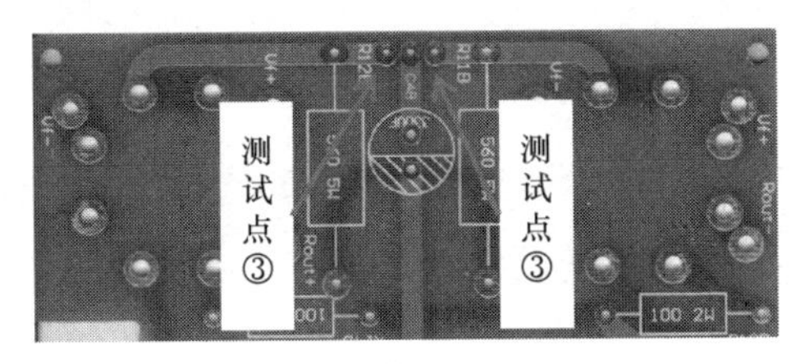

图 4-6 测试点③

（3）音频输出接 8Ω 假负载、RCA 端（CD 接口）左声道、右声道输入分别接信号发生器，如图 4-7 所示（图中所示为左声道输入接信号发生器的情况）。

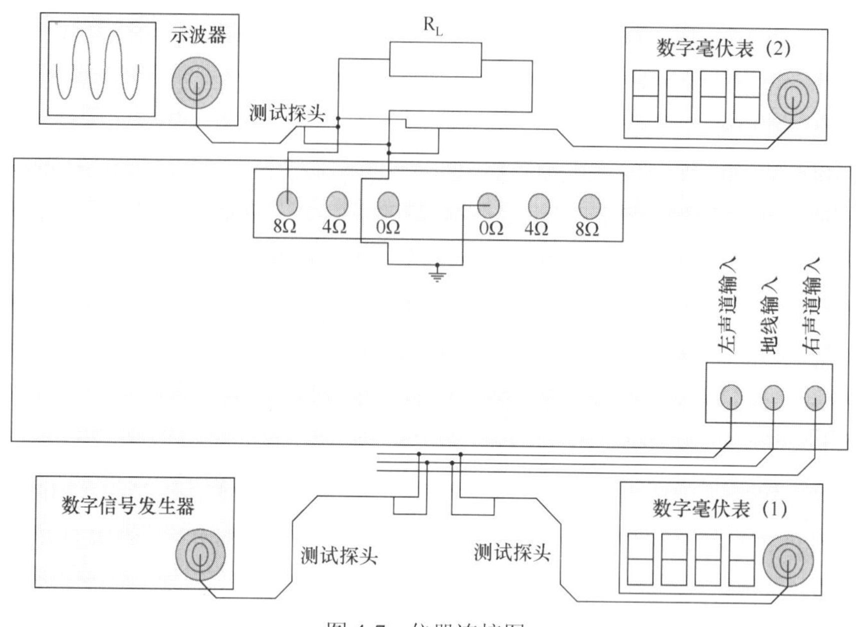

图 4-7 仪器连接图

① 测试左右声道相位是否一致。

将数字信号发生器调到 1kHz 挡，查看示波器左右声道的波形相位是否一致，若一致，则进行下一步；若不一致，则从输入端到输出端按信号走向逐步检查。

② 测试输入信号与输出信号波形相位是否相同。

若不一致，则从输入端到输出端按信号走向逐步检查。

③ 测试左右声道波形大小是否一致。

将数字信号发生器调到 1kHz 挡，查看示波器左右声道的波形大小是否一致，若一致，则进行下一步；若不一致，可以用示波器逐级检查，便可知道左右声道哪一级管的放大量不同。

（4）参考波形如图 4-8～图 4-11 所示。

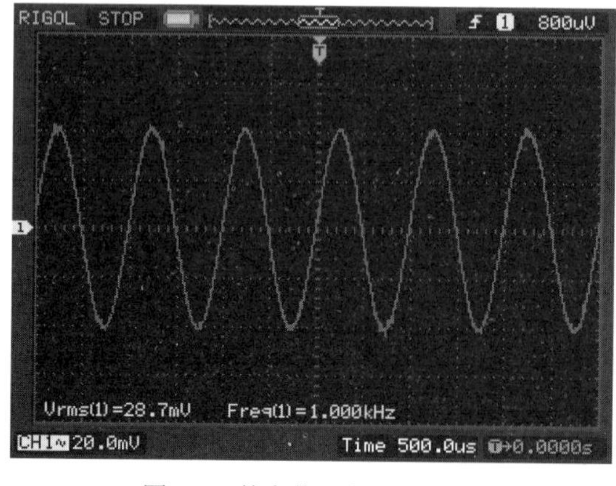

图 4-8 数字信号发生器输出

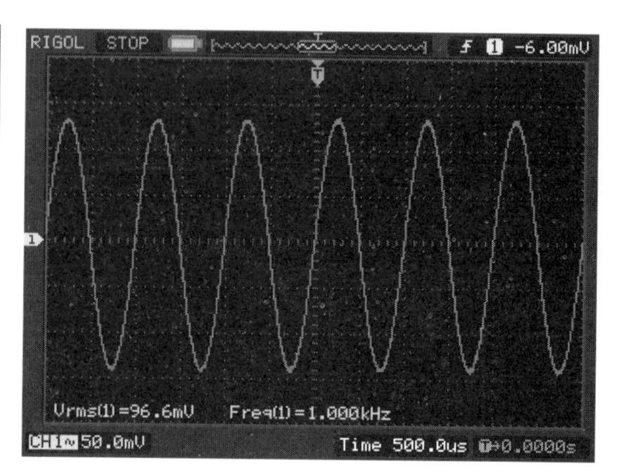

图 4-9 第一级输出

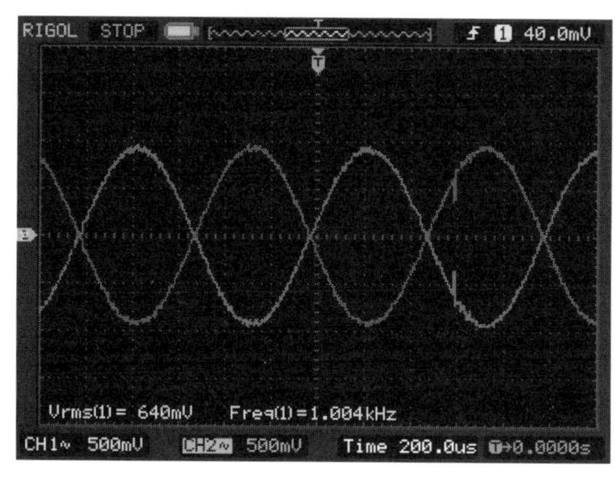

图 4-10　第二级输出

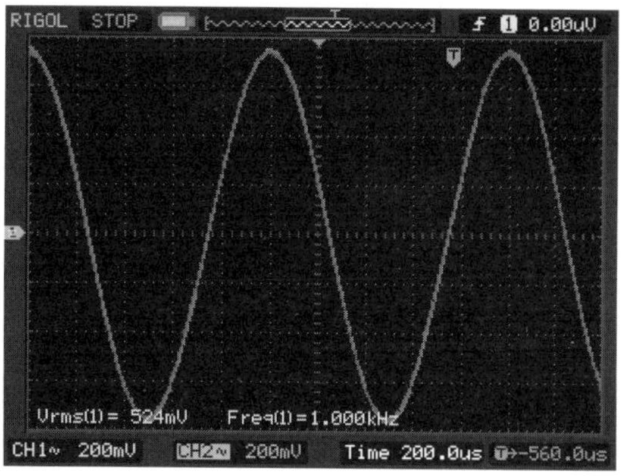

图 4-11　最终输出

4.4.2　功放指标测试

1．额定输出功率测试

测试仪器：数字信号发生器、数字毫伏表、示波器、8Ω 假负载。

仪器连接图如图 4-7 所示。

测试步骤如下：

（1）对两个数字毫伏表进行校零。

（2）将音量控制电位器调到最大位置，并在整个测试过程中保持不变。

（3）数字信号发生器输出正弦波信号，信号频率为 100Hz～20kHz。

（4）接通电源，调整示波器，使其显示稳定的正弦波信号，正弦波信号应正常（无失真、无噪声）。如果信号有失真、噪声，说明电路有故障或连线有错误。

（5）由小到大调节数字信号发生器输出信号幅值，使示波器显示的正弦波幅值最大且不失真，按表 4-2 所示的频率点要求进行测试，将输出端所接的数字毫伏表（2）的读数记录在表 4-2 中，并根据 $P=V\times V/R_L$，算出对应的输出功率。

表 4-2　功率测试表

序号	测试频率	输出		序号	测试频率	输出	
		电压	功率			电压	功率
1	100Hz			7	6kHz		
2	500Hz			8	8kHz		
3	800Hz			9	10kHz		
4	1kHz			10	12kHz		
5	2kHz			11	15kHz		
6	4kHz			12	20kHz		

2．信噪比测试

测试仪器：数字信号发生器、数字毫伏表、示波器、8Ω 假负载。

关键数据说明：CD 标准输出电阻有 150Ω/600Ω/10kΩ 可选，输出最大连续平均值为

0.775V，等同峰值为 $1V_p$，峰–峰值（正弦波）为 $2V_{p-p}$，有 $0.775\ V_{rms}=1V_p=2\ V_{p-p}$。

仪器连接如图 4-12 所示。

测试步骤如下：

（1）对两个数字毫伏表进行校零。

（2）接通电源，调整示波器，使其显示稳定的正弦波信号，正弦波信号应正常（无失真、无噪声）。如果信号有失真、噪声，说明电路有故障或连线有错误。

（3）数字信号发生器输出正弦波信号，其频率为 1kHz。根据表 4-3 所示的测试条件进行测试，并记录输出电压 V_S 和 V_N，即数字毫伏表（2）的读数，然后根据公式 $SNR=20\lg V_S/V_N$ 计算出信噪比 SNR，填入表 4-3 中。

表 4-3 信噪比测试表

<table>
<tr><th>序号</th><th>测试条件</th><th>输出电压</th><th>信噪比</th></tr>
<tr><td rowspan="2">1</td><td>（1）调节数字信号发生器输出信号幅值，使数字毫伏表（1）的读数为 0.775V
（2）将音量控制电位器调到最大位置，使功放输出信号幅值最大，即数字毫伏表（2）的读数最大，且不失真，即示波器显示的波形不失真</td><td>$V_S=$</td><td rowspan="2">$SNR=20\lg\frac{V_S}{V_N}$
=</td></tr>
<tr><td>（1）将音量控制电位器调到最大位置
（2）将输入信号删除，即输入端悬空</td><td>$V_N=$</td></tr>
<tr><td rowspan="2">2</td><td>（1）调节数字信号发生器输出信号幅值，使数字毫伏表（1）的读数为 0.775V
（2）将音量控制电位器调到最大位置，使功放输出信号幅值最大，即数字毫伏表（2）的读数最大，且不失真，即示波器所显示的波形不失真</td><td>$V_S=$</td><td rowspan="2">$SNR=20\lg\frac{V_S}{V_N}$
=</td></tr>
<tr><td>（1）调节音量电位器到最大位置
（2）将输入信号删除，并将输入信号端对地短路</td><td>$V_N=$</td></tr>
</table>

3．带宽测试

测试仪器：数字信号发生器、数字毫伏表、示波器、8Ω 假负载。

仪器连接图如图 4-7 所示。

测试步骤如下：

（1）对两个数字毫伏表进行校零。

（2）将音量控制电位器调到最大位置，并在整个测试过程中保持不变。

（3）数字信号发生器输出正弦波信号，信号频率为 20～30kHz。调整数字信号发生器输出信号幅值，使数字毫伏表（1）的读数为 100mV，并在频率 20Hz～30kHz 范围内保持不变。

（4）接通电源，调整示波器，使其显示稳定的正弦波信号，正弦波信号应正常（无失真、无噪声）。如果信号有失真、噪声，说明电路有故障或连线有错误。

（5）按表 4-4 所示的频率要求进行测试，将输出端所接的数字毫伏表（2）的读数得到记录在表 4-4 中，然后用测试频率对应的电压除以 1kHz 对应的电压，求其对数（以 10 为底），乘以 20，得到 $20\lg V_{test}/V_{1kHz}$，单位为 dB。

表 4-4　带宽测试表

序号	测试频率	输出		序号	测试频率	输出	
		电压	带宽			电压	带宽
1	20Hz			15	4kHz		
2	50Hz			16	5kHz		
3	100Hz			17	6kHz		
4	200Hz			18	7kHz		
5	300Hz			19	8kHz		
6	400Hz			20	9kHz		
7	500Hz			21	10kHz		
8	600Hz			22	11kHz		
9	700Hz			23	12kHz		
10	800Hz			24	14kHz		
11	900Hz			25	16kHz		
12	1kHz			26	18kHz		
13	2kHz			27	20kHz		
14	3kHz			28	22kHz		

项目 5　解码器设计与制作

任务 1　USB 解码器原理及 PCB 设计

5.1.1　USB 解码器

USB 解码器，又称 USB 外置声卡，作用是将我们原本无法看到和听到的数字信号转换为可供人识别的模拟信号。PC 存储无损音源已经成为时尚，PC 内部就是一个电磁噪声的“大熔炉”，对于数字电路来说没什么问题，但对于模拟信号来说，很容易引入噪声，如果采用 PCI 总线结构的声卡，在 PC 内部将数字信号转换成模拟信号，容易受 PC 内部电磁杂波干扰，虽然可通过电路上的设计和使用高品质的元件来减少噪声，但只有把模拟电路部分移到 PC 外面才是最好的解决方法。USB 线一端连着 PC 的 USB 接口，另一端连着 USB 解码器，PC 存储的声音信号以数字方式输出，不受内部电磁杂波干扰，提高了信噪比。USB 解码器将 PC 传过来的 USB 信号转换成模拟信号并送到功放进行放大，能够获得较好的音质输出，实现音源的高保真传输。

USB 解码器的结构非常简单：一个 USB 接口，一组输出耦合电路，音频信号的输出接口、输入接口，一块主芯片和为它提供标准时钟信号的晶振。USB 解码器电源是由 USB 输入线提供的，USB 输入线共有 4 股，两股是数据线，另两股是电源线。数据线传输的是数字信号（用高、低电平分别代表 1 和 0）；避免输出的模拟信号受到 PC 内的电磁干扰，而使声音变得纯净。

USB 解码器主芯片将 USB 数字信号转化为可输出的模拟信号，然后再送入功放中推动音响；由于 USB 解码器采用单电源设计，因此输出的信号中包含大量的直流信号，这些信号是无意义的杂波，必须将其去除才能输出。在 USB 解码器的模拟电路部分，因为其抗干扰能力较差，所以就要使用专用的抗干扰电路来处理，这种电路就是耦合电路。USB 解码器上密密麻麻的电容和电阻大都是阻容耦合电路的一部分，它们的作用是在两个电路部分之间阻碍直流电通过，而让有意义、包含着音频信号的交流电通过。这种电路能过滤掉无用的直流信号，将有效的交流信号通过音频输出接口输出。

5.1.2　USB 接口

1. 基本简介

USB 是一个外部总线标准，用于规范计算机与外部设备的连接和通信。USB 接口支持设备的即插即用和热插拔功能。

2. 相关规范

USB 1.0 是在 1996 年出现的，其传输速率只有 1.5 Mbps（b 是 Bit 的意思，1MB/s（兆字节/秒）=8Mbps（兆位/秒），12Mbps=1.5MB/s）；1998 年，USB 1.0 升级为 USB 1.1，传输速率也大大提升，达到 12Mbps，在部分旧设备上还能看到这种标准的接口。USB 1.1 是较为普遍的 USB 规范，其高速方式的传输速率为 12Mbps，低速方式的传输速率为 1.5Mbps，大部分 MP3 的接口为此类接口。

USB 2.0 的传输速率为 480Mbps，即 60MB/s，USB 3.0 的传输速率为 5.0Gbps，即 625MB/S。

3. 接口布置

USB 是一种常用的 PC 接口，内部有 4 条接口线：两条电源线、两条信号线，因此 USB 信号是串行传输的，USB 接口也称为串行口。USB 接口的输出电压和电流是 5V 和 500mA，实际上有误差，电压误差最大不能超过±0.2V，也就是说，输出电压范围实际上是 4.8～5.2V。

USB 接口如图 5-1 所示，USB 接口定义如图 5-2 所示，USB 接口线的颜色一般的排列方式是：红-白-绿-黑。

红色 USB 电源线：标有 VCC/Power/5V/5VSB 字样。

绿色 USB 信号线：标有 DATA+/USBD+/PD+/USBDT+字样。

白色 USB 信号线：标有 DATA−/USBD−/PD−/USBDT−字样。

黑色 USB 地线：标有 GND/Ground 字样。

图 5-1 USB 接口

图 5-2 USB 接口定义图

5.1.3 USB 解码器主芯片 PCM2704

USB 解码器主芯片采用 TI 的 USB 音频 DAC 芯片 PCM2704，PCM2704 内部带有 USB 接口控制芯片及 16 位 D/A 转换芯片，符合 USB 1.1 接口标准，可在 Windows 系统下使用，无须编写专用的驱动程序，使用方便。PCM2704 用于接收来自 USB 主机（如台式计算机、笔记本电脑、手机等）的音频数据流，在对其进行数字音量和音效处理后，再将其转换为模拟音频信号。

PCM2704 的主要特点：支持 USB 1.1 接口标准，支持 16 位 32kHz/44.1kHz/48kHz 取样，信噪比为 98dB（典型值），内部集成有独立的 12MHz 时钟发生器，是具有 USB 接口、耳机输出端和 S/PDIF 输出端的立体声音频 DAC 芯片。

1. 电气特性

1）数据输入/输出

主接口：USB 1.1 接口，全速。

音频输出格式：USB 同步数据格式。

2）输入逻辑

输入逻辑电压：V_{IH}：2～3.3V；V_{IL}：−0.3～0.8V；$V_{IH(1)}$：2～5.5V；$V_{IL(1)}$：−0.3～0.8V。

输入逻辑电流：I_{IH}：65～100μA（V_{IN}= 3.3V）；I_{IL}：±10μA（V_{IN}=0V）；$I_{IH(2)}$：±10μA（V_{IN}=3.3V）；$I_{IL(2)}$：±10mA（V_{IN}=0V）。

3）输出逻辑

输出逻辑电压：V_{OH}：2.4V（MIN）；V_{OL}：0.4V（MAX）；$V_{OH(3)}$：2.8V（MIN）；$V_{OL(3)}$：0.3V（MAX）。

4）时钟频率

输入时钟频率：11.994MHz/12MHz（典型值）/12.006MHz。

采样速率：32kHz/44.1kHz/48kHz。

5）解码器特性

16 位，双通道输出：通道 1 和通道 2。

2. 引脚排列与功能

1）引脚排列。

PCM2704 引脚排列如图 5-3 所示。

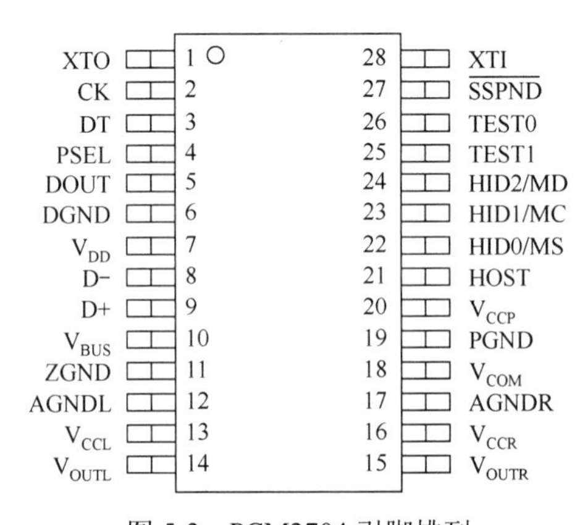

图 5-3 PCM2704 引脚排列

2）引脚功能

AGNDL：12 脚，耳机放大器左声道地。

AGNDR：17 脚，耳机放大器右声道地。

CK：2 脚，外部 ROM 时钟输出（PCM2704），必须开路（PCM2705）。

D+：9 脚，输入/输出，接 USB 差动输入/输出的正信号。

D−：8 脚，输入/输出，接 USB 差动输入/输出的负信号。

DGND：6 脚，数字地。

DOUT：5 脚，数字同轴输出。

DT：3 脚，外部 ROM 的数据输入/输出（PCM2704）。

HID0/MS：22 脚，输入，用于按键状态、静音控制，高电平有效。

HID1/MC：23 脚，输入，控制按键状态、音量减，高电平有效。

HID2/MD：24 脚，输入，控制按键状态、音量加，高电平有效。

HOST：21 脚，输入，在独立供电时进行检查，与 V_{BUS} 端（10 脚）相连；在总线供电时进行最大功率选择；低电平：100mA；高电平：500mA。

PGND：19 脚，DAC、OSC、PLL 的模拟地。

PSEL：4 脚，输入，用于电源选择，低电平：独立供电；高电平：3.3V。

$\overline{\text{SSPND}}$：27 脚，输出，暂停标志，低电平：暂停；高电平：运行。

TEST0：26 脚，输入，用于测试，必须为 1。

TEST1：25 脚，输入，用于测试，必须为 1。

V_{BUS}：10 脚，在总线供电时，接 USB 供电端，在独立供电时，接 VDD 端。

V_{CCL}：13 脚，耳机放大器左声道的模拟供电电源输入。

V_{CCP}：20 脚，DAC、OSC、PLL 模拟供电电源输入。

V_{CCR}：16 脚，耳机放大器右声道的模拟供电电源输入。

V_{COM}：18 脚，DAC 公共供电端口，连接退耦电容到 PGND 端。

V_{DD}：7 脚，数字电源。

V_{OUTL}：14 脚，输出，耳机放大器左声道 DAC 模拟输出。

V_{OUTR}：15 脚，输出，耳机放大器右声道 DAC 模拟输出。

XTI：28 脚，输入，晶体振荡器输入。

XTO：1 脚，输出，晶体振荡器输出。

ZGND：11 脚，内部寄存器地。

5.1.4　USB 解码器原理

USB 解码器通过 PCM2704 将数字信号转换为模拟信号，再通过轨对轨单电源运算放大器 AD8544 进行同相放大和反相跟随后输出，输出信号接功放进行放大后推动音响。USB 解码器中的 PCM2704 和 AD8544 都采用 USB 接口自带的 5V 单电源供电，没有额外增加单独的电源。PCM2704 模拟输出逻辑电压最低为 2.4V，模拟输出电流为 2mA 左右。为了保证经过 USB 解码器的模拟信号与 CD 处理的模拟信号幅值（CD 输出电压有效值为 2V）相当，选用单电源轨对轨运算放大器 AD8544。轨对轨运算放大器的输入和输出电压摆幅非常接近或几乎等于电源电压值。例如，在 5V 单电源供电的条件下，即使输入、输出信号的幅值低到接近 0V 或高至接近 5V，信号也不会发生截止或饱和失真，从而大大增加了放大器的动态范围，这在低电源供电的电路中具有实际意义。

AD8544 的电气特性如下。

单电源供电电压：2.7～5.5V。

电源消耗电流：45～65μA。

带宽：1MHz。

输入失调电压：1～6mV。

输入偏置电流：4～60pA。

输入失调电流：0.1～30pA。

输出电流：30mA。

失调电压温漂：4μV/°C。

偏置电流漂移：100fA/°C。

偏移电流漂移：25fA/°C。

共模抑制比：40～48dB。

电源电压抑制比：65～76dB。

转换速率：0.45～0.92V/μs。

操作温度范围：−40～+125°C。

USB 解码器原理如图 5-4 所示。

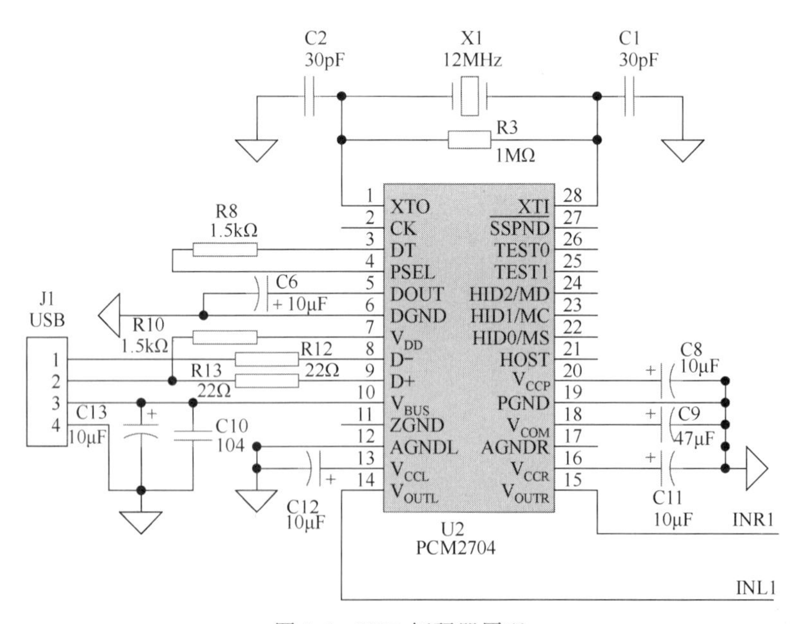

图 5-4 USB 解码器原理

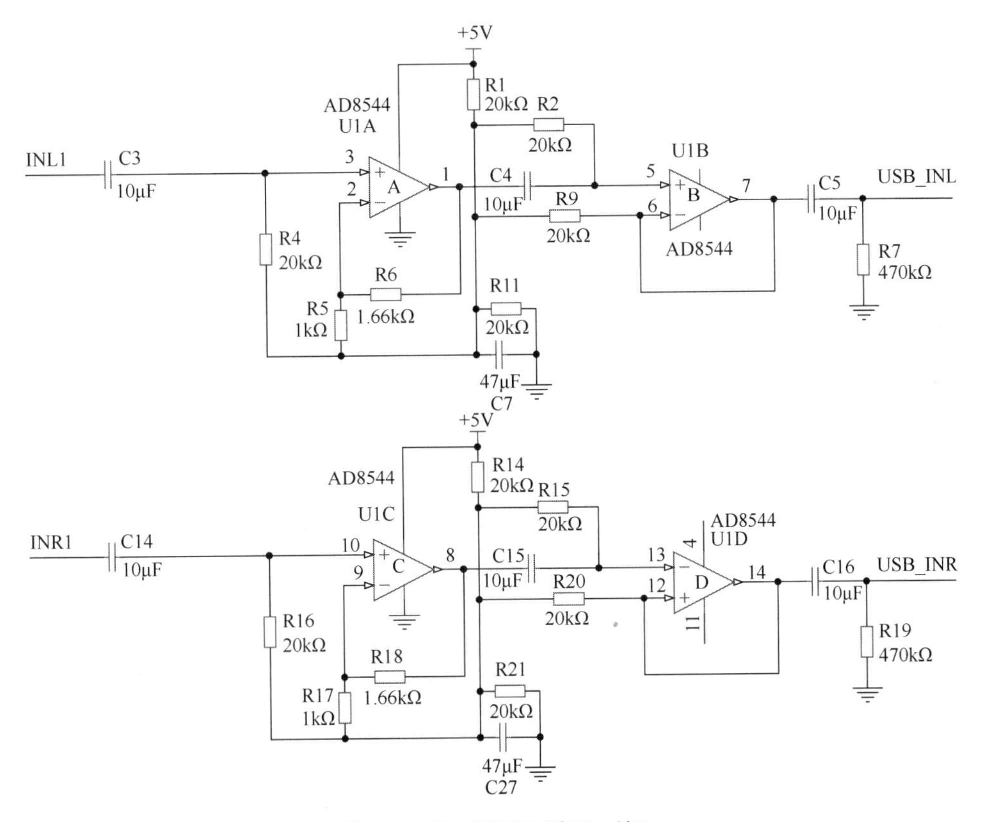

图 5-4　USB 解码器原理（续）

如前所述，AD8544 是单电源供电的轨对轨运算放大器，USB 数字信号经 PCM2704 解码后转换为模拟信号，再经过耦合电容，输入 AD8544 进行放大和处理。AD8544 第一级是同相放大器，使转换的模拟信号与 CD 处理的模拟信号均衡，AD8544 第二级是跟随器，目的是提高带负载能力。以右声道为例，第二级通过 R14 和 R15 构成偏置电路，使第二级输入的直流电压保持在 VCC/2，即 2.5V。第一级由于通过 R16、C27 到地的直流电流很小，基本等于 0，因此静态工作电压也为 2.5V 左右。

C14 是耦合电容，R16 与运算放大器的输入电阻并联，使第一级的输入电阻不随频率的变化而变化，第一级的放大倍数是 1+（R18/R17）=2.66。第二级是跟随器，电压没有被放大，其提高了输入电阻，降低了输出电阻。同时因为输出电阻变小，所以高频截止频率增大了（$f_H=1/2\pi R$）。

5.1.5　USB 解码器 PCB 布局布线

1. 布局

按模块分，先找出主元件，PCM2704 是 DAC 芯片，既涉及数字信号，又涉及模拟信号，放在下半部分；AD8544 是轨对轨运算放大器，只涉及模拟信号，放在上半部分。然后再分别找出这两个主元件的周边元件，做到数字一边、模拟一边。

2. 布线

绘制控制板 PCB 图时，采用双面板绘制，布线时考虑抗干扰因素，顶层（Top Layer）放置 AD8544 及其周边元件，底层（Bottom Layer）放置 PCM2704 及其周边元件。USB 解码器布局布线图及实物图如图 5-5 所示。

图 5-5（a）

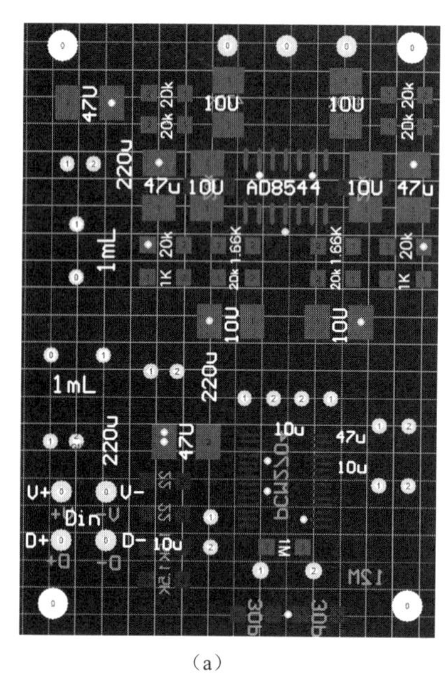

（a）

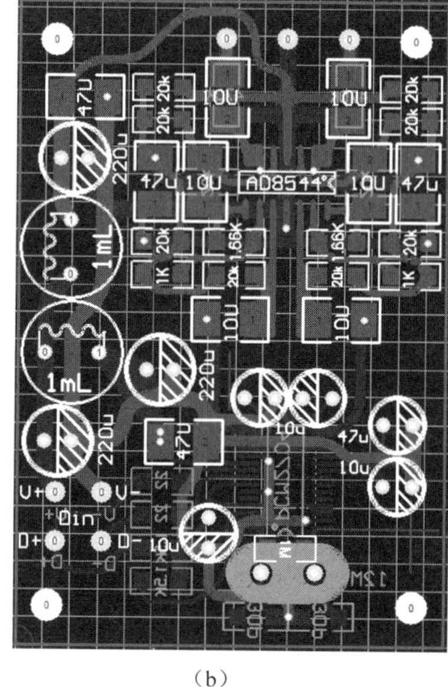

（b）

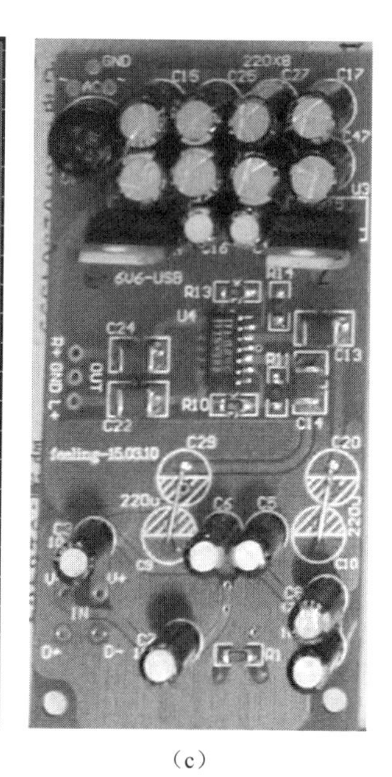

（c）

图 5-5 USB 解码器布局布线图及实物图

图 5-5（b）

任务 2 PCM1794 解码器原理图设计

图 5-5（c）

随着科技的发展，出现了越来越多的音频格式，CD、MP3、手机等设备的解码功能不足、解码不全面，将会导致播放出来的音乐在音质上不佳，基于这点，我们开展了 PCM1794 高格式音频解码器的设计与制作工作。

本任务通过用 4 个端口将光纤（OPT）、同轴（COAX）、AES/EBU、USB 这 4 种格式的不同频率的数字音频信号传入，数字音频信号通过 AK4118，被转换为 24 位 192kHz 的数字音频信号，再通过 PCM1794 芯片被转换为模拟音频信号，最后通过前置放大电路输出。同时，AK4118 将检测到的输入信号传送给 STC12C5052AD 单片机，用户通过对单片机进行编程，可使单片机判断输入的数字音频信号的格式及频率，把得出的结果传送到 7 个 LED 数码管中，从而在 LED 数码管上显示输入的数字音频信号的格式及频率。在多种格式的数字音频信号同时输入时，用户可通过按键或红外遥控器对信号进行切换及选择。

PCM1794 高格式音频解码器系统框图如图 5-6 所示。

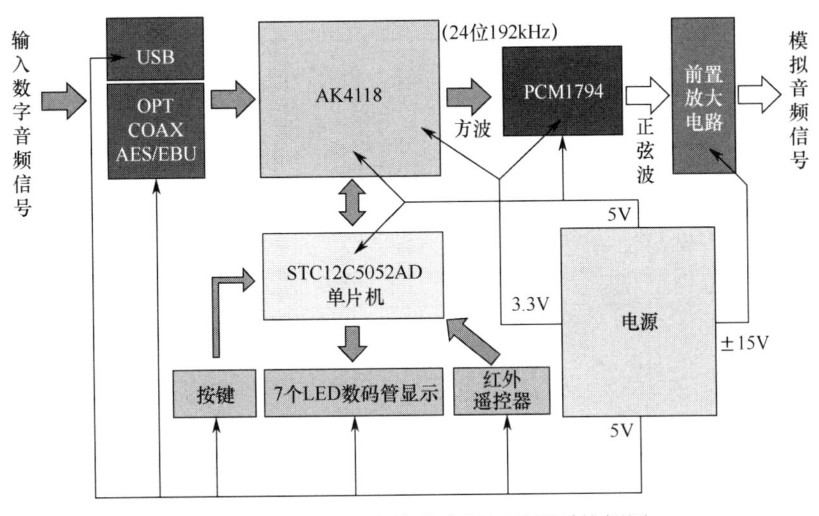

图 5-6　PCM1794 高格式音频解码器系统框图

5.2.1　电源电路原理图

电源为前置放大电路、PCM1794、STC12C5052AD 单片机、AK4118 等单独供电。其中，前置放大电路的电源电压为±15V，PCM1794 的电源电压为 5V 和 3.3V，STC12C5052 单片机的电源电压为 5V，AK4118 的电源电压为 5V 和 3.3V。

PCM1794 的 5V 和 3.3V 电源电路如图 5-7 所示。STC12C5052AD 单片机的 5V 电源电路如图 5-8 所示。AK4118 的 5V 和 3.3V 电源电路如图 5-9 所示。前置放大电路的±15V 电源电路如图 5-10 所示。

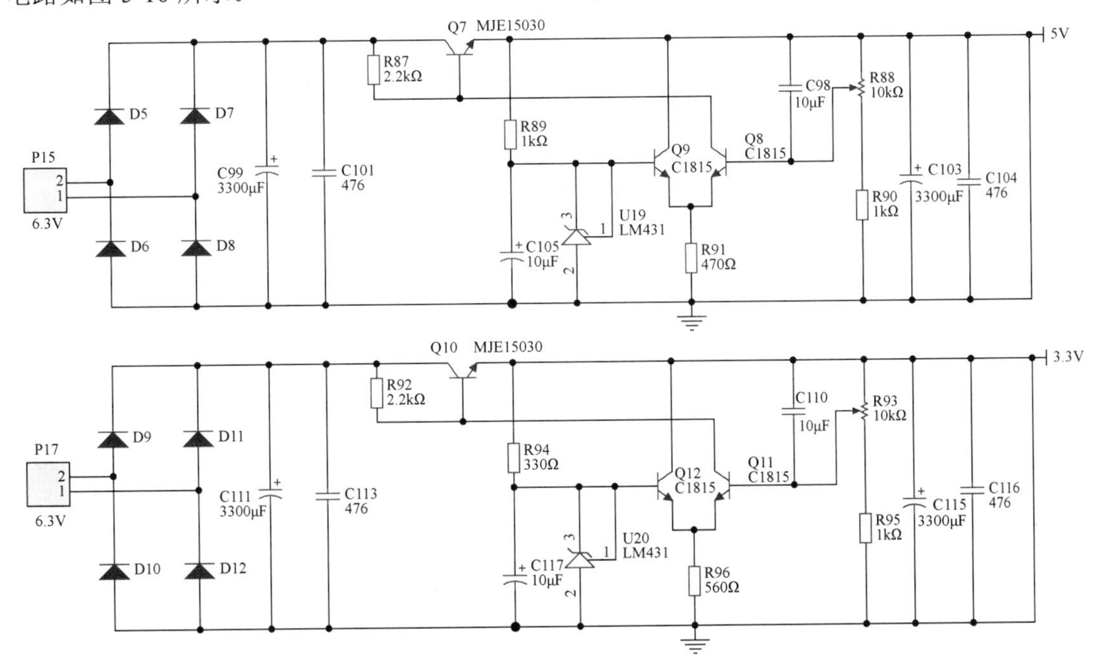

图 5-7　PCM1794 的 5V 和 3.3V 电源电路

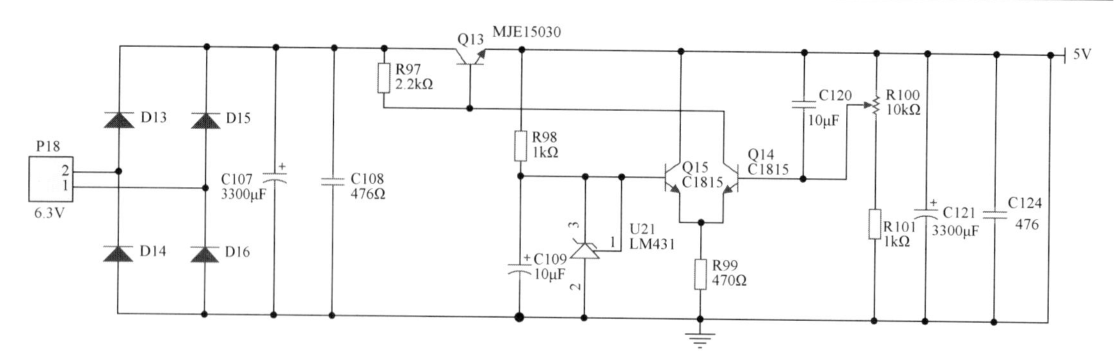

图 5-8 STC12C5052AD 单片机的 5V 电源电路

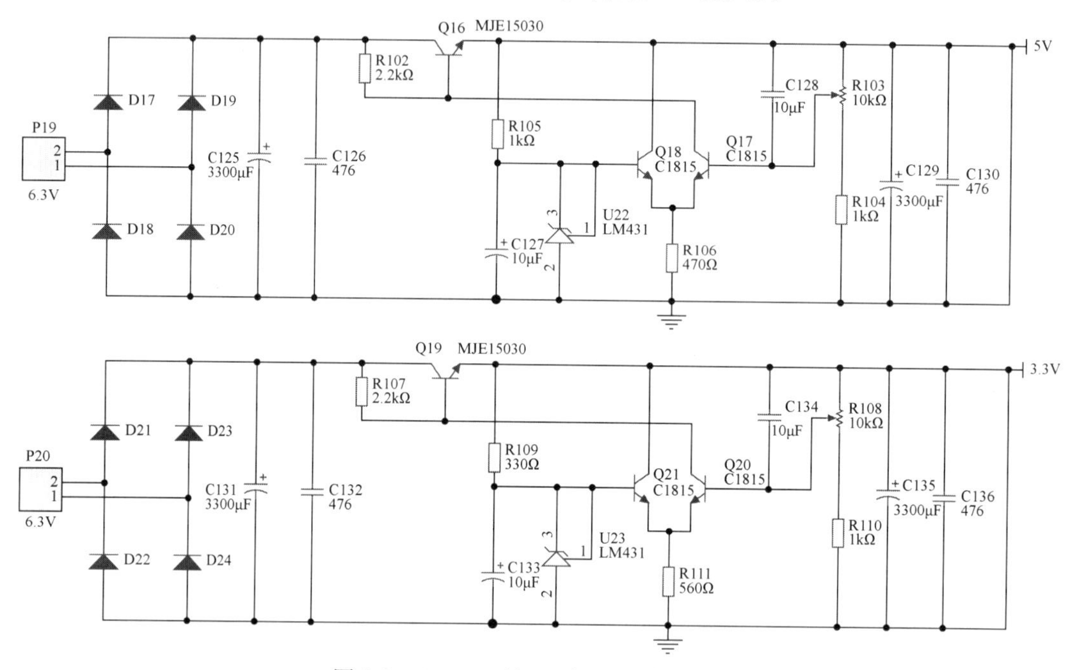

图 5-9 AK4118 的 5V 和 3.3V 电源电路

由于解码器对于噪声的控制要求高。对于电源电路，我们选择串联稳压电路。该电路具有输出电压可调、纹波小的特点。

如图 5-11 所示，串联稳压电路一般包括 4 部分：调整元件、基准电源、比较放大器和取样电路。当电网电压或负载变动引起输出电压 V_o 变化时，取样电路将输出电压 V_o 的一部分馈送回比较放大器和基准电压进行比较，产生的误差电压经放大后用于控制调整管的基极电流，自动调整三极管（晶体）集射极间的电压，补偿 V_o 的变化，从而维持输出电压基本不变。

对于串联稳压电路，应当注意以下问题：

（1）所引入的必须是电压负反馈，而不是电压正反馈。

（2）比较放大器部分的放大管和调整管应在电路网络电压波动、负载电阻变化、输出电压调整过程中始终处于放大状态，不能处于饱和状态，这样负反馈才起作用，输出电压才稳定。

（3）电路不应产生自激振荡。若在输出端测得纹波电压不是几毫伏至十几毫伏，而是几百毫伏，甚至更大，则说明电路中产生了自激振荡，电路不能稳压，需消振。

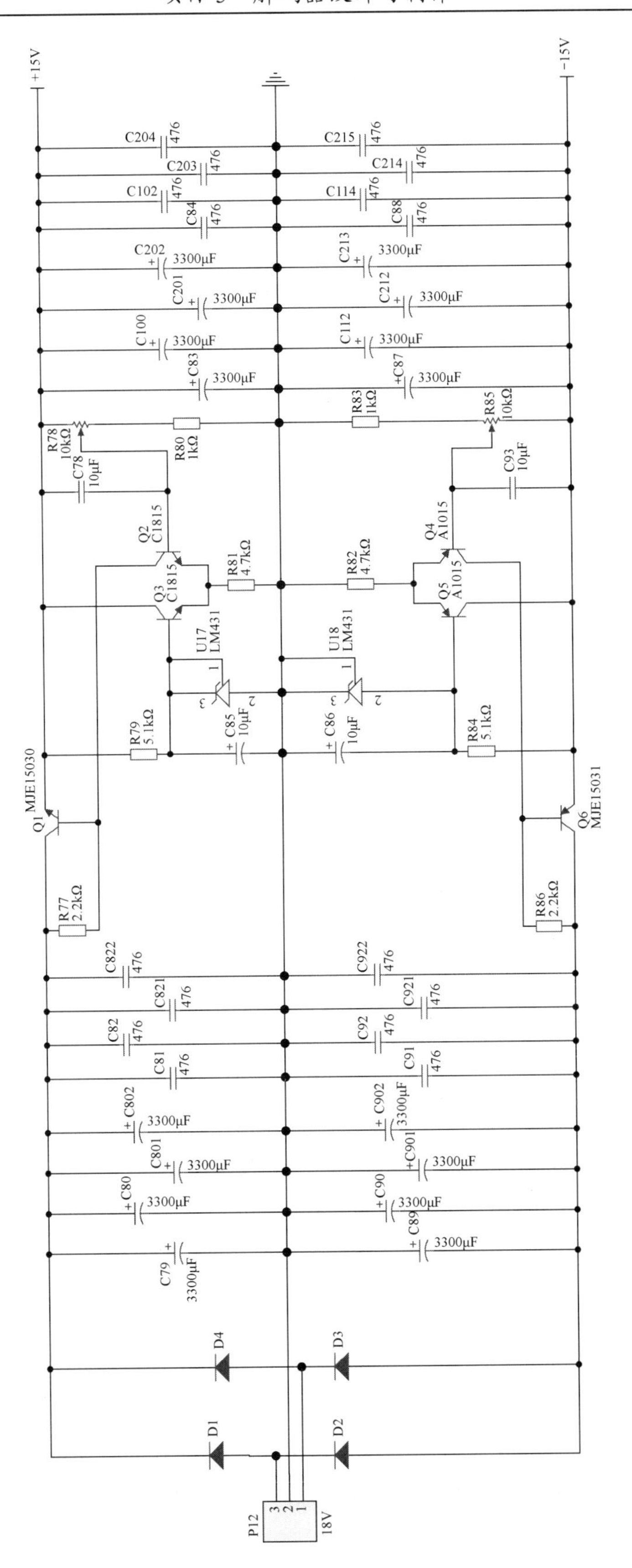

图 5-10　前置放大电路的±15V 电源电路

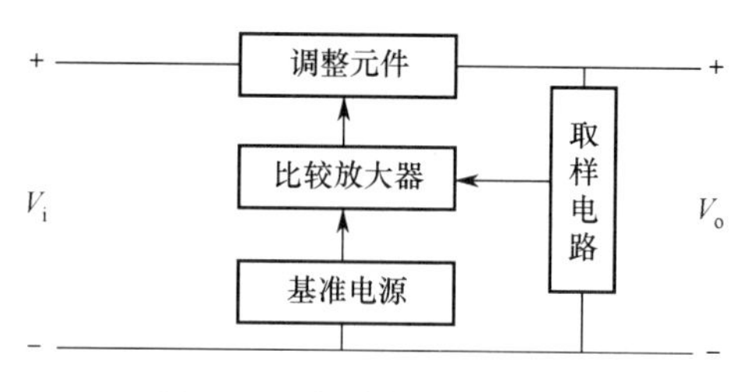

图 5-11 串联稳压电路框图

5.2.2 AK4118 模块

1．退耦模块

AK4118 的退耦模块电路如图 5-12 所示，其作用是防止前后电路网络电流大小变化时，在供电电路中所形成的电流冲击对网络的正常工作产生影响。退耦模块能够有效消除电路网络之间的寄生耦合。PCB 布局时应将电容尽可能贴近芯片引脚，X1 为 AK4118 的有源晶振。

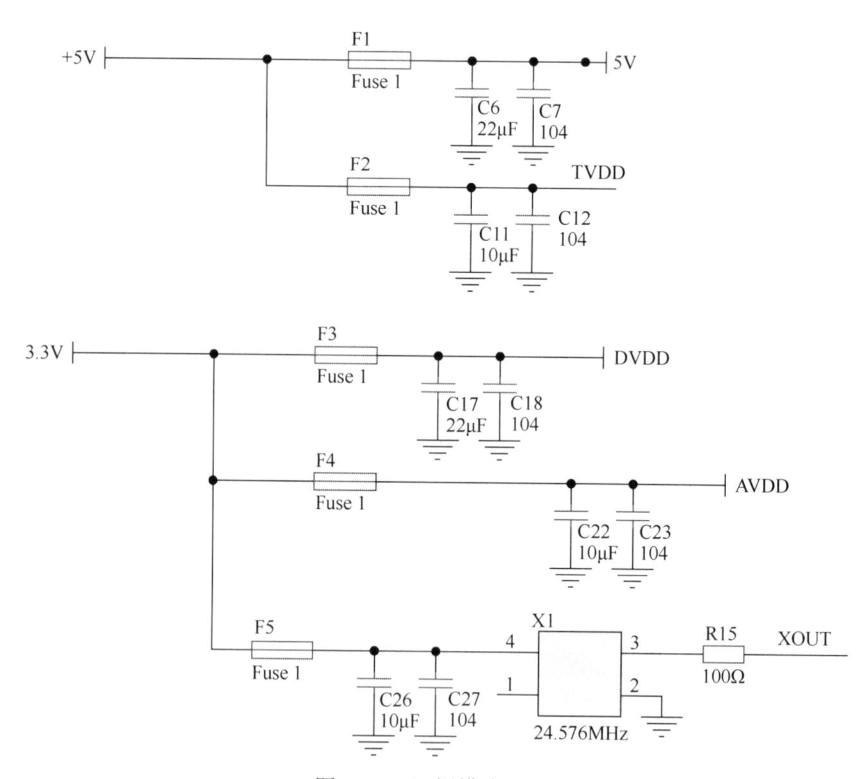

图 5-12 退耦模块电路

2．输入模块

AK4118 的输入模块电路如图 5-13 所示，共有 4 个输入端，P1、P2、P4、P6 分别接同轴（COAX）、光纤（OPT）、AES/EBU、USB 音频格式的输入端，可检测 32kHz、44.1kHz、48kHz、88.2kHz、96kHz、176.4kHz、192kHz 等频率的输入信号。

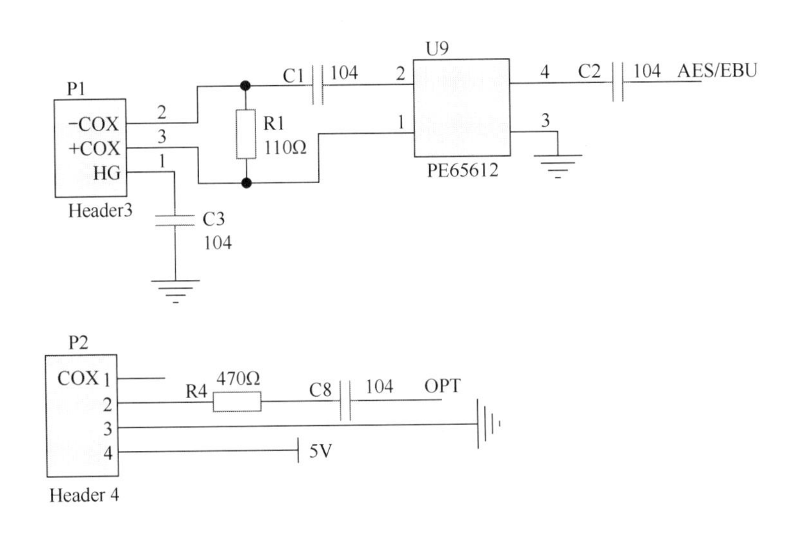

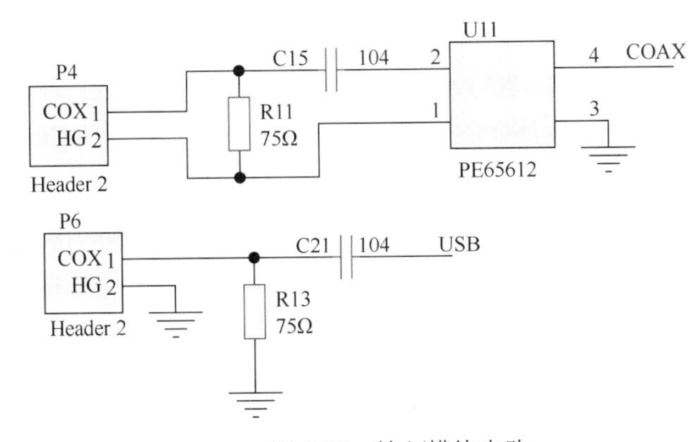

图 5-13　输入模块电路

3. AK4118 及其外围电路

AK4118 及其外围电路如图 5-14 所示，AK4118 是一种数字音频收发芯片，支持 192kHz、24 位的信道状态解码器，同时支持消费和专业模式，可以自动检测非 PCM 比特流。

AK4118 的电气特性如下：

两主时钟输出：64fs/128fs/256fs/512fs；

工作电压：2.7～3.6V 或 3.6V～5V；

工作温度：−10～70℃；

封装/外壳：48-LQFP；

AK4118 具有 48 个引脚，8 通道接收器输入端的输入频率范围为 8～192kHz，双声道输出；

其检测功能如下：

（1）采样频率检测（32kHz、44.1kHz、48kHz、88.2kHz、96kHz、176.4kHz、192kHz）；

（2）非 PCM 比特流检测；

（3）DTS-CD 比特流检测；

（4）解锁和奇偶校验错误检测；

（5）有效标志检测；

（6）DAT 开始 ID 检测；

（7）最高 24 位音频数据格式检测。

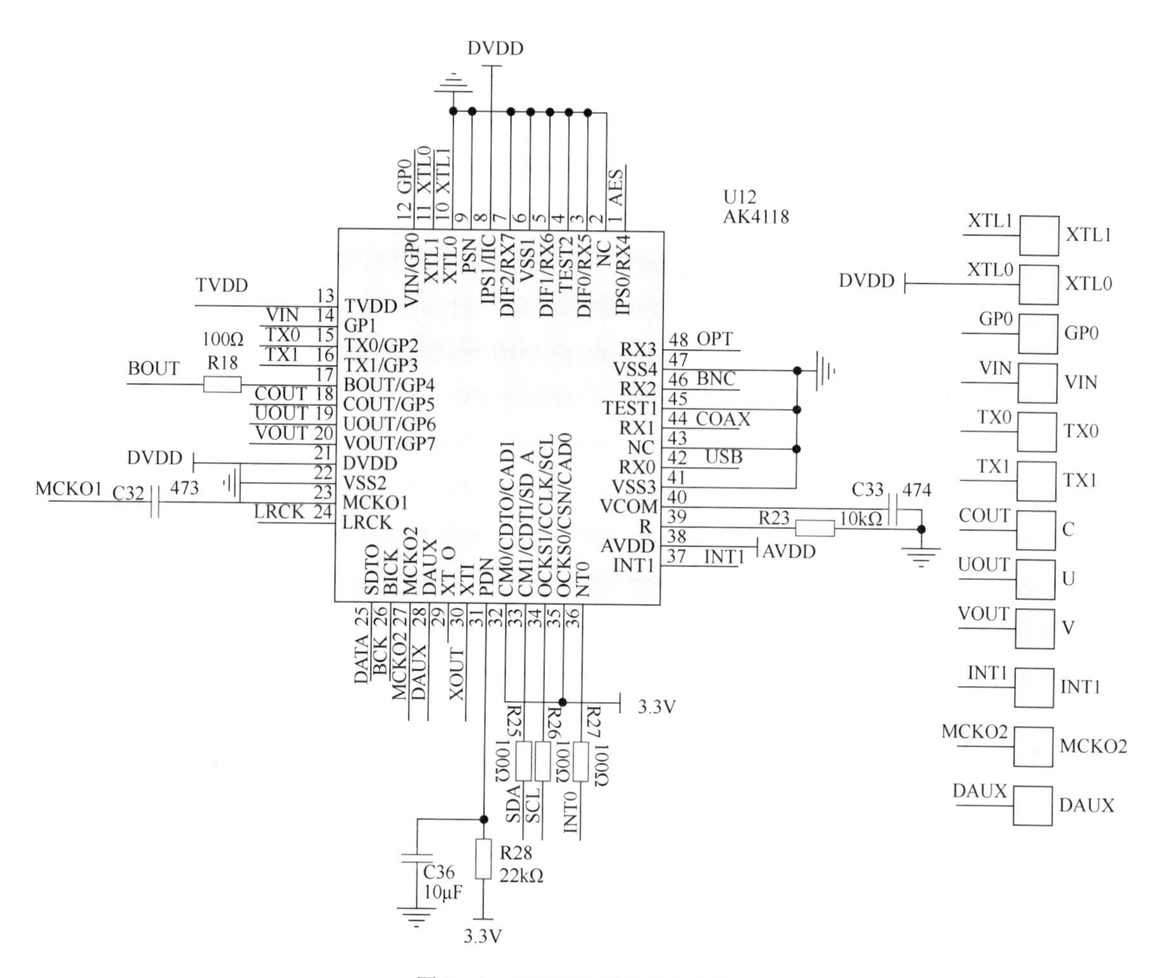

图 5-14　AK4118 及其外围电路

5.2.3　PCM1794 模块

PCM1794 及其外围电路如图 5-15 所示。

PCM1794 是继 PCM1704 后新出来的芯片，性能较好。其细节和动态解析力非常出色，声音效果和 PCM1704 几乎一模一样，其音质属于“宽松大气、举重若轻、轻松悠闲”的类型，低音动态表现非常到位。

PMC1794 芯片的应用：DVD 播放机、乐器、高清晰度电视接收机、汽车音响系统、数字多轨录音机、其他需要 24 位音频的应用。

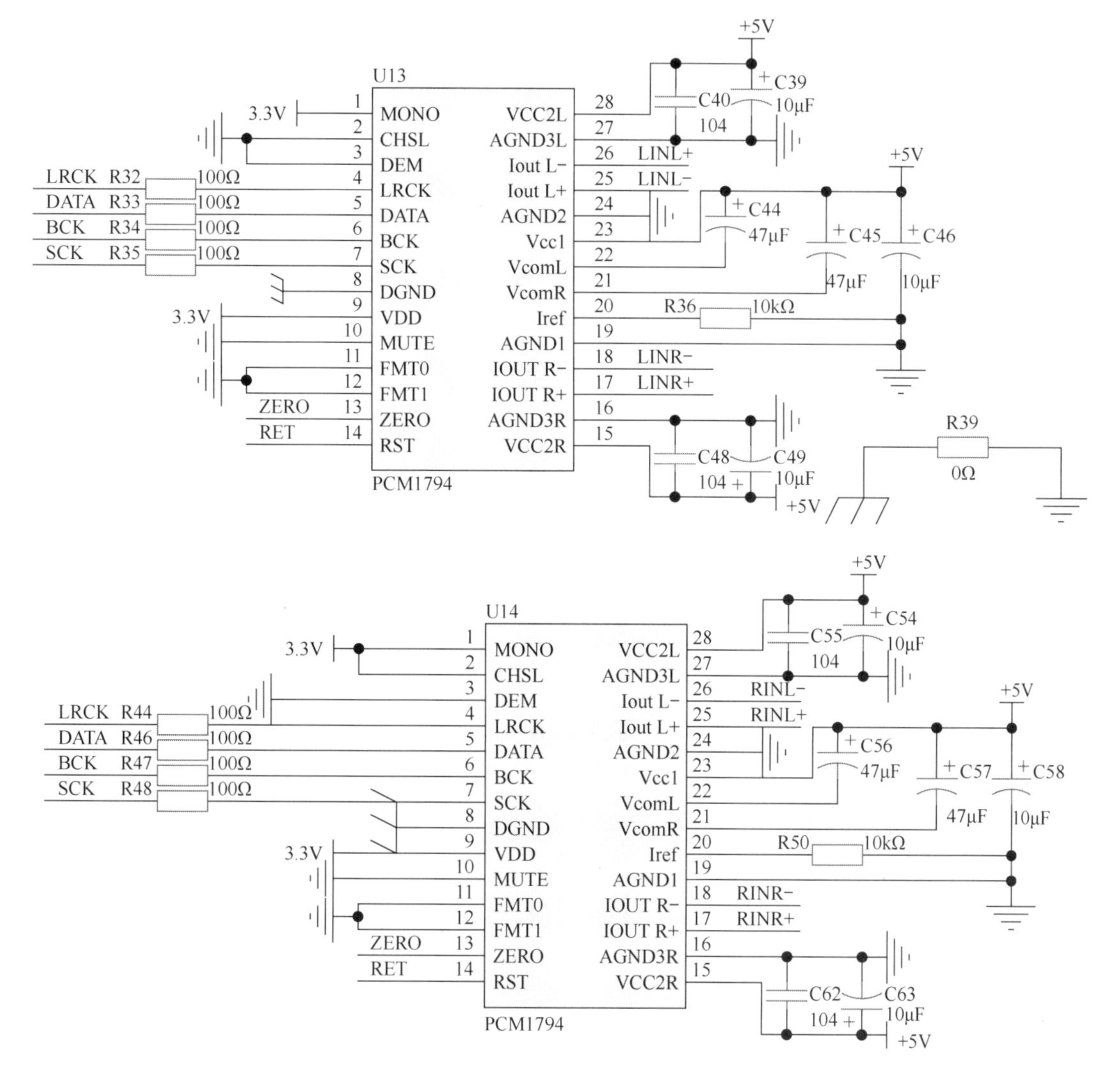

图 5-15 PCM1794 及其外围电路

5.2.4 前置放大电路模块

输入信号先由电流/电压转换电路进行转换及一级放大，后由差分放大电路进行二级放大，再由电压跟随电路进行缓冲和隔离后，通过继电器合并输出。双声道前置放大电路如图 5-16 所示。

1. 电流/电压转换电路

一般来说，电流/电压转换电路是通过负反馈的形式来实现的，可以是电流串联负反馈，也可以是电流并联负反馈。以左声道为例，如图 5-17 所示，LINL+为输入电流，即待转换电流，R2 为负载电阻，电容 C5 起低通作用，把高频率的信号滤除，让低频率信号通过。

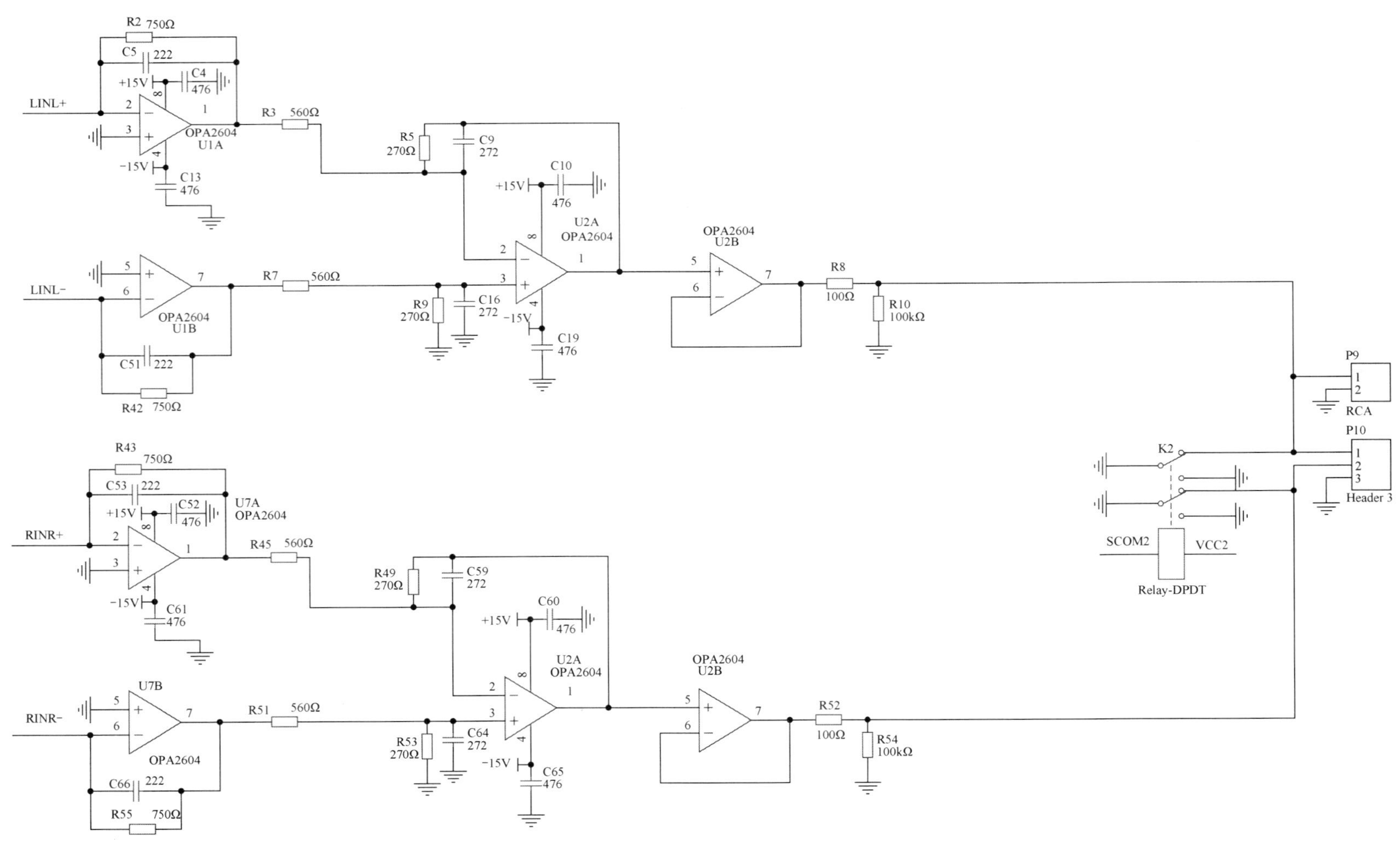

图 5-16 双声道前置放大电路

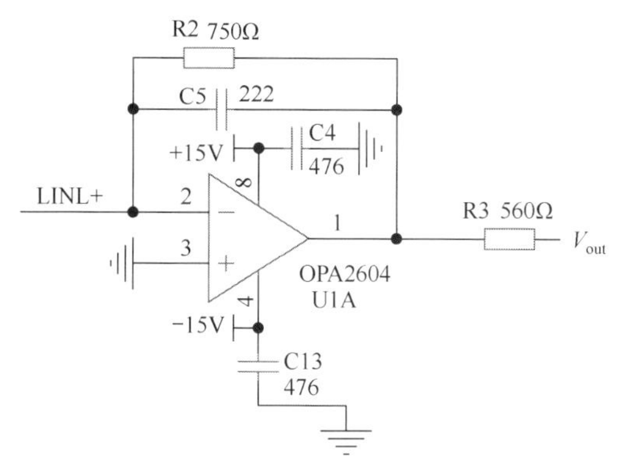

图 5-17　电流/电压转换电路

2．差分放大电路

以左声道为例，如图 5-18 所示，上半部分电信号先通过负反馈电路，高频信号被滤除（C9 起低通作用），低频信号输出；下半部分电信号先通过 R9 和 C16 组成的 RC 衰减电路，高频信号被滤除，低频信号通过放大器反馈输出。

3．电压跟随电路

电压跟随电路起缓冲和隔离作用。它能减小输出电阻，被置于差分放大电路和功放之间，可以切断扬声器的反电动势对前级的干扰作用，使音频的清晰度得到大幅提高，如图 5-19 所示。

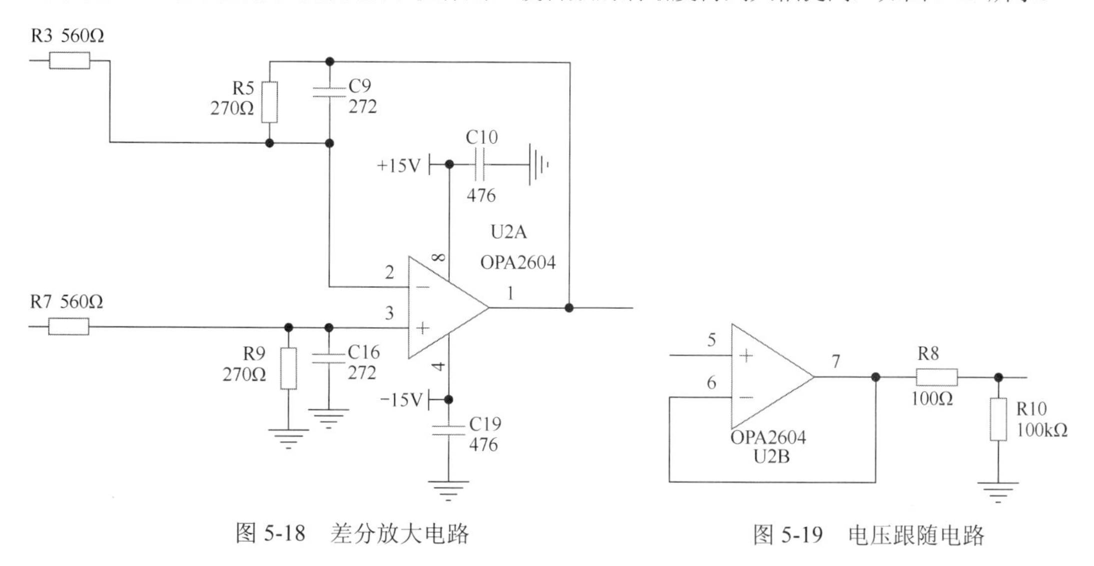

图 5-18　差分放大电路　　图 5-19　电压跟随电路

5.2.5　控制板原理图

由牛角座连接控制板和 STC12C5052AD 单片机，通过程序，使 AK4118 处理的音频信号的格式及频率显示在数码管处。其中，红外控制模块和按键控制模块采用外部控制，用户可在 AK4118 处理多种音频格式（有多种音频格式输入）时，通过红外遥控器或按键对格式进行切换。控制板原理图如图 5-20 所示。

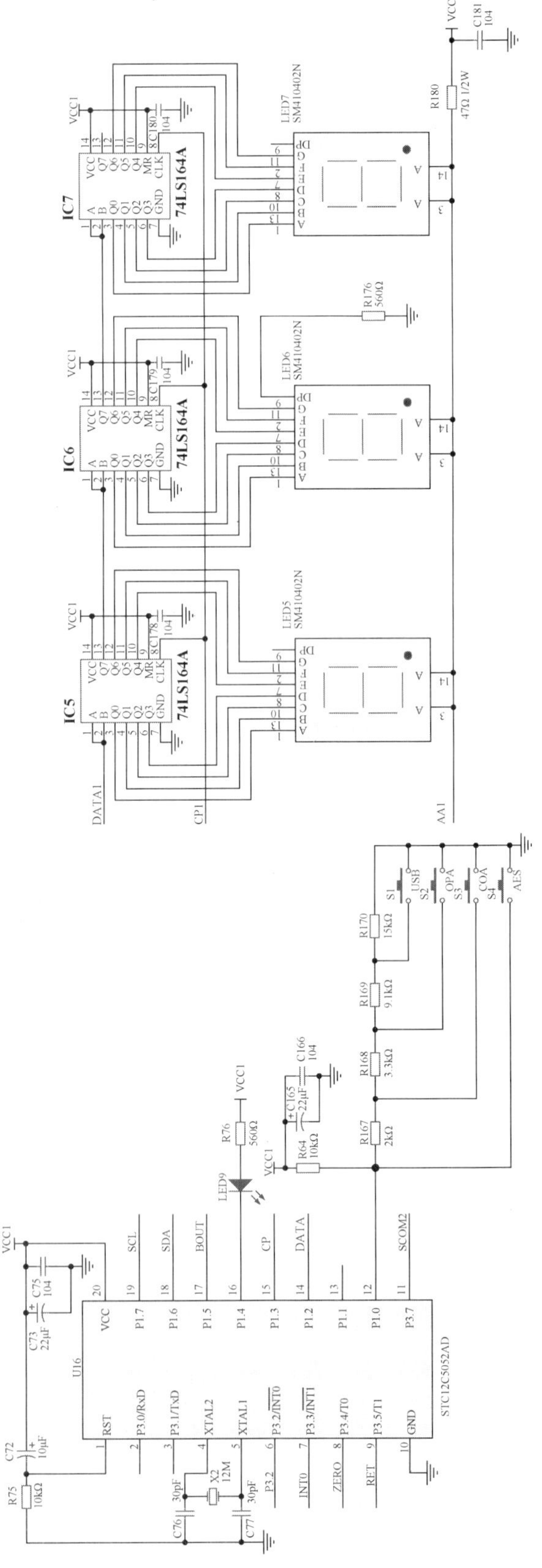
IC1
IC2
IC3
IC4
IC5
IC6
IC7
74LS164A
LED1
LED2
LED3
LED4
LED5
LED6
LED7
SM410402N
DATA
DATA1
CP
CP1
AA1
VCC1
U16
STC12C5052AD
U15
INFRARED1
P8
LED9
X2
12M
S1
S2
S3
S4
USB
OPA
COA
AES
SCL
SDA
BOUT
SCOM2
ZERO
INT0
RET
P3.2

图 5-20 控制板原理图

任务 3　PCM1794 解码器 PCB 设计

5.3.1　电路 PCB 图

PCM1794 解码器 PCB 布线图如图 5-21 所示，PCM1794 解码器 PCB 覆铜图如图 5-22 所示。

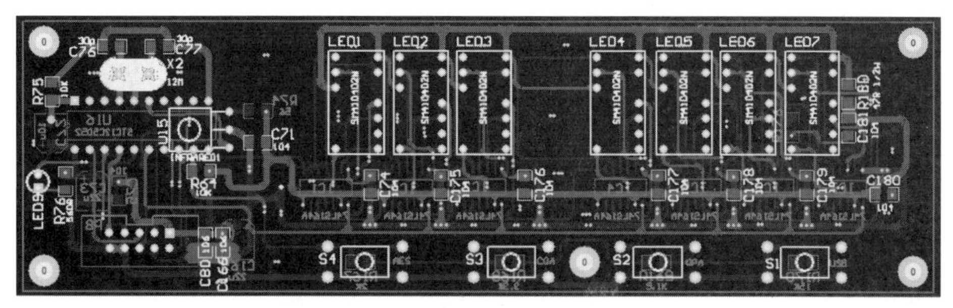

图 5-21（a）

（a）

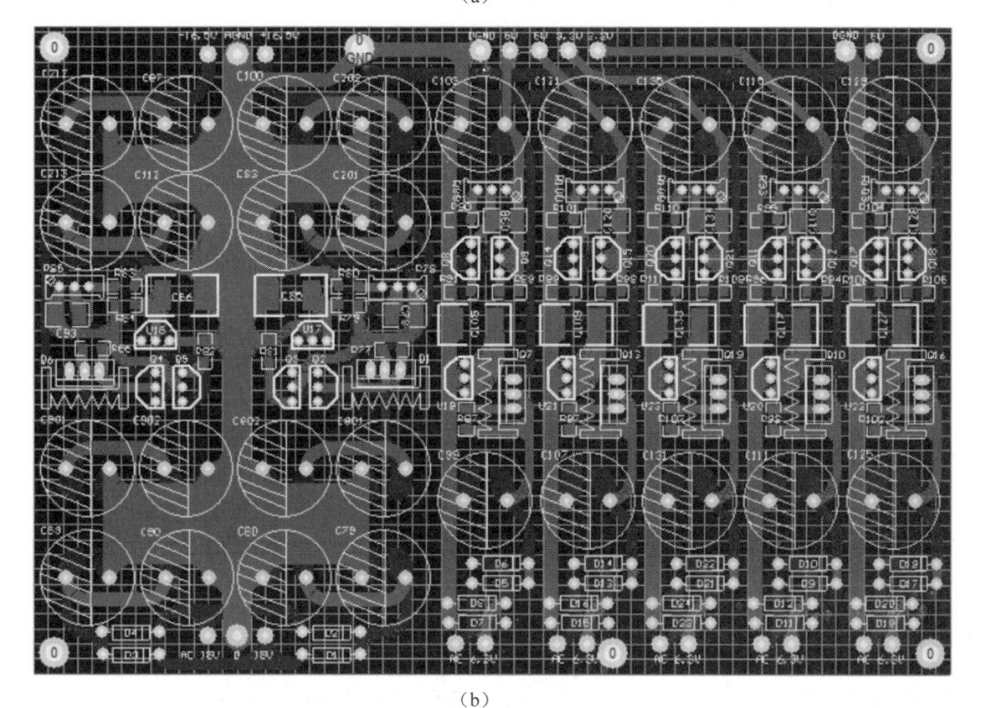

图 5-21（b）

（b）

图 5-21　PCM1794 解码器 PCB 布线图

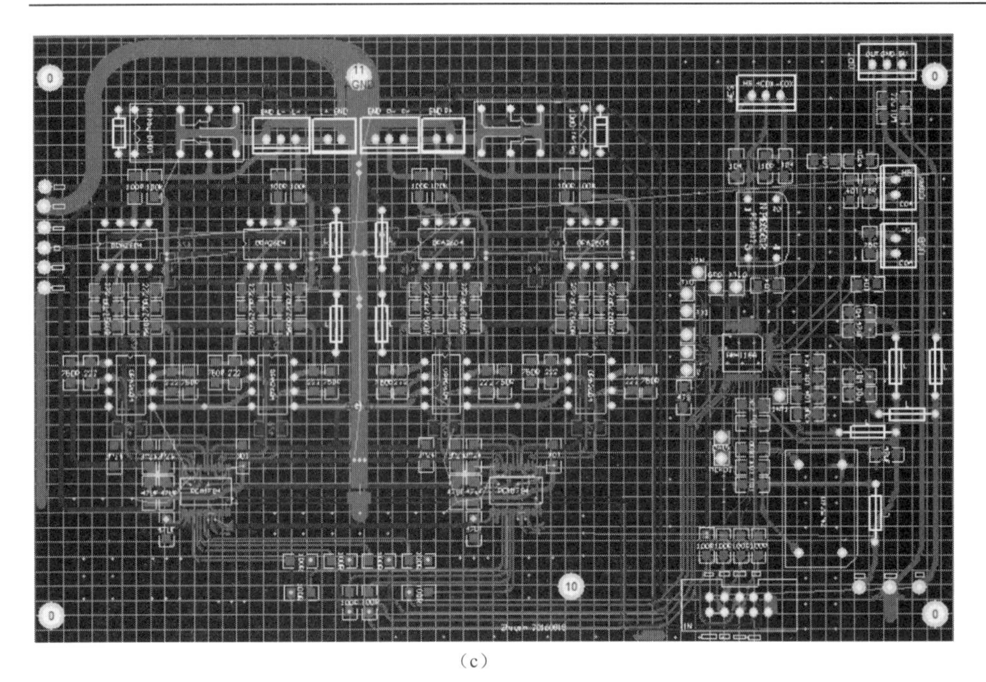

（c）

图 5-21（c）

图 5-21 PCM1794 解码器 PCB 布线图（续）

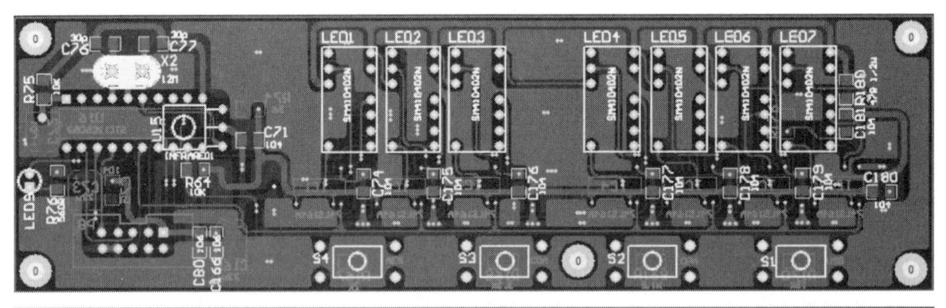

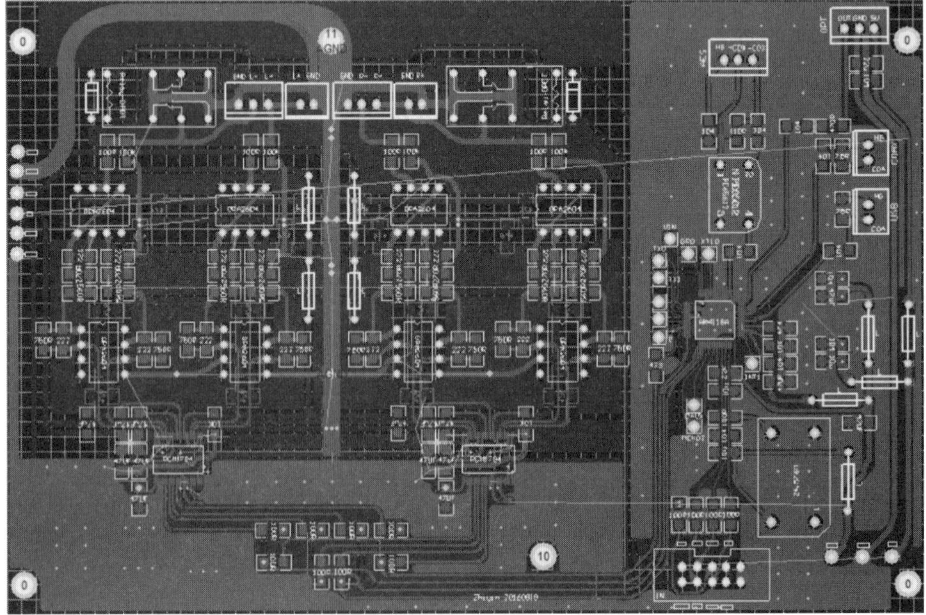

图 5-22

图 5-22 PCM1794 解码器 PCB 覆铜图

5.3.2　制作双面板的工艺流程

（1）切板：为下游工序切出满足需要的尺寸的 PCB 基材；

（2）钻孔：通过钻孔将不同的层之间连接起来；

（3）孔金属化：在已钻通孔的孔壁表面上进行导通性的金属铜覆盖；

（4）图形转移：有线路图形覆盖的线路转移；

（5）电镀铜：增加外层线路和通孔孔壁的铜厚，提高导电性和可靠性；

（6）蚀刻和退膜：最终形成外层线路；

（7）阻焊：为防止外部环境侵害和利于装配，在外层线路完成后的 PCB 表面建立一层保护隔离层；

（8）元件符号印刷：方便焊接、检测、维修等；

（9）表面处理：为防止外部环境侵害和利于装配，在阻焊完成后的 PCB 裸露线路表面建立一层导通性的惰性隔离层；

（10）成型：使 PCB 的拼板尺寸通过成型工序达到 PCB 的设计尺寸；

（11）终检：为确保最终的 PCB 成品的品质，对特别产品和样品进行电测试和性能检测。

5.3.3　整机的装配

PCM1974 解码器装配图如图 5-23 所示。

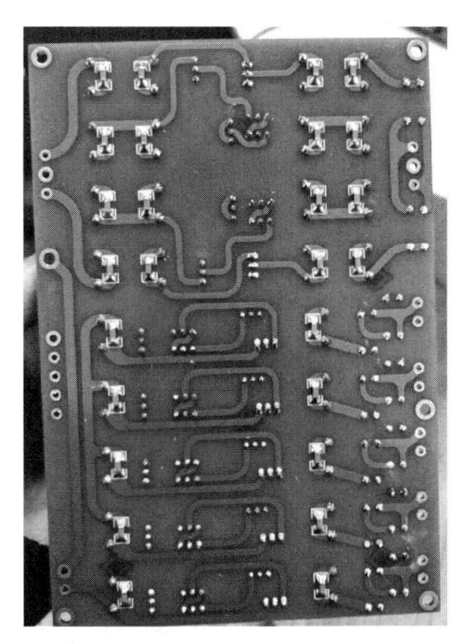

图 5-23　PCM1974 解码器装配图

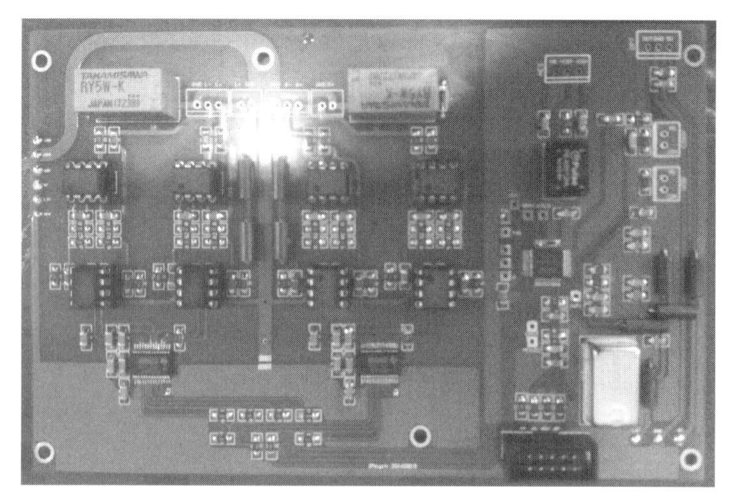

图 5-23 PCM1794 解码器装配图（续）

任务 4 PCM1794 解码器程序设计

本程序除主程序 main.c 和头文件 sys.h 外，主要分为 6 个.c 文件，分别是延时程序 delay.c、解码程序 AK4118.c、单片机程序 I2C.c、数据程序 EEPROM.c、按键程序 KeyScanf.c、显示程序 display.c。

其中延时程序 delay.c 主要实现两个延时函数的配置，分别是延时 n μs 的 void Delay_us() 和延时 n ms 的 void Delay_ms()；解码程序 AK4118.c 主要实现中断的初始化、AK4118 的初始化、红外处理、频率转换、按键对应输入通道定义；单片机程序 I2C.c 实现 I2C 起始/停止信号处理、I2C 发送/接收应答信号、发送/接收/写入/读取一字节数据；数据程序 EEPROM.c 主要实现读/写、擦除数据；按键程序 KeyScanf.c 主要实现对键值的获取；显示程序 display.c 主要实现向 74LS164 发送数据和显示内容。

PCM1794 解码器程序流程图如图 5-24 所示。

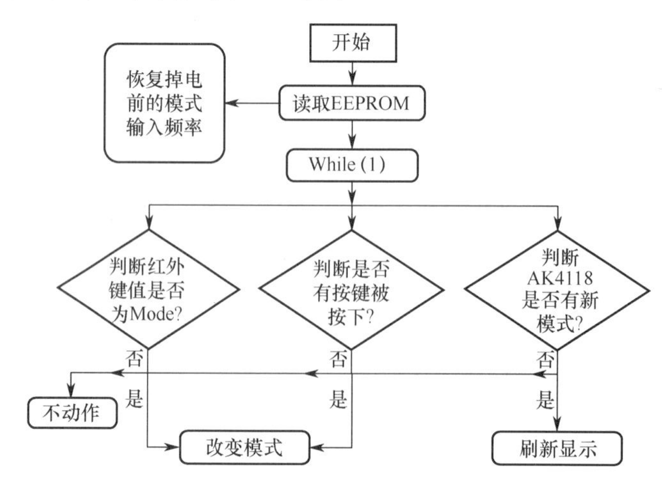

图 5-24 PCM1794 解码器程序流程图

main.c 文件如下：

```
#include "sys.h"
unsigned char Mode[2];      //Mode[0]Input Channel Mode[1]Input Frequency
int main(void)
{
    unsigned char Key_Scanf = 0, Frequency = 0;
    /*外设初始化*/
    KeyScanf_Configuration();
    Infrared_Configuration();
    PCM1794_Configuration();
    Delay_ms(50);
    //等待配置完成
    /*开机读取最后一次配置的状态*/
    Mode[0] = EEPROM_ReadByte(IAP_Mode);          //读取掉电前的输入通道
    Mode[1] = EEPROM_ReadByte(IAP_frequency);  //读取掉电前的输入频率
    Show_Contents(Mode[0], Mode[1]);              //刷新显示

    AK4118_Configuration(Mode[0]);
    LED = Enable; Relay = Disable;
    Delay_us(10);
    //等待配置完成
    while(1)
    {
        /*判断 PCM1794 是否检测到音频输入*/
        Relay = (Zero) ? 0x1 : 0x0;

        /*获取键值*/
        Key_Scanf = Read_KeyScanf();
        if((Key_Scanf != Error) && (Key_Scanf != 0))
        {
            Mode[0] = Key_Scanf;
            /*设置 AK4118 输入的通道*/
            AK4118_WriteData(0x03, AK4118_Mode[Mode[0]]);
            /*新状态保存在 EEPROM 中*/
            EEPROM_WriteByte(IAP_Mode,Mode[0]);
            /*刷新显示*/
            Show_Contents(Mode[0], Mode[1]);
        }

        /*获取红外键值*/
        if(Receiving_State)
        {
            Mode[0]++; Receiving_State = ERROR;

            /*如果输入的模式为 5，则自动切换到模式 1*/
            if(Mode[0] == 5)
                Mode[0] = 1;

            /*设置 AK4118 输入的通道*/
            AK4118_WriteData(0x03, AK4118_Mode[Mode[0]]);
```

```
                /*新状态保存在 EEPROM 中*/
                EEPROM_WriteByte(IAP_Mode,Mode[0]);
                /*刷新显示*/
                Show_Contents(Mode[0], Mode[1]);
            }

            /*检测是否输入新频率*/
            Sampling_Frequency();
        }
}
```

delay.c 文件如下：

```
#include "sys.h"
/*
*函数名称：Delay_us
*函数说明：延时函数
*变量说明：Time(需要延时的时间（单位：微秒）)
*返回值：无
*/
void Delay_us(unsigned short Time)
{
    while(Time--)
    {
        _nop_();
        _nop_();
    }
}

/*
*函数名称：Delay_ms
*函数说明：延时 1ms 函数
*变量说明：Time(需要延时的时间（单位：毫秒）)
*返回值：无
*/
void Delay_ms(unsigned short Time)
{
    unsigned char i, j;

    while(Time--)
    {
        _nop_();
        _nop_();
        i = 12;
        j = 168;
        do
        {
            while (--j);
        }while (--i);
    }
}
```

Key_Scanf.c 文件如下：

```
#include "sys.h"
/*
*函数名称：KeyScanf_Configuration
*函数说明：按键引脚初始化配置函数
*变量说明：无
*返回值：无
*/
void KeyScanf_Configuration(void)
{
    P1M0 |= 0x1;
    P1M1 |= 0x1;
    ADC_DATA = 0;
    ADC_CONTR = ADC_POWER | ADC_SPEEDLL | ADC_Channel | ADC_START;
    Delay_ms(10);
}

/*
*函数名称：Obtain_Voltage
*函数说明：等待 ADC 转换完成，获取电压
*变量说明：无
*返回值：AD_Vol(返回获取电压的值，即 10 位 AD 值)
*/
unsigned int Obtain_Voltage(void)
{
   unsigned int AD_Vol = 0;

   ADC_CONTR = ADC_POWER | ADC_SPEEDLL | ADC_Channel | ADC_START;
   _nop_();
   _nop_();
   _nop_();
   _nop_();
   while(!(ADC_CONTR & ADC_FLAG));
   ADC_CONTR &= ~ADC_FLAG;

        AD_Vol = ADC_DATA;
        AD_Vol <<= 2;
        AD_Vol |= ADC_LOW2;

   return AD_Vol;
}

/*
*函数名称：Read_KeyScanf
*函数说明：根据 AD 值获得键值
*变量说明：VoltageValue(保存 A/D 转换后的电压)
*返回值：返回键值
*/
unsigned char Read_KeyScanf(void)
{
```

```
float VoltageValue;
unsigned char Key_ID = 0;

/*先判断输入电压在哪个范围*/
VoltageValue=((Obtain_Voltage())*4.97)/1024;

/*根据电压值获得键值*/
/*USB 输入*/
if(VoltageValue < 3.8 && VoltageValue > 3.3)
{
    Delay_ms(10);//按键去抖动
    /*重新获得电压值*/
    VoltageValue=((Obtain_Voltage())*4.97)/1024;

    if(VoltageValue < 3.8 && VoltageValue > 3.3)
        Key_ID = USB;
}

/*COAX 输入*/
else if(VoltageValue < 2.5 && VoltageValue > 2.1)
{
    Delay_ms(100);//按键去抖动
    /*重新获得电压值*/
    VoltageValue=((Obtain_Voltage())*4.97)/1024;

    if(VoltageValue < 2.5 && VoltageValue > 2.1)
        Key_ID = COA;
}

/*OPT 输入*/
else if(VoltageValue < 1 && VoltageValue > 0.6)
{
    Delay_ms(100);//按键去抖动
    /*重新获得电压值*/
    VoltageValue=((Obtain_Voltage())*4.97)/1024;

    if(VoltageValue < 1 && VoltageValue > 0.6)
        Key_ID = OPT;
}

/*AES 输入*/
else if(VoltageValue < 0.5)
{
    Delay_ms(100);//按键去抖动
    /*重新获得电压值*/
    VoltageValue=((Obtain_Voltage())*4.97)/1024;

    if(VoltageValue < 0.5)
        Key_ID = AES;
}
```

```
    /*按键错误*/
    else
        Key_ID = Error;

    return Key_ID;
}
```

EEPROM.c 文件如下：

```
#include "sys.h"

/*
*函数名称：Iap_Disable
*函数说明：iap 失能
*变量说明：无
*返回值：无
*/
void Iap_Disable()
{
    IAP_CONTR = 0;                      //Close IAP function
    IAP_CMD = 0;                        //Clear command to standby
    IAP_TRIG = 0;                       //Clear trigger register
    IAP_ADDRH = 0x80;                   //Data ptr point to non-EEPROM area
    IAP_ADDRL = 0;                      //Clear IAP address to prevent misuse
}

/*
*函数名称：EEPROM_EraseSector
*函数说明：擦除 EEPROM 内容
*变量说明：Addr(要擦除的地址)
*返回值：无
*/
void EEPROM_EraseSector(unsigned int Addr)
{
    IAP_CONTR = ENABLE_IAP;             //Open IAP function, and set wait time
    IAP_CMD = CMD_ERASE;                //Set ISP/IAP/EEPROM ERASE command
    IAP_ADDRL = Addr;                   //Set ISP/IAP/EEPROM address low
    IAP_ADDRH = Addr >> 8;              //Set ISP/IAP/EEPROM address high
    IAP_TRIG = 0x46;                    //Send trigger command1 (0x46)
    IAP_TRIG = 0xb9;                    //Send trigger command2 (0xb9)
    _nop_(); //MCU will hold here until ISP/IAP/EEPROM operation complete
    Iap_Disable();
}

/*
*函数名称：EEPROM_ReadByte
*函数说明：读取 EEPROM 内容
*变量说明：Addr(要读取内容的起始地址)
*返回值：Dat(读取的内容)
*/
unsigned char EEPROM_ReadByte(unsigned int Addr)
{
```

```
    unsigned char  Dat = 0;
    IAP_CONTR = ENABLE_IAP;          //Open IAP function, and set wait time
    IAP_CMD = CMD_READ;              //Set ISP/IAP/EEPROM READ command
    IAP_ADDRL = Addr;                //Set ISP/IAP/EEPROM address low
    IAP_ADDRH = Addr >> 8;           //Set ISP/IAP/EEPROM address high
    IAP_TRIG = 0x46;                 //Send trigger command1 (0x46)
    IAP_TRIG = 0xb9;                 //Send trigger command2 (0xb9)
    _nop_();  //MCU will hold here until ISP/IAP/EEPROM operation complete
    Dat = IAP_DATA;                  //Read ISP/IAP/EEPROM Data
    Iap_Disable();                   //Close ISP/IAP/EEPROM function
    return Dat;                      //Return Flash Data
}

/*
*函数名称：EEPROM_WriteByte
*函数说明：写入内容到EEPROM中
*变量说明：Addr(要写入内容的起始地址),Dat(写入的内容)
*返回值：无
*/
void EEPROM_WriteByte(unsigned int Addr, unsigned char Dat)
{
    EEPROM_EraseSector(Addr);
    _nop_();
    _nop_();
    _nop_();
    IAP_CONTR = ENABLE_IAP;          //Open IAP function, and set wait time
    IAP_CMD = CMD_PROGRAM;           //Set ISP/IAP/EEPROM PROGRAM command
    IAP_ADDRL = Addr;                //Set ISP/IAP/EEPROM address low
    IAP_ADDRH = Addr >> 8;           //Set ISP/IAP/EEPROM address high
    IAP_DATA = Dat;                  //Write ISP/IAP/EEPROM Data
    IAP_TRIG = 0x46;                 //Send trigger command1 (0x46)
    IAP_TRIG = 0xb9;                 //Send trigger command2 (0xb9)
    _nop_();  //MCU will hold here until ISP/IAP/EEPROM operation complete
    Iap_Disable();
}
```

I2C.c 文件如下：

```
#include "sys.h"

/*
*函数名称：Infrared_Configuration
*函数说明：红外引脚初始化配置函数
*变量说明：无
*返回值：无
*/
void Infrared_Configuration(void)
{
    IT0 = 1;
    EX0 = 1;
    EA = 1;
}
```

```
bit Receiving_State = 0;

/*
*函数名称：Infrared_Interrupt
*函数说明：红外中断配置函数
*变量说明：无
*返回值：无
*说明：红外传输是通过 NEC 协议来进行的,通过高低电平的时间来判断,即传输开始时先传输 9ms 的低电平,再传输 4.5ms 的高电平
*/
void Infrared_Interrupt(void) interrupt 0
{
    unsigned int TTL= 0, TTH = 0;
    unsigned    char i, j;
    unsigned char Infrared_Clock[4], PPM = 0;

    /*关闭外部中断 0，防止处理过程中再触发，造成解码错误*/
    EX0 = Disable;

    /*适当延时,验证是否是因为干扰而导致的*/
    Delay_us(50);
    if(Infrared_Pin)
    {
        EX0 = Enable;
        return;                         //若是，则跳出当前中断并打开外部中断 0
    }

    while((!Infrared_Pin) && (TTL < 65000)) TTL++;
    while(Infrared_Pin && (TTL < 65000)) TTL++ ;

    for(i = 0; i < 4; i ++)
    {
        for(j = 0; j < 8; j++)
        {
        while((!Infrared_Pin) && (TTL < 65000))TTL++;
            Delay_ms(1);
            if(Infrared_Pin == Enable)
            {
                PPM |= (1 << j) ;
                /*等待高电平消失,为下次接收做准备*/
                Delay_ms(1);
            }
            else
                PPM &= ~(1 << j)   ;
        }
        Infrared_Clock[i] = PPM;
    }

    /*校验接收是否正确*/
```

```
    if(Infrared_Clock[2] == ~Infrared_Clock[3])
    {
        if(Infrared_Clock[0] == 0x0)
        {
            if(Infrared_Clock[2] == 0x46)
                Receiving_State = SUCCESS;
            else
                Receiving_State = ERROR;
        }
    }

    /*接收完成，打开外部中断,为下次接收做准备*/
    EX0 = Enable;
}
```

display.c 文件如下：

```
#include "sys.h"

unsigned char code Seg_Code[] = {
    0xC0, 0xF9, 0xA4, 0xB0,
    0x99, 0x92, 0x82, 0xF8,
    0x80, 0x90, 0xFF
}; //共阳极 LED 段码

unsigned char code Mode_Code[][3] = {
    {0xFF, 0xFF, 0xFF},//Quanmie
    {0x88, 0x86, 0x92},//AES
    {0xC0, 0x8C, 0x87},//OPT
    {0xC6, 0xC0, 0x08},//COA
    {0xC1, 0x92, 0x83},//USB
};//显示模式

/*
*函数名称：Send_Data
*函数说明：74LS164 发送数据
*变量说明：无
*返回值：无
*/
void Send_Byte(unsigned char Code)
{
    unsigned char count;

    for(count = 0; count <= 7; count++)
    {
        /*将段码逐个 bit 地提取出来*/
        Data= Code & (1 << (7 - count)) ? 0x1 : 0x0;

        /*产生一个时钟的跳变*/
        Clk = Enable;
        Delay_us(3);
        Clk = Disable;
```

```
    }
}

/*
*函数名称：Show_Contents
*函数说明：74LS164 显示内容
*变量说明：Mode(模式的显示),Frequency_Mode(频率的系数)
*返回值：无
*/
void Show_Contents(unsigned char Mode, unsigned char Frequency_Mode)
{
    unsigned short Frequency = 0;//保存频率
    unsigned char Digit_Tab[4];//保存位数
    unsigned char i = 0, temp = 0;

    /*获取输入的频率*/
    switch(Frequency_Mode)
    {
        case 0x1:
        Frequency = 320; break;
        case 0x2:
        Frequency = 441; break;
        case 0x3:
        Frequency = 480; break;
        case 0x4:
        Frequency = 882; break;
        case 0x5:
        Frequency = 960; break;
        case 0x6:
        Frequency = 1764; break;
        case 0x7:
        Frequency = 1920; break;
    }

    /*位数分离*/
    Digit_Tab[3] = Frequency / 1000;                //百位
    Digit_Tab[2] = Frequency % 1000 / 100;          //十位
    Digit_Tab[1] = Frequency % 100 / 10;            //个位
    Digit_Tab[0] = Frequency % 10;                  //小数点位

    /*发送频率的数值*/
    for(i = 0; i < 4; i++)
    {
        temp = Digit_Tab[i];
        Send_Byte(Seg_Code[temp]);
    }

    /*发送选择模式*/
    Send_Byte(Mode_Code[Mode][2]);
    Send_Byte(Mode_Code[Mode][1]);
```

```
    Send_Byte(Mode_Code[Mode][0]);
}
```

AK4118.c 文件如下：

```
#include "sys.h"

/*控制模式的切换*/
unsigned char code AK4118_Mode[5] = {
    0x00,//Quanmie
    0x44,//AES
    0x43,//OPT
    0x41,//COAX
    0x40,//USB
};

/*控制输出的频率*/
unsigned char code AK4118_00H[3] = {
       0x0b,      //44.1, 48, 32  -------> MCK = 512fs, mode 2
       0x03,      //88.2, 96  -------> MCK = 256fs, mode 0
       0x0f,      //176.4, 192  -------> MCK = 128fs, mode 3
};
/*
*函数名称：IIC_Start
*函数说明：产生一个 IIC 起始条件
*变量说明：无
*返回值：无
*/
void IIC_Start(void)
{
    SDA = Enable;                       //拉高数据线
    SCL = Enable;                       //拉高时钟线
    Delay_us(5);                        //延时
    SDA = Disable;                      //产生下降沿
    Delay_us(5);                        //延时
    SCL = Disable;                      //拉低时钟线
}

/*
*函数名称：IIC_Stop
*函数说明：产生一个 IIC 停止条件
*变量说明：无
*返回值：无
*/
void IIC_Stop(void)
{
    SDA = Disable;                      //拉低数据线
    SCL = Enable;                       //拉高时钟线
    Delay_us(5);                        //延时
    SDA = Enable;                       //产生上升沿
    Delay_us(5);                        //延时
}
```

```
/*
*函数名称：IIC_SendACK
*函数说明：IIC 主机发送应答信号
*变量说明：无
*返回值：无
*/
void IIC_SendACK(bit Ack)
{
    SDA = Ack;                          //写应答信号
    SCL = Enable;                       //拉高时钟线
    Delay_us(5);                        //延时
    SCL = Disable;                      //拉低时钟线
    Delay_us(5);                        //延时
}

/*
*函数名称：IIC_RecvACK
*函数说明：IIC 主机接收应答信号
*变量说明：无
*返回值：无
*/
bit IIC_RecvACK(void)
{
    SCL = Enable;                       //拉高时钟线
    Delay_us(5);                        //延时
    CY = SDA;                           //读应答信号
    SCL = Disable;                      //拉低时钟线
    Delay_us(5);                        //延时
    return CY;
}

/*
*函数名称：IIC_SendByte
*函数说明：IIC 主机发送一字节内容
*变量说明：Dat(要发送的内容)
*返回值：无
*/
void IIC_SendByte(unsigned char Dat)
{
    unsigned char i;
    for (i = 0; i < 8; i++)
    {
            Dat <<= 1;                  //移出数据的最高位
            SDA = CY;                   //送数据口
            SCL = Enable;               //拉高时钟线
            Delay_us(5);                //延时
            SCL = Disable;              //拉低时钟线
            Delay_us(5);                //延时
    }
```

```
    IIC_RecvACK();
}

/*
*函数名称：IIC_RecvByte
*函数说明：IIC 主机接收一字节内容
*变量说明：无
*返回值：Data(返回接收到的内容)
*/
unsigned char IIC_RecvByte(void)
{
    unsigned char i;
    unsigned char Data = 0;
    SDA = Enable;           //使能内部上拉,准备读取数据
    for (i = 0; i < 8; i++)
    {
        Data <<= 1;
        SCL = Enable;             //拉高时钟线
        Delay_us(5);              //延时
        Data |= SDA;              //读数据
        SCL = Disable;            //拉低时钟线
        Delay_us(5);              //延时
    }
    return Data;
}

/*
*函数名称：AK4118_WriteData
*函数说明：AK4118 根据输入的地址写入数据
*变量说明：Addr(要写入的开始地址), Data(写入的数据)
*返回值：无
*/
void AK4118_WriteData(unsigned char Addr, unsigned char Data)
{
    IIC_Start();                            //起始信号
    IIC_SendByte(AK4118_Addr);              //发送设备地址+写信号
    IIC_SendByte(Addr);                     //内部寄存器地址
    IIC_SendByte(Data);                     //内部寄存器数据
    IIC_Stop();                             //发送停止信号
}

/*
*函数名称：AK4118_WriteData
*函数说明：AK4118 根据输入的地址写入数据
*变量说明：Addr(要写入的开始地址), Data(写入的数据)
*返回值：无
*/
unsigned char AK4118_ReadData(unsigned char Addr)
{
    unsigned char Data = 0;
```

```
    IIC_Start();                            //起始信号
    IIC_SendByte(AK4118_Addr);              //发送设备地址+写信号
    IIC_SendByte(Addr);                     //内部寄存器地址
    IIC_Start();                            //起始信号
    IIC_SendByte(AK4118_Addr + 1);          //发送设备地址+写信号
    Data = IIC_RecvByte();                  //读出寄存器数据
    IIC_SendACK(1);                         //发送主机应答信号
    IIC_Stop();                             //停止信号
    return Data;
}

/*
*函数名称：AK4118_Configuration
*函数说明：AK4118 初始化内部寄存器
*变量说明：无
*返回值：无
*/
void AK4118_Configuration(unsigned char Channel)
{
    AK4118_INT0 = Enable;
    AK4118_WriteData(0x26, 0);
    AK4118_WriteData(0x6, 0);
    AK4118_WriteData(0x4, 0xEB);
    AK4118_WriteData(0x24, 0x3B);
    AK4118_WriteData(0x26, 0);
    AK4118_WriteData(0x6, 0);
    AK4118_WriteData(0x2, 0);
    AK4118_WriteData(0x3, Channel);
    AK4118_WriteData(0x0, 0xB);
    AK4118_WriteData(0x1, 0x5A);
}

extern unsigned char Mode[2];
/*
*函数名称：Decoding
*函数说明：解码输入的频率
*变量说明：Frequency(输入的频率系数)
*返回值：无
*/
void Decoding(unsigned char Frequency)
{
    unsigned char Frequency_Mode = 0;

    switch(Frequency)
    {
        case _441kHz:        /*44.1kHz*/
        {
            Mode[1] = 2; Frequency_Mode = AK4118_00H[0];
        }break;
```

```
        case _48kHz:        /*48kHz*/
        {
            Mode[1] = 3; Frequency_Mode = AK4118_00H[0];
        }break;

        case _32kHz:            /*32kHz*/
        {
            Mode[1] = 1; Frequency_Mode = AK4118_00H[0];
        }break;

        case _882kHz:       /*88.2kHz*/
        {
            Mode[1] = 4; Frequency_Mode = AK4118_00H[1];
        }break;

        case _96kHz:        /*96kHz*/
        {
            Mode[1] = 5; Frequency_Mode = AK4118_00H[1];
        }break;

        case _1764kHz:      /*176.4kHz*/
        {
            Mode[1] = 6; Frequency_Mode = AK4118_00H[2];
        }break;

        case _192kHz:       /*192kHz*/
        {
            Mode[1] = 7; Frequency_Mode = AK4118_00H[2];
        }break;

        default :               /*Besides*/
        {
            Mode[1] = ERROR;
        }break;
    }

    /*频率是否有效*/
    if(Mode[1])
    {
        /*改变输入的频率*/
        AK4118_WriteData(0x0, Frequency_Mode);
        /*刷新显示*/
        Show_Contents(Mode[0], Mode[1]);
        /*写入EEPROM*/
        EEPROM_WriteByte(IAP_frequency, Mode[1]);
    }
}

unsigned char Old_Status = 2;
```

```
/*
*函数名称：Sampling_Frequency
*函数说明：获取输入的音频信号的转换频率
*变量说明：无
*返回值：Receiver_Status(输入的音频信号频率)
*/
void Sampling_Frequency(void)
{
    unsigned char Receiver_Status = 0;

    /*AK4118_INT0 引脚是否有高电平跳动*/
    if(AK4118_INT0 != Old_Status)
    {
        /*记录新的状态*/
        Old_Status = AK4118_INT0;
        /*是否为低电平*/
        if(AK4118_INT0 == Disable)
        {
            /*读取新的输入频率*/
            Receiver_Status = AK4118_ReadData(0x7);
            /*清空转换寄存器*/
            AK4118_WriteData(0x6, 0);
            AK4118_WriteData(0x26,0);
            /*因为转换有效频率在保存在高 4 位,所以将低 4 位舍去*/
            Receiver_Status >>= 4;
            /*根据读取的频率显示*/
            Decoding(Receiver_Status);
        }
    }
}

/*
*函数名称：PCM1794_Configuration
*函数说明：PCM1794 初始化
*变量说明：无
*返回值：无
*/
void PCM1794_Configuration(void)
{
    PCM1794_Reset = Disable;
    Delay_ms(100);
    PCM1794_Reset = Enable;
    Zero = Enable;
}
```

sys.h 文件如下：

```
#ifndef _SYS_H_
#define _SYS_H_
```

```
#include "stc12c56xxad.h"
#include "key_scanf.h"
#include "eeprom.h"
#include "infrared.h"
#include "intrins.h"
#include "display.h"
#include "ak4118.h"

/*引脚定义*/
sbit Bout = P1^5;
sbit LED = P1^4;
sbit Relay_1 = P3^0;

typedef enum{Disable = 0, Enable = !Disable} FunctionalState;
typedef enum{ERROR = 0, SUCCESS = !ERROR} ErrorStatus;

void Delay_us(unsigned short Time);
void Delay_ms(unsigned short Time);

#endif
```

项目 6　耳机放大器设计与制作

任务 1　电子管耳机放大器原理图设计与分析

6.1.1　系统设计指标

耳机放大器（简称耳放）是一种驱动耳机的音频放大器。在耳机系统中，在音源与耳机之间加入一个耳机功放环节，可以改善音质、调整系统的音色走向。

1. 设计难点

（1）耳放的输入电阻越大，对音源输出的影响越小，耳机能够得到的电压就越接近音源，声音的真实程度就越高。同时耳放的输入电阻越大，其功率越小，也就是说，能量就越少，即声音越小。

（2）耳放所接的负载阻抗的范围是 8～600Ω，需要保证大电阻负载有足够的驱动电流。

2. 本次设计指标

频率响应范围：10Hz～100kHz（±2dB）；

最小不失真功率：5W；

最大功率：16W；

其他：增加电平指示；

电子管耳放设计指标如表 6-1 所示。

表 6-1　电子管耳放设计指标

电子管	6E2，6N3
晶体管	BD139、BD140、2SA940、2SC2073
电源变压器输入	220V
电源变压器输出	280V、6.3V、18V

6.1.2　电源电路原理图及分析

打开电源总开关，AC220 经环形电源变压器分别输出 3 组不同的电压：AC280V、双 18V、AC6.3V，再经过各自的整流模块和“π 型”滤波电路，从而得到所需电压 VCC+、VCC−、VA、VD，而 AC6.3V 单独给各电子管灯丝供电，且 AC6.3V 通过整流、滤波、稳压后供给扬声器保护电路和延时电路。

“π 型”滤波电路的原理：从整流桥输出的交流电首先经过前级的滤波电容进行滤波，将大部分的交流成分滤除，再加到由电阻和后级滤波电容所构成的滤波电路中，后级滤波电容进一步对交流成分进行滤波，有少量的交流电通过滤波电容到达地，这样输出中所含的交流成分更少。

双 18V 电源电路由整流桥和滤波电路组成，滤波电路由 8 个 3300μF/35V 电容并联组成。输出电压供给放大电路中的晶体管 BD139 和 BD140。

双 18V 电源的输出先通过整流桥 KBP307 整流，然后通过由 C6、C7、C8、C9、C11、C12、C13、C14 组成的滤波电路进行滤波，最后输出 VCC+和 VCC−。

双 18V 电源电路如图 6-1 所示。

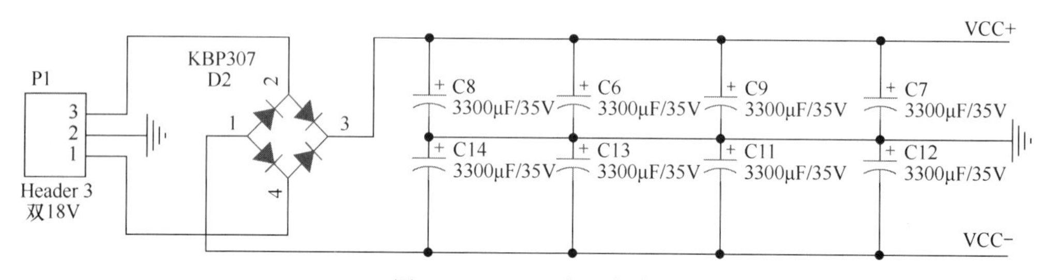

图 6-1 双 18V 电源电路

AC280V 电源电路由整流桥和“π 型”滤波电路组成，“π 型”滤波电路由 4 个 120μf/450V 电容和 3 个电阻并联组成，输出电压 VA 为电子管 6E2 供电，输出电压 VD 为电子管 6N3 供电。

AC280V 电源的输出先通过整流桥 KBP107 整流，然后通过由 C2、C3、C4、C5、R7、R8、R14 所组成的“π 型”滤波电路进行滤波，最后输出 VD 和 VA。

AC280V 电路如图 6-2 所示。

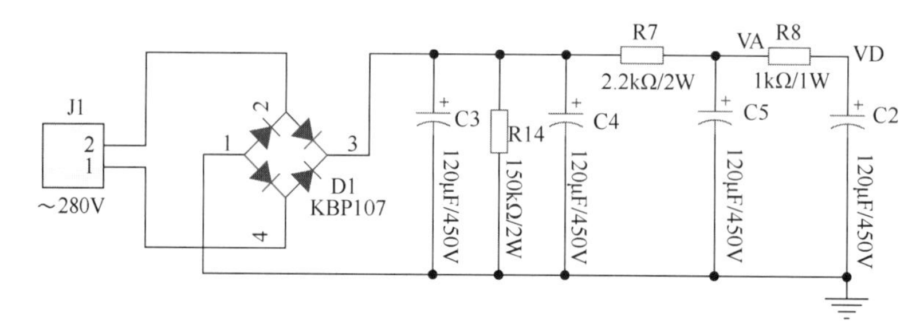

图 6-2 AC280V 电源电路

6.1.3 放大电路原理图及分析

放大电路前级采用 6N3 共阴极电压放大电路，后级则采用晶体管电流放大电路，如图 6-3 所示。

前级放大电路使用的是由电子管 6N3 组成的共阴极电压放大电路，电压从栅极输入，从阳极输出，电压被反相放大。6N3（V2A）为双三极电子管，由 2、3、4，6、7、8 脚分别组成的三极管用于左右声道的输入放大。以右声道为例，直流电压 VD 和 R28 一方面为电子管提供合适的静态偏置，另一方面为电路提供能量；阴极电阻 R29 为自给偏置电阻，为栅极提供合适的负偏压；C19 为耦合电容，起到通交流、隔直流的作用，如图 6-4 所示。

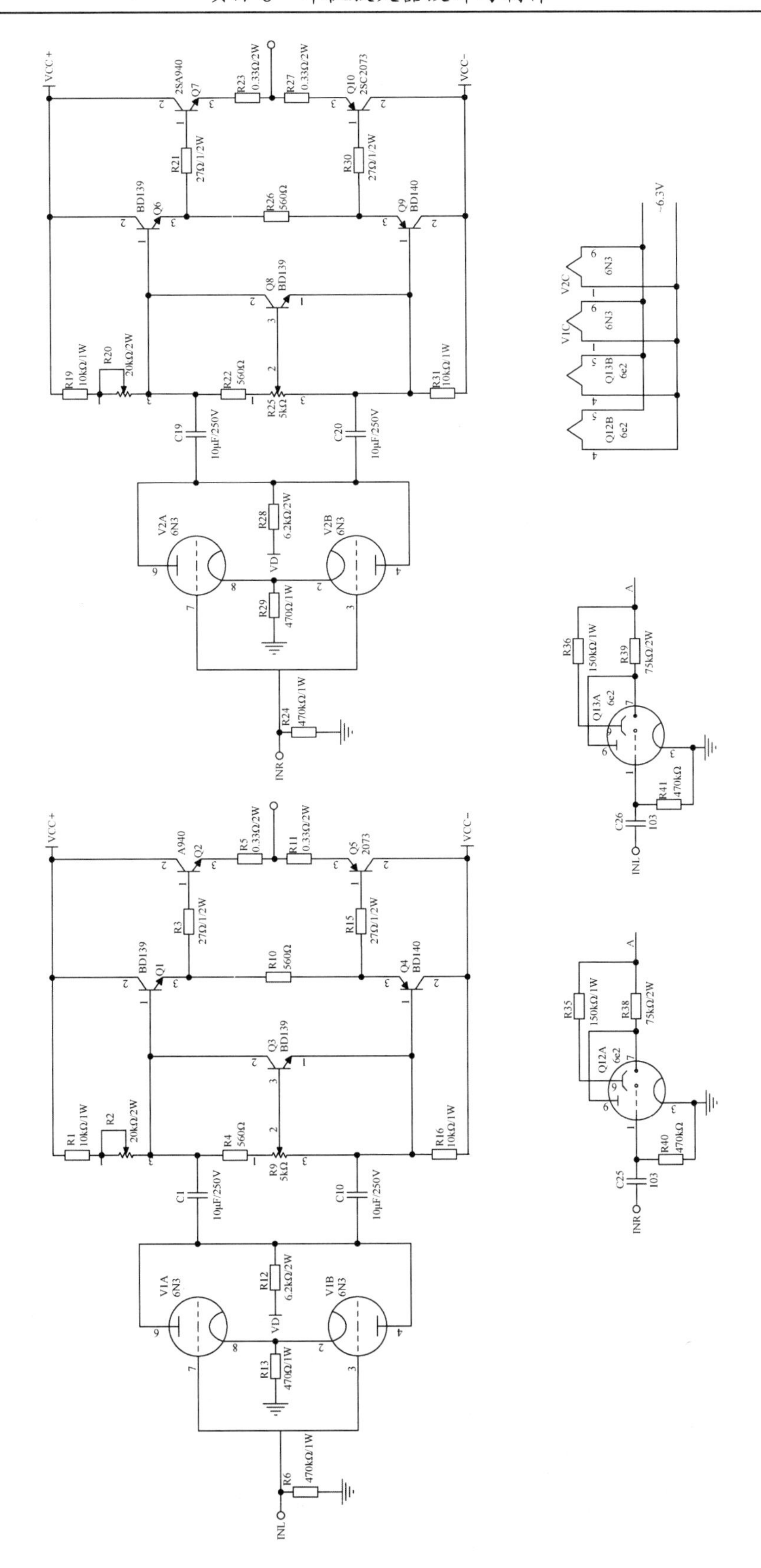

图 6-3　耳放的放大电路原理图

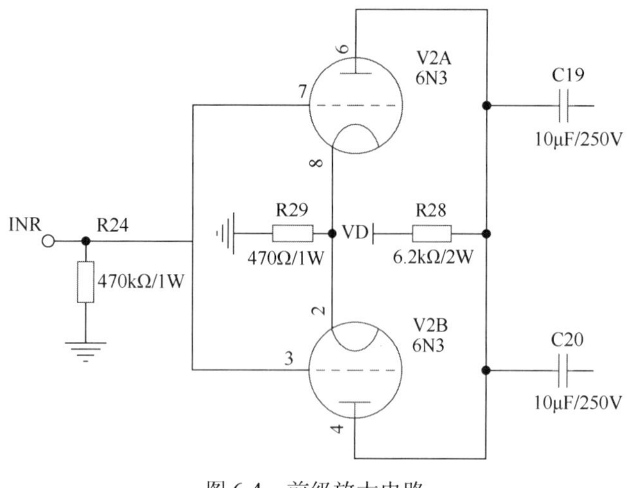

图 6-4 前级放大电路

后级放大电路的一个声道由 1 组 BD139 和 BD140 对管和晶体管 2SA940、2SC2073 组成，如图 6-5 所示。Q6 和 Q9，Q7 和 Q10 是两对甲乙类双电源互补对称晶体管，为了给 Q6 和 Q9 提供适当的偏压，克服交越失真，利用 Q8 的 V_{BE8} 为一固定值（硅管约为 0.6～0.7V），通过调节 R25 的阻值，就可以调节 Q6、Q9 的偏压值，让 Q6、Q9 能够有稳定的工作状态。Q7 和 Q10 用于进一步放大电流，起到复合管的作用。后级放大电路采用了 OCL 电路，OCL 电路称为无输出电容直接耦合功放电路，是 OTL 电路的升级电路，优点是省去了输出电容，使系统的低频响应更加平滑；缺点是必须用双电源供电，增加了电源的复杂性。

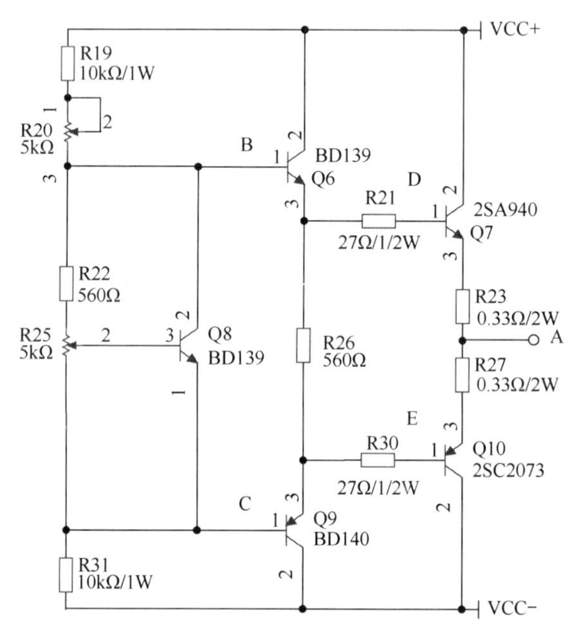

图 6-5 后级放大电路

Q6、Q7 为 NPN 型晶体管，Q9、Q10 为 PNP 型晶体管，当 B 点输入的正弦信号处于正半周时，Q6、Q7 的发射结正向偏置，Q9、Q10 的发射结反向偏置，于是 Q6、Q7 导通，Q9、Q10 截止。此时的 $i_{c7}≈i_{e7}$ 流过负载。当 B 点输入的信号处于负半周时，Q6、Q7 反向偏置，Q9、Q10 正向偏置，Q6、Q7 截止，Q9、Q10 导通，此时有电流 i_{c10} 通过负载。

由此可见，Q6、Q7，Q9、Q10 在输入信号的作用下交替导通，使负载上得到随输入信号变化的电流。此外，电路被连接成射极输出器的形式，因此放大电路的输入电阻高，而输出电阻很低，解决了负载电阻和放大电路输出电阻之间的配合问题。

6.1.4　喇叭保护电路原理图及分析

由于放大电路采用 OCL 电路，有输出直流电的可能，为了保护喇叭线圈不因直流电而烧毁，必须采用喇叭保护电路，如图 6-6 所示。CPU1237 是一个经典的喇叭保护芯片，具有很宽的工作电压范围（25～60V），具备开机延时、功放输出端直流漂移检测、即时关机功能。

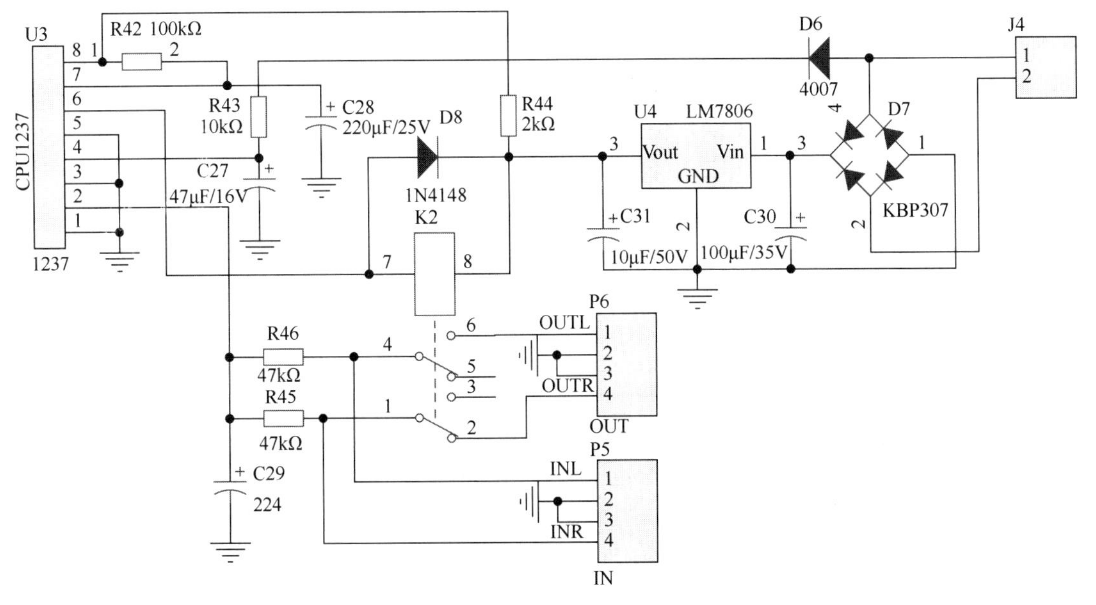

图 6-6　喇叭保护电路

1. 开机延时

电源的输出通过变压器，AC6.3V 经整流桥 KBP307 整流滤波，再经 LM7806 稳压，被转换为所需的直流电压，供给 CPU1237 的 8 脚，为其提供工作电压；CPU1237 的 7 脚的作用是延时检测，通过 R42、C28 提供延时，延时后 6 脚控制常开继电器闭合，喇叭开始工作，避免了开机冲击。

2. 功放输出端直流漂移检测

P5、P6 接功放左右声道输出，2 脚的作用是功放输出中点的直流漂移检测，当检测到有直流输出时（一般小于 1V），切断继电器，保护喇叭。

3. 即时关机

4 脚的作用是关机检测，4 脚从功放变压器取电，且滤波电容较小，当关闭功放电源时，马上能检测到电压跌落，继而切断继电器，此时功放因为有大容量滤波电容存在，不会马上停止工作，而喇叭已被切断，从而避免了关机冲击。

6.1.5　延时电路原理图及分析

NE555 是一个用途很广且相当普遍的计时芯片，只需少量的电阻和电容，便可产生电路所需的各种不同频率的脉冲信号。NE555 内部是一个中规模集成电路，外形为双列直插 8 脚结构，体积很小，使用起来方便。只要在外部配上几个适当的阻容元件，就可以构成史密特触发器、单稳态触发器及自激多谐振荡器等脉冲信号产生与变换电路。它在波形的产生与变换、测量与控制、定时电路、家用电器、电子玩具、电子乐器等方面有广泛的应用。

延时电路主要由整流桥 KBP307、LM7805、NE555、继电器和多个滤波电容组成，如图 6-7 所示。AC6.3V 通过由 KBP307 和 C22 组成的整流滤波电路，再通过 LM7805 降压到 5V，为 NE555 供电。信号经过 NE555 延时后，被传送到继电器。继电器控制双 18V 电压，而双 18V 电压是晶体管放大电路的电源，目的是让电子管先预热，延迟一段时间后再导通。延迟时间取决于 R32 和 C24，更换 R32 和 C24 可调节延迟时间。而与继电器线圈并联的 D5 的作用是防止继电器断电产生自感电压，烧坏其他元件。

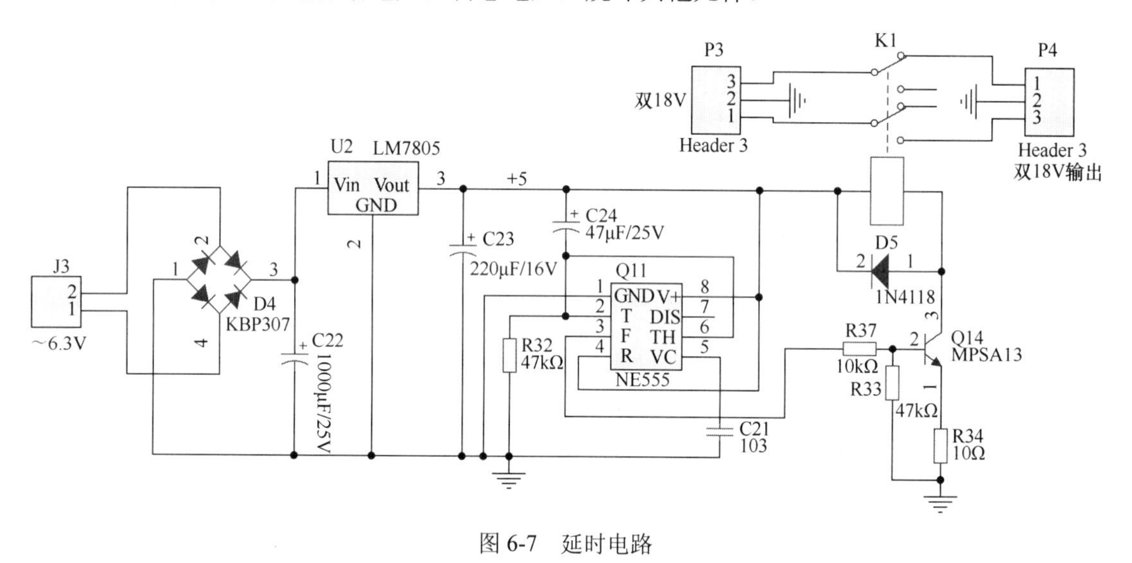

图 6-7 延时电路

任务 2 电子管耳机放大器 PCB 设计

6.2.1 电源电路 PCB 图绘制

（1）总地（和总电源输出）应在合理的位置上。

总地应设置在电解电容上，有助于通过电路负载变动能得到较好的旁路效果，从而减小电源内阻。稳压电源的地应单独接至总地，可使取样基准电压稳定，而免受其他电流的干扰。稳压电源在布局时，尽可能放置在单独的 PCB 上。这样，PCB 面积较小，便于放置在与滤波电解电容和调整管较近的位置上，可避免电源部分的导线过长，也便于在调试和检修时切断电路负载与电源之间的连接。电源电路 PCB 图如图 6-8 所示。

（2）电源板地线面积大，有利于功率元件的散热。

（3）对于可能出现较大突变电流的电路，要有单独的接地系统，或者单独的接地回路，以减少对其他电路的瞬间耦合。

（4）地线呈“八爪鱼”状，走线呈弧形，避免导线间相互干扰。

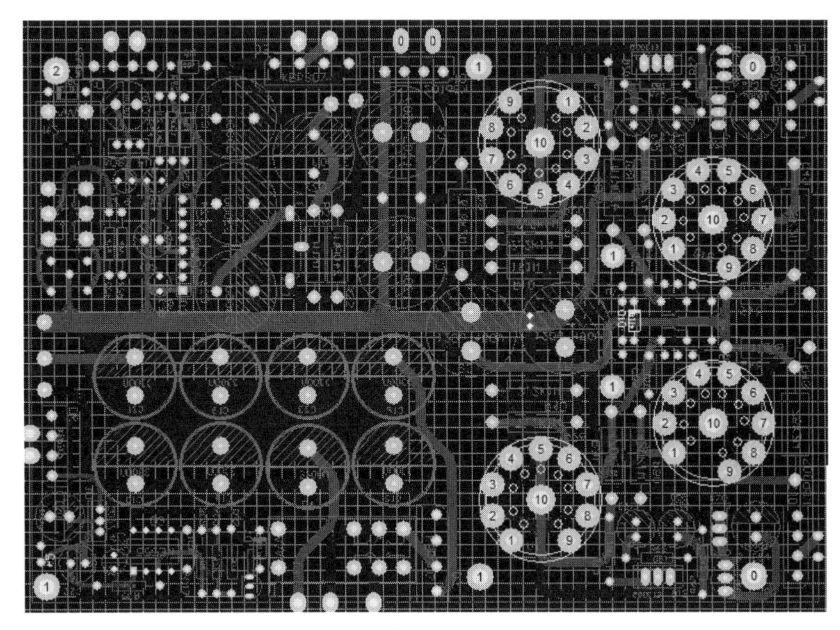

图 6-8

图 6-8　电源电路 PCB 图

（5）为了减小导线间的寄生耦合，布线时应使输入电路的导线远离输出电路的导线，并且将输入、输出电路的其他导线分别布置于板的两边，输入、输出导线之间用地线隔开。

（6）输入导线与电源线之间的距离要大一些，其间距不应小于 1mm。

6.2.2　放大电路 PCB 图绘制

（1）在设计 PCB 时，一般按信号的传输走向，逐一设计各单元电路的走线；后级晶体管发热比较严重，必须接比较大的散热片，本设计中，机箱的左右两侧有散热片，为了方便安装，后级晶体管的焊盘应靠近板的边缘。

（2）走线呈弧形，尽可能避免信号干扰；左右尽可能对称，使得左右声道输出波形对称，也让电路板更加美观。

（3）导线之间的距离不应小于 0.5mm。当线间电压超过 300 V 时，距离不应小于 1.5mm。

（4）地线本身构成的环路：封闭环在外界电磁场的作用下会产生感应电动势，从而产生电流，使地线上各点的电位都不相同，容易导致共阻抗干扰。在布置地线时，一定不能布置成封闭的环路，一定要留有开口。

（5）交流元件在 PCB 上，不论交流电流的大小是多少，均不允许在 PCB 内的地线上接地，作为交流回路。

（6）每一级的地线都要独立，但同级放大器电路元件接地点应尽量在一起。

（7）电子管灯丝的走线不能在板上，因为 AC220V 降压后被直接提供给电子管，在周围有比较强的交变磁场，容易产生交流声。

前级放大电路 PCB 图如图 6-9 所示。

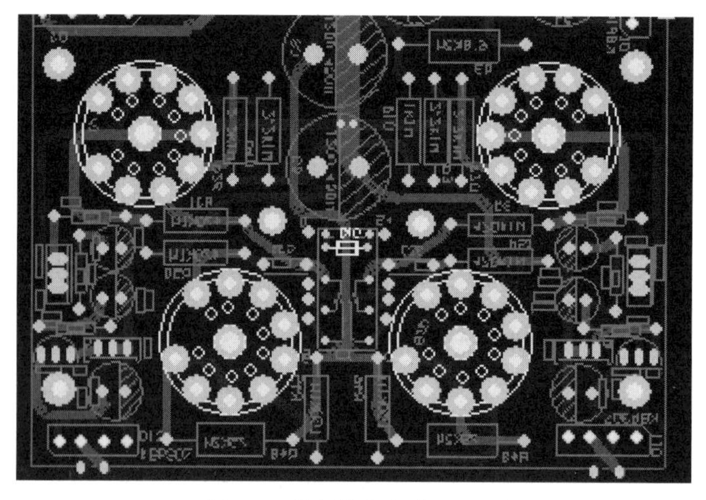

图 6-9　前级放大电路 PCB 图

图 6-9

图 6-10

后级放大电路 PCB 图如图 6-10 所示。

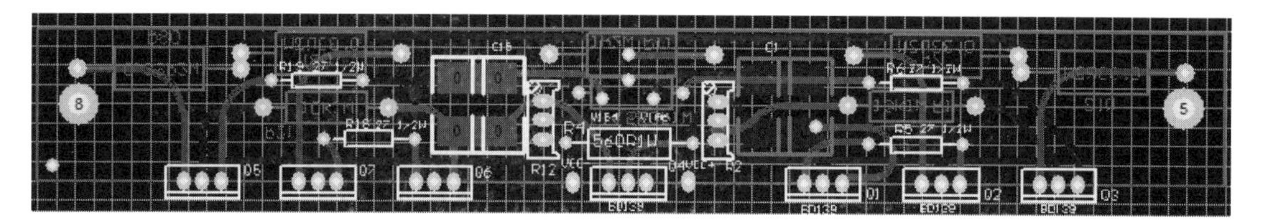

图 6-10　后级放大电路 PCB 图

任务 3　电子管耳机放大器装配与测试

6.3.1　设计外壳

通过 AutoCAD 绘制所有配件，确定外壳尺寸，如图 6-11 所示。

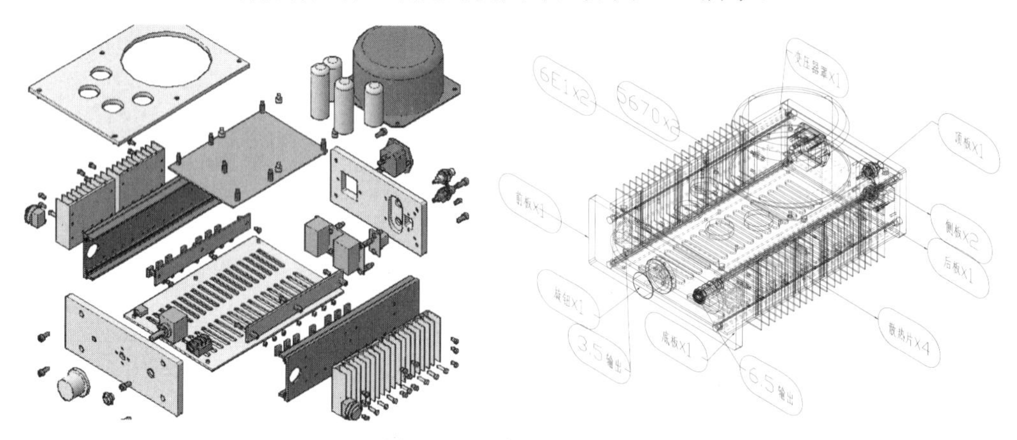

图 6-11　耳机放大器外壳

6.3.2　耳机放大器组装步骤

1. 将配件组装为半成品

（1）焊接内部电路板与各类元件，进行测试，保证可以正常使用；
（2）将外部机壳前、后、左、右及顶板所需的配件进行组装。

2. 将半成品组装为成品

（1）将半成品前、后板与左、右两块侧板进行拼接，形成一个边框半成品；
（2）将边框与顶板进行组合，此时外壳只剩下底板没安装；
（3）连接内部电路板，并完成调试和测试工作；
（4）确认电路无任何问题之后再安装底板。

3. 调试与测试

（1）接通电源，试听音效，进行调试与测试；
（2）做好产品清洁工作，打好包装，贴好标签。

6.3.3　将配件组装为半成品

1. 前板配件

前板配件包括前空板、3.5mm 和 6.5mm 音频输出母座、音量电位器、音量调节旋钮及螺丝。前板设计简洁大方，尺寸合理，实现了音频输出及音量调节的功能。前板效果图如图 6-12 所示。

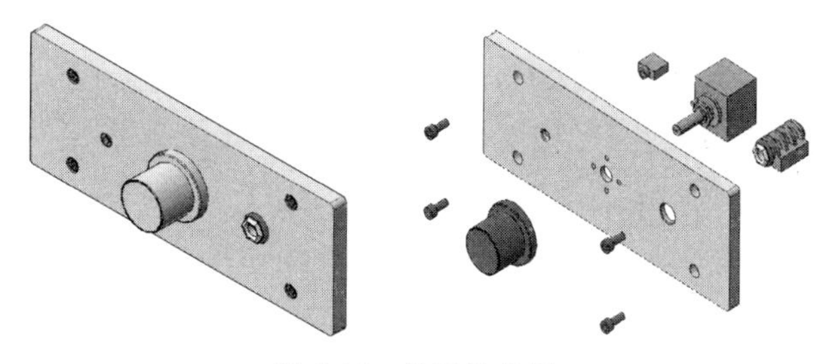

图 6-12　前板效果图

2. 后板配件

后板配件包括后空板、USB 解码板、USB 输入端、RCA 左右声道输入端、电源输入母座及铜柱和螺丝。后板左边接 220V 电源，右边接 RCA 和 USB 切换信号，左右距离将信号干扰降到最小。后板效果图如图 6-13 所示。

3. 顶板配件

顶板配件包括顶空板、变压器与变压器罩、电子管、放大电路板及其元件、铜柱和螺丝。顶板左右对称，比例合理。变压器置于后方，便于电源直接供电再分压到其他位置；电子管置于前方，电子管与变压器的距离便于最快散热；放大电路板的位置是根据电路特点及空间允许设计的最佳位置。顶板效果图如图 6-14 所示。

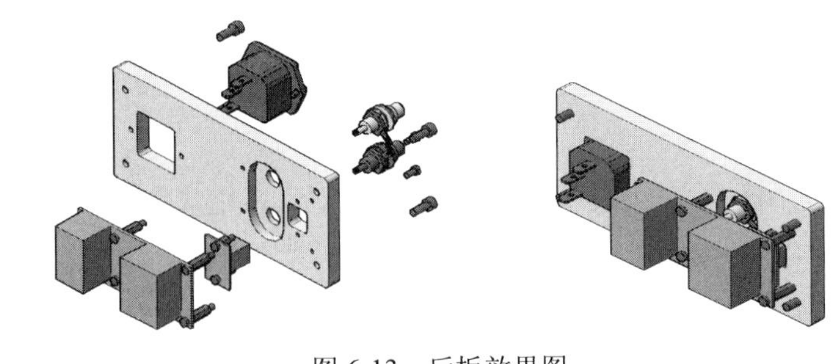

图 6-13 后板效果图

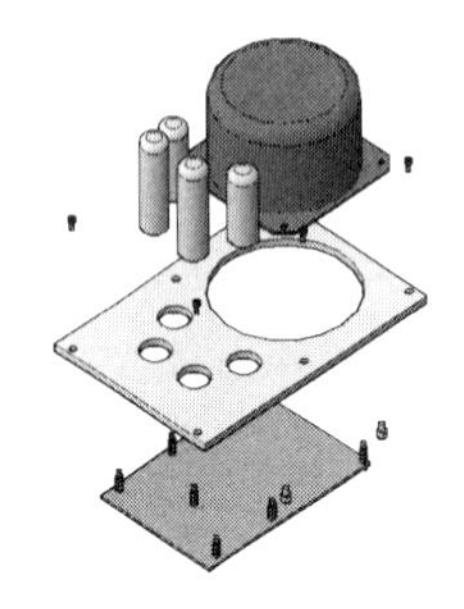

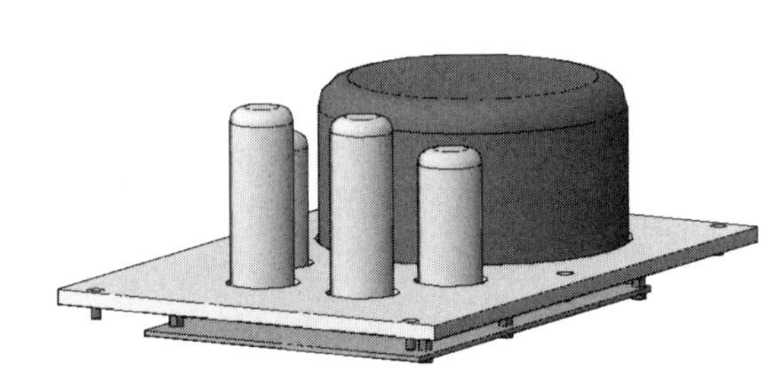

图 6-14 顶板效果图

4．侧板配件

侧板配件包括侧空板、电路板及其元件、散热片、开关及铜柱、螺丝和螺母等。侧板主要负责电路中各三极管的均匀散热，实现电源的开关与信号输入切换功能。侧板效果图如图 6-15 所示。

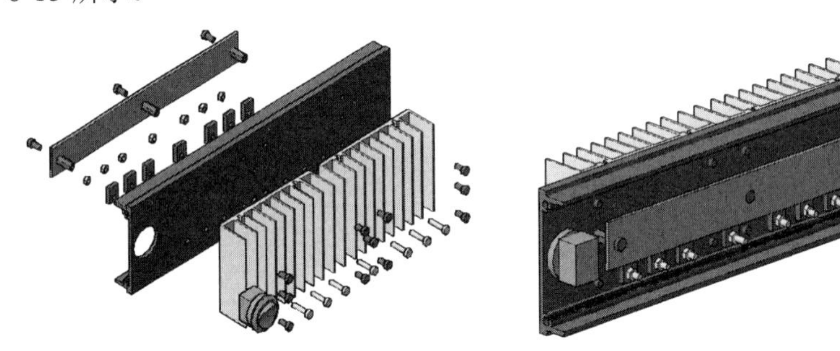

图 6-15 侧板效果图

5．底板配件

底板配件包括底空板及螺丝。底板的开槽设计主要为了实现电路在工作中的散热功能，底板易拆易装，方便维修内部电路。底板效果图如图 6-16 所示。

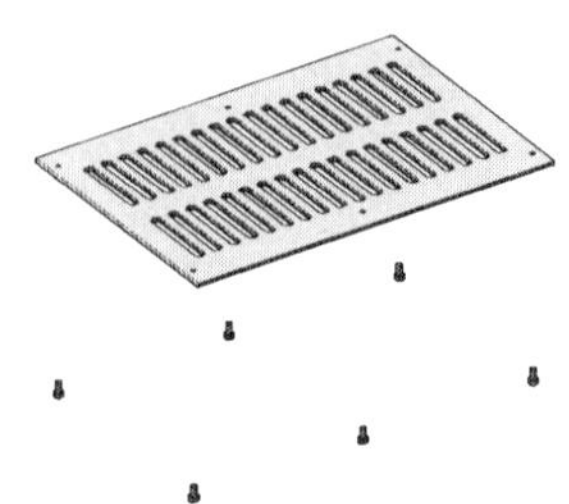

图 6-16 底板效果图

6.3.4　将半成品组装为成品

1. 边框的组装

上紧前、后板的螺丝，使前、后、左、右板固定，形成一个机壳边框。边框的组装图如图 6-17 所示。

2. 顶板的组装

找好顶板位置放置顶板，上紧顶板的螺丝，使顶板与机壳边框固定在一起。顶板的组装图如图 6-18 所示。

3. 内部电路板组装与焊接调试

连接内部电路板，并插上已经测试好的电子管，通电测试。内部电路板组装与焊接调试如图 6-19 所示。

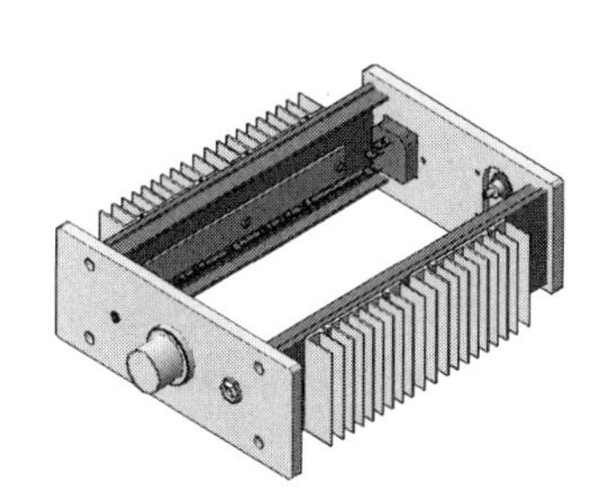

图 6-17　边框的组装图

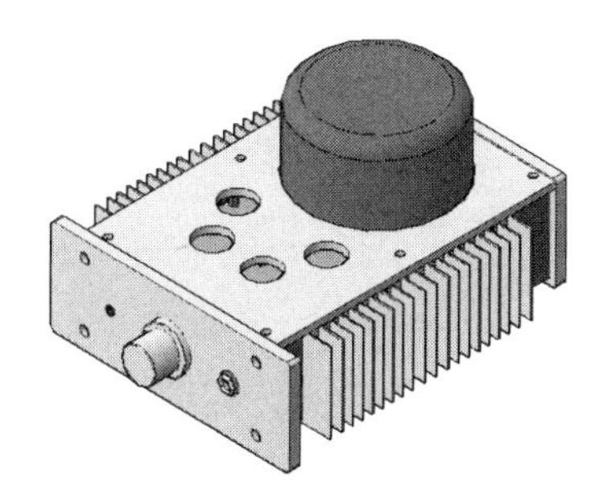

图 6-18　顶板的组装图

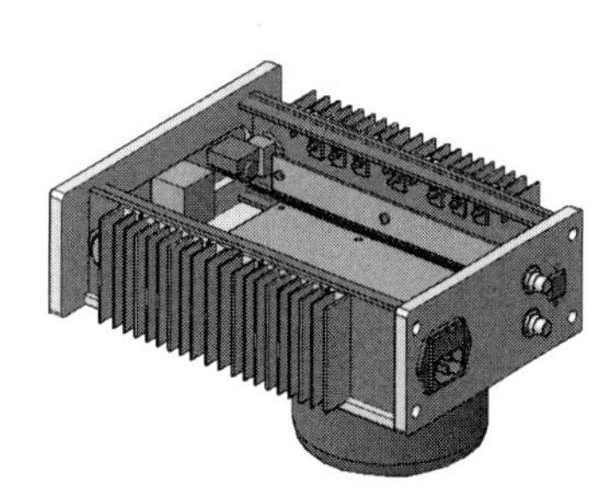

图 6-19　内部电路板组装与焊接调试

4. 底板的组装

全部测试通过之后组装底板，底板的组装图如图 6-20 所示。

整机效果图如图 6-21 所示。

产品整机图如图 6-22 所示。

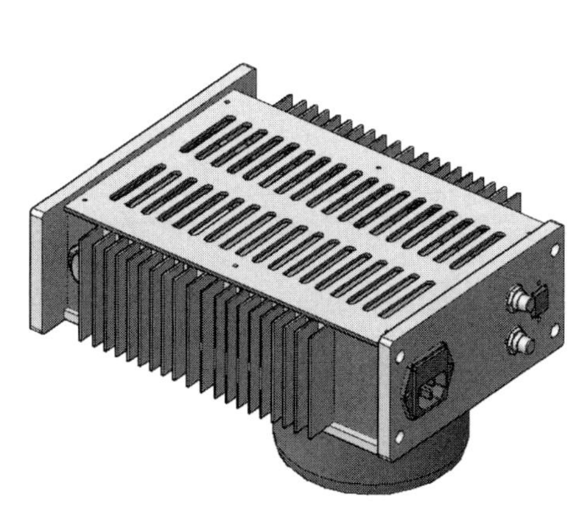

图 6-20　底板的组装图

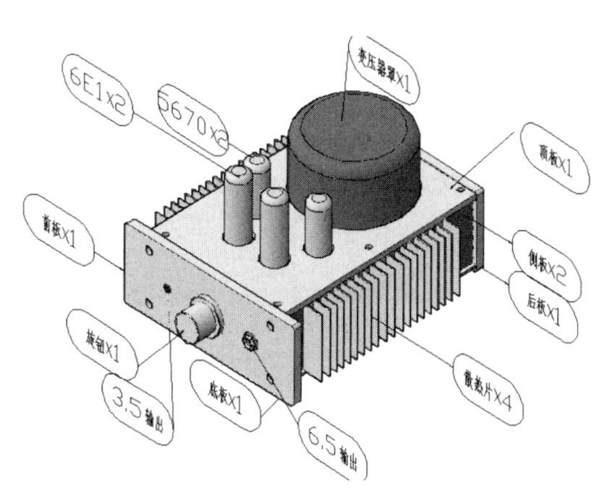

图 6-21　整机效果图

图 6-22 产品整机图

6.3.5 调试与测试

1. 通电前检查

检查步骤如下。

1）信号

RCA 输入（模拟）：检查 RCA+端和 RCA−端是否分别焊接良好，它们之间有无短路。

2）交流供电

（1）AC 电源母座接线：检查火线是否经过保险、零火线有无接开关、地线是否连到电源板上的 GND 端上。

（2）电源板交流输入：检查 AC6.3V、AC280V、双 18V 是否接对，每组交流输入是否接同一个变压器绕组。

（3）灯丝供电：检查电源板上的灯丝接线端的交流输入是否为黑色线的 AC6.3V 输入，检查主放大板上每个电子管的 Vf+、Vf−端是否分别接在同一个交流输入端（同一颜色的线）上。

3）直流供电

变压器输出的 AC280V、双 18V、AC6.3V 是否分别接到主放大板上对应的电子管电源模块、延时电路模块、灯丝模块上，电源板的 GND 是否接在 AC 输入电源母座的地上。

调试要点：

确定检查无误后方可通电，通电、断电后不要乱动电路板和元件，电容放电需要一段时间。准备好工具和仪器，包括小的一字螺丝刀、两个 8Ω 假负载、万用表、信号发生器、示波器、数字毫伏表及相关连接线。开机调试前，先接上 8Ω 假负载，开机后，首先调整恒流源模块的电压，然后接上信号发生器和示波器，通过示波器检查输出是否反相及输出是否对称，然后用示波器或者数字毫伏表查看整机噪声。

2. 通电后测试

先不装电子管，不接高压，测量 R22 两端电压，调节 R25 的阻值，使得 R22 两端电压 U=0.7V；然后装上电子管，接上高压，接通电源，进行如下测试。

（1）测放大电路 A 端电压：将万用表量程置于直流电压挡，正表笔接电源电压 A 端，负表笔接地。

（2）测放大电路板 VD 端电压：将万用表量程置于直流电压挡，正表笔接电源电压 VD 端，负表笔接地。

（3）测放大电路板 VCC 端电压：将万用表量程置于直流电压挡，正表笔接电源电压 VCC 端，负表笔接地。

（4）测各级的输入输出波形：将输出端接 8Ω 假负载，信号发生器输入耳机放大器的输入波形如图 6-23 所示，耳机放大器的输出波形如图 6-24 所示。

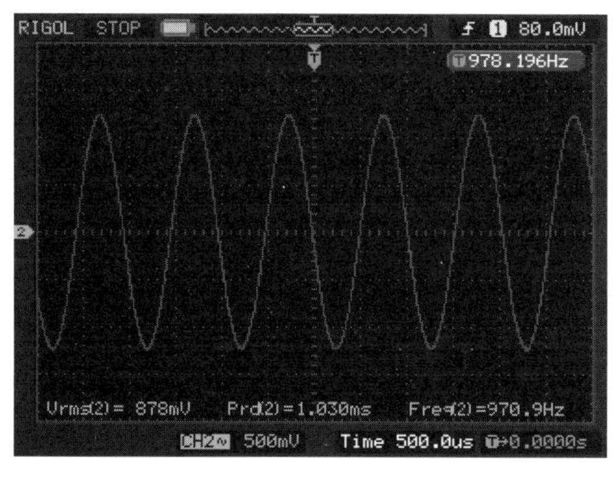

图 6-23　信号发生器输入耳机放大器的输入波形

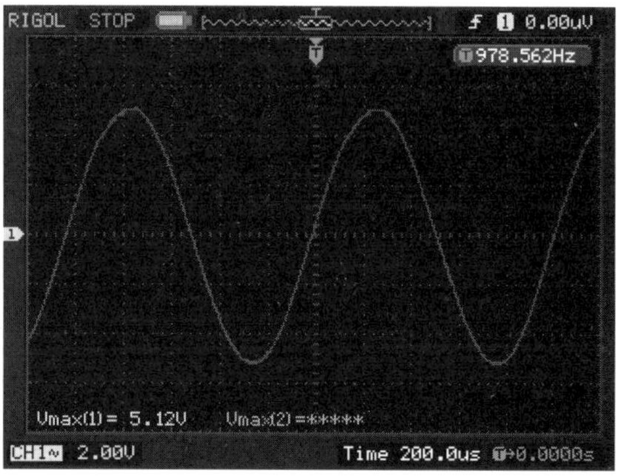

图 6-24　耳机放大器的输出波形

任务 4　便携式耳机放大器原理图设计与分析

6.4.1　系统结构设计

如今市场上有多种耳机放大器，包括晶体管放大器、胆机放大器、胆石混合耳机放大器、集成电路耳机放大器（便捷式耳机放大器）。本任务本着实现让音乐更动听，听优质音乐更便捷的想法，研究如何制作一款轻便小巧，且拥有强大性能的便捷式耳机放大器，该放大器采用可充电式锂电池，更加便捷安全。

1. 设计指标

外形尺寸：长 9.34cm，宽 5.74cm，高 2.8cm；
USB：Micro USB；
音量旋钮：双联电位器旋钮；
线路输出：有；
单端输出：3.5mm；
芯片：OPA552；
输出功率：0.525mW；
信噪比：118dB/mW；
频率响应：±1dB；
输出匹配阻抗：16～300Ω；

指示灯：LED 发光二极管。

系统结构框图如图 6-25 所示。

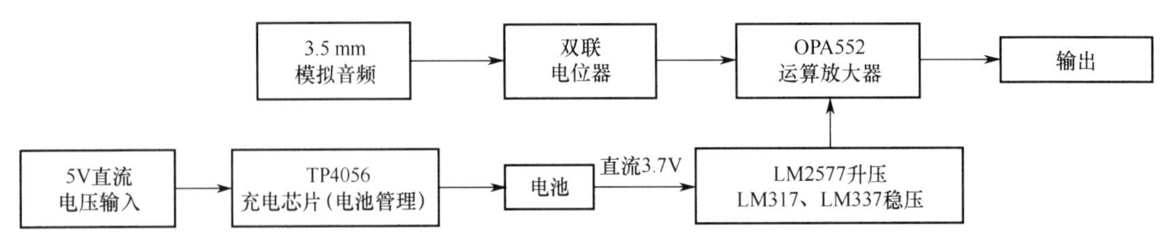

图 6-25 系统结构框图

系统电路包含充电电路、升压稳压电路、左右声道放大电路。本任务通过用 OPA552 运算放大器实现高电压、大电流。

充电电路采用的是基于 TP4056 的充电电路。TP4056 是一个采用恒定电流/恒定电压算法的单节锂电池充电芯片，可以在待机状态提供 2000mA 的工作电流，其底部带有散热片（SOP8 封装）与较少的外部元件，使得 TP4056 成为便携式应用的理想选择。由于采用了内部 P 沟道功率 MOSFET 架构，加上防倒充电路，其不需要外部隔离二极管（晶体）。热反馈可对充电电流进行自动调节，以便在大功率操作或高温度环境条件下对芯片温度加以限制。其充电电压固定为 4.2V，而充电电流可通过一个电阻在外部设置。当充电电流达到终止浮充电压后，又降至设定值的 1/10 时，TP4056 将自动终止充电循环。

升压稳压电路使用 LM2577 将电池输送来的 3.7V 直流电转换成交流电，通过变压绕组将电压提升至 16V，16V 电压经过整流滤波后，正负电压分别通过 LM317 和 LM337 可调节三端正电压稳压器稳压为±12V 直流电，供 OPA552 运算放大器使用。

左右声道放大电路采用的是基于 OPA552 的放大电路。信号通过 3.5mm 耳机接口，经双联电位器调节大小后，输入 OPA552 进行放大。

6.4.2 充电电路

TP4056 工作状态下能够提供 500mA 的充电电流（借助热设计良好的 PCB 布局、一个内部 P 沟道功率 MOSFET 和热调节电路），无须外部隔离二极管（晶体）或外部电流检测电阻。因此，基本充电电路仅需要两个外部元件。不仅如此，TP4056 还能够从一个 USB 电源中获得工作电源。当 VCC 端电压升至 U_{VLO}（门限电压）以上且在 PROG 端与地之间连接了一个精度为 1%的设定电阻或当一个电池与充电输出端相连时，一个充电循环开始。如果 BAT 端电压低于 2.9V，则进入涓流充电模式。在该模式中，TP4056 提供充电电流，以便将电流、电压提升至一个安全的值，从而实现满电流充电。当 BAT 端电压升至 2.9V 以上时，进入恒定电流模式，此时 TP4056 向电池提供恒定的充电电流。当 BAT 端电压达到终止浮充电压（4.2V）时，TP4056 进入恒定电压模式，且充电电流开始减小。当充电电流降至设定值的 1/10 时，充电循环结束。TP4056 处于不同充电状态时，会亮不同的指示灯。充电电路如图 6-26 所示，充电状态指示如表 6-2 所示。

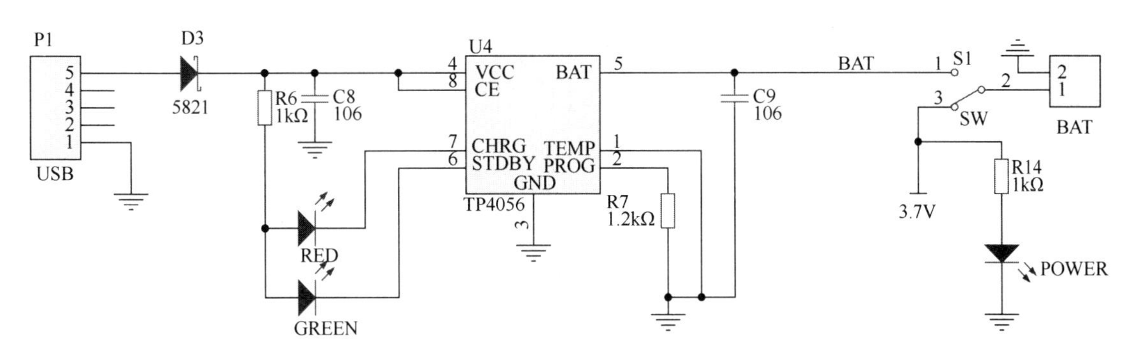

图 6-26　充电电路

表 6-2　充电状态指示

状态	红灯	绿灯
正在充电状态	亮	灭
电池充满状态	灭	亮
电池反接/电源欠压	灭	灭

6.4.3　升压稳压电路

升压稳压电路如图 6-27 所示。

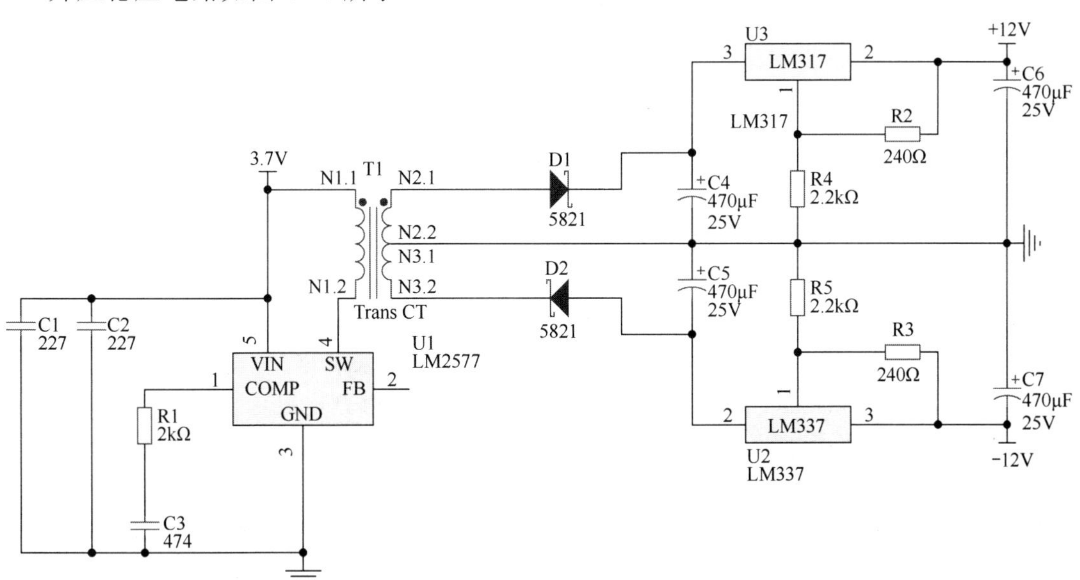

图 6-27　升压稳压电路

6.4.4　左右声道放大电路

左右声道放大电路如图 6-28 所示。

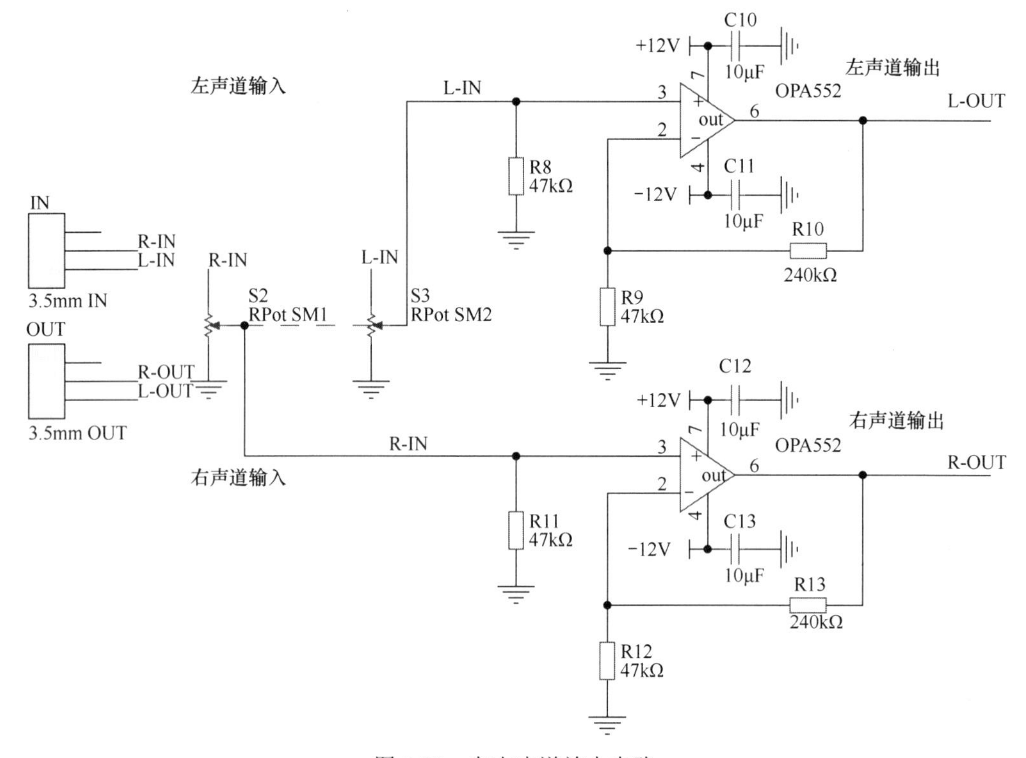

图 6-28　左右声道放大电路

任务 5　便携式耳机放大器 PCB 设计及测试

6.5.1　电路 PCB 图

1. 元件布局

在设计耳机放大器电路板时，首先按照结构尺寸确定好 PCB 的大小，根据结构组装的尺寸要求确定好螺丝孔，螺丝孔的大小需要按照螺丝尺寸来确定，一般是螺丝大小的 1.2 倍，需要在螺丝孔外面布一圈禁止布线圈，防止螺丝头接触到电路造成短路而损坏电路板（由于我们设计的电路板可直接在板里卡位，所以可不设置螺丝孔）。布好定位孔后，先对需要配合结构放置的元件进行摆放，如按键、LED 指示灯，再将一些需要放在边角处的元件进行摆放，如 3.5mm 耳机座。先将相对应的元件放在一起，进行简单的摆放，再在后面布线时进行优化布局。

2. 地线

在设计耳机放大器 PCB 时，我们必须要知道封闭环在外界电磁场的作用下会产生感应电动势，从而产生电流，使地线上各点的电位都不相同，容易导致共阻抗干扰。因此在布置地线时，一定不能布置成封闭的环路，一定要留有开口，每个模块的地都要分开走，不能连在一起。如果有晶振，要特别注意晶振的地要独立，在布稳压线电路的走线时，一定要注意，电压要先经过滤波电容再进入稳压芯片，输出走线也需要这样，可以充分发挥滤波电容的作用。

3. 布线

在布线时，要灵活使用线的宽度，显然，线越宽，线路阻抗越低，线路允许通过的电流就越大。一般数字信号线较细，模拟信号线较粗，电源线和地线更粗。将充电模块的地和功能单片机模块的地分开布置，在转弯时要避免出现直角和锐角，因为直角和锐角容易使电流流得不顺畅，会在转弯处形成电路节点。在转弯处进行圆弧处理时，使用画圆的线画出一个圆弧，设置好大小，放置到转弯处，圆弧两端需要和线相切。对所有的转角进行圆弧处理，保证电流流得顺畅，不会形成电流节点。便携式耳机放大器 PCB 图如图 6-29 所示。

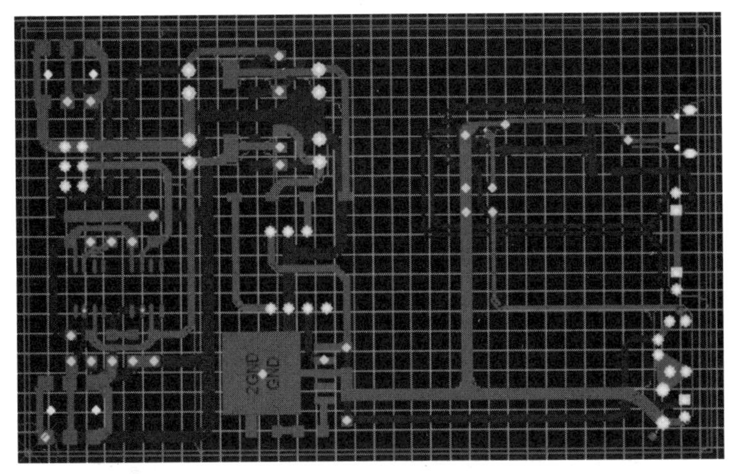

图 6-29

图 6-29　便携式耳机放大器 PCB 图

4. 覆铜

（1）单点接地。方法 1：用禁止布线层框住除落地焊盘外的网络为地的焊盘（适用于焊盘数量少的 PCB）。方法 2：新建一个网络，将落地焊盘改为该网络，覆铜（覆新网络），覆好后再将落地焊盘网络改回来。

（2）数字电路和模拟电路分开。

（3）所有覆铜面的角都要是圆角，避免尖端放电。

PCB 绘制覆铜效果如图 6-30 所示。

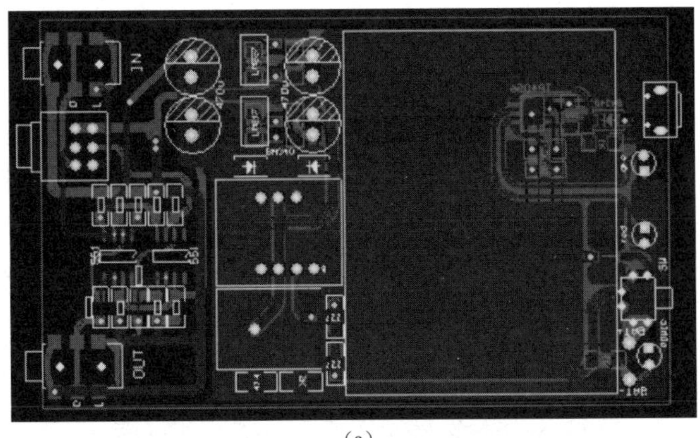

图 6-30（a）

（a）

图 6-30　PCB 绘制覆铜效果

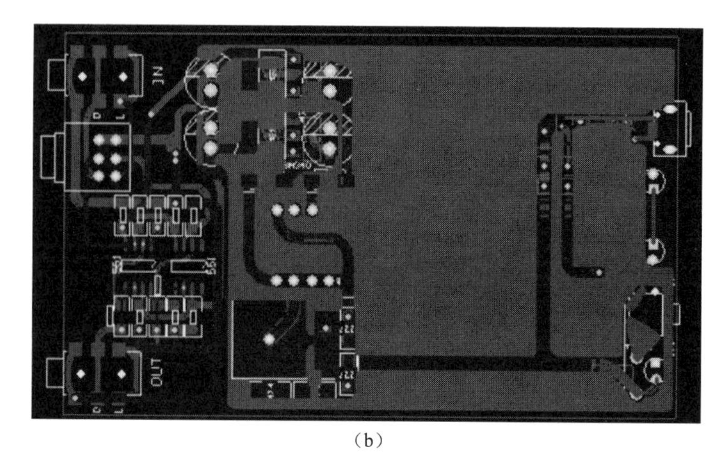

图 6-30（b）

（b）

图 6-30　PCB 绘制覆铜效果（续）

6.5.2　制作双面板的工艺流程

本任务中，制作双面板的工艺流程同 5.5.2 节。成品展示如图 6-31 所示。

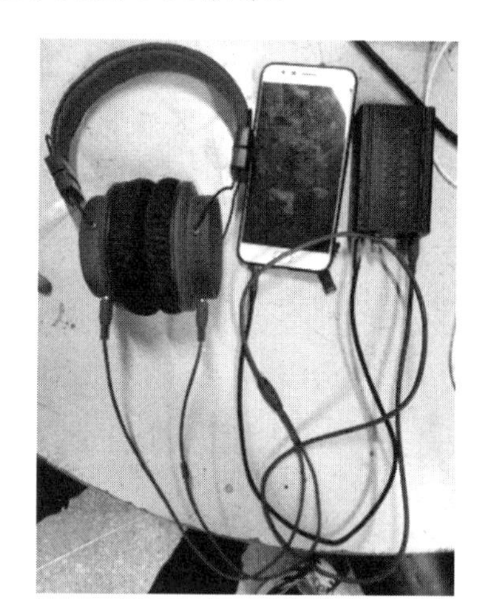

图 6-31　成品展示

6.5.3　额定功率测试分析

额定功率测试值如表 6-3 所示，额定功率测试波形如图 6-32 所示。

表 6-3　额定功率测试值

输入频率	输出电压		
	300Ω	100Ω	47Ω
10Hz	7.3V	5.8V	5.1V
20Hz	7.2V	6V	5.1V
50Hz	7.3V	6.05V	5.1V
100Hz	7.3V	6.15V	5.1V

（续表）

输入频率	输出电压		
	300Ω	100Ω	47Ω
200Hz	7.3V	6.15V	5.1V
500Hz	7.3V	6.15V	5.1V
1kHz	7.3V	6.15V	5V
5kHz	7.3V	6.15V	5V
10kHz	7.3V	6.2V	5V
20kHz	7.3V	6.2V	5V
50kHz	7.18V	6.2V	5V
80kHz	7.18V	6.2V	5V
100kHz	7.2V	6.2V	5V

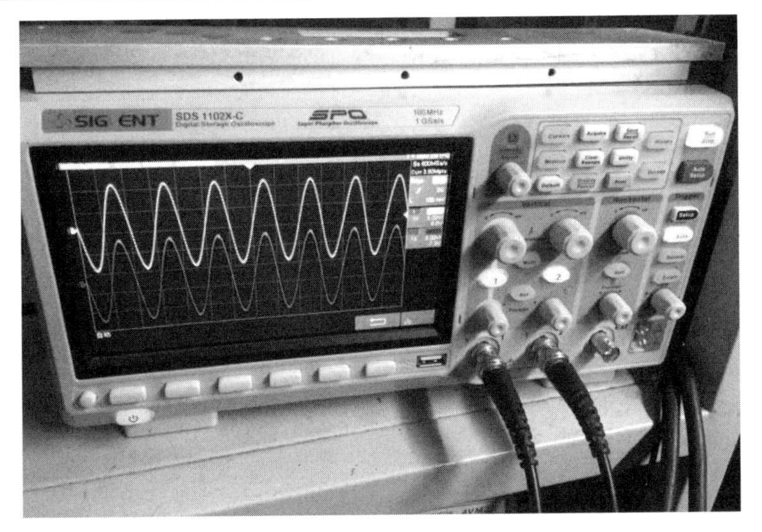

图 6-32　额定功率测试波形

项目 7　黑胶唱头放大器设计与制作

任务 1　黑胶唱头放大器原理图设计与分析

7.1.1　黑胶唱头放大器

LP（Long Playing，长时间播放）密纹唱片是采用音频信号原始波形完整复制唱片轨迹的方式来记录音频信号的。LP 密纹唱片与 CD 唱片最大的区别就是“连续”和“断续”的区别，前者连续地记录音频信号的波形，后者则以点状的形式记录音频信号的波形。一套优秀的 LP 播放系统播放一张优秀的 LP 密纹唱片时，能带给我们一种不同于听 CD 唱片的音乐感觉，音乐更流畅自然、密度更高、质感更强、鲜活生动、临场感更佳。

一套 LP 播放系统基本由 3 部分组成，分别是转盘、唱头和唱头放大器。为追求良好的声音表现，在拥有优秀的唱头和转盘后，我们接着就要考虑为之搭配一个性能良好的唱头放大器。设计唱头放大器的难点在于，唱头放大器要对市场上主要的 MM/MC 两种唱头输出的微小信号进行 1000 倍或 10000 倍的放大，而且在这过程中保持信噪比在 80dB 以上。这就是我们需要设计和制作的唱头放大器。

MM（Moving Magne）唱头又称动磁唱头，输出电压在 3.5～6mV 之间，MM 唱头的线圈固定在唱头壳上，因此绕的圈数比较多，由此产生的电压也高（原理和变压器类似）。

MM 唱头播放出的音乐在中低频上的音质较浓厚、具韵味，而且动态性能较好，而在高频上音质的细腻度较差，比较适合播放爵士、流行、摇滚等类型的音乐。因为唱针和线圈是分离的两个个体，所以 MM 唱头的唱针和线圈可以分开，唱针（损耗后）可以随意更换。MM 唱头结构图如图 7-1 所示。

MC（Moving Coil）唱头又称动圈唱头，输出电压在 0.3～0.5mV 之间，MC 唱头的线圈绕在针杆后方，线圈绕的圈数明显少得多，因此它的电感量不够，产生的电压也很有限。MC 唱头播放出的音乐更为细致，特别适合播放古典音乐。因为其线圈连在唱针尾部，所以当唱针损坏后，无法将唱针独立拆下进行更换，一般要由生产厂商更换。MC 唱头结构图如图 7-2 所示。

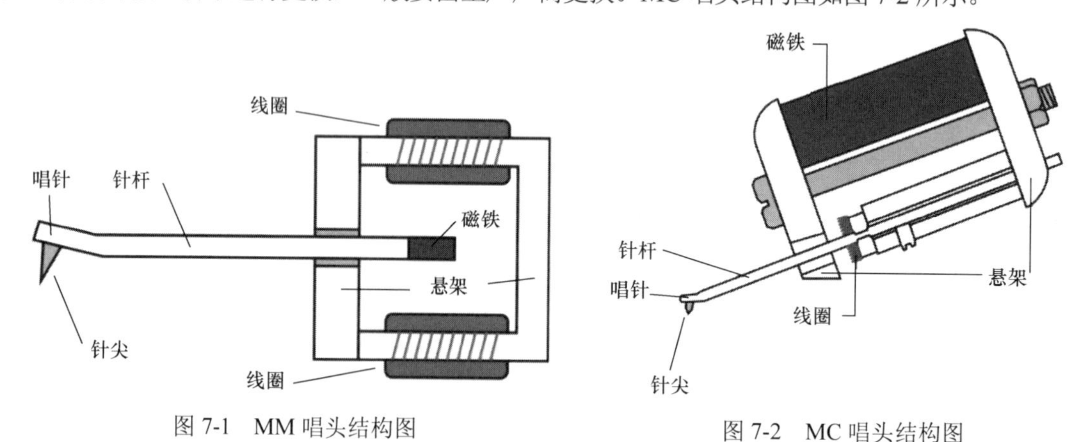

图 7-1　MM 唱头结构图

图 7-2　MC 唱头结构图

唱头放大器是 LP 播放系统的重要组成部分。第一，其可以补偿频率，因为在制作黑胶唱片时，为了获得比较大的信息量，通常会衰减低音、提升高音，唱头放大器的作用就是补偿衰减、削弱提升。第二，其可以升压，因为一般唱头的输出电压都很小，在 3mV 左右，配备唱头放大器才能把唱头通过唱针拾取的信号放大，然后将声音信号传给功放，从而使用户听到音乐。

7.1.2 系统设计

黑胶唱片作为人类历史上较早用来贮存声音信号的载体，一直为音响发烧友所青睐。如果想建立一套可以聆听黑胶唱片的系统，实现声音的真正重播，就必须在播放系统中增加一种专门的附带有频率均衡功能的前级放大器，也就是唱头放大器。唱头放大器有两个主要功能，一是 RIAA 曲线等化，二是信号放大。设计难点是高倍数放大器的噪声处理和 RIAA 均衡网络设计。一般 CD 唱片机的输出电压约为 2V，但 MM 唱头的输出电压约为 3mV，所以必须先经由一次放大，把唱头的输出提升到高电平水准，才能放出声音来。如果使用的是 MC 唱头，那么输出电压将更低，约为 MM 唱头的 1/10，所以 MC 唱头必须经过两级放大，将输出电压提升到 MM 唱头输出电压的水准，才可以正常供给功放。MC 唱头放大器的优劣将会影响黑胶唱片机播放出来的音质，所以 MC 唱头放大器对于黑胶唱片来说是非常重要的，本项目在对黑胶唱片机分析的基础上，设计一种兼容 MM/MC 信号输入的唱头放大器，设计思路如下：

（1）以衰减补偿型唱头放大器作为电路原型；

（2）具体采用“MM 唱头放大器+晶体管放大电路”作为前级的方式实现。

第一级放大电路可采用电子管、晶体管、变压器。第二级放大电路可采用电子管、运算放大器，组合起来有 6 种方案。第一级放大电路采用电子管时，因为电子管本身底噪比晶体管大，所以很难用纯电子管制作 MC 唱头放大器，而且制作难度大。第一级放大电路采用变压器时，成本高，而且变压器对μV 级的信号进行放大时，容易受到分布电容和电感的影响，很难得到平直的频率响应。

考虑到成本及实现难度，本项目最后采取了“晶体管+运算放大器”的方案，该方案的优点是电路难度低，幅频特性好。

本项目的系统结构框图如图 7-3 所示，由于 MC 唱头输入电阻低，且输入信号对频率响应特性要求高，运算放大器放大倍数很大，因此如果采用高输入电阻放大，不仅拾取了有用信号，也拾取了静电、电磁干扰信号等噪声，所以采用共基共集放大电路作为 MC 唱头的放大电路，该电路可实现低输入电阻，这样输入噪声就可以通过输入电阻接地，提高了信噪比。

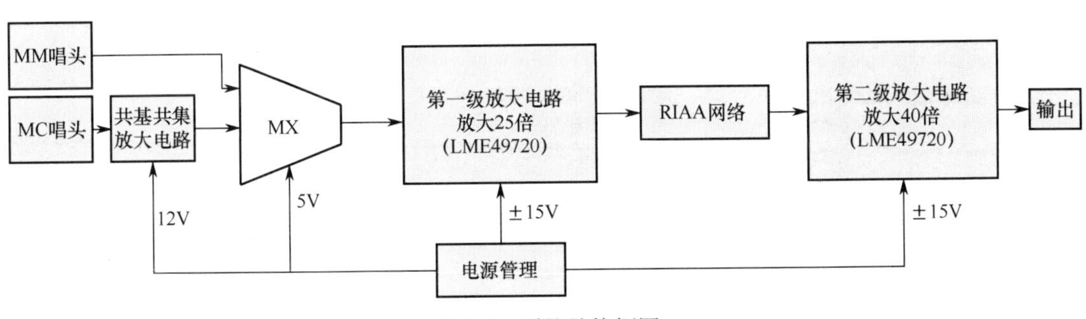

图 7-3 系统结构框图

由于 MC 唱头的输出电压比 MM 唱头低约 10 倍，所以需要通过该共基共集放大电路对 MC 唱头的输出信号进行 10 倍放大，以保证 MM/MC 唱头最终输出的电压相近。图中多路选择器 MX 采用了继电器，起输出信号切换的作用，当继电器通电打开时，MM 唱头输出信号流经后级放大输出。当继电器断电关闭时，MC 唱头输出信号流经后级放大输出。运算放大器采用输入噪声密度只有 $6.4\mathrm{nV}/\sqrt{\mathrm{Hz}}$ 的 LME49720，在保证带宽的前提下，保证双运算放大器的第一级输出电压能够在第二级输入电压的范围内，第一级放大电路将信号放大了 25 倍，两级放大电路中间由 RIAA 网络进行增益补偿，第二级放大电路将信号放大了 40 倍，从而使微小信号实现了 1000 倍的放大。采用两级放大电路主要基于增益带宽积（GBWP）和运算放大器的输入电压考虑。LME49720 的增益带宽积为 55MHz，若把运算放大器需要放大的 1000 倍都放在一级，那么运算放大器的带宽只有 55000Hz，不能满足 20Hz～20kHz 的音频带宽要求。

7.1.3　共基共集放大电路

1. 放大电路分析

共基共集放大电路采用 2SC1815 三极管（晶体）实现，如图 7-4 所示。共基电路没有电流放大作用，只有电压放大作用，且具有电流跟随作用，输入电阻最小，电压放大倍数、输出电阻与共射电路差不多，属同相放大电路，常用于高频或宽频带、低输入电阻的场合。共集电路输出电阻低，作为输出级时，可减少负载变动对电压放大倍数的影响，稳定输出电压，提高放大电路的负载能力。

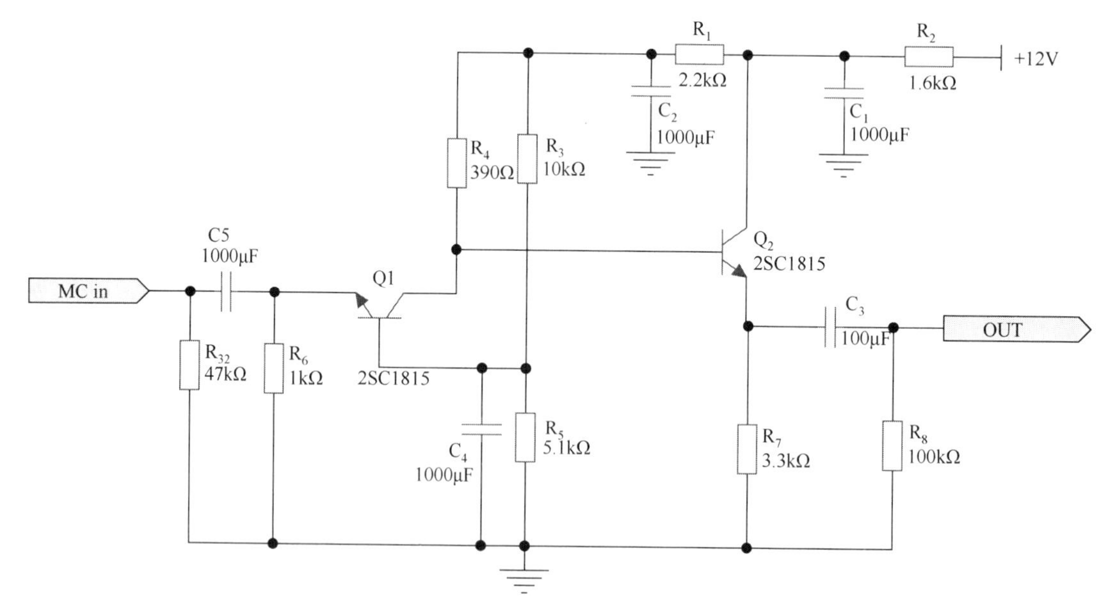

图 7-4　共基共集放大电路

2. 微变等效分析

2SC1815 的放大倍数为 120～240，下面进行微变等效分析。令 β=130，算出 A_u≈12，与

实际测试结果相符。共基共集放大微变等效电路如图 7-5 所示。

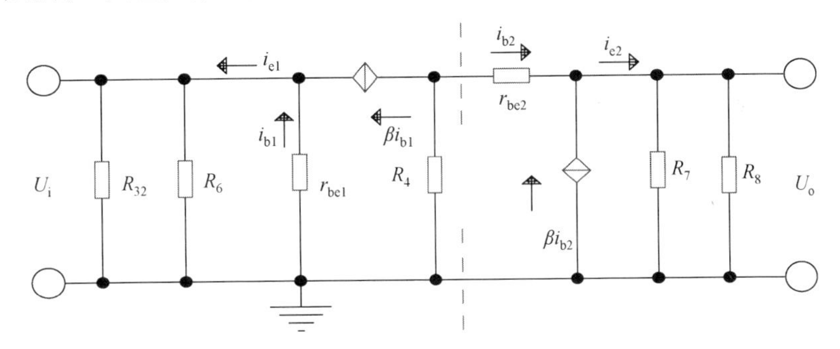

图 7-5 共基共集放大微变等效电路

根据图 7-5，可得：

$$U_i = -i_{b1} \times r_{be1}$$

$$U_o = -\beta \times i_{b1}\left(R_4 // R_d\right)$$

由：

$$U_{i2} = i_{e2}\left(R_7 // R_8\right) + i_{be2} \times r_{be2} = i_{be2}\left[\left(1+\beta\right)\left(R_7 // R_8\right) + r_{be2}\right]$$

得：

$$R_d = \left(1+\beta\right)\left(R_7 // R_8\right) + r_{be2}$$

注意：

$$\beta = 130\text{，}\quad r_{be} \approx 300 + \left(1+\beta\right) \times 26 / i_e\text{，}\quad r_{be1} = r_{be2} \approx 3706\Omega$$

代入数据，得：

$$A_u = U_o / U_i \approx 12$$

3. 2SC1815

2SC1815 是日本生产的一种常用的 NPN 小功率硅三极管（晶体）。该管的耐压值是 40V，P_{cm}=400mW，I_{cm}=150mA。

2SC1815 的特点如下：

集电极直流电流：0.15A；

直流电流增益 h_{FE}：120；

封装类型：TO-92；

引脚数：3；

功耗：400mW；

总功率 P_{tot}：400mW；

晶体管数：1；

晶体管类型：通用小信号晶体管；

最大连续电流 I_c：0.15A；

最小增益带宽 f_t：80MHz；

电压 V_{cbo}：60V；

电流 I_{chFE}：2mA；

表面安装器件方式：通孔安装；

饱和电压 V_{cesat} 最大值：0.25V。

2SC1815 的极限参数如表 7-1 所示。

表 7-1　2SC1815 的极限参数

参数	极限值	单位
V_{cbo}（集电极-基极电压）	60	V
V_{ceo}（集电极-发射极电压）	50	V
V_{ebo}（发射极-基极电压）	5	V
I_c（集电极电流）	150	mA
I_b（基极电流）	50	mA
P_c（耗散功率）	400	mW
T_j（结温）	125	℃

2SC1815 的放大倍数如表 7-2 所示。

表 7-2　放大倍数

后缀符号	O	Y	GR	L
放大倍数	70～140	120～240	200～400	350～700

2SC1815 特性曲线如图 7-6 所示。

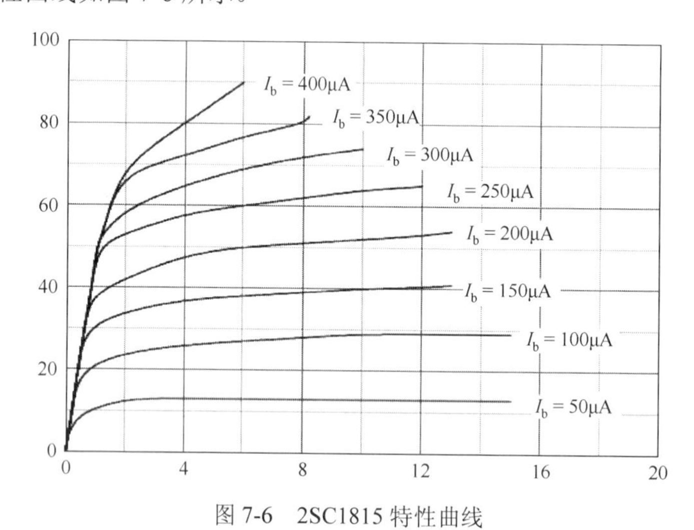

图 7-6　2SC1815 特性曲线

7.1.4　双运算放大器电路

1. 运算放大器分析

运算放大器采用了一款超低失真、超低噪声、高转换速率的双运算放大器 LME49720。从实际情况出发，第一级放大电路采用同相比例放大方式进行放大，放大倍数为 $A_u=1+\dfrac{R_{19}}{R_{20}}=25$。

放大电路如图 7-7 所示。

在两级运算放大电路中间会有 RIAA 网络进行增益补偿。由于唱片公司录制黑胶唱片时，为防止低频唱针振幅过大并槽，会通过缩小振幅的方式抑制低频衰减，通过放大振幅的方式提升高频；播放唱片时需要将信号反向还原，即衰减高频、提升低频。通过 RIAA 网络的增益补偿，可实现原始音频信号的还原。阻容参数则由 RIAA 著名设计者 Lipschitz 提出的计算公式得出：

$$R_{21}\times C_{32}=51\times 27=1377\mu s$$

$$\left(R_{21}+R_{22}\right)\times C_9=4394\mu s$$

$$R_{22}\times C_9=313.6\mu s$$

$$R_{21} // R_{22}\times C_{32}=291\mu s$$

另外 2 个电阻和 2 个电容的取值，必须满足以下比例关系：

$$R_{21}\div R_{22}=13.0102$$

$$C_9\div C_{32}=2.9629$$

这保证 LP 重放时低频结像力可与 CD 媲美，还保证 LP 重放时高频既不晦暗、又不刺耳。

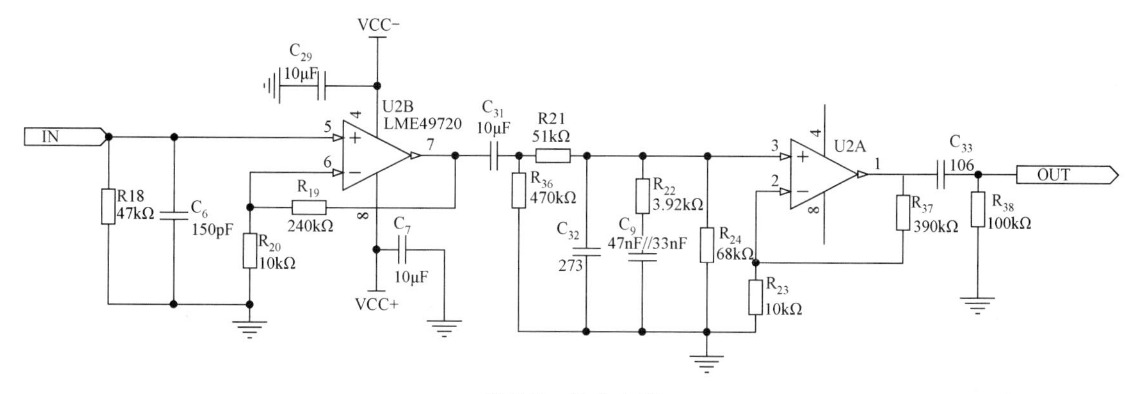

图 7-7　放大电路

信号通路的电容，包括 RIAA 网络的电容，不能采用圆筒型卷绕式的，因为这种类型的电容有等效电感，存在微音效应，即麦克风效应，将严重影响音乐的重放效果。应采用云母电容、MKP 或 CBB 聚丙烯电容。输出耦合电容应采用耐压 100V 的叠片型聚丙烯电容，尽管其体积较大，但频率响应较好。

第二级放大电路也采用同相比例放大方式进行放大，保证 MC 唱头的输出电压经过 3 级放大，MM 唱头的输出电压经过 2 级放大后，输出与输入同相。第二级放大电路的放大倍数为 $A_u=1+\dfrac{R_{37}}{R_{23}}=40$。通过两级放大电路，微小信号实现了 1000 倍的放大。RIAA 网络如图 7-8 所示。

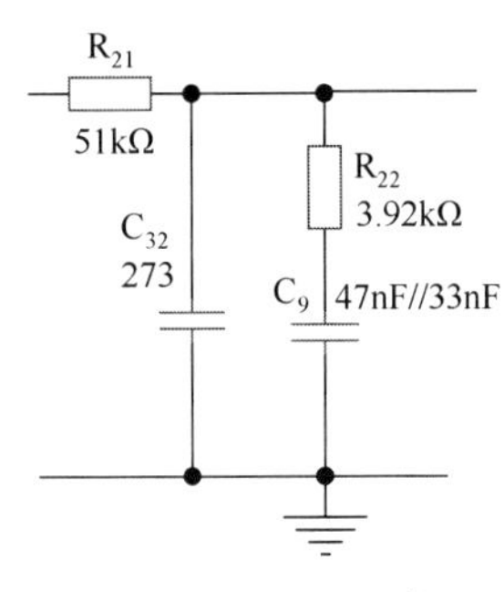

图 7-8 RIAA 网络

2. LME49720 运算放大器

LME49720 可用于超高品质的音频放大、高保真前置放大器、高保真多媒体、唱机前置放大器、高性能专业音频、高保真均衡和交叉网等。LME49720 的极限参数如表 7-3 所示。

表 7-3 LME49720 的极限参数

参数	极限值	参数	极限值
工作电压范围	±2.5～±17V	输入噪声密度	6.4nV/ $\sqrt{Hz}$
工作温度范围	−40～+80℃	输入失调电压	≤±0.1mV
总静态电流	10mA	输入偏置电流	10nA
THD+N（总谐波失真+噪声）	0.00%	直流增益误差	0.00%
IMD（瞬态互调失真）	0.00%	PSRR（电源电压抑制比）	≥120dB
GBWP（增益带宽积）	55MHz	CMRR（共模电压抑制比）	120dB
FPBW（全功率带宽）	10MHz	差模输入电阻	30kΩ
闭环输出电阻	0.01Ω	共模输入电阻	1000MΩ
输出电流	±26mA	AV（开环增益）	140dB
转换速率	±20V/μs	最大输出电压摆幅	±14V
T_s 建立时间	1.2μs	输入失调电压	≤±0.1mV

7.1.5 三端稳压整流滤波电路

三端稳压整流滤波电路也称三端稳压管，它的外观与普通的三极管相同，电子产品中常见到的三端稳压整流滤波电路芯片有正电压输出的 78××系列和负电压输出的 79××系列。

三端是指这种稳压用的集成电路芯片只有三个引脚，分别是输入端、输出端和接地端。将元件有标识的一面朝向自己，若是 78××系列的元件，则从左到右三个引脚分别为输入端、接地端和输出端；若是 79××系列的元件，则从左到右三个引脚分别为接地端、输入端和输出端。用三端稳压整流滤波电路芯片组成稳压电源所需的外围元件极少，电路内部还有过流、过热及调整管的保护电路，使用起来可靠、方便，而且价格便宜。78 或 79 后面的数字代表该三端稳压整流滤波电路的稳压值，例如，LM7805、LM7812、LM7815、LM7915 分别代表稳压值为 5V、12V、15V、−15V。

三端稳压整流滤波电路如图 7-9 所示。

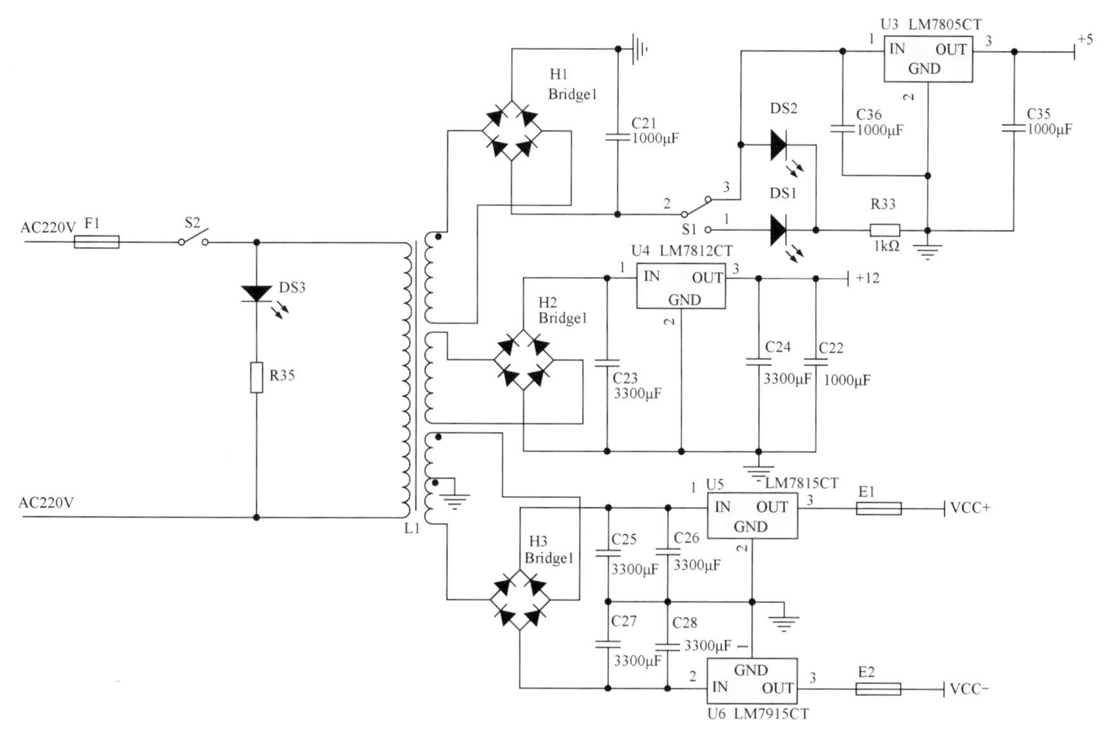

图 7-9　三端稳压整流滤波电路

7.1.6　MC 唱头和 MM 唱头切换电路

MC 唱头和 MM 唱头切换电路采用继电器电路，按键断开时输入 MC 唱头信号，按键闭合时输入 MM 唱头信号。继电器在电路中起转换信号的作用。本书采用的是汇科的小型继电器 HK19F-DC5V-SHG。继电器一般有线圈（2 个引脚），常开触点（2 个引脚），常闭触点（2 个引脚）和公共触点（2 个引脚），共 8 个引脚。首先要判定 8 个引脚分别是什么引脚才能正确使用继电器。一般厂家都会提供脚位图的 PDF 文档，用户照图接线就可以了，如果没有资料，也可用万用表来找到它各个引脚的定义，步骤如下：

（1）用万用表电阻挡测一下，电阻约为 1kΩ的 2 个引脚就是线圈，接入 DC5V 就能工作。

（2）对于另外 6 个引脚，先用万用表的通断挡测一下，线圈未通电时通断挡有声的是常闭触点，无声的是常开触点。

（3）找到公共触点。

继电器 HK19F-DC5V-SHG 接线图可参考图 7-10。

线圈通电时，其两端会产生感应电动势。当电流消失时，其感应电动势会在电路中的元件两端产生反向电压。当反向电压高于元件的反向击穿电压时，会对元件造成损坏。若将续流二极管（晶体）并联在线圈两端，则当线圈中的电流消失时，线圈产生的感应电动势通过续流二极管（晶体）和线圈构成的回路做功而被消耗掉，从而保护了电路中的其他元件的安全。

MC 唱头和 MM 唱头切换电路如图 7-11 所示。

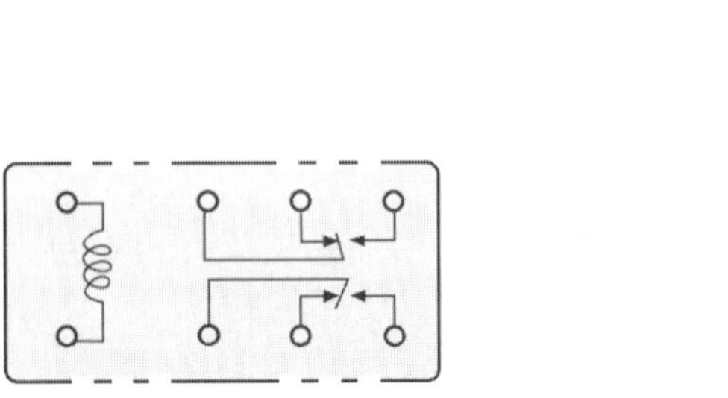

图 7-10 继电器 HK19F-DC5V-SHG 接线图

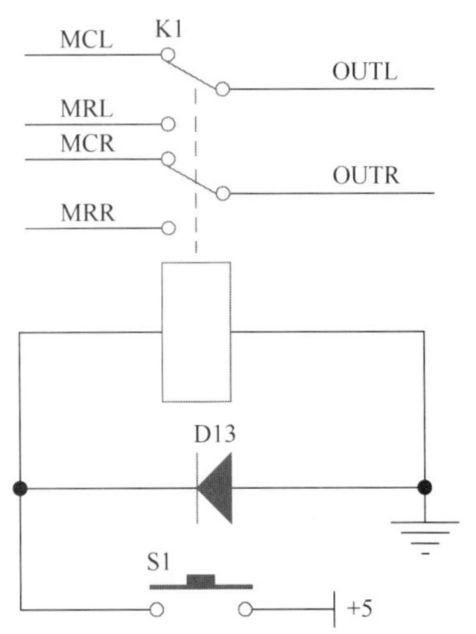

图 7-11 MC 唱头和 MM 唱头切换电路

任务 2 黑胶唱头放大器 PCB 设计及装配测试

7.2.1 电路 PCB 图

黑胶唱头放大器电路板的设计可参考 6.5.1 节，其在元件布局、地线、布线方面的注意事项与便携式耳机放大器相似。

电源电路 PCB 图如图 7-12 所示，黑胶唱头放大器 PCB 图如图 7-13 所示。

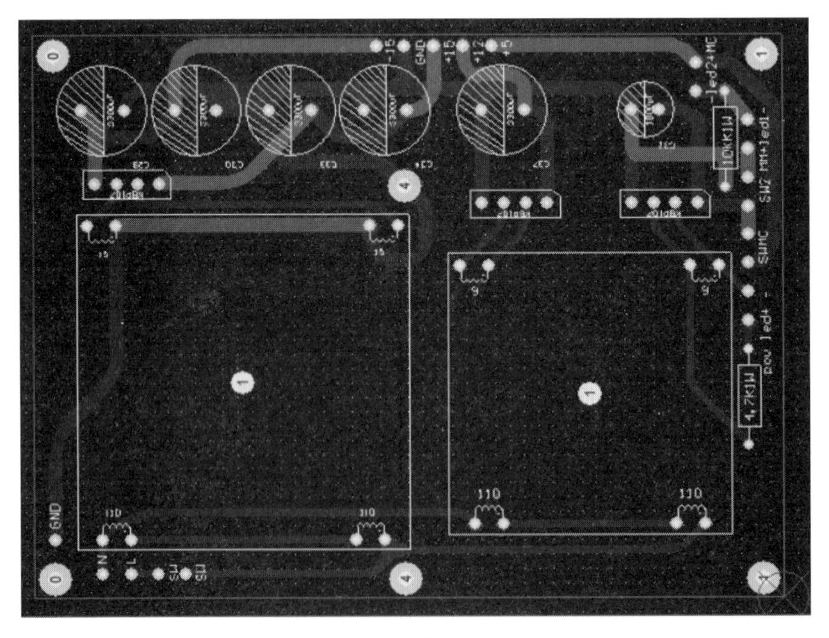

图 7-12

图 7-12 电源电路 PCB 图

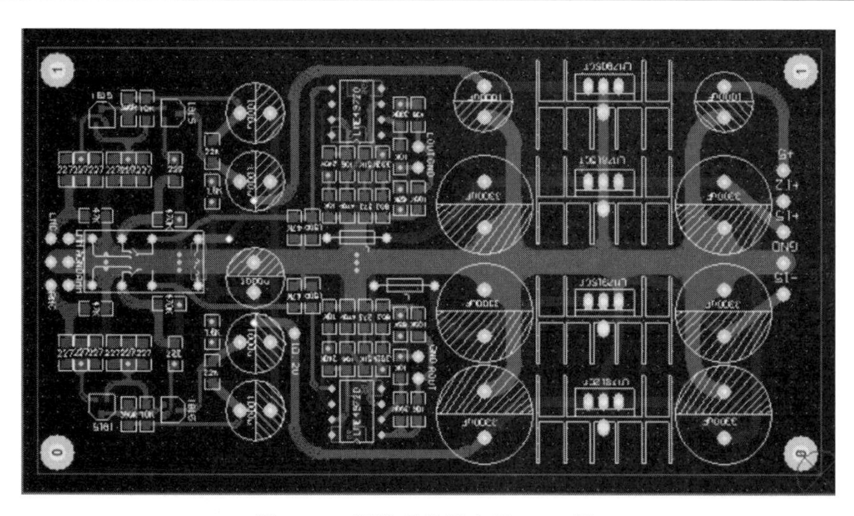

图 7-13　黑胶唱头放大器 PCB 图

图 7-13

7.2.2　装配

装配步骤如下：

（1）组装机壳；

（2）前面板元件安装；

（3）后面板元件安装；

（4）固定电源模块；

（5）固定放大模块；

（6）封顶。

这样的结构设计和装配顺序方便了安装人员，大大提高了装配效率。

1．机壳前面板

机壳前面板如图 7-14 所示。

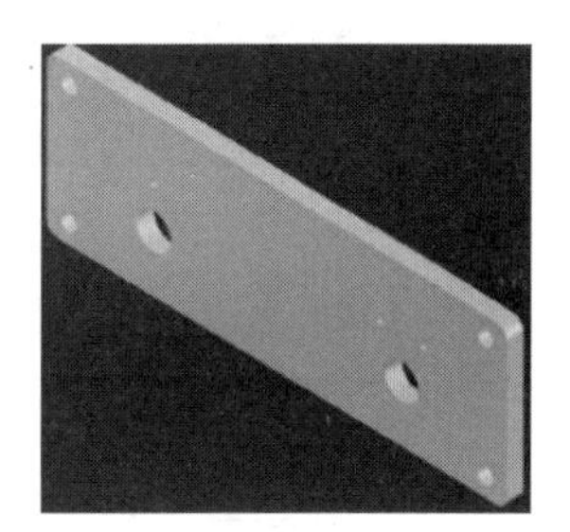

图 7-14　机壳前面板

2．机壳后面板

机壳后面板如图 7-15 所示。

屏蔽线：切记要“一芯、一地、一网”，如图 7-16 所示，剥线时要注意力度，不能割断中间的屏蔽层，接端子的一端要把屏蔽层和其中一条线绞合（红右白左），如图 7-17 所示，接 PCB 的一端要把屏蔽层剪断。

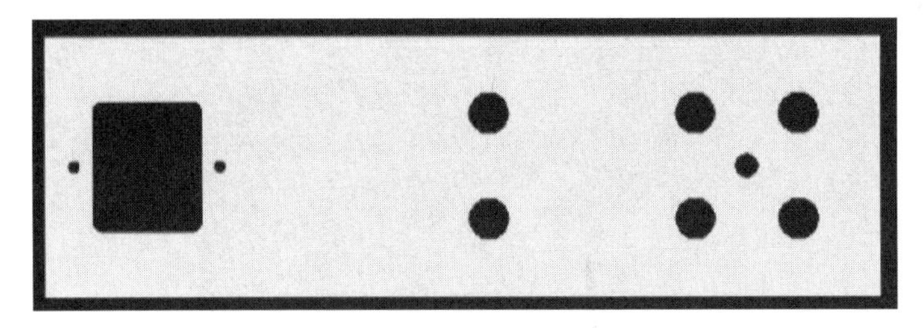
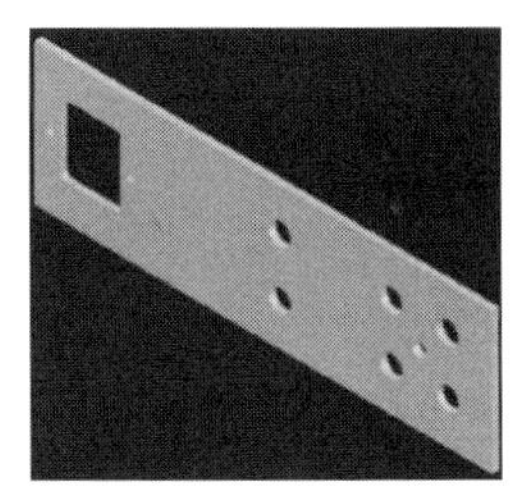

图 7-15 机壳后面板

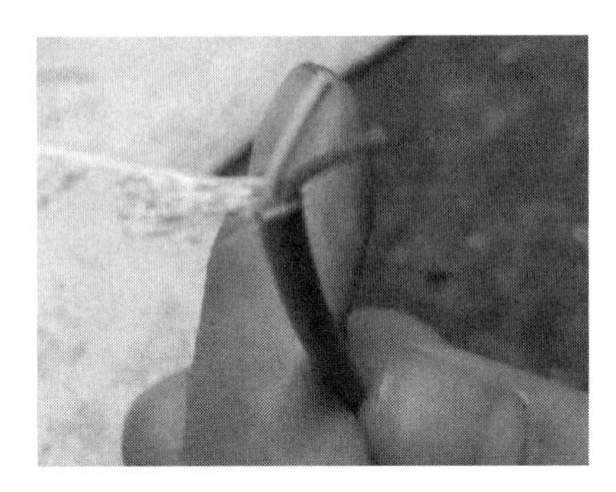

图 7-16 一芯、一地、一网

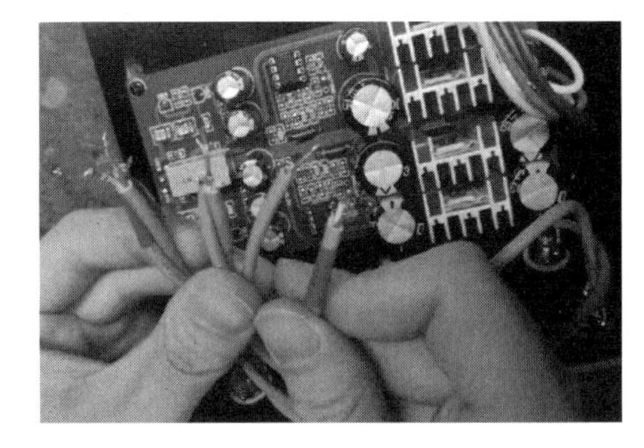

图 7-17 屏蔽层和其中一条线绞合图

贴片焊接时的注意事项：使用细的焊锡丝、小巧的镊子和电烙铁进行焊接，焊接温度设定在 350～370℃，手工焊接贴片时需要在电路板的焊接部位涂抹助焊剂。先用电烙铁在一端的焊盘上镀锡，然后用镊子夹住贴片元件的一端，用电烙铁将元件的另一端固定在器件相应的焊盘上，待焊锡稍冷却后移开镊子，再用电烙铁将元件的另一端焊接好。

成品展示图如图 7-18 所示。

图 7-18 成品展示图

7.2.3 测试

1. 共基共集三极管（晶体）配对情况

共基共集三极管（晶体）配对图如图 7-19 所示。

图 7-19 共基共集三极管（晶体）配对图

通过不断测试同型号三极管（晶体）数据，选择参数基本一致的一对三极管（晶体）作为前级信号放大管，以保证左右声道信号放大倍数基本一致。

测试步骤：

（1）将待测试的三极管（晶体）接入电路相应位置；

（2）在 MC 唱头输入端输入 1kHz/1mV 的测试信号；

（3）记录工作状态下三极管（晶体）引脚电压及电路信号输出电压的大小；

（4）对比每个三极管（晶体）的测试数据，选取参数最接近的一对三极管（晶体）作为电路放大管。

2. 静态测试

三极管（晶体）静态电压图如图 7-20 所示。

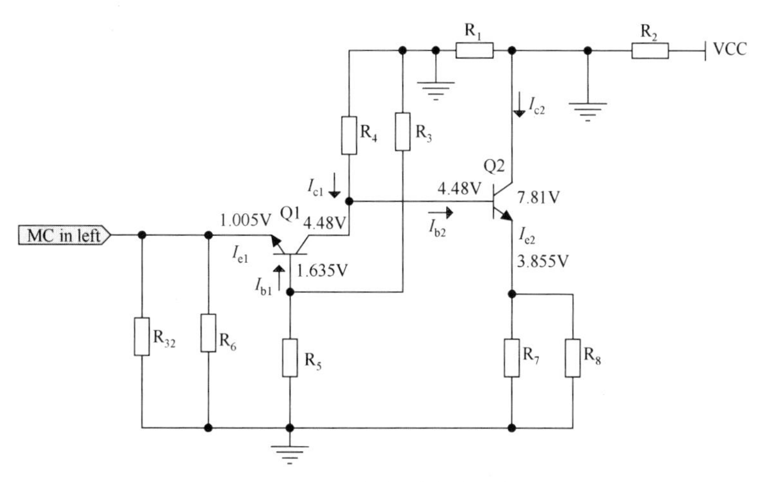

图 7-20　三极管静态电压图

根据图 7-20，可得：

$$U_{be1}=0.635V$$
$$U_{ce1}=3.475V$$
$$I_{c1}\approx I_{e1}=U_{e1}/（R_{32}//R_6）=1mA$$
$$I_{b1}=I_{c1}/\beta\approx 0.007mA$$
$$U_{be2}=0.635V$$
$$U_{ce2}=3.955V$$
$$I_{c2}\approx I_{e2}=U_{e2}/（R_7//R_8）=1mA$$
$$I_{b2}=I_{c2}/\beta\approx 0.007mA$$

3. RIAA 网络测试

通过不断调整图 7-20 所示的阻容参数，可使频率响应数据与理论相接近。

频率响应曲线的测试步骤如下：

（1）在唱头放大器输出端，加入 470kΩ负载；

（2）调整信号发生器输出信号为 1kHz/4mV 信号；

（3）将信号输入唱头放大器，将此时唱头放大器输出端的输出电压记录下来，设定为 0dB 对应的电压；

（4）将标准中规定的各频率的信号输入唱头放大器，记录唱头放大器输出电平，计算后可以得到唱头放大器的频率响应数据；

（5）与标准数据对比，两者越接近越好。

RIAA 阻容调节图如图 7-21 所示。

图 7-21 RIAA 阻容调节图

左右声道频率响应测试数据与 RIAA 理论值如表 7-4 所示。

表 7-4 左右声道频率响应测试数据与 RIAA 理论值

频率（Hz）	RIAA 理论值(dB)	右声道测试数据(dB)	左声道测试数据(dB)	频率（Hz）	RIAA 理论值(dB)	右声道测试数据(dB)	左声道测试数据(dB)
20	19.36	22.83	22.80	760	1.02	0.92	0.90
22	19.24	22.94	22.91	850	0.63	0.65	0.57
25	19.04	22.45	22.42	950	0.26	0.30	0.29
28	18.83	21.75	21.73	1000	0	0.00	0.00
31	18.61	21.65	21.64	1100	−0.23	−0.26	−0.26
35	18.29	20.88	21.13	1200	−0.52	−0.65	−0.69
39	17.96	20.47	20.43	1300	−0.79	−0.77	−0.77
44	17.54	19.85	19.85	1500	−1.31	−1.32	−1.35
49	17.12	19.27	19.27	1700	−1.8	−1.90	−1.89
55	16.61	18.15	18.11	1900	−2.27	−2.42	−2.40
62	16.02	17.72	17.69	2100	−2.73	−2.82	−2.85
70	15.37	16.59	16.57	2400	−3.39	−3.52	−3.54
79	14.67	16.02	16.00	2700	−4.04	−4.09	−4.11
89	13.93	14.90	14.88	3000	−4.65	−4.52	−4.54
100	13.18	13.91	13.90	3400	−5.43	−5.31	−5.32
110	12.54	13.29	13.29	3800	−6.17	−6.09	−6.02
120	11.94	12.37	12.36	4300	−7.02	−6.88	−6.87
130	11.38	11.86	11.83	4800	−7.82	−7.56	−7.55
150	10.36	10.56	10.56	5400	−8.7	−8.59	−8.57
170	9.46	9.52	9.48	6100	−9.64	−9.32	−9.40
190	8.67	8.69	8.65	6800	−10.5	−10.11	−10.08
210	7.97	7.96	7.93	7600	−11.39	−10.73	−10.68
240	7.04	6.97	6.94	8500	−12.3	−11.82	−11.75
270	6.25	6.06	6.02	9500	−13.22	−13.23	−13.14
300	5.57	5.41	5.41	11000	−14.44	−14.32	−14.40
340	4.8	4.55	4.51	12000	−15.17	−15.13	−15.21
380	4.16	4.12	4.11	13000	−15.85	−15.62	−15.70
430	3.49	3.22	3.19	15000	−17.07	−17.01	−17.09
480	2.93	2.91	2.88	17000	−18.14	−18.44	−18.52
540	2.38	2.28	2.25	19000	−19.09	−19.78	−19.86
610	1.86	1.72	1.67	21000	−19.95	−20.53	−20.61
680	1.43	1.28	1.23				

标准数据如表 7-5 所示。

表 7-5　标准数据

频率(Hz)	放大倍数（dB）	频率(Hz)	放大倍数（dB）
20	−4.43339	1280	−26.60173
40	−7.21927	2k	−29.14887
80	−10.78805	4k	−33.46685
160	−14.80869	8k	−38.32004
320	−18.88642	16k	−43.63521
640	−22.79064	20k	−45.42006

MC 唱头测试结果如表 7-6 所示。

表 7-6　MC 唱头测试结果

频率（Hz）	V_{in}(mV)	RIAA 衰减量（dB）	共基共集放大电路放大后的电压（mV）	第一级放大电路放大后的电压（V）	RIAA 输出电压(V)	V_{out}(V)	放大倍数（dB）
20	1.6	−5.575072019	15.5	0.38	0.2	8.4	74
40	1.6	−6.984139207	16	0.4	0.179	7.4	73
80	1.6	−10.88136089	17	0.42	0.12	5	69
160	1.6	−15.56302501	17	0.42	0.07	2.9	65
320	1.6	−20.42378598	17	0.42	0.04	1.7	60
640	1.6	−23.52182518	17	0.42	0.028	1.1	56
1280	1.6	−26.44438589	17	0.42	0.02	0.86	54
2k	1.6	−27.85600738	17	0.42	0.017	0.72	53
4k	1.6	−31.6371321	17	0.42	0.011	0.46	49
8k	1.6	−36.9019608	17	0.42	0.006	0.27	44
16k	1.6	−39.7956167	17	0.42	0.0043	0.175	40.7
20k	1.6	−40.42378598	17	0.42	0.004	0.16	40

MC 唱头放大器频率特性图如图 7-22 所示。

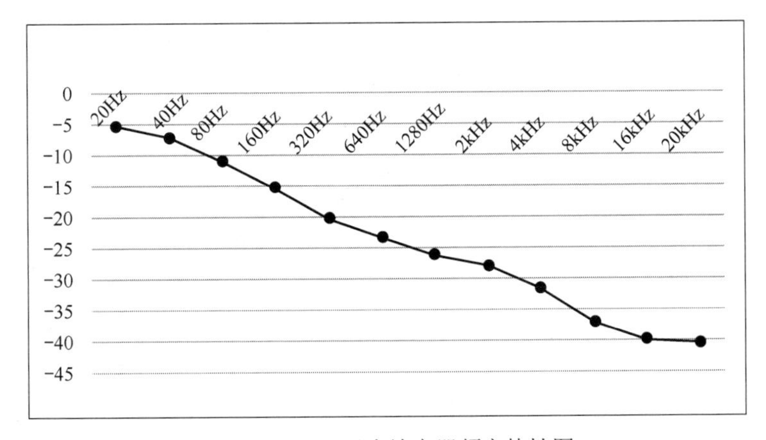

图 7-22　MC 唱头放大器频率特性图

MM 唱头测试结果如表 7-7 所示。

表 7-7　MM 唱头测试结果

频率（Hz）	V_{in}(mV)	RIAA 衰减量（dB）	第一级放大电路放大后的电压（mV）	RIAA 输出电压(mV)	V_{out}(V)	放大倍数（dB）
20	1.9	−5.84150306	48	24.5	1	54
40	1.9	−7.604224834	48	20	0.86	53
80	2	−10.70226403	48	14	0.58	49
160	1.95	−15.3485477	48	8.2	0.32	44
320	1.95	−20	48	4.8	0.195	40
640	2	−23.52182518	48	3.2	0.13	36
1280	1.95	−25.84150306	48	2.45	0.1	34
2k	1.95	−27.60422483	48	2	0.082	32
4k	1.95	−31.3459577	48	1.3	0.053	28
8k	1.95	−35.78293269	48	0.78	0.03	23
16k	1.95	−38.35626488	48	0.58	0.023	21
20k	1.95	−38.97694955	48	0.54	0.021	20

MM 唱头放大器频率特性图如图 7-23 所示。

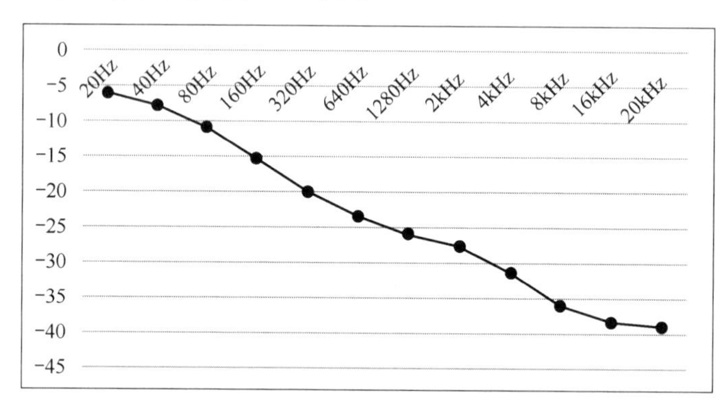

图 7-23　MM 唱头放大器频率特性图

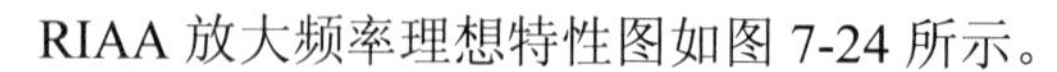
RIAA 放大频率理想特性图如图 7-24 所示。

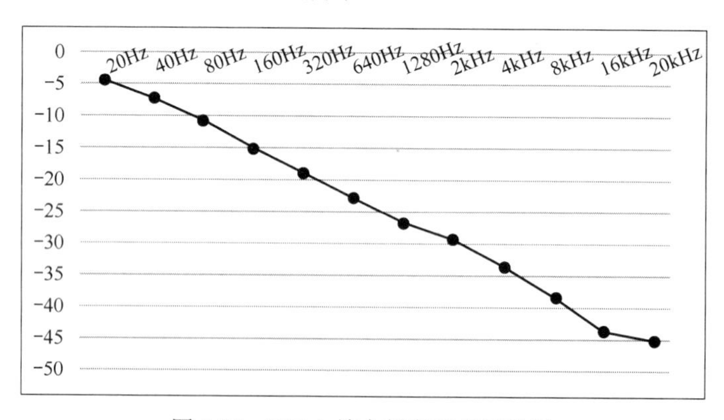

图 7-24　RIAA 放大频率理想特性图

4．信噪比测试

测试步骤如下：

（1）向 MM 唱头输入 1kHz/4mV 的测试信号；

（2）用示波器测量唱头放大器输出信号幅值，调节输入信号幅值，使得输出信号幅值最大且不失真；

（3）记录输出电压有效值；

（4）令输入信号短路，记录此时输出电压有效值；

输入信号短路时，输出电压有效值如表 7-8 所示。

表 7-8　输入信号短路时的输出电压有效值

最大不失真输出电压（mV）	输出端短路电压（mV）
6700	0.5

由信噪比公式算出信噪比为 82dB。

任务 3　运算放大器频率特性

1．理想运算放大器模型

理想运算放大器模型如图 7-25～图 7-27 所示。

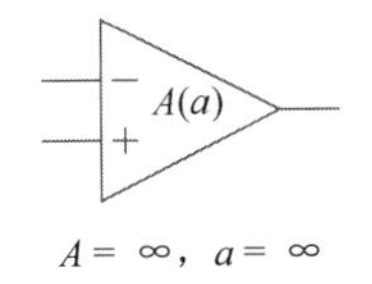

图 7-25　开环运算放大器模型

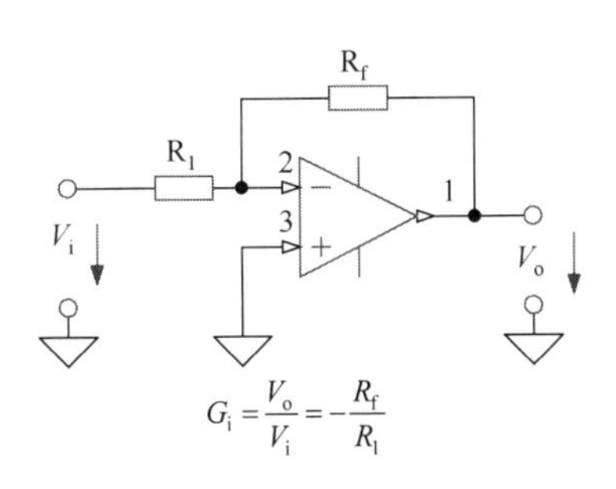

图 7-26　反相运算放大器模型

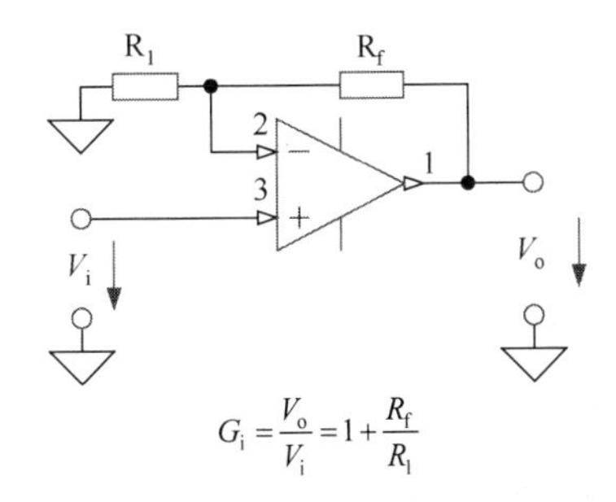

图 7-27　同相运算放大器模型

2．实际运算放大器模型

实际运算放大器模型如图 7-28～图 7-30 所示。

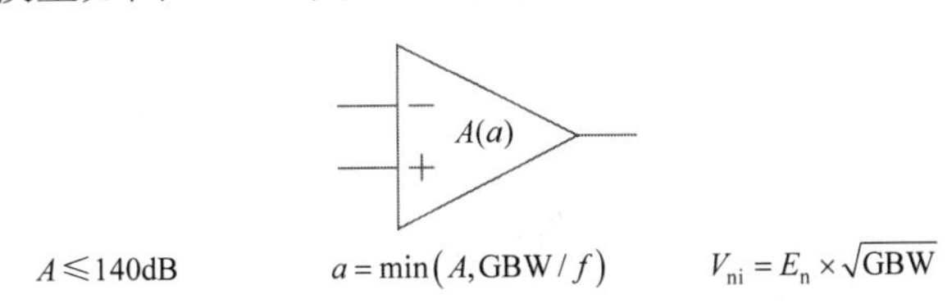

图 7-28　实际开环运算放大器模型

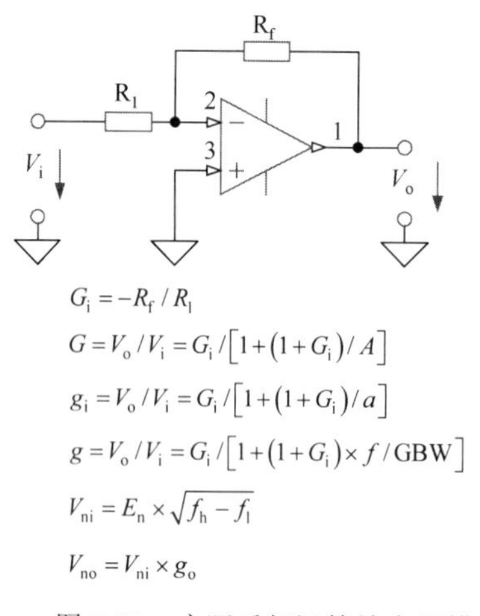

R_f
R_1
2
3
1
V_i
V_o
G_i = −R_f / R_1
G = V_o / V_i = G_i / [1 + (1 + G_i) / A]
g_i = V_o / V_i = G_i / [1 + (1 + G_i) / a]
g = V_o / V_i = G_i / [1 + (1 + G_i) × f / GBW]
V_ni = E_n × √(f_h − f_l)
V_no = V_ni × g_o

图 7-29　实际反相运算放大器模型

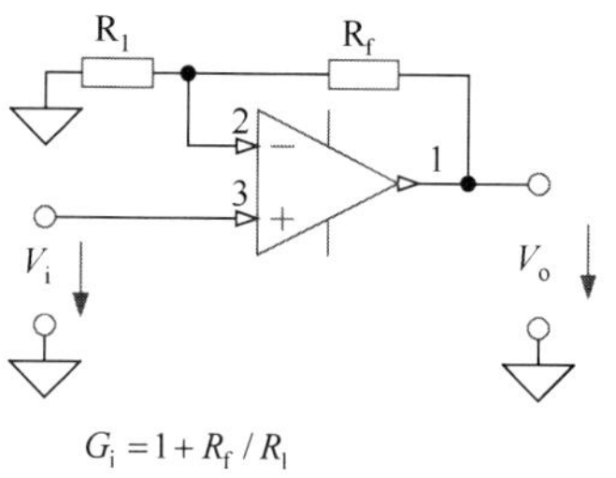

$$G_i = 1 + R_f / R_1$$

$$G = V_o / V_i = G_i / (1 + G_i / A)$$

$$g_i = V_o / V_i = G_i / (1 + G_i / a)$$

$$g = V_o / V_i = G_i / (1 + G_i \times f / GBW)$$

$$V_{ni} = E_n \times \sqrt{f_h - f_l}$$

$$V_{no} = V_{ni} \times g_o$$

图 7-30　实际同相运算放大器模型

3. 符号说明

A：运算放大器开环直流电压放大倍数。

a：运算放大器开环交流电压放大倍数。

G：运算放大器应用电路的直流电压增益。

G_i：理想运算放大器应用电路的直流电压增益。

g：运算放大器应用电路的交流电压增益。

g_i：理想运算放大器应用电路的交流电压增益。

g_0：运算放大器中心频率下的交流电压增益。

GBW：增益带宽乘积。

f：频率（单位：Hz）。

E_n：输入噪声电压密度（单位：$\text{nV}\sqrt{\text{Hz}}$）。

V_{ni}：等效输入噪声电压。

V_{no}：输出噪声电压。

4. 典型电路的频率特性计算

图 7-31 为单 5V 电源 20 米超声接收电路，所有电阻必须采用精度为±1%的金属膜贴片电阻，图中 LMV722M 的主要电气参数如下。

（1）电压增益表达式。

计算 R_1 和 C_1 的串联阻抗 Z_1：

$$Z_1 = R_1 + 1/(\mathrm{j}\omega C_1) = R_1\left[1 + 1/(\mathrm{j}\omega R_1 C_1)\right]$$

令 $f_1 = 1/(2\pi R_1 C_1) = 32153\text{Hz}$，得

$$|Z_1| = R_1\sqrt{1 + (f_1 / f)^2}$$

计算 R_2 和 C_2 的并联阻抗 Z_2：

$$Z_2 = R_2 / (1 + \mathrm{j}\omega R_2 C_2)$$

令 $f_2 = 1/\left(2\pi R_2 C_2\right) = 48229\text{Hz}$，得

$$\left|Z_2\right| = R_2\sqrt{1+\left(f/f_2\right)^2} \quad G_i = 1+\left|Z_2\right|/\left|Z_1\right|$$

$$= 1+\left(R_2/R_1\right)/\sqrt{\left(1+\left(f_1/f\right)^2\right)\times\left(1+\left(f/f_2\right)^2\right)}$$

$$= 1+100/\sqrt{\left(1+\left(32153/f\right)^2\right)\times\left(1+\left(f/48229\right)^2\right)}$$

$$g_1 = G_i\left(1+G_i \times f/10000000\right)$$

$$g = g_1 \times g_2 = g_1^2 = \left[G_i/\left(1+G_i \times f/10000000\right)\right]^2$$

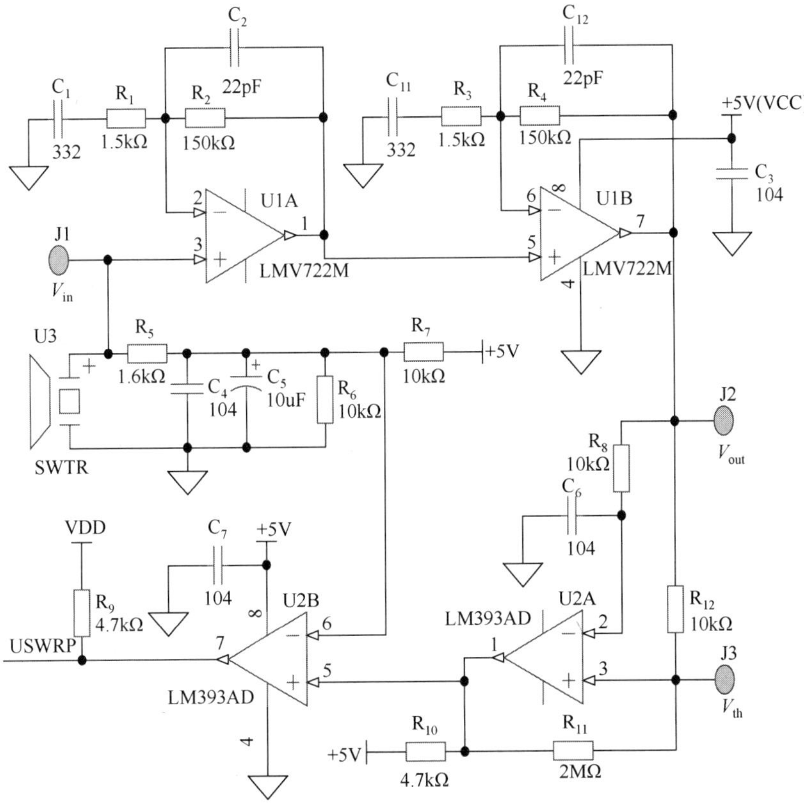

$A = 50000$　　GBW = 10000000Hz　　$E_n = 8.5\text{nV}/\sqrt{\text{Hz}}$

图 7-31　单 5V 电源 20 米超声接收电路

注意：超声波发送电路在本例中没列出。U1A、U1B 是两级放大倍数相同的电路，R_1、C_1 确定了输入信号的下限频率，R_2、C_2 确定了输入信号的上限频率，超过上限频率，信号从 C_2 短路过去，基本没有放大倍数。如果没有 C_1 和 C_2，不仅会放大有用信号，噪声的放大倍数也是最大的，如果噪声放大后达到了 U2A 的阈值电压，将会产生误操作。U2A 起施密特触发器作用，U2B 起调节电压作用，USWRP 输出到单片机完成捕捉，根据从发射到接收的时间 T 可以测出距离，如图 7-32 所示。

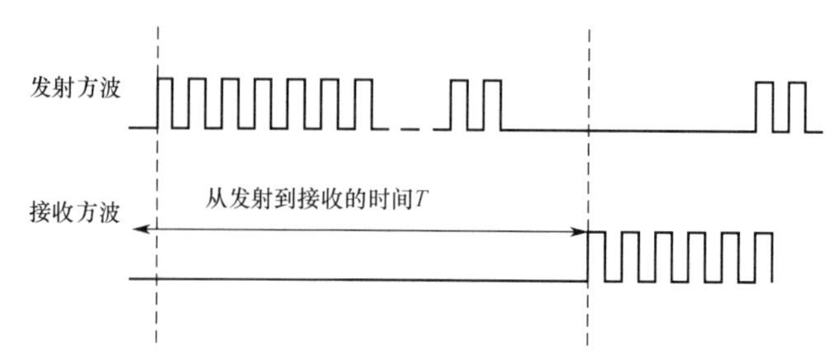

图 7-32 超声波波形

（2）计算 $f=40000\text{Hz}$ 时的电压增益 g。

$$G_i=1+100/\sqrt{\left[1+\left(32153/40000\right)^2\right]\times\left[1+\left(40000/48229\right)^2\right]}$$
$$=1+100/\sqrt{1.646\times1.688}=61$$
$$g_1=61/(1+61\times40000/10000000)=49$$
$$g=g_1\times g_2=49\times49=2404$$

（3）计算输出噪声电压 V_{no}。

计算低频截止频率 f_l：

$$f_l=f_1=32153\text{Hz}$$

计算高频截止频率 f_h：

$$f_h=f_2=48229\text{Hz}$$

计算等效输入噪声电压 V_{ni}：

$$V_{ni}=E_n\times\sqrt{f_h-f_l}=8.5\times\sqrt{48229-32153}=1078\text{nV}=1.078\mu\text{V}$$

计算中心频率 f_0：

$$f_0=\left(f_l+f_h\right)/2=(32153+48229)/2=40191\text{Hz}$$

计算中心频率下的交流电压增益 g_0：

$$G_i=1+100/\sqrt{\left[1+\left(32153/40191\right)^2\right]\times\left[1+\left(40191/48229\right)^2\right]}$$
$$=1+100/\sqrt{1.640\times1.694}=61$$
$$g_1=61/(1+61\times40191/10000000)=49$$
$$g_0=g_1\times g_2=49\times49=2404$$

计算输出噪声电压 V_{no}：

$$V_{no}=V_{ni}\times g_0=1.078\times2404=2.6\text{mV}$$

（4）验算电压比较器输入阈值 V_{th}。

$$V_{th+}=\left(\text{VCC}/2\right)\times R_{12}/\left(R_{10}+R_{11}+R_{12}\right)$$
$$=2.5\times10/(4.7+2000+10)=12.4\text{mV}$$
$$V_{th-}=-\left(\text{VCC}/2\right)\times R_{12}/\left(R_{11}+R_{12}\right)$$
$$=-2.5\times10/(2000+10)=-12.4\text{mV}$$
$$V_{th}=\left|V_{th+}\right|=\left|V_{th-}\right|=12.4\text{mV}$$
$$V_{th(min)}=2V_{no}=2\times2.6=5.2\text{mV}$$
$$V_{th}>V_{th(min)}$$